Gerhard Engelken | Wolfgang Wagner

CAD-Praktikum mit NX5/NX6

Aus dem Programm   **CAD-Technik**

ProENGINEER Wildfire 4.0 für Einsteiger – kurz und bündig
von S. Clement und K. Kittel/herausgegeben von S. Vajna

ProENGINEER Wildfire 3.0 für Fortgeschrittene – kurz und bündig
von S. Clement und K. Kittel/herausgegeben von S. Vajna

SolidWorks
von U. Emmerich

UNIGRAPHICS NX5 – kurz und bündig
von G. Klette/herausgegeben von S. Vajna

ProENGINEER-Praktikum
herausgegeben von P. Köhler

CATIA V5 – kurz und bündig
von S. Hartmann und R. Ledderbogen/herausgegeben von S. Vajna

CATIA V5 – Grundkurs für Maschinenbauer
von R. List

SolidEdge – kurz und bündig
von M. Schabacker/herausgegeben von S. Vajna

www.viewegteubner.de

Gerhard Engelken | Wolfgang Wagner

CAD-Praktikum mit NX5/NX6

Modellieren mit durchgängigen Projektbeispielen

3., überarbeitete und erweiterte Auflage

Mit 433 Abbildungen

STUDIUM

VIEWEG+
TEUBNER

Bibliografische Information der Deutschen Nationalbibliothek
Die Deutsche Nationalbibliothek verzeichnet diese Publikation in der
Deutschen Nationalbibliografie; detaillierte bibliografische Daten sind im Internet über
<http://dnb.d-nb.de> abrufbar.

Das Buch erschien bis zur zweiten Auflage unter dem Titel UNIGRAPHICS-Praktikum
(mit der jeweiligen Version) im gleichen Verlag.

1. Auflage 2005
2., aktualisierte Auflage 2008
3., überarbeitete und erweiterte Auflage 2009

Alle Rechte vorbehalten
© Vieweg+Teubner | GWV Fachverlage GmbH, Wiesbaden 2009

Lektorat: Thomas Zipsner | Imke Zander

Vieweg+Teubner ist Teil der Fachverlagsgruppe Springer Science+Business Media.
www.viewegteubner.de

Das Werk einschließlich aller seiner Teile ist urheberrechtlich geschützt. Jede Verwertung außerhalb der engen Grenzen des Urheberrechtsgesetzes ist ohne Zustimmung des Verlags unzulässig und strafbar. Das gilt insbesondere für Vervielfältigungen, Übersetzungen, Mikroverfilmungen und die Einspeicherung und Verarbeitung in elektronischen Systemen.

Die Wiedergabe von Gebrauchsnamen, Handelsnamen, Warenbezeichnungen usw. in diesem Werk berechtigt auch ohne besondere Kennzeichnung nicht zu der Annahme, dass solche Namen im Sinne der Warenzeichen- und Markenschutz-Gesetzgebung als frei zu betrachten wären und daher von jedermann benutzt werden dürften.

Umschlaggestaltung: KünkelLopka Medienentwicklung, Heidelberg
Technische Redaktion: Stefan Kreickenbaum, Wiesbaden
Druck und buchbinderische Verarbeitung: Krips b.v., Meppel
Gedruckt auf säurefreiem und chlorfrei gebleichtem Papier.
Printed in the Netherlands

ISBN 978-3-8348-0759-5

Vorwort

Die hier vorliegenden Schulungsunterlagen wurden an der Fachhochschule Wiesbaden im Fachbereich Ingenieurwissenschaften erarbeitet. Sie zeigen die Möglichkeiten moderner 3D-CAD-Systeme am Beispiel des Systems NX5 der Siemens PLM Software GmbH. Grundlage ist ein didaktisch-methodisches Konzept, das sich bereits in den Lehrunterlagen zu I-DEAS Master Series von SDRC und früheren Versionen von NX bewährt hatte.

In diesem Praktikum werden verschiedene Modellierungsarten vorgestellt, die in der Praxis eingesetzt werden. Unsere Absicht ist es, die verschiedenen Modellierungsmöglichkeiten aufzuzeigen. Deshalb ist der vorgeschlagene Weg zur Erstellung der Teile nicht immer der einfachste und schnellste.

Die Unterlagen sind so aufgebaut, dass die Handhabung neuer Funktionen zuerst sehr exakt beschrieben wird, beim zweiten Mal erfolgt die Erklärung verkürzt, und danach wird der Umgang mit dieser Funktion nur noch angedeutet. Es hat sich gezeigt, dass so in kurzer Zeit die wichtigsten Möglichkeiten des Systems erlernt werden können und auch die Motivation gesteigert wird.

Die Einführung in das CAD-System erfolgt an dem durchgängigen Beispiel eines Pneumatikzylinders. Ausgehend von einfachen Drehteilen über prismatische Teile zu komplexeren Einzelteilen, werden die unterschiedlichen Modellierungsmöglichkeiten – wie Verwendung von Grundkörpern, Skizzieren und der Einsatz von Features – geübt. Schließlich werden die erstellten Teile zur Baugruppe Zylinder zusammengebaut.

In der folgenden Übungseinheit wird die Ableitung einer technischen Zeichnung aus 3D-Modellen mit verschiedenen Ansichten, Schnitten und Teilschnitten erklärt.

Bis zu diesem Kapitel sollte das Praktikum in jedem Fall in einem Grundkurs bearbeitet werden, da dieser Umfang an Kenntnissen benötigt wird, um die Konstruktionsübungen der ersten Studiensemester zu bewältigen. Die nachfolgenden Kapitel sind als Ergänzung und Vertiefung konzipiert.

Die nachfolgenden Kapitel wurden mit dieser Auflage völlig umgestaltet und stärker an den Anforderungen von Studierenden in den ersten Semestern ausgerichtet. Mit zwei Projektaufgaben wird dabei auf das Erstellen einer Schweißkonstruktion und auf die Besonderheiten der Modellierung von Gussteilen eingegangen.

Danach werden die Themen Teilefamilien und Kaufteile behandelt. Dabei wird die Verwendung von Schnittstellen für den Datenaustausch in einen Zusammenhang gestellt, der heute zunehmende Bedeutung für das Erstellen komplexerer Baugruppen gewonnen hat. CAD-Modelle von Kaufteilen werden im Internet in neutralen Datenformaten zum Download angeboten. Es ist also wichtig, die Möglichkeiten kennen zu lernen, solche Modelle in der eigenen CAD-Umgebung nutzen zu können.

Diese Schulungsunterlagen haben wir mit der englischsprachigen Benutzungsoberfläche von NX5 bzw. NX6 erstellt, weil viele Unternehmen und deren Zulieferer infolge ihres internationalen Engagements weltweit damit arbeiten. Mit dem deutschsprachigen Schulungstext werden gleichzeitig die Funktionsbegriffe und die jeweilige Software-Aufforderung in der Anweisungszeile ins Deutsche übersetzt.

Grundlage der Darstellungen ist die Systemversion NX5.0.2.2. Die Unterschiede, die sich beim Arbeiten mit NX6 ergeben, wurden mit der Version NX6.0.1.5 überprüft. Auf diese Unterschiede wird in den Kapitel 1 bis 5 durch Fußnoten verwiesen. Die entsprechende Darstellung der Änderungen unter NX6 erfolgt dann zusammenfassend im abschließenden Kapitel 9.

Es wird empfohlen, die Übungen direkt am Rechner durchzuführen. Bei intensivem ganztägigen Durcharbeiten der Übungen ist eine Bearbeitungszeit von ca. 40 Stunden einzuplanen. Bei einer wöchentlichen Übungsdauer von 2 bis 3 Stunden muss mit einem entsprechenden Mehraufwand gerechnet werden.

Mit diesen Lehrunterlagen sind natürlich bei weitem noch nicht alle Modellierungsmöglichkeiten von NX5 bzw. NX6 angesprochen. Jedoch zeigt unsere Erfahrung, dass die Benutzer nach dem Durcharbeiten dieses Praktikums die Systemphilosophie dieses modernen 3D-CAD-Systems verstanden haben und fundierte Kenntnisse besitzen, um das System rasch produktiv zu nutzen.

Wir hoffen, dass die vorliegenden Schulungsunterlagen vielen Studentinnen und Studenten, aber auch Fachkräften aus der Praxis den Einstieg in die dreidimensionale CAD-Modellierung erleichtern.

Zusätzliches Übungsmaterial, das aus Platzgründen nicht in das vorliegende Buch aufgenommen werden konnte, wird sowohl auf der Webseite des Fachbereichs Ingenieurwissenschaften der FH-Wiesbaden als auch auf der Webseite des Vieweg+Teubner-Verlags (www.viewegteubner.de/onlineplus) eingestellt.

Zum Schluss möchten wir uns bei allen Studenten bedanken, die an der Entwicklung dieses Praktikums konstruktiv und kritisch mitgearbeitet haben. Unser besonderer Dank gilt dabei den Herren Steffen Becker, Frank Fischer, Michael Fillauer, Andreas Kopietz, René Marx und Thomas Reis, die wesentliche Unterstützung bei der Aufbereitung neuer Inhalte geleistet haben. Schließlich danken wir Frau Imke Zander und Herrn Thomas Zipsner für die konstruktive Betreuung als Lektoren des Verlags Vieweg+Teubner.

Wir wünschen viel Spaß und Erfolg beim Durcharbeiten der Unterlagen.

Wiesbaden, im Januar 2009   Prof. Dr.-Ing. Gerhard Engelken

Prof. Dipl.-Ing. Wolfgang Wagner

Inhaltsverzeichnis

1 Einführung 1

    1.1 Einführung in NX 5 1

    1.2 Die Siemens PLM Software GmbH 2

    1.3 Systemvoraussetzungen 4

    1.4 Grundlagen der Handhabung von NX5 5

    1.5 Hinweise zur Handhabung der Schulungsunterlagen 7

2 Modellieren von Einzelteilen 9

    2.1 Zuganker 9

    2.2 Hülse 34

    2.3 Zylinderrohr 47

    2.4 Stangenmutter 53

    2.5 Zugankermutter 63

    2.6 Anschlusskonsole 73

    2.7 Zusammenfassung 100

3 Freies Modellieren von Einzelteilen 107

    3.1 Kolbenstange 107

    3.2 Drossel 114

    3.3 Kolben 117

    3.4 Boden 120

    3.5 Deckel 130

4 Modellieren von Baugruppen 133

    4.1 Einführung 133

    4.2 Erzeugen der Unterbaugruppe Hubelemente....................................... 135

    4.3 Erzeugen einer Explosionsdarstellung der Hubelemente 141

    4.4 Erzeugen der Unterbaugrupe Zylinder 143

    4.5 Erzeugen der Baugruppe Zylinder kpl 145

    4.6 Zusammenfassung 148

5 Erstellen von technischen Zeichnungen 151

5.1 Anschlusskonsole 151
5.2 Deckel 180
5.3 Zylinder 193

6 Projekt Schweißkonsole 204

6.1 Modellieren eines Blechbiegeteils mit NX5 204
6.2 Erzeugen der Blechabwicklung 210
6.3 Erstellen einer Zeichnung für das Konsolenblech 211
6.4 Modellieren einer Schweißgruppe 212
6.5 Erstellen einer Schweißzeichnung 214

7 Projekt Gusskonsole 216

7.1 Modellieren eines Gussrohteils 216
7.2 Modellieren von Aussparungen am Gussrohteil 228
7.3 Mechanische Bearbeitung am Gussrohteil 231
7.4 Assembly Zylinder und Gusskonsole 237

8 Teilefamilien und Kaufteile 238

8.1 Arbeiten mit Teilefamilien 238
8.2 Beschaffen von Norm-, Wiederhol- und Zukaufteilen 243
8.3 Download von 3D-CAD-Modellen aus dem Internet 245
8.4 Konvertieren von 3D-Modellen 252
8.5 Importieren von 3D-Modellen in eine Assembly 255
8.6 Verwenden des JT-Formats 261

9 Veränderungen unter NX6 265

9.1 Vorbemerkung 265
9.2 Systemvoraussetzungen 265
9.3 Änderungen beim Modellieren von Einzelteilen 266
9.4 Änderungen beim freien Modellieren von Einzelteilen 275

9.5 Änderungen beim Modellieren von Baugruppen 276

9.6 Änderungen beim Erstellen von technischen Zeichnungen 280

Literaturhinweise 293

Sachwortverzeichnis 294

1 Einführung

1.1 Einführung in NX5

Ziel dieser Schulungsunterlagen ist es, Sie in das 3D-CAD Software-Programm NX5 einzuführen. Dazu werden Sie zunächst alle Einzelteile des in Abbildung 1.1 dargestellten Zylinders als Volumenkörper generieren, diese in einer Baugruppe zusammenfassen und einige Einzelteile sowie die Baugruppe in eine technische Zeichnung ableiten. In den nachfolgenden Kapiteln wird jeweils am Beispiel einer Konsole auf die Themen Modellieren von Blechteilen und Erstellen einer Schweißgruppe sowie auf die Besonderheiten des Modellierens von Gussteilen eingegangen. In einem weiteren Kapitel wird auf das Arbeiten mit Teilefamilien sowie das Beschaffen von 3D-CAD-Modellen für Kaufteile unter Nutzung von neutralen Datenformaten für den Datenaustausch eingegangen.

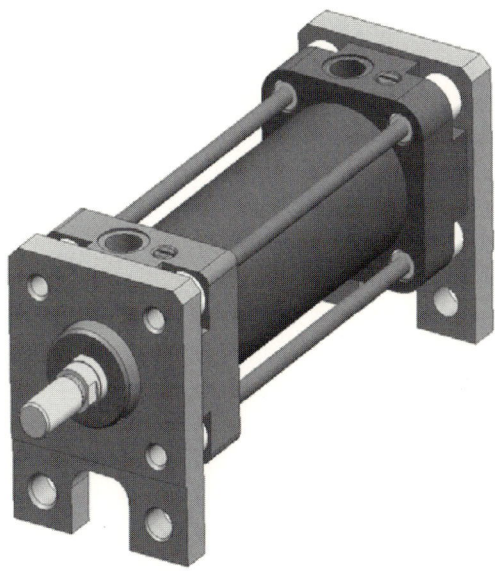

Abb. 1.1: Zylinder

Ein abschließendes Kapitel widmet sich dann den Unterschieden, die sich beim Wechsel von NX5 auf NX6 einstellen.

Zunächst wollen wir Ihnen aber in diesem Kapitel die Siemens PLM Software GmbH vorstellen und die Systemvoraussetzungen für die Software NX5 angeben. Danach erläutern wir die Grundlagen der Handhabung von NX5 und geben Hinweise zum Aufbau dieser Schulungsunterlagen.

Wir wünschen Ihnen viel Spaß und guten Erfolg beim Bearbeiten dieser Einführung.

1.2 Die Siemens PLM Software GmbH

Die Siemens PLM Software GmbH ist einer der größten internationalen Anbieter von Software und Services für die Optimierung der Geschäftsprozesse in der Fertigungsindustrie. Die offen konzipierten Lösungen für das Product Lifecycle Management (PLM) – einschließlich Produktplanung, Entwicklung und Konstruktion, Fertigung und Service – ermöglichen Interoperabilität und globale Zusammenarbeit unter Nutzung modernster Software-Technologie und Industrie-Standards.

Kurze Historie:

1960	Gründung der McDonnell Douglas Automation Company
1962	Ross Perot gründet EDS, hervorgegangen aus der McDonnell Douglas Automation Company.
1967	McDonnell Douglas kauft das Unternehmen United Computing, welches das CAD-System Unigraphics entwickelt.
1978	Erster Kunde in Deutschland (FAG, Schweinfurt)
1979	Gründung der deutschen Niederlassung „McAuto"
1984	General Motors übernimmt EDS.
1986	Verfügbarkeit der Software auf PCs unter Windows NT
1988	Übernahme der englischen Shape Data Ltd., Entwickler des CAD-Kernels Romulus und später von Parasolid
1989	Integration des Parasolid Modellierers in Unigraphics
1991	EDS übernimmt das inzwischen unter dem Namen „Donnell Douglas Systems Integration" firmierende Unternehmen und etabliert es unter dem Firmennamen „EDS Unigraphics".
1997	General Motors gibt die strategische Entscheidung für Unigraphics bekannt.
1998	Unigraphics Solutions wird börsennotiertes Unternehmen.
2000	EDS Unigraphics ändert seinen Namen in „UGS".
2001	EDS erwirbt SDRC, kauft UGS von der Börse zurück und vereinigt beide Unternehmen zum Geschäftsbereich „PLM Solutions".
2003	Umfirmierung in „UGS PLM Solutions"
2004	Private Investorengruppe übernimmt UGS PLM Solutions von EDS. Neuer Firmenname: „UGS". Der Firmensitz wechselt nach Plano (Texas).
2007	UGS wird von Siemens übernommen und ist heute (Anfang 2009) unter dem Namen „Siemens PLM Software GmbH" ein Bereich von Siemens Automation and Drives (A&D). Firmensitz bleibt Plano (Texas).

1.2 Die Siemens PLM Software GmbH

Stand Januar 2009:

Die Siemens PLM Software GmbH ist als ein Geschäftsbereich von Siemens Automation and Drives (A&D) ein führender, weltweit tätiger Anbieter von Product-Lifecycle-Management-Software und zugehörigen Dienstleistungen mit weltweit 51.000 Kunden in 62 Ländern mit 4,6 Millionen Software-Lizenzen. Weltweit werden 7.400 Mitarbeiter beschäftigt. Die deutsche Niederlassung firmiert als Siemens Product Lifecycle Management Software (DE) GmbH mit Firmensitz in Köln. Sie beschäftigt über 600 Mitarbeiter in acht Niederlassungen in Berlin, Frankfurt (Langen), Hamburg, Hannover, Köln, München (Ismaning) und Stuttgart.

Nach der Zusammenführung von UNIGRAPHICS und I-DEAS steht nun mit NX ein **CAD/CAM/CAE**-System zur Verfügung, das, basierend auf dem Parasolid-Kernel, ein offenes und einfach anzuwendendes 3D-CAD-System für Produktentwurf, Entwicklung und Konstruktion, Zeichnungserstellung, Simulation, Bauteiloptimierung und Fertigung darstellt.

NX5 bietet darüber hinaus eine integrierte KBE-Technologie (Knowledge Based Engineering), mit der sich firmenspezifisches Know-how und etablierte Prozessabläufe in die Engineering-Umgebung integrieren und jederzeit wiederholt anwenden lassen. Mit „Wizards" werden vorkonfigurierte Automatisierungswerkzeuge zur Verfügung gestellt, die Routinetätigkeiten auf Basis einer „Industrie-üblichen Praxis" übernehmen.

Zum weiteren Produktportfolio der Siemens PLM Software GmbH gehören u.a.:

Teamcenter PLM: Es bietet die komplette Lösung zur Definition, Verwaltung, Verbreitung und Kontrolle des Produktlebenszyklus kompletter digitaler Produktmodelle, der dazugehörigen Dokumente und Informationen sowie der assoziierten Prozesse, Ressourcen und Projekte. Damit wird die Zusammenarbeit in den Unternehmen der Fertigungsindustrie durch frühe Einbindung aller direkt und indirekt betroffenen Abteilungen, Partner und Lieferanten in den Entwicklungsprozess und durch die Integration anderer IT-Anwendungen optimiert.

Solid Edge als einfacheres, aber dennoch leistungsfähiges 3D/2D-CAD-System.

E-factory zur Darstellung von Prozessen der digitalen Fertigung in einer virtuellen Umgebung.

In **PLM Open** sind Software-Produkte und -Technologien vereint, die auch von anderen Software-Anbietern für die Entwicklung ihrer Anwendungssoftware benutzt werden bzw. das Zusammenspiel und die Integration unterschiedlichster Software in einem Unternehmen ermöglichen.

1.3 Systemvoraussetzungen

Für NX5 gelten folgende Mindestvoraussetzungen:

Prozessor:	Pentium 4, AMD Athlon 64
Hauptspeicher:	1 GB RAM für 32-Bit-Prozessor, 2 GB RAM für 64-Bit-Prozessor[NX6]
Betriebssystem:	Windows XP SP3, Windows XP x64
Laufwerk:	DVD-Laufwerk (zur Installation der Software)

Dies sind - wohlgemerkt - die Mindestvoraussetzungen der Software.

Das Modellieren von komplexen Teilen und größeren Baugruppen sollte möglichst mit schnellerem Prozessor und größerem Arbeitsspeicher erfolgen.

Grundsätzlich gilt: Je höher die Leistungsfähigkeit des Rechnersystems ist, desto schneller und stabiler kann mit der Software gearbeitet werden.

> **Information:**
> Ist Ihr System nicht sonderlich ausgestattet, d.h. es erfüllt gerade die Mindestanforderungen oder liegt knapp darüber, dann empfiehlt es sich, die erzeugten Teile immer im Drahtmodell zu speichern.

Zusätzliche Programme:

Um alle Funktionen von NX nutzen zu können, muss das Tabellenkalkulationsprogramm Excel® auf Ihrem Computer installiert sein.

[NX6] Veränderungen unter NX6, vgl. S. 265

1.4 Grundlagen der Handhabung von NX5

Bildschirmaufbau:

Die Bedienung von UNIGRAPHICS erfolgt über Icons, Pull-down- und Pop-up-Menüs. Das folgende Bild zeigt den prinzipiellen Bildschirmaufbau:

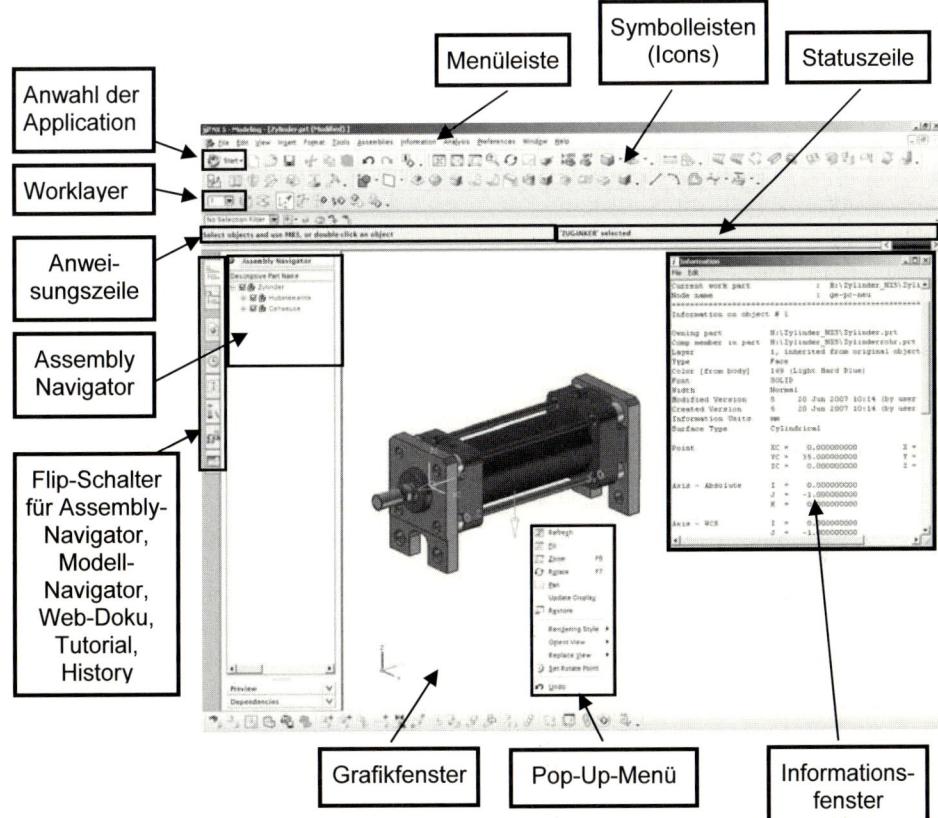

Abb. 1.2: Benutzeroberfläche NX5

- **Menüleiste:** Pull-down-Menüs mit linker Maustaste selektieren.
- **Informationsfenster:** Informationen über ein ausgewähltes Objekt
- **Symbolleisten:** Leiste für die Icons der unterschiedlichen Operationengruppen
- **Grafikfenster:** Darstellung und Bearbeitung der Geometrie
- **Assembly Navigator:** Anzeige des Baugruppenbaums
- **Flip–Schalter:** Einblenden von Assembly-Navigator, Modell-Navigator etc.
- **Pop-up Menü:** Aktivierung durch Drücken der rechten Maustaste. Es dient zum Ausführen oft benötigter grafischer Befehle (wie z.B. shade, rotate, ...)
- **Statuszeile:** Prozessinformation („Was macht das System?")
- **Anweisungszeile:** Eingabeaufforderung des Systems („Was erwartet das System?")
- **Work Layer:** Anzeige des Layers, auf dem momentan gearbeitet wird.
- **Kurzwahl (Start):** Auswählen der Application (z.B. Modelling, Assembly, etc.)

Belegung der Maustasten:

1 Linke Maustaste	2 Mittlere Maustaste	3 Rechte Maustaste
Wählen von Icons und / oder Aufklappen der Iconmenüs	Bestätigen, entspricht teilweise der Return-Taste	Aufrufen des Pop-Up-Menüs
Selektieren von Geometrieelementen	Deaktivieren von: Zoom In/Out, Rotate und Pan	Cut / Copy / Paste im Texteingabefenster

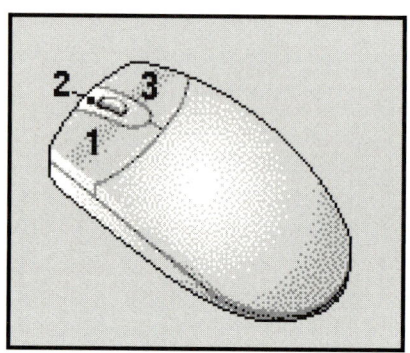

Kurzbeschreibung der Icons (Quickinfo, Tooltip):

Wenn Sie mit dem Cursor (Mauszeiger) auf einem Icon verweilen, wird Ihnen die Kurzbeschreibung angezeigt.

Symbolleiste:

Es stehen nicht immer alle Symbolleisten und Icons zur Verfügung. Dies hängt von der jeweils aktivierten Application und der gewählten Anwenderrolle ab.

Darstellung des Cursors (Mauszeiger):

Normale Mauszeigerdarstellung

Mauszeigerdarstellung im Grafikbereich

Mauszeigerdarstellung, wenn mehrere Objekte im Bereich liegen und das Auswahlfenster angezeigt werden kann

Mauszeigerdarstellung im Eingabefenster

Mauszeigerdarstellung im Sketchbereich (Skizzierbereich)

1.5 Hinweise zur Handhabung der Schulungsunterlagen

Hinweis zu den eingefügten Grafiken:

Die eingefügten Grafiken der Pop-up- oder Pull-down-Menüs sowie die Menüleisten sind in dieser Praktikumsunterlage aus Platzgründen nicht immer vollständig dargestellt. Es wird nur jeweils der Bereich, der für die zu bewältigende Aufgabe relevant ist, gezeigt.

Hinweis zur Maustastenhandhabung:

In den Übungsunterlagen ist mit „Selektieren" immer das Auswählen mit der linken Maustaste gemeint. Alle anderen Befehle sind speziell beschrieben.

Systemmeldungen:

Die Eingabeaufforderung in der Anweisungszeile sind in *"Anführungszeichen und kursiv"* dargestellt. Gewöhnen Sie sich an, immer auf die Anweisungszeile zu schauen, um die Eingabemöglichkeiten im nächsten Arbeitsschritt zu erkennen. Eingerahmter Text wird verwendet zur Hervorhebung wichtiger Informationen.

Hotkeybelegung (Tastenkombinationen):

Einige oft verwendete Befehle können auch direkt über Hotkeys angewählt werden. In einer späteren Übungsphase sind diese Vereinfachungen eine große Hilfe.

Ctrl. & {X}:			Ctrl. & Shift & {X}:		
Ctrl. & N	⇒	New	Ctrl. & Shift & I	⇒	Import
Ctrl. & O	⇒	Open	Ctrl. & Shift & E	⇒	Export
Ctrl. & P	⇒	Plot	Ctrl. & Shift & X	⇒	Execute
Ctrl. & Q	⇒	Quit	Ctrl. & Shift & D	⇒	Change Display Part
Ctrl. & D	⇒	Delete	Ctrl. & Shift & A	⇒	Save Part As
Ctrl. & T	⇒	Transform	Ctrl. & Shift & B	⇒	Reverse Blank All
Ctrl. & Z	⇒	Undo	Ctrl. & Shift & U	⇒	Unblank All Of Parts
Ctrl. & E	⇒	Expression	Ctrl. & Shift & Z	⇒	Zoom
Ctrl. & S	⇒	Save	Ctrl. & Shift & Q	⇒	Create Quick Image
Ctrl. & W	⇒	Close Select Part	Ctrl. & Shift & H	⇒	Create Quality Image
Ctrl. & B	⇒	Blank	Ctrl. & Shift & N	⇒	Layout New
Ctrl. & A	⇒	Navigation Tool	Ctrl. & Shift & O	⇒	Layout Open
Ctrl. & F	⇒	Fit	Ctrl. & Shift & F	⇒	Fit All Views
Ctrl. & R	⇒	Rotate	Ctrl. & Shift & W	⇒	Rotate WCS
Ctrl. & L	⇒	Layer Settings	Ctrl. & Shift & V	⇒	Visible IN View
Ctrl. & I	⇒	Info Object	Ctrl. & Shift & C	⇒	Category
Ctrl. & Y	⇒	Preferences Display	Ctrl. & Shift & J	⇒	Preferences Object
Ctrl. & M	⇒	Modeling	Ctrl. & Shift & R	⇒	Macro Start Record
Ctrl. & G	⇒	Gateway	Ctrl. & Shift & P	⇒	Macro Playback
Ctrl. & J	⇒	Class Selection	Ctrl. & Shift & S	⇒	Macro Step
Ctrl. & K	⇒	Online Help	Ctrl. & Shift & L	⇒	Shade abbrechen

Technische Zeichnungen:

Zu Beginn eines jeden Unterkapitels finden Sie eine technische Zeichnung des zu erstellenden Teiles bzw. der zu erstellenden Baugruppe.

Diese Zeichnungen wurden alle auf das Buchformat angepasst und sind folglich nicht maßstabgetreu. Bei den Zeichnungen in den Formaten A3 und A2 wurden die Schriftgrößen erhöht, um die Lesbarkeit im Buch zu verbessern. Dafür wurde auf die Angabe von Toleranzen und Oberflächenzeichen verzichtet, da diese Informationen für das Modellieren nicht erforderlich sind.

Befehlseingabe:

In der Regel wird das für die Befehlseingabe benötigte Icon mit seiner Benennung, z.B. **Zoom** , angegeben, dahinter in Klammern die alternativ zu nutzende Kommandofolge bei Menüauswahl z.B. (**View → Operation → Zoom**). Dabei werden die entsprechenden Benennungen durch Fettschrift hervorgehoben. Ebenso durch Fettschrift hervorgehoben werden die Bezeichnungen der Dialogfenster sowie die Eingabewerte, die vom Anwender in den jeweiligen Dialogfenstern einzugeben sind.

2 Modellieren von Einzelteilen

2.1 Zuganker

In dieser Übung werden Sie den Zuganker aus einem Grundkörper erstellen und anschließend mit Fasen und Gewinden versehen.
Das Ergebnis sollte dann wie folgt aussehen:

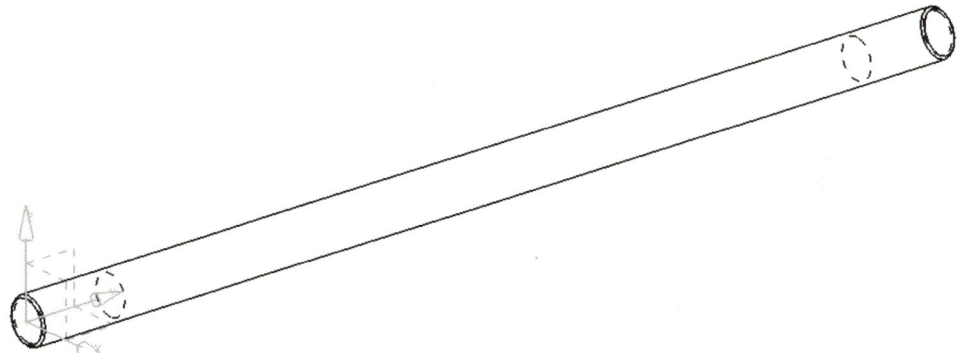

Abb. 2.1: Zuganker

Dieses Kapitel enthält folgende Themen:
- Beginnen einer Arbeitssitzung
- Erzeugen einer Teiledatei
- Orientierung eines Objektes auf dem Bildschirm
- Erzeugen des Grundkörpers
- Erzeugen von Fasen
- Erzeugen von Gewinden
- Wählen verschiedener Darstellungsarten eines Objektes
- Layer-Organisation
- Einfärben des Objektes
- Speichern eines Objektes
- Beenden der Arbeitssitzung

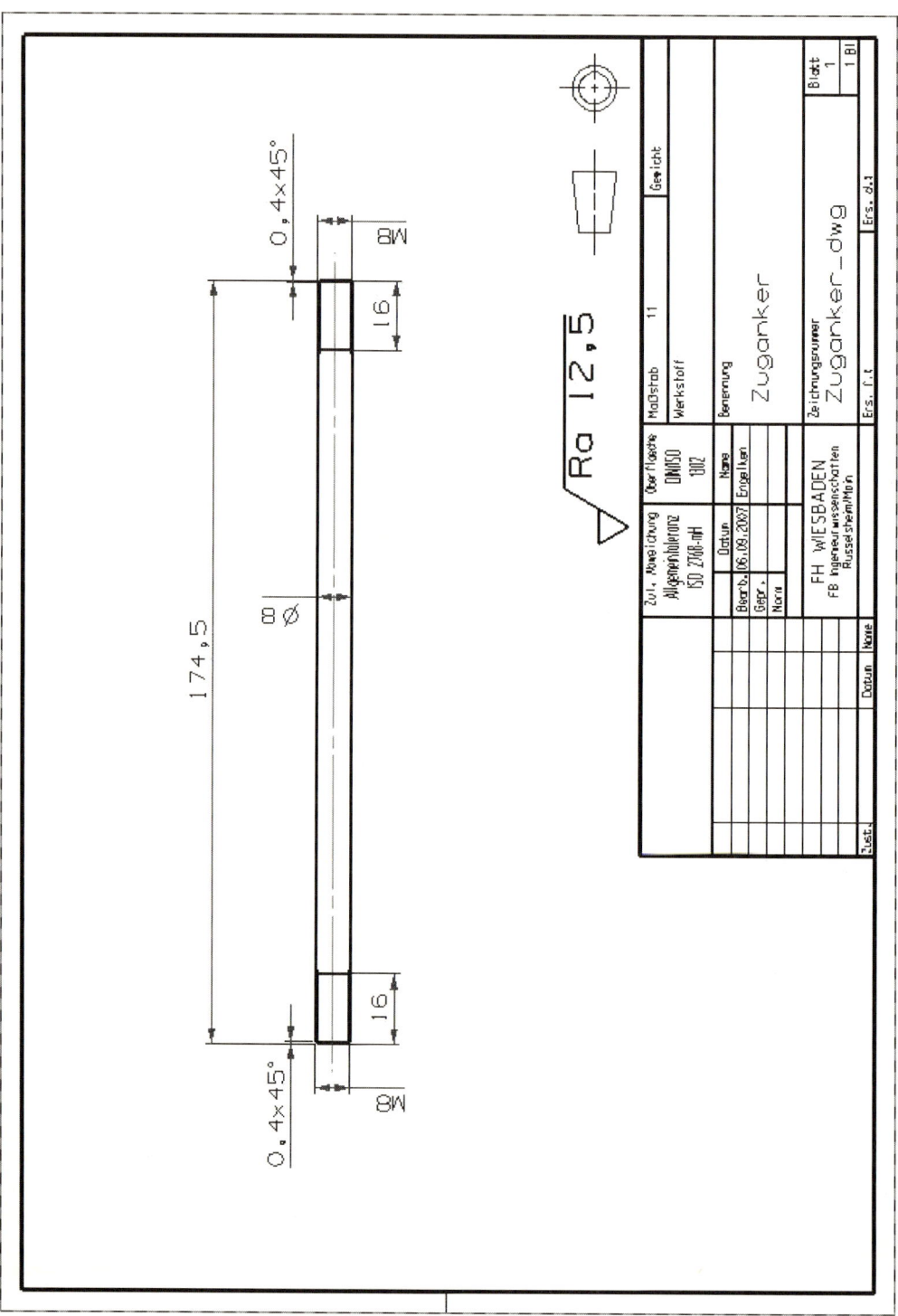

Abb. 2.2: Zeichnung Zuganker

2.1 Zuganker

Beginnen der Arbeitssitzung

Schalten Sie den Bildschirm ein.
Durch gleichzeitiges Drücken von **Strg.** & **Alt.** & **Entf.** (**Ctrl.** & **Alt.** & **Del.**) gelangen Sie zum Anmeldefenster.
Geben Sie hier Ihren Benutzernamen sowie das Kennwort ein und bestätigen Sie mit **RETURN** oder mit [OK]
Starten Sie die CAD-Sitzung entweder durch Doppelklick auf das NX5-Icon auf dem Desktop [NX 5.0] oder öffnen Sie das Programm über **Start** → **Programme** → **UGS NX 5.0** → **NX 5.0** (oder so ähnlich, je nach Installation).

Hinweis

Das Öffnen des Programms nimmt zumindest beim ersten Mal einige Zeit in Anspruch, haben Sie also Geduld.

Es öffnet sich das NX5-Einstiegsfenster. In der Anweisungszeile sehen Sie die Aufforderung „Use Open or New in File Menu"

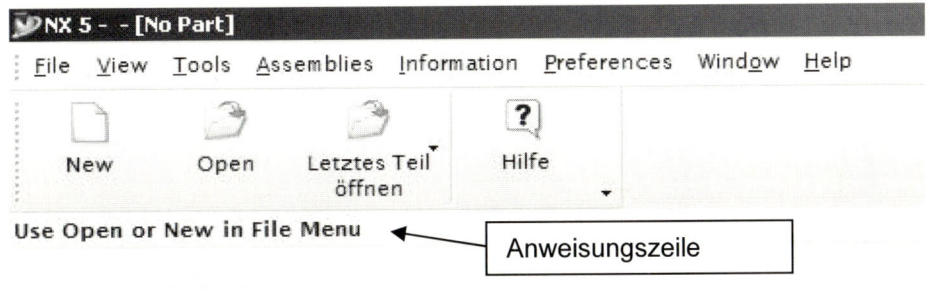

Abb. 2.3: NX- Einstiegsfenster

Durch die Menüauswahl **File** → **Open** oder Selektieren des Icons **Open** könnten Sie nun eine bereits vorhandene Datei öffnen. Da wir nun ein erstes Teil modellieren wollen, wählen Sie bitte **File** → **New** oder selektieren Sie das Icon **New**
.
Es öffnet sich das Auswahlfenster **File New**[NX6]. In diesem Auswahlfenster geben Sie durch Aktivieren der Karteikarten **Model**, **Drawing** oder **Simulation** an, ob Sie im Bereich Modellieren, Zeichnungserstellung oder Simulation arbeiten wollen. Wenn Sie nun die Karteikarte **Model** aktivieren, bekommen Sie die vorhandenen Template-Dateien aufgelistet.

[NX6] Veränderungen unter NX6, vgl. S. 266

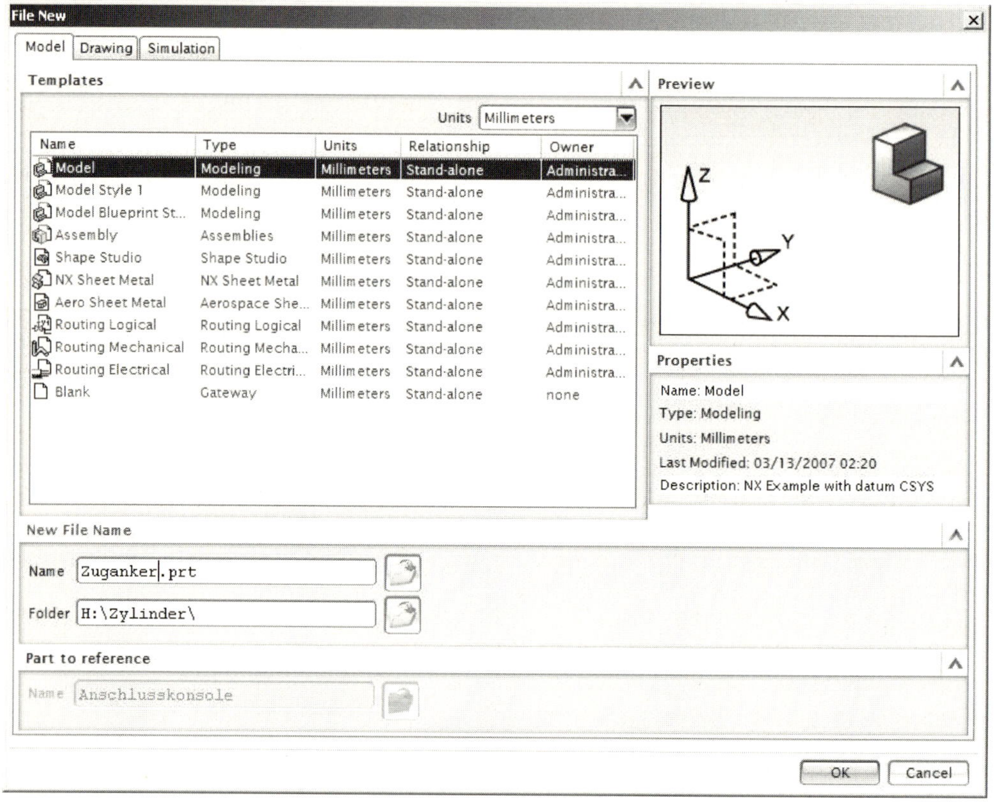

2 Modellieren von Einzelteilen

Abb. 2.4: Fenster File New

Wählen Sie die Template-Datei **Model** aus, tragen Sie dann in das Feld **Name** den Dateinamen **Zuganker.prt** und in das Feld **Folder** das Ablageverzeichnis **..\Zylinder**. Betätigen Sie dann die Schaltfläche OK.

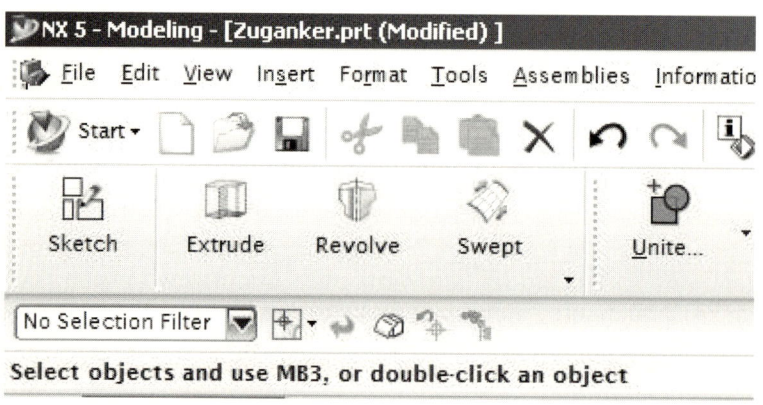

Abb. 2.5: Einstiegsfenster Modeling

2.1 Zuganker

Nun öffnet sich sofort das Einstiegsfenster für die Application **Modeling**, die Anwendungsumgebung für das Modellieren. Sie bekommen also, gesteuert durch die ausgewählte Template-Datei, die passende Anwendungsumgebung zur Verfügung gestellt. Falls Sie in eine andere Application wechseln wollen, können Sie das durch Betätigen der Schaltfläche **Start** und Auswahl der entsprechenden Application tun.

Rollenkonzept

Bevor Sie mit dem Modellieren loslegen, sollten Sie sich kurz mit dem Rollenkonzept auseinandersetzen, das seit NX4 zur Verfügung steht: Je nach ausgewählter Anwenderrolle steht Ihnen ein für diese Anwenderrolle zugeordneter Funktionsumfang zur Verfügung. Wenn Sie im Einstiegsfenster **Modeling** die relativ große Darstellung der Icons für das Modellieren sehen, deutet das darauf hin, dass als Defaultrolle die Rolle **Essentials** eingestellt ist. So schön die große Darstellung der Icons ist, werden Sie bald merken, dass Sie eher mehr Icons in direktem Zugriff haben wollen, und Sie sollten auch sicherstellen, dass alle Menüpfade angezeigt werden. Betätigen Sie also zunächst den Flip-Schalter **Roles** am linken Rand neben dem Graphikbereich und prüfen Sie, welche Rollen Ihnen angeboten werden.

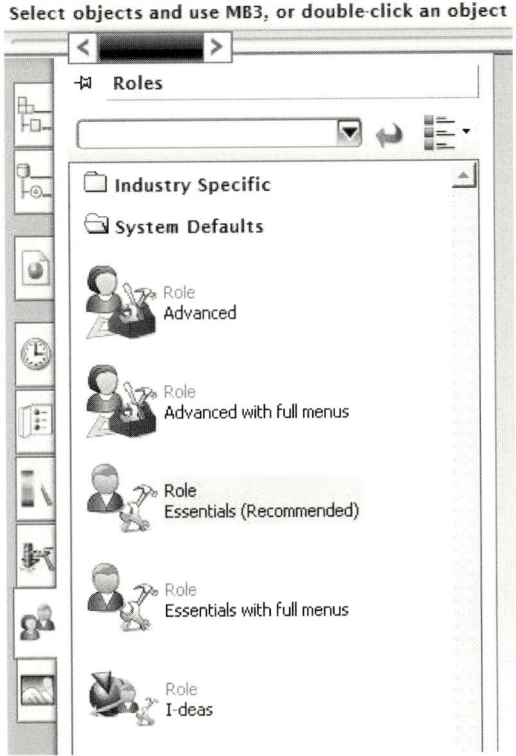

Wählen Sie dann die Rolle **Advanced with full menus** aus.

Die Warnung, die Ihnen angezeigt wird, quittieren Sie mit **OK**.

Abb. 2.6: Rollenauswahl

Nun verändert sich das Erscheinungsbild der Iconleiste: Die für das Modellieren angebotenen Icons werden in der Größe an die obere Iconleiste angepasst und damit haben Sie auf eine größere Anzahl Icons direkten Zugriff. Außerdem ist sichergestellt, dass Sie alle Menüs vollständig angezeigt bekommen.

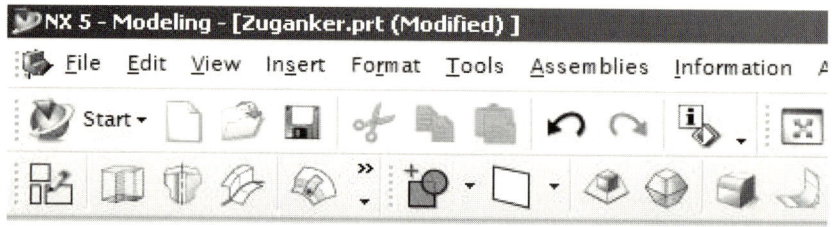

Abb. 2.7: Einstiegsfenster Modeling nach Auswahl der Rolle „Advanced with full menus"

Nun können Sie kurz prüfen, welche Toolbars (Symbolleisten) Ihnen als Default (Voreinstellung) angeboten werden. Betätigen Sie die rechte Maustaste in einem leeren Gebiet des Symbolleistenbereichs. Es erscheint ein Pop-Up-Menü, in dem die verfügbaren Toolbars aufgelistet werden. In diesem Pop-Up-Menü können Sie durch Anklicken der Zeilen Toolbars aktivieren oder deaktivieren. Sehr viel differenzierter können Sie dies über die Customize-Funktionalität, die Sie durch Auswahl der Zeile **Customize** in dem Pop-Up-Menü (unterste Zeile) erreichen.

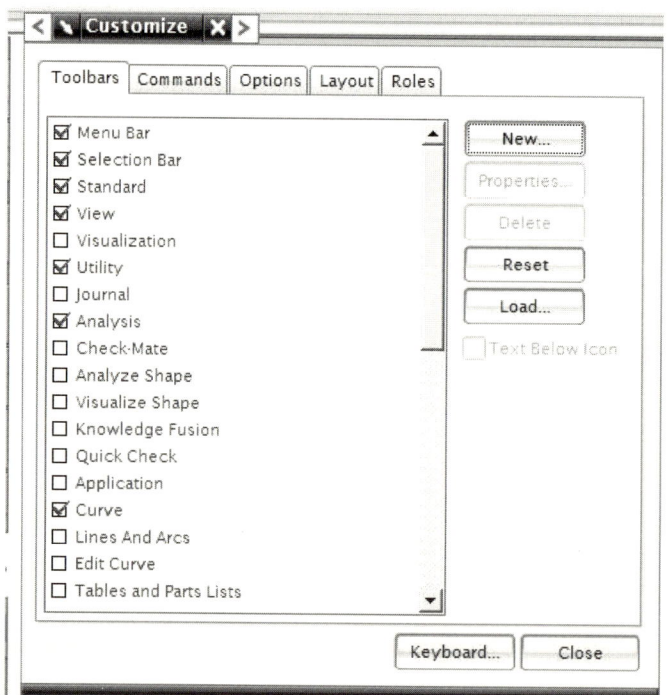

Abb. 2.8: Fenster Customize

Im Fenster **Customize** (vgl. Abb. 2.8), das sich dann öffnet, können Sie in der Karteikarte **Toolbars** die benötigten Toolbars durch Anklicken des Auswahlkästchens aktivieren oder deaktivieren. In der Karteikarte **Commands** können Sie sodann steuern, welche Kommandos der einzelnen Toolbars Ihnen in der Iconleiste angeboten werden sollen. Über die Karteikarten **Options** und **Layout**^{NX6} können Sie z.B. steuern, ob Ihnen Tooltips (Hilfetexte) angezeigt werden sollen, wenn Sie mit der Maus auf ein Icon zeigen, und das Layout der Benutzeroberfläche festlegen.

> **Info:**
> Es stehen Ihnen immer nur die Symbolleisten zur Verfügung, die Sie in der jeweiligen Application benutzen können. Wenn Sie sich in der Application **Modeling** befinden, können Sie keine Symbolleiste aus der Application **Drafting** aktivieren.

Zu guter Letzt können Sie mit der Karteikarte **Roles** Ihre individualisierte Benutzeroberfläche als Rolle abspeichern und so für unterschiedliche Aufgaben eigene Oberflächen hinterlegen.

Andockmechanismus für Auswahlfenster in NX5

Lassen Sie das Fenster **Customize** noch ganz kurz offen, um den Andockmechanismus in NX5 auszuprobieren: Im Ausgangszustand müsste das Fenster **Customize** an einer „Schiene" über dem Graphikbereich angedockt sein. Wenn dieses oder ein anderes Fenster bei entsprechendem Modellierfortschritt Graphikelemente verdeckt, dann können Sie durch Anklicken von **Move right** oder **Move left** das Fenster auf der Schiene nach rechts oder links verschieben. Durch Betätigen von **Unclip** können Sie das Fenster von der Schiene lösen und durch Betätigen von **Clip** können Sie dann wieder ein frei im Graphikbereich angeordnetes Fenster an der Schiene anheften. Probieren Sie das einfach mal aus.

Hinzufügen von Icons in die Symbolleisten

Jeder Symbolleiste sind unterschiedliche Icons zugewiesen. Die Standardeinstellung von NX5 hat nur die gängigen Icons für jede Symbolleiste aktiviert.
Wenn Sie weitere Icons hinzufügen möchten, können Sie das entweder, wie bereits geschildert, über die Customize-Funktionalität tun, alternativ können Sie die Schaltfläche **Toolbar Options** betätigen, die Sie am Ende jeder Toolbar sehen.

Wenn Sie dann die Option **Add or Remove Buttons** auswählen, können Sie in der Liste der aktiven Toolbars wählen, in welcher Toolbar Sie Veränderungen vornehmen wollen und können dann in der Liste der Icons direkt einzelne Icons deaktivieren oder zusätzlich aktivieren.

---

^{NX6} Veränderungen unter NX6, vgl. S. 266

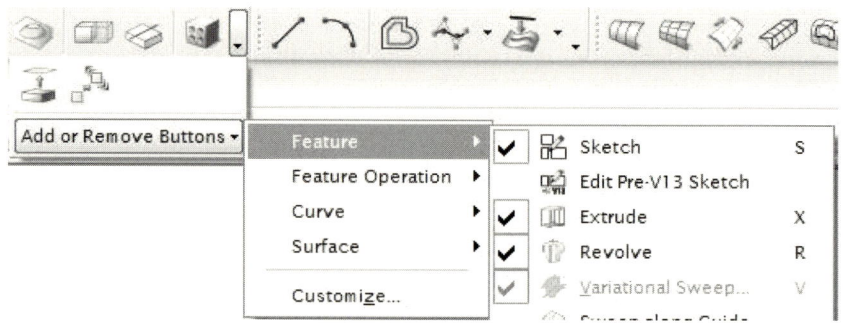

Abb. 2.9: Alternative Möglichkeit für das Ergänzen fehlender Icons

Referenzkoordinatensystem und Achsendreibein

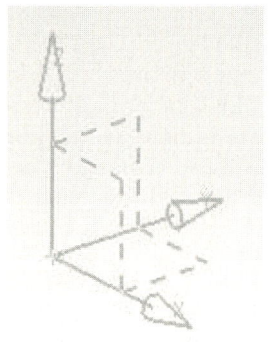

Abb. 2.10: Referenzkoordinatensystem

In NX5 wird Ihnen beim Einstieg in das Modellieren ein Referenzkoordinatensystem angeboten, das auf den Ursprung des absoluten Koordinatensystems ausgerichtet ist. Die Achsen dieses Systems, die durch die strichlierten Rechtecke angedeuteten Bezugsebenen und den Ursprung selbst können Sie bei nachfolgenden Modellieroperationen als Bezug auswählen.

Zu Beginn stimmt das Arbeitskoordinatensystem (Working Coordinate System WCS, Koordinatenwerte XC, YC ZC) mit dem absoluten Koordinatensystem (Koordinatenwerte X, Y, Z) überein.

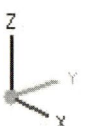

Links unten im Graphikbereich sehen Sie außerdem ein Achsdreibein, das Ihnen die Ausrichtung des globalen Koordinatensystem anschaulich macht. Durch Anwählen einer der dargestellten Achsen können Sie gesteuerte Rotationen der Modelldarstellung um die gewählte Achse auslösen. Probieren Sie es später mal aus.

Jetzt sollten wir endlich daran gehen, erste Geometrieelemente zu erzeugen.

Abb. 2.11: Achsdreibein

Erzeugen des ersten Grundkörpers

Der Zuganker hat im Wesentlichen die Gestalt eines Zylinders, also können wir in NX zunächst einen Grundkörper Zylinder erzeugen. Dazu gehen Sie folgendermaßen vor:

Selektieren Sie das Symbol **Cylinder** in der Symbolleiste (alternativ: **Insert** → **Design Feature** → **Cylinder**). Es erscheint das Fenster **Cylinder**.

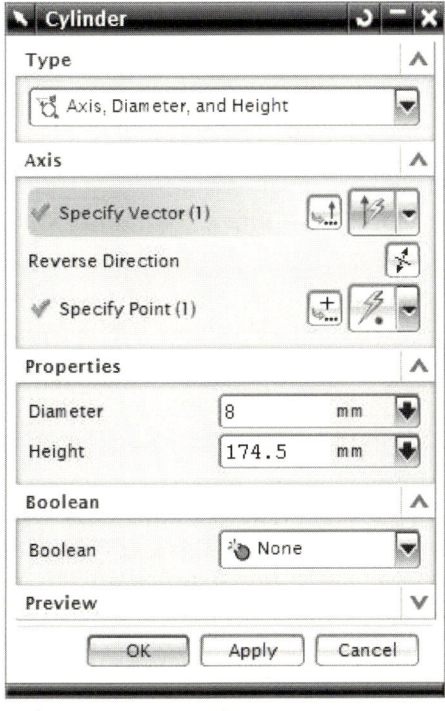

Abb. 2.12: Fenster Cylinder

In dem Fenster **Cylinder** sind die für die Definition eines Zylinders nutzbaren Steuerungsmöglichkeiten so angeordnet, dass sie grundsätzlich von oben nach unten abgearbeitet werden sollten.

Der Type der Erzeugungsmethode ist mit **Axis, Diameter and Height** sinnvoll voreingestellt. Der Zylinder soll also durch Vorgabe einer Achsrichtung sowie Angabe der Parameterwerte für Durchmesser und Höhe erzeugt werden. Andere Erzeugungsmethoden könnten Sie durch Betätigen von aus einer Auswahlliste auswählen[NX6].

Im Bereich **Axis** können Sie die Aktionen ansteuern, die Sie zur Festlegung der Zylinderachse benötigen, nämlich das Festlegen eines Vektors zur Ausrichtung der Achse und das Festlegen eines Bezugspunktes zur Festlegung der räumlichen Anordnung.

Im Bereich **Properties** werden die Parameterwerte eingegeben, die für die ausgewählte Erzeugungsmethode benötigt werden.

Im Bereich **Boolean** wählen Sie aus einer Auswahlliste aus, welche der booleschen Operationen (**None**, **Unite**, **Subtract**, **Intersect**) mit der Zylindergeometrie ausgeführt werden sollen. **None** bedeutet, dass der Zylinder als neuer Volumenkörper entsteht, **Unite** bedeutet, dass der Zylinder mit einem bereits vorhandenen Volumenkörper vereint wird, **Subtract** bedeutet, dass er von einem bereits vorhandenen Volumen abgezogen wird und **Intersect** schließlich bedeutet, das die Schnittmenge zwischen dem Volumen des Zylinders und einem bereits vorhandenen Volumenkörper gebildet werden soll. Wenn Sie in der aktuellen Modelliersituation die Schaltfläche betätigen, werden Sie allerdings sehen, dass die Operationen **Unite**, **Subtract** und **Intersect** nicht auswählbar sind, da noch kein Volumenkörper existiert, auf den diese Operationen angewendet werden könnten.

[NX6] Veränderungen unter NX6, vgl. S. 266

Bevor wir nun den Zylinder erzeugen, schauen wir uns ganz kurz noch die Eingabemöglichkeiten im Bereich **Axis** an. Beim Öffnen des Fensters **Cylinder** ist die Zeile **Specify Vector** hinterlegt, es wird also die Definition eines Vektors erwartet. Sie können nun die Schaltfläche betätigen, um aus einer Liste von gängigen Vektordefinitionen die geeignete auszuwählen. Sollte der dabei festgelegte Vektor in die falsche Richtung zeigen, so können Sie mit der Schaltfläche **Reverse Direction** die Richtung des Vektors umkehren.

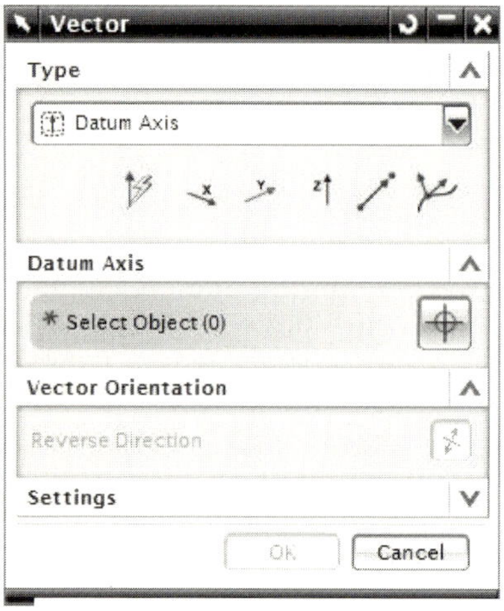

Alternativ können Sie durch Betätigen der Schaltfläche das Fenster **Vector** öffnen, das alle erdenklichen Möglichkeiten zur Definition eines Vektors[NX6] anbietet. Wählen Sie hier einmal den Type **Datum Axis** aus und dann die Schaltfläche .

Im Graphikbereich wird dann ein Vektor sichtbar, der in Richtung der YC-Achse zeigt. Mit **Reverse Direction** könnten Sie jetzt noch die Richtung umkehren, verlassen Sie aber jetzt das Fenster mit OK.

Sie können nun in der Zeile **Specify Point** die Schaltfläche betätigen, um aus einer Liste von gängigen Punktspezifikationen die geeignete auszuwählen. Alternativ können Sie durch Betätigen der Schaltfläche das Fenster **Point** öffnen, das alle erdenklichen Möglichkeiten zur Spezifikation eines Punktes bietet.

Wählen Sie hier die Option **Inferred Point**, geben Sie die Koordinaten des Ursprungs ein und betätigen Sie die Schaltfläche OK.

Im Fenster **Cylinder** geben Sie im Bereich **Properties** noch die Parameterwerte für Durchmesser (**8**) und Höhe (**174.5**) ein und schließen Sie das Fenster **Cylinder** mit OK.

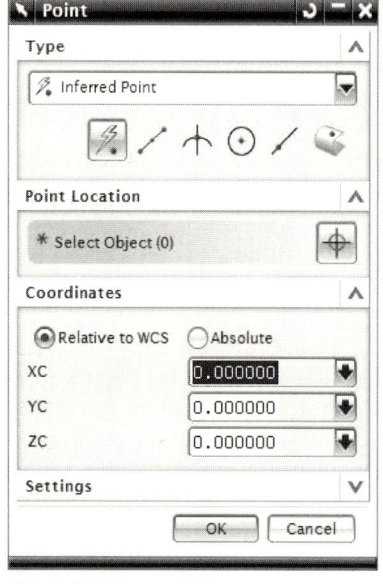

Abb. 2.13: Fenster Vector

Abb. 2.14: Fenster Point

[NX6] Veränderungen unter NX6, vgl. S. 267

2.1 Zuganker

> **Info:**
> Sie können bei der Eingabe von Parameterwerten jeweils mit der Tabulatortaste zum nächsten Eingabefeld springen und dann den voreingestellten Wert direkt überschreiben.
> Falls Sie das Eingabefeld mit der Maus wechseln, markieren Sie am besten den voreingestellten Wert durch Doppelklick mit der linken Maustaste, so dass er komplett blau unterlegt ist. Geben Sie dann auch hier direkt den neuen Wert ein.
> Achten Sie darauf, dass Sie bei der Eingabe von Werten mit Nachkommastellen einen **Punkt** verwenden und **kein Komma**.

Sie haben nun die Grobgeometrie des Zugankers entsprechend der nebenstehenden Abbildung erzeugt.

Mit dieser Geometrie können Sie jetzt die verschiedenen Möglichkeiten zur Orientierung eines Objektes im Graphikbereich kennen lernen.

Abb. 2.15: Zuganker - Grobgeometrie

Orientierung eines Objektes im Graphikbereich

Dies geht ganz einfach durch Selektieren des Pfeils rechts neben dem Icon für **Isometric** in der Symbolleiste und anschließender Auswahl von **Isometric** oder einer der anderen Standardansichten im Drop-down Menü.

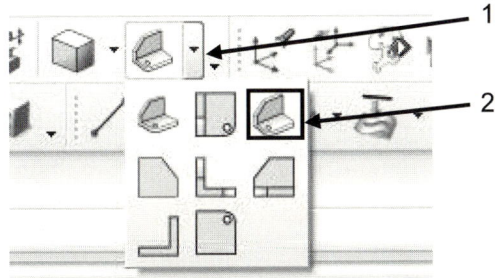

Das jeweils ausgewählte Symbol des Drop-down-Menüs erscheint dann im Hauptsymbol. Bei wiederholter Wahl der gleichen Funktion braucht deshalb nur das Hauptsymbol selektiert und das Drop-down-Menü nicht mehr geöffnet zu werden.

Abb. 2.16: Ansichtsorientierung

Nutzung des Kontextmenüs im Graphikbereich

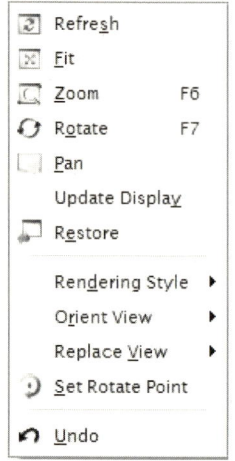

In vielen Fällen können Sie auch durch Betätigen der rechten Maustaste ein Kontextmenü öffnen, das Ihnen dann im jeweiligen Kontext sinnvoll erscheinende Aktionen zugänglich macht.

Wenn Sie mit der Maus auf den Hintergrund des Graphikbereichs zeigen, dabei keine Geometrie auswählen und die rechte Maustaste betätigen, erscheint das in Abbildung 2.17 dargestellte Kontextmenü. Wenn Sie darin **Orient View** auswählen, bekommen Sie ebenfalls die Standardansichten zur Auswahl angeboten.

Über das Kontextmenü sind aber auch z.B. häufig genutzte Zoomfunktionen erreichbar.

Abb. 2.17: Kontextmenü

Zoomfunktionen

In NX5 stehen folgende Zoomfunktionen zur Verfügung, um z.B. das Selektieren von Geometrieobjekten zu vereinfachen.

Zoom (In Fenster zoomen):

Nach Aktivieren der Option **Zoom** erscheint der Mauszeiger als Lupe und Sie können nun durch Betätigen der linken Maustaste und Gedrückthalten einen Ausschnitt markieren, der dann vergrößert wird.

Zoom In/ Out (Vergrößern / Verkleinern):

Hier erscheint der Cursor als Lupe mit einem „±" in der Mitte. Das Vergrößern oder Verkleinern realisieren Sie, indem Sie bei gedrückter linker Maustaste die Maus nach oben oder unten verschieben.

Fit (Einpassen der gesamten erzeugten Geometrie in den Graphikbereich):

Durch Selektieren des Icons **Fit** wird Ihre Geometrie vollständig so groß wie möglich in den Graphikbereich eingepasst.

Rotate (Rotieren Ihres Objektes):

2.1 Zuganker

Der Cursor erscheint in Form von zwei geschwungenen Pfeilen; bei gedrückter linker Maustaste können Sie durch Bewegen der Maus das Objekt im Raum rotieren lasen.

Pan (Verschieben des Objekts auf dem Bildschirm):

Der Cursor erscheint als Hand. Bei gedrückter linker Maustaste können Sie durch Bewegen der Maus Ihr Objekt auf dem Bildschirm verschieben.

Beenden des Vorgangs

Durch nochmaliges Selektieren des entsprechenden Icons, durch Betätigen der mittleren Maustaste oder durch Drücken der Escape-Taste wird der Vorgang beendet.

Maustastenbelegungen zur Veränderung der Darstellung

Zur Vereinfachung der Handhabung der dynamischen Ansichtsveränderung sind die vielleicht am häufigsten verwendeten Optionen bestimmten Maustastenbelegungen zugeordnet:

Betätigen und Gedrückthalten der mittleren Maustaste ermöglicht das **Rotate**. Wenn Sie dabei Ihre Geometrie so drehen, dass die Ansicht ungefähr einer Standardansicht entspricht, können Sie durch Drücken der **F8-Taste** die Genauausrichtung in die Standardansicht bewirken.
Gleichzeitiges Betätigen und Gedrückthalten von mittlerer und rechter Maustaste ermöglicht das **Pan**.
Verfügt die Maus anstelle der mittleren Taste über ein Rädchen, so können Sie durch Drehen des Rädchens das **Zoom in/out** bewirken.

Die Handhabung ist wirklich einfacher als der Einstieg über die Icons: Probieren Sie es aus.

Anbringen der Fasen

Wir wollen nun das Modellieren des Zugankers damit fortsetzen, dass die beiden Fasen an den Enden des Zylinders angebracht werden.

Selektieren Sie in der Symbolleiste das Icon **Chamfer** (alternativ: **Insert → Detail Feature → Chamfer**).

Im Bereich **Offsets** des Fenster **Chamfer** stellen Sie als Erzeugungsart **Symmetric** ein, das bedeutet, dass das Fasenmaß in beide Richtungen gleich groß gesetzt wird. Bei 90°-Kanten führt dies zu den üblichen 45°-Fasen. Als Fasenmaß tragen Sie **0.4** ein.
Selektieren Sie dann im Graphikbereich die beiden Kreise, welche die Stirnseiten begrenzen, durch Anklicken mit der linken Maustaste und schließen Sie das Erzeugen der Fasen mit OK ab.

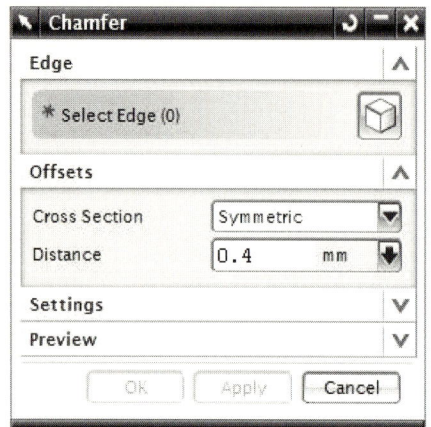

Sie sehen nun, dass die Fasen erzeugt werden. Auf diese Weise haben Sie die beiden Stirnflächen mit Fasen von 0,4 mm Breite und einem Fasenwinkel von 45° versehen.

Abb. 2.18: Fenster Chamfer

Rückgängigmachen einer Operation

Wie bei den meisten heutigen Programmen können Sie auch in NX5 eine ausgeführte Operation rückgängig machen. Am einfachsten machen Sie die letzte Operation rückgängig, indem Sie das Icon **Undo** betätigen.

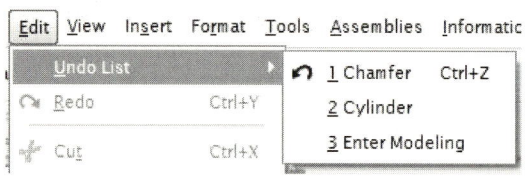

Um zu sehen, welche Befehle Sie rückgängig machen können, wählen Sie in der Menüleiste **Edit → Undo List**. Die Liste zeigt Ihnen dann alle Befehle an, die rückgängig gemacht werden können. Nach einem Speichern wird die Liste leer.

Abb. 2.19: Undo List

Wenn Sie ein **Undo** durchgeführt haben, wird das Icon **Redo** aktiv, mit dem Sie das **Undo** wieder rückgängig machen können.

Einfügen der Gewinde[NX6]

Zum Einfügen eines Gewindes selektieren Sie das Icon **Thread** (alternativ: **Insert → Design Feature → Thread**).
Daraufhin erscheint das Fenster **Thread**.

Anweisung: „Select a cylindrical face for table lock up, or choose Manual Input to bypass tables"

[NX6] Veränderungen unter NX6, vgl. S. 268

2.1 Zuganker

Damit werden Sie aufgefordert, eine Zylinderfläche auszuwählen, um Tabellenwerte für die Erzeugung des Gewindes zu verwenden oder Werte manuell einzugeben und damit die Tabelle zu umgehen.

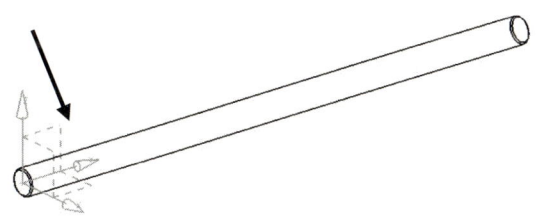

Wählen Sie die Mantelfläche des Zugankers in der Nähe des zu erstellenden Gewindes aus. Sie teilen damit dem System mit, wo Sie das Gewinde generieren möchten. Das System zeigt Ihnen nun die Richtung an, in der das Gewinde erzeugt wird.

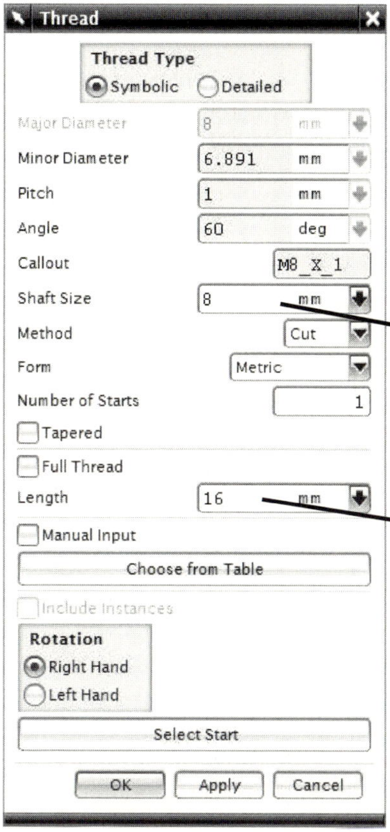

Abb. 2.20: Zuganker – Auswahl für Gewinde

Aufgrund des Durchmessers der Zylinderfläche kann dann das Fenster **Thread** mit Tabellenwerten für das zu erzeugende Gewinde gefüllt werden.

Ändern Sie die Shaft Size von 7.794 mm auf 8 mm, da sonst der Außendurchmesser verändert wird.

Geben Sie für die Länge **16** ein.

Anweisung: *„Choose OK or Apply, or select more faces for additional threads"*

Bestätigen Sie mit Apply.

Abb. 2.21: Fenster Thread

Damit wird das Gewinde an dem ausgewählten Ende des Zugankers erzeugt.

Wählen Sie jetzt die Mantelfläche am anderen Ende aus, stellen Sie die Shaft Size wieder auf **8** und die Gewindelänge auf **16** und bestätigen mit OK.

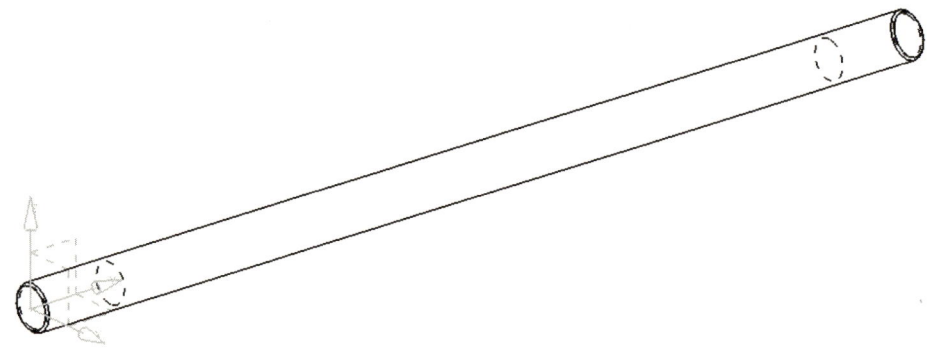

Abb. 2.22: Zuganker mit Fasen und Gewinden

Möglicherweise werden Sie zunächst überhaupt keine Veränderung der Darstellung des Zugankers wahrnehmen, da Sie vermutlich den Zuganker schattiert dargestellt bekommen. Deshalb wird es Zeit, die verschiedenen Möglichkeiten zur Darstellung eines Objektes kennen zu lernen.

Darstellung eines Objekts

NX5 bietet unterschiedliche Darstellungsvarianten für ein Objekt an.

Eingeblendete verdeckte Kanten

Um das Objekt in Kantendarstellung (als Drahtmodell) mit eingeblendeten verdeckten Kanten darzustellen, betätigen Sie die rechte Maustaste im Graphikbereich und wählen im Kontextmenü **Rendering Style**. Im sich nun öffnenden Untermenü wählen Sie

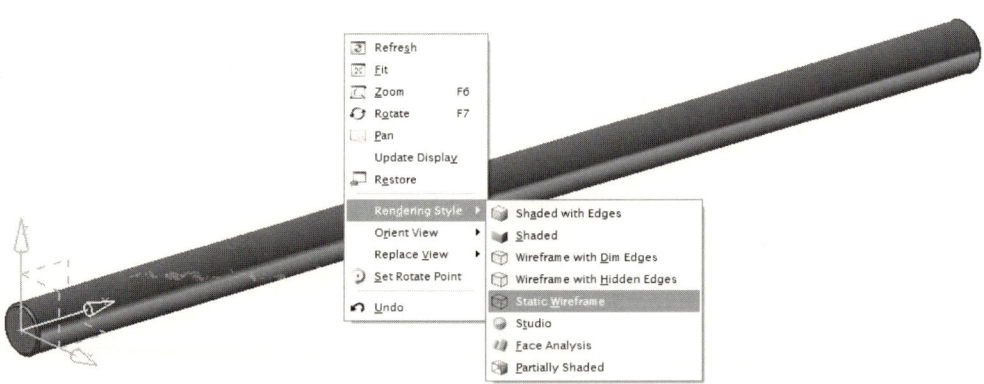

Abb. 2.23: Änderung der Darstellung im Kontextmenü

2.1 Zuganker

den Unterpunkt **Static Wireframe** (statisches Drahtmodell). Die Darstellung entspricht dann der Abbildung 2.22.

Ausgeblendete verdeckte Kanten

Um das Objekt mit ausgeblendeten verdeckten Kanten darzustellen, wählen Sie im Kontextmenü den Menüpunkt **Rendering Style** und im entsprechenden Untermenü **Wireframe with Hidden Edges** (Drahtmodell mit verdeckten Kanten).

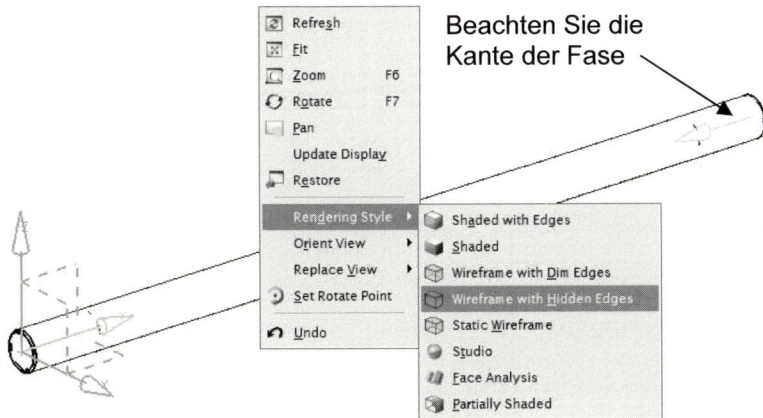

Abb. 2.24: Darstellung als Drahtmodell mit verdeckten Kanten

Dünne graue verdeckte Kanten

Wählen Sie hierfür im Kontextmenü den Menüpunkt **Rendering Style** und im entsprechenden Untermenü den Unterpunkt **Wireframe with Dim Edges** (Drahtmodell mit grauen, verdeckten Kanten).

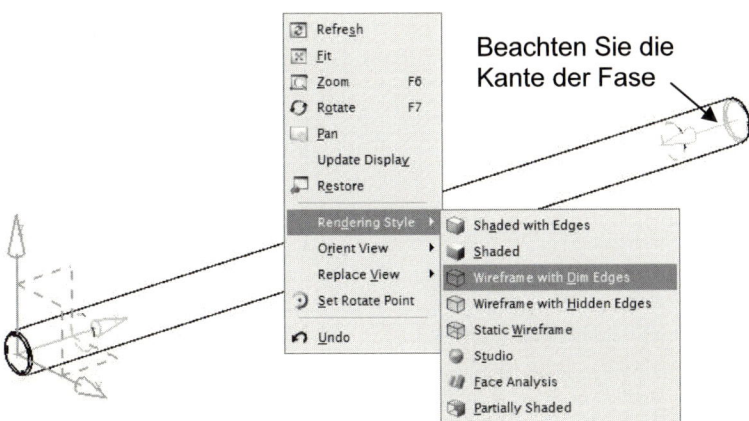

Abb. 2.25: Darstellung als Drahtmodell mit dünnen grauen verdeckten Kanten

Sie können aber auch alternativ die Darstellung der verdeckten Kanten über das entsprechende Icon in der Symbolleiste ändern.

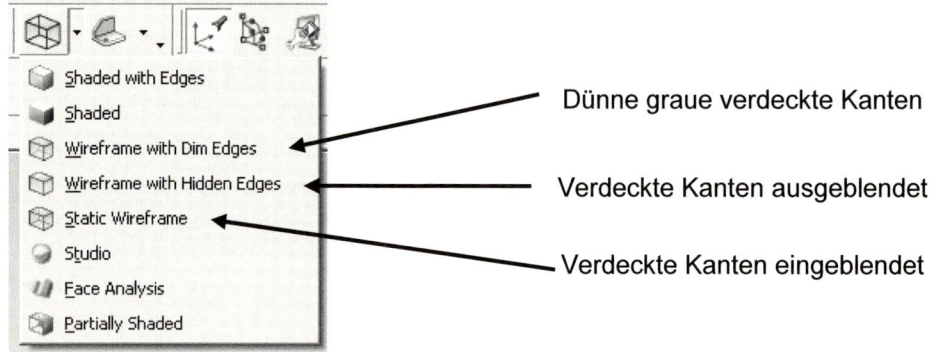

Abb. 2.26: Festlegen der Darstellung über Untermenü

Schattierte Darstellung

Die schattierte Darstellung des Objektes erhalten Sie wieder durch Betätigen der rechten Maustaste im Grafikfenster. In dem nun erscheinenden Pop-up-Menü gehen Sie mit dem Mauszeiger auf **Rendering Style** und wählen im erscheinenden Menü **Shaded with Edges**.

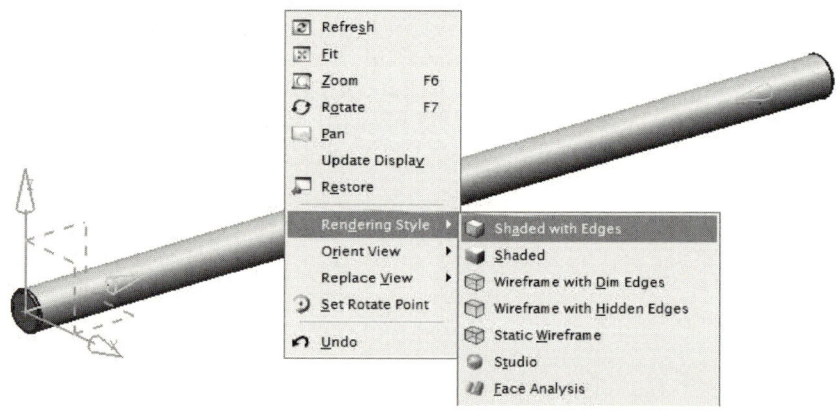

Abb. 2.27: Darstellung schattiert mit Kanten

Part Navigator

Die bisher durchgeführten Modellierschritte können Sie am einfachsten im **Part Navigator** nachvollziehen. Wenn Sie den Flip-Schalter **Part Navigator** am linken Bildschirmrand betätigen, wird der **Part Navigator** eingeblendet.
Sollte die Darstellung bei Ihnen nicht so aussehen wie in Abbildung 2.28, dann zeigen Sie mit der Maus in den freien Bereich des **Part Navigators** und betätigen Sie die rechte Maustaste. Im Kontextmenü aktivieren Sie sodann die Option **Timestamp**

2.1 Zuganker

Order. Dies sorgt dafür, dass die von Ihnen genutzten Modellierfeatures in der zeitlichen Reihenfolge ihrer Entstehung angezeigt werden.

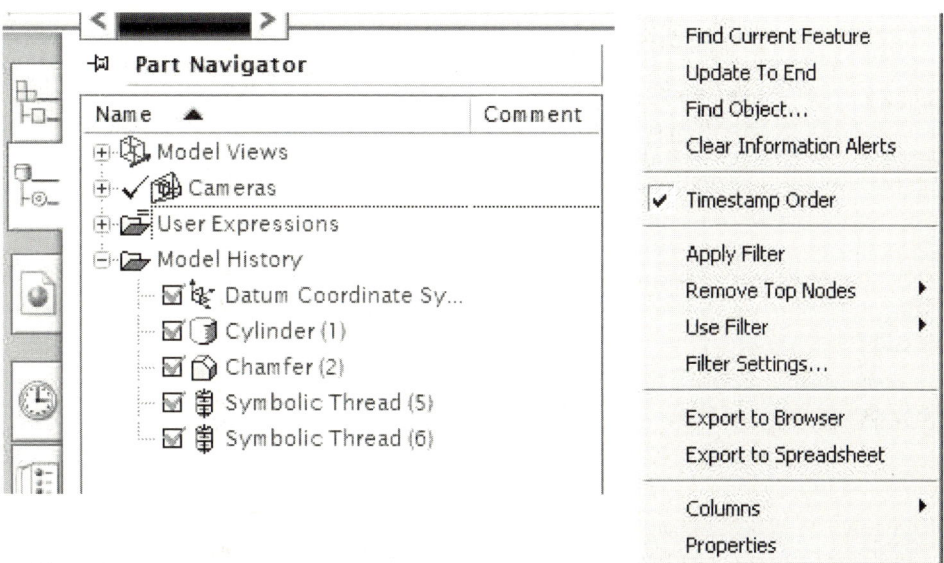

Abb. 2.28: Part Navigator

Vom **Part Navigator** aus können auch am einfachsten nachträgliche Änderungen veranlasst werden: Sie brauchen nur das entsprechende Feature mit der rechten Maustaste auszuwählen und im Kontextmenü **Edit Parameters** auszuwählen.
Dann öffnet sich zum Beispiel wieder das Fenster **Cylinder**, in dem Sie dann die gewünschten Veränderungen vornehmen können.

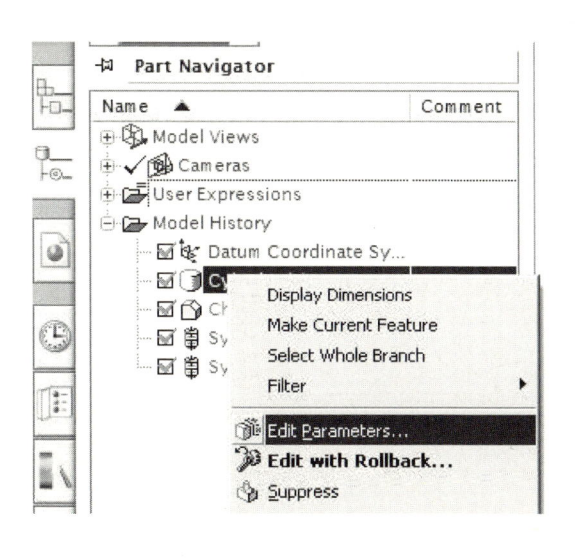

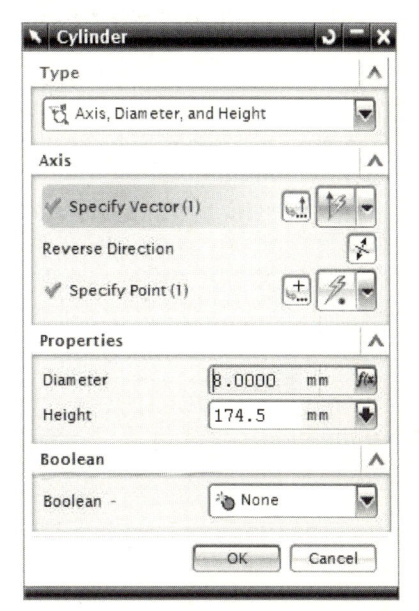

Abb. 2.29: Nachträgliches Ändern von Parameterwerten

Arbeiten mit Layern

Um später nur den Zuganker auf dem Bildschirm zu sehen und nicht durch das Referenzkoordinatensystem irritiert zu werden, werden wir dieses auf einen anderen Layer legen. Layer sind ein Organisationsmittel, das aus den Anfangszeiten der CAD-Technik stammt. Vereinfacht kann man sich Layer als Overhead-Folien vorstellen, auf die Geometrieelemente abgelegt werden und die sichtbar oder unsichtbar gesetzt werden können. Der einzige Unterschied zu Overhead-Folien ist, dass es sich um 3D-Geometrieelemente handelt. Ein Geometrieelement kann immer nur einem Layer angehören. Neue Geometrieelemente werden immer dem Worklayer zugeordnet (Default Layer 1). Insgesamt stehen 256 Layer in NX5 zur Verfügung. Falls Sie die Worklayer-Anzeige in Ihrer Menüleiste vermissen, betätigen Sie **Tools** → **Customize**. In der Karteikarte **Commands** finden Sie unter **Utility** die Worklayer-Anzeige. Ziehen Sie sie per Drag and Drop auf Ihre Menüleiste.

Auf das Thema „Layer" gehen wir später noch genauer ein. Wir werden jetzt einfach die Layertechnik nutzen, um das Referenzkoordinatensystem unsichtbar zu setzen.

Selektieren Sie also das Icon **Move to Layer** (alternativ: **Format** → **Move to Layer**).

Anweisung: „Select objects to move"

Selektieren Sie das Referenzkoordinatensystem und beenden Sie die Auswahl mit der mittleren Maustaste oder mit OK.

In dem Fenster **Layer Move** geben Sie als Destination Layer die Zahl **2** ein und schließen das Fenster mit OK.

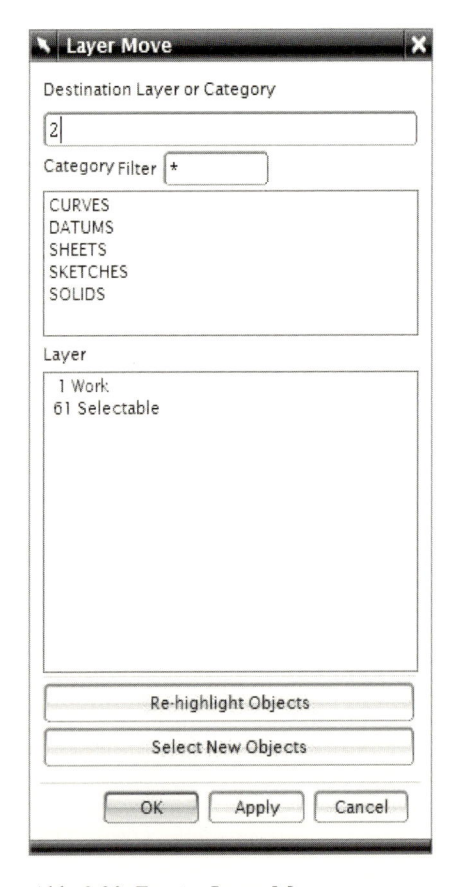

Abb. 2.30: Fenster Layer Move

2.1 Zuganker

Betätigen Sie dann das Icon **Layer Settings**^NX6 ![icon] und selektieren im Fenster **Layer Settings** den Eintrag für den Layer 2. Dann setzen Sie den Layer 2 durch Betätigen der Schaltfläche **Invisible** unsichtbar und verlassen das Fenster mit **OK**. Schließlich machen Sie das WCS noch mit dem Toggle-Schalter Display WCS ![icon] sichtbar.

Ihr Bildschirm sollte nun folgendermaßen aussehen:

Abb. 2.31: Fenster Layer Settings

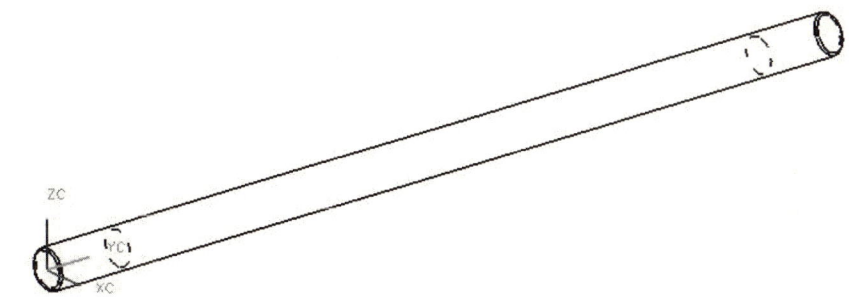

Abb. 2.32: Zuganker, Referenzsystem ausgeblendet

NX6 Veränderungen unter NX6, vgl. S. 269

Einfärben eines Objektes

Damit später beim Zusammenbau der Teile zum Zylinder nicht alle Teile in demselben einheitlichen Grau dargestellt werden, geben Sie nun dem Zuganker die Farbe **CYAN**.

Wählen Sie dazu das Icon **Edit Object Display** (alternativ: **Edit → Object Display**).

Es öffnet sich das Fenster **Class Selection**, das immer dann genutzt werden kann, wenn für eine Aktion Geometrieobjekte ausgewählt werden müssen.
Von diesem Fenster aus können Sie den Auswahlvorgang sehr differenziert gestalten, das werden wir jedoch erst bei späteren Gelegenheiten nutzen. Im Moment folgen wir einfach der Aufforderung der Anweisungszeile:

„Select Objects to Edit"

Selektieren Sie also einfach den Zuganker im Graphikbereich und schließen Sie die Auswahl durch Betätigen der mittleren Maustaste oder durch **OK**.

Abb. 2.33: Fenster Class Selection

Daraufhin erscheint das Fenster **Edit Object Display**, in dem Sie das mit der aktuellen Objektfarbe Grau hinterlegte Kästchen neben dem Wort **Color** selektieren.

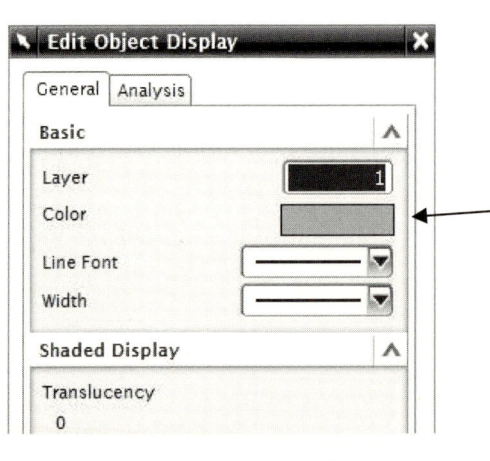

Abb. 2.34: Fenster Edit Object Display

Im Fenster **Color**[NX6], das sich nun öffnet, wählen Sie die entsprechende Fläche für die Farbe **Cyan** aus.

Sie gelangen dann wieder zurück in das Fenster **Edit Object Display** und beenden die Aktion mit OK.

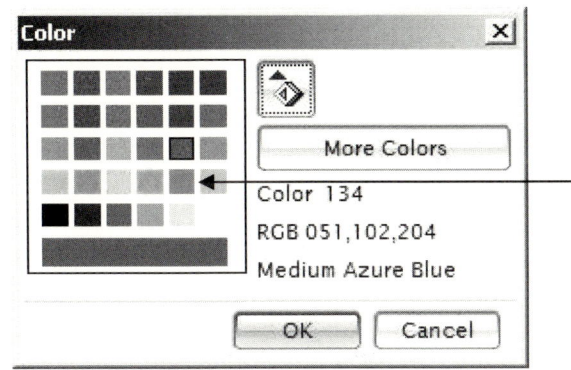

Abb. 2.35: Fenster Edit Object Display

Zwischenspeichern der Datei Zuganker

Wenn Sie während der Bearbeitung den erreichten Bearbeitungszustand zwischenspeichern möchten, betätigen Sie das Icon **Save** (alternativ: **File → Save**).

Speichern und Schließen der Datei Zuganker

Wenn Sie das Modellieren abschließen, selektieren Sie **File → Close → Save and Close**. Dadurch wird die Datei gespeichert und direkt geschlossen.

Beenden der Arbeitssitzung

Falls Sie Ihre Arbeitssitzung fortsetzen wollen, überspringen Sie diesen Abschnitt und beginnen mit der Übung 2.2. Ansonsten beenden Sie NX5 mit **File → Exit**.

Falls Sie noch weitere Dateien geöffnet haben oder vergessen haben sollten, abschließend zu speichern, erscheint eine Sicherheitsabfrage:

Durch Betätigen von **No** bleibt NX5 geöffnet und Sie können ggf. das Speichern nachholen. Wenn Sie **Yes** betätigen, wird NX5 beendet.

Abb. 2.36: Sicherheitsabfrage

[NX6] Veränderungen unter NX6, vgl. S. 268

Exkurs: Layer und Arbeitsebenen / Organisation eines Bauteils

Enthält ein Bauteil viele verschiedene Elemente, ist es durchaus sinnvoll, dieses zu organisieren, d.h. eine Layerstruktur zu erstellen. Das bedeutet z.B., dass sich alle enthaltenen Splinekurven auf Layer X befinden, alle Flächen auf Layer Y, usw.

Wie man Elemente auf verschiedene Layer verschiebt, haben Sie eben kennen gelernt (**Format → Move to Layer**). Es gibt allerdings eine praktische Funktion, mit der man sehr einfach feststellen kann, welche Geometrieelemente auf welchem Layer liegen. Die Nummerierung ist dafür nicht sonderlich aussagefähig. Den Layern können jedoch Kategorien zugewiesen werden. Bei Einzelteilen mit sehr vielen Elementen ist die Organisation über Layerkategorien sehr hilfreich, um bei der Konstruktion den Überblick zu behalten.

Um nun die Kategorie Hilfsgeometrien verfügbar zu machen, öffnen Sie wieder das Fenster **Layer Settings** mit (alternativ: **Format → Layer Settings**) und betätigen die Schaltfläche **Edit Category**[NX6].

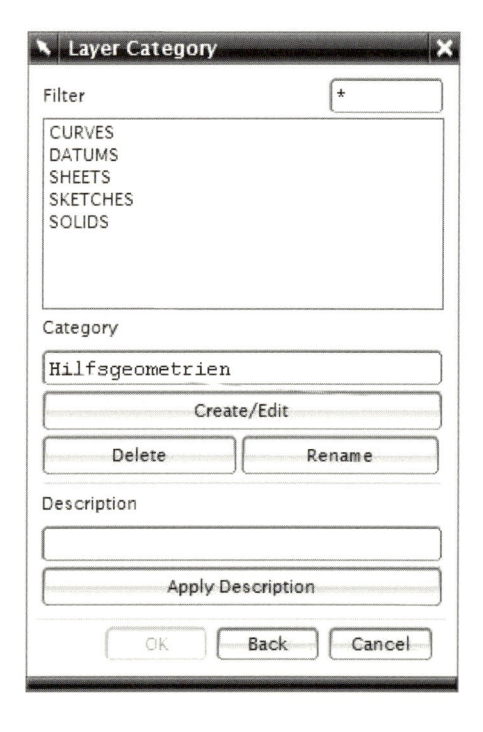

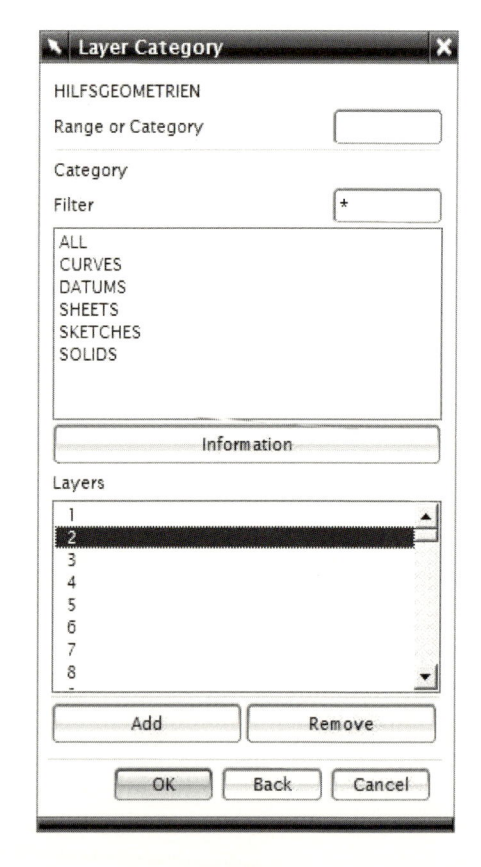

Abb. 2.37: Fenster Layer Category

Im Fenster **Layer Category** tragen Sie dann unter **Category** die Benennung **Hilfsgeometrien** ein und betätigen die Schaltfläche **Create/Edit**. Im folgenden

---

[NX6] Veränderungen unter NX6, vgl. S. 269

2.1 Zuganker

Fenster wählen Sie dann den Eintrag für den Layer 2 aus, betätigen die Schaltfläche **Add** und schließen mit [OK].

In Fenster **Layer Settings** finden Sie nun unter **Category** die Bezeichnung **Hilfsgeometrien**, über die jetzt der entsprechende Layer durch Doppelklick ein- bzw. ausgeschaltet werden kann. Auch wenn eine weitere Geometrie auf diesen Layer verschoben werden soll, kann man jetzt über **Format → Move to Layer** die Kategorie **Hilfsgeometrien** anwählen und muss sich die Nummer nicht mehr merken.

Tipp: Für Elemente, die bei der Konstruktion kurzfristig stören, stellt NX5 eine zweite Arbeitsebene zur Verfügung. So lassen sich einzelne Elemente ausblenden, ohne den entsprechenden Layer ausschalten zu müssen. Um Elemente dorthin zu verschieben oder wieder zurückzuholen, verwendet man folgende Funktionen:

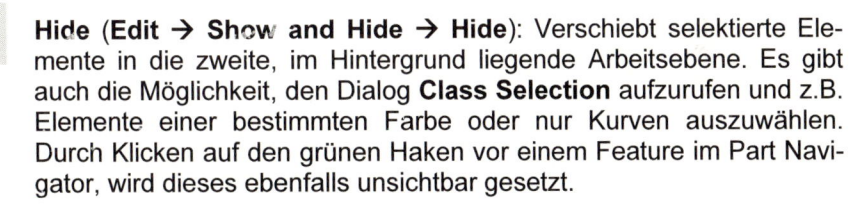

Hide (Edit → Show and Hide → Hide): Verschiebt selektierte Elemente in die zweite, im Hintergrund liegende Arbeitsebene. Es gibt auch die Möglichkeit, den Dialog **Class Selection** aufzurufen und z.B. Elemente einer bestimmten Farbe oder nur Kurven auszuwählen. Durch Klicken auf den grünen Haken vor einem Feature im Part Navigator, wird dieses ebenfalls unsichtbar gesetzt.

Invert Shown and Hidden (Edit → Show and Hide → Invert Shown and Hidden): Die vorher im Hintergrund liegende Arbeitsebene wird nun im Vordergrund zur Konstruktion angezeigt und umgekehrt. Die Ebenen werden vertauscht.

Show (Edit → Show and Hide → Show): NX5 wechselt zur im Hintergrund liegenden Ebene, in der nun Elemente ausgewählt werden können, die wieder im Vordergrund angezeigt werden sollen.

2.2 Hülse

In dieser Übung werden Sie die Hülse erstellen.

Das Ergebnis zeigt folgende Abbildung:

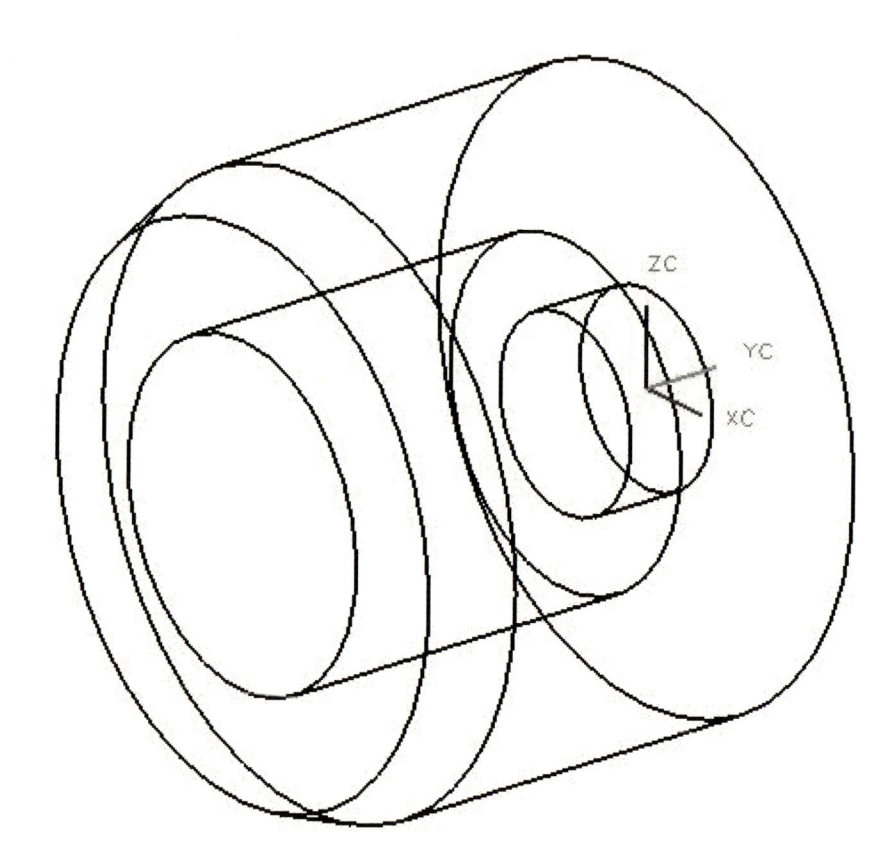

Abb. 2.38: Hülse

In dieser Übung werden Sie Folgendes lernen:

- Parametrisches Skizzieren eines Profils durch Öffnen eines Sketches, unmaßstäbliches Skizzieren eines Profils, Anbringen von Zwangsbedingungen und Bemaßung
- Erzeugen eines Rotationskörpers
- Anbringen einer Fase unter einem Winkel von 20°
- Festigung der in den vorhergehenden Übungen erlernten Arbeitstechniken

2.2 Hülse

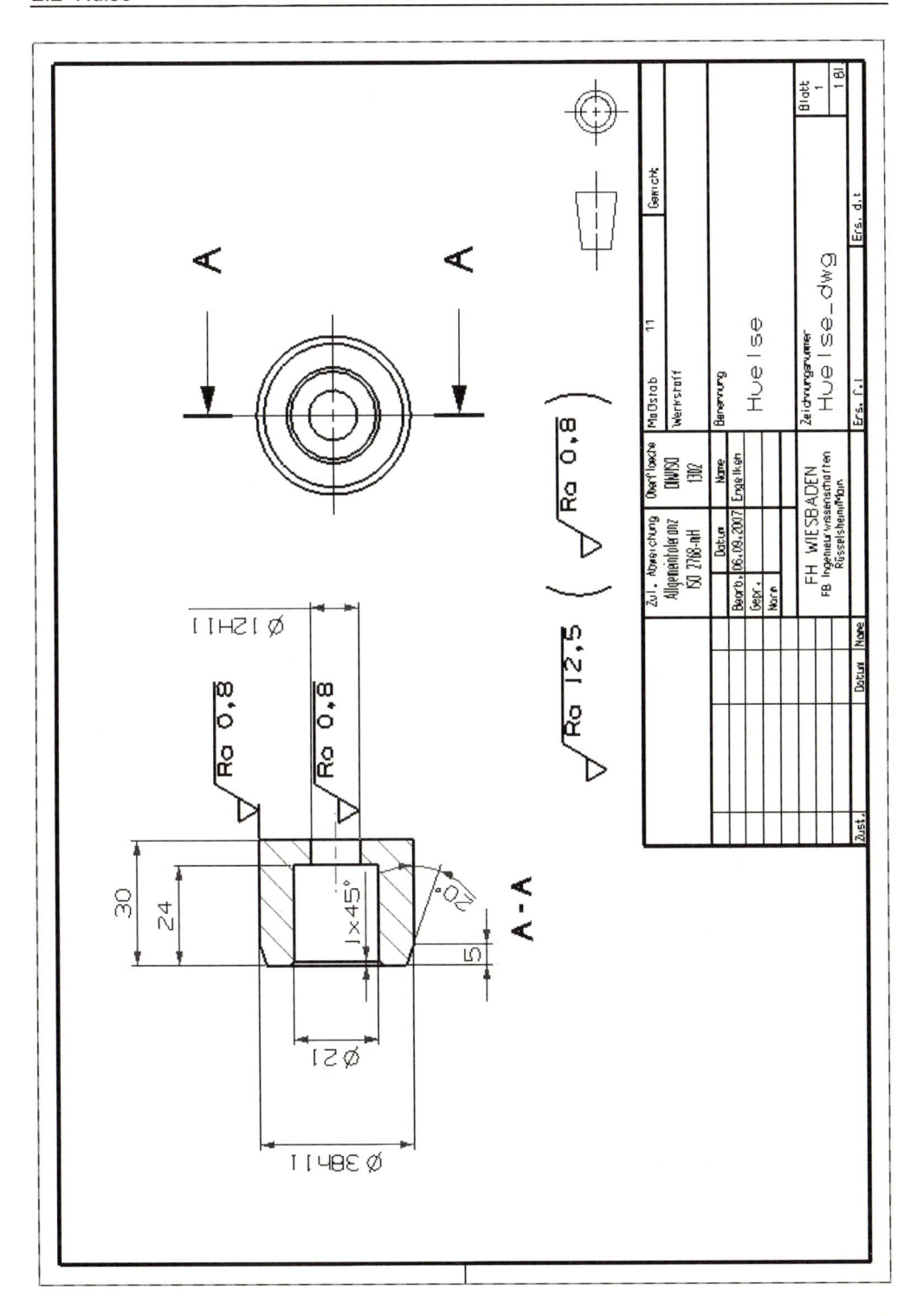

Abb. 2.39: Zeichnung Hülse

Betätigen Sie das Icon **New** (alternativ: **File → New**). Im Fenster **File New** aktivieren Sie die Karteikarte **Model**.
Wählen Sie dann die Template-Datei **Model** aus, tragen Sie in das Feld **Name** den Dateinamen **Huelse.prt** und in das Feld **Folder** das Ablageverzeichnis **..\Zylinder**.
Betätigen Sie dann die Schaltfläche **OK**.

Skizzieren eines Profils

Anhand der Zeichnung **Huelse** erzeugen Sie mit Hilfe der Funktion **Sketch** den Linienzug (Rohgeometrie) unmaßstäblich in der **YC-ZC-Ebene**.

Selektieren Sie also zunächst das Icon **Sketch** (alternativ: **Insert → Sketch**).

Es öffnet sich das Fenster **Create Sketch**:

Belassen Sie im Bereich **Plane** die Voreinstellung **On Plane**, selektieren Sie im Graphikbereich die YC-ZC-Ebene und schließen Sie das Fenster mit **OK**.

Sie können nun beobachten, dass sich das Achsenkreuz so dreht, dass Sie senkrecht auf die gewählte Skizzierebene schauen. Neben dem Cursor erscheint eine Koordinatenanzeige, die auch zur Eingabe von Koordinatenwerten verwendet werden kann. Zugleich erscheint am oberen Rand des Graphikbereichs das Menü **Profile**.

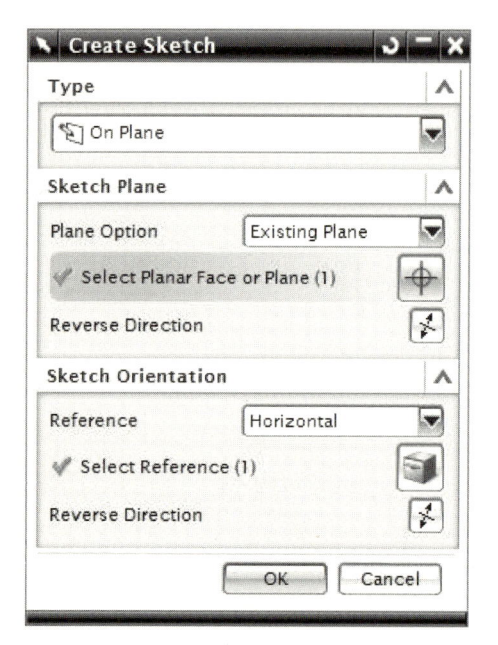

Abb. 2.40: Fenster Create Sketch

Sie befinden sich nun in der Funktion **Profile**, die genutzt wird, um einen Konturzug zu skizzieren. Mit den Schaltflächen im Menü **Profile** können Sie zwischen Linien- und Kreisbogenerzeugung bzw. zwischen Koordinateneingabemodus und dem Eingabemodus für Länge und Winkel umschalten.

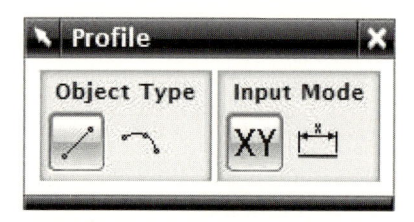

Abb. 2.41: Pop-Up-Menu Profile

Zusätzlich erscheint die Iconleiste **Snap Point**, mit der Fangfunktionen aktiviert bzw. deaktiviert werden können.

2.2 Hülse   37

Abb. 2.42: Iconleiste Snap Point

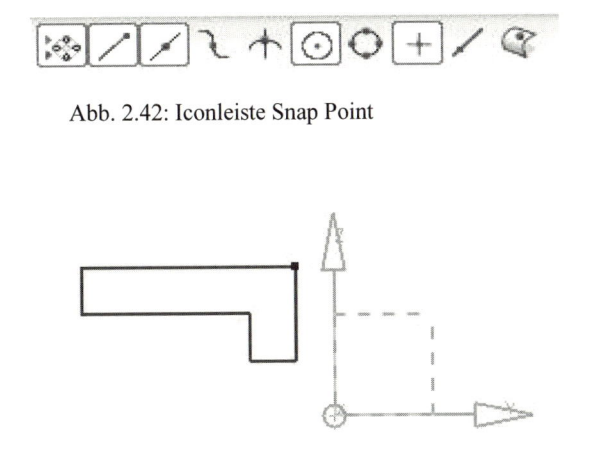

Abb. 2.43: Sketch

Ziehen Sie nun den Linienzug etwa wie dargestellt im Graphikbereich. Nutzen Sie dabei die automatische Ausrichtung der Linien in der Vertikalen bzw. der Horizontalen. Sie werden merken, dass automatisch Bezüge auch zu bereits gezeichneten Geometrien nutzbar sind und dass der Linienzug leicht geschlossen werden kann.

Sobald er geschlossen ist, beenden Sie die Profilerzeugung durch Betätigen der mittleren Maustaste bzw. der Escape-Taste.

Arbeiten mit Zwangsbedingungen (Constraints)

Die für das Arbeiten mit Zwangsbedingungen erforderlichen Funktionen werden in der Toolbar **Sketch Constraints** angeboten:

- Inferred Constraints
- Convert To/From Reference
- Show/Remove Constraints
- Show All Constraints
- Automatic Constraints
- Create Constraints
- Dimensions

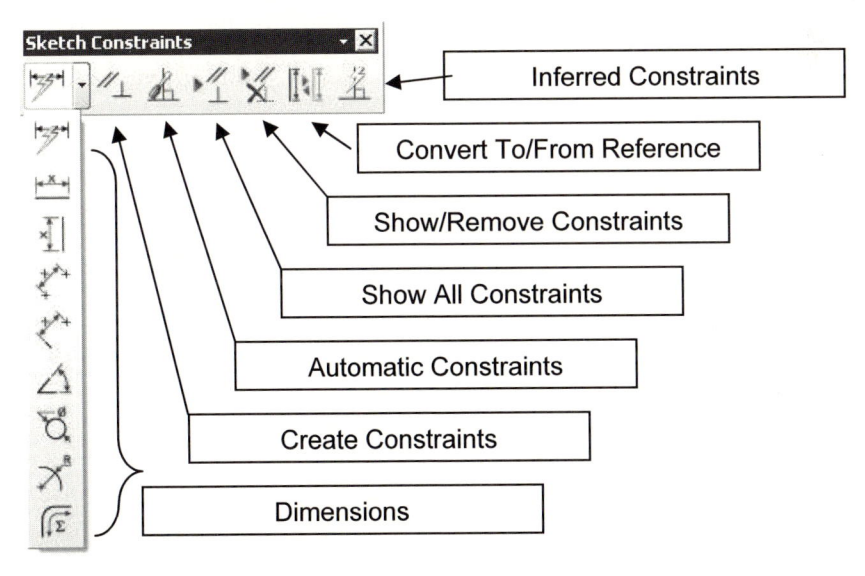

Abb. 2.44: Sketch Constraints

Überprüfen von Zwangsbedingungen (Constraints)

Durch Selektieren des Icons **Show All Constraints**  können Sie sich im Graphikbereich Sinnbilder für die erzeugten Constraints anzeigen lassen.

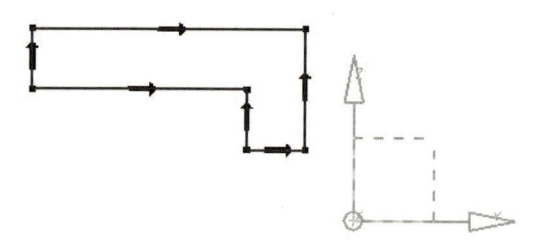

Die in Abbildung 2.45 zu sehenden Pfeile stehen für waagerechte bzw. senkrechte Ausrichtung.

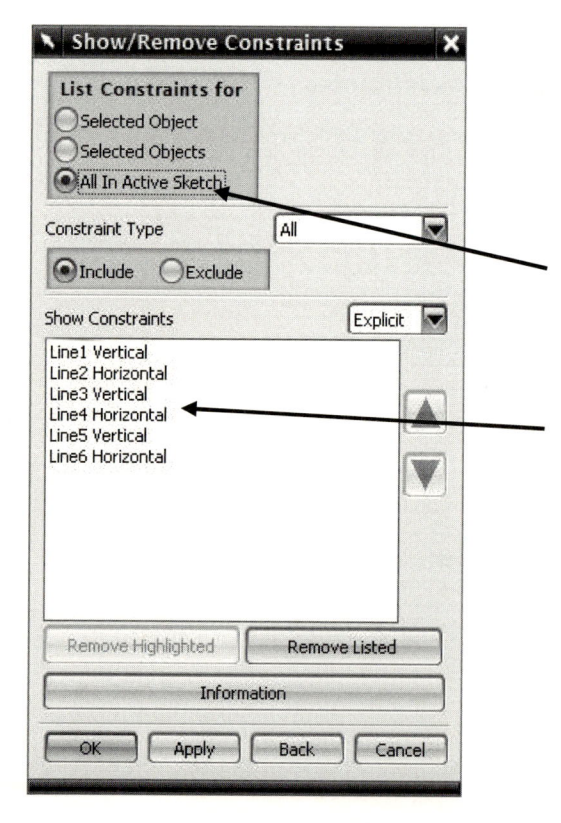

Abb. 2.45: Sketch mit eingeblendeten Constraints

Durch Selektieren von **Show/Remove Constraints**  öffnet sich das nebenstehende Fenster, in dem Sie sich z.B. durch Auswahl der Option **All In Active Sketch** alle Linien mit ihren dazugehörigen Zwangsbedingungen auflisten lassen können.
In dieser Liste können Sie dann einzelne Constraints auswählen, um sie durch Betätigen des Buttons **Remove Highlighted** zu entfernen, sofern die erzeugte Zwangsbedingung nicht zu Ihrer Konstruktionsabsicht passt.

Wählen Sie **OK**, um das Fenster wieder zu schließen.

Abb. 2.46: Fenster Show/Remove Constraints

2.2 Hülse

Ausrichten des Sketches am Koordinatensystem

Nun werden Sie die Skizze im Koordinatensystem ausrichten. Wählen Sie dazu das Icon **Create Constraints** (alternativ: **Insert → Constraints**).

Anweisung: *"Select curves to create constraints"*

Selektieren Sie dann die rechte senkrechte Linie und die senkrechte Achse des Sketches nacheinander. Sobald Sie eine Linie ausgewählt haben, erscheint links oben im Graphikbereich das Menü **Constraints** mit den für diese Linie bzw. Linienkombination verfügbaren Constraints.

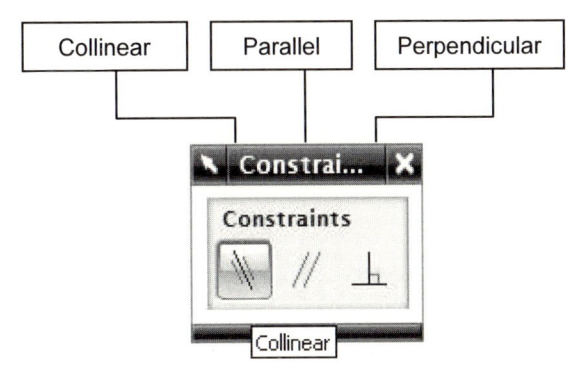

Wählen Sie dort nach dem Selektieren der beiden Linien die Option **Collinear** (deckungsgleich).

Abb. 2.47: Pop-Up-Menü Constraints

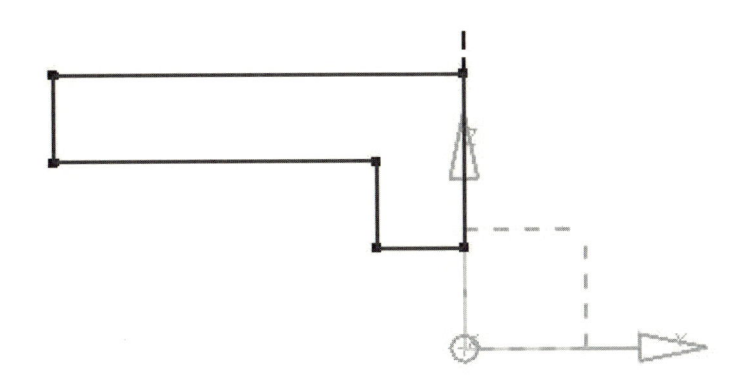

Abb. 2.48: Sketch nach Ausrichtung

Sie haben den Sketch nun horizontal fixiert, das heißt eine Verschiebung nach rechts oder links ist nicht mehr möglich.

Bemaßung hinzufügen

Um den Sketch zu einem parametrischen Sketch zu machen, müssen wir nun die Bemaßung hinzufügen.

Wählen Sie dazu das Icon **Inferred Dimensions**.
Im Graphikfenster erscheint das Pop-Up-Menü **Dimensions** mit den Icons **Sketch Dimensions Dialog**, **Create Reference Dimension** und **Create Alternate Angle**.

Nach dem Auswählen von **Sketch Dimensions Dialog** erscheint das Fenster **Dimensions**.

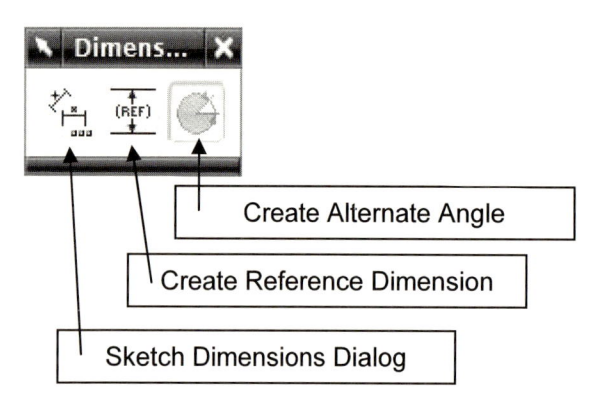

Abb. 2.49: Pop-Up-Menü Dimensions

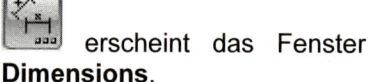

Mit diesem Fenster können Sie die verschiedenen Bemaßungsfunktionen (**inferred**, **horizontal**, **vertical**, usw.) im Sketch auswählen. In dem noch leeren Listfenster bekommen Sie im Verlauf der Bemaßung die erzeugten Maße aufgelistet und können dann durch Auswahl in der Liste auf die Maße zugreifen und die Maßwerte verändern.
Im unteren Bereich können Sie die Texthöhe für die Bemaßung einstellen und das Aussehen des Maßbildes steuern[NX6].

Wählen Sie nun die Funktion **Inferred** aus und bemaßen Sie den Sketch entsprechend Abbildung 2.51 und 2.52. Dabei können sich zunächst abweichende Abmessungen ergeben. Die Funktion Inferred schließt aus den von Ihnen ausgewählten Linien auf die Bemaßungsabsicht und kann für die meisten Bemaßungsaufgaben genutzt werden. Nur in Sonderfällen wird es nötig, die Spezialfunktionen für z.B. horizontale oder vertikale Bemaßung zu nutzen.

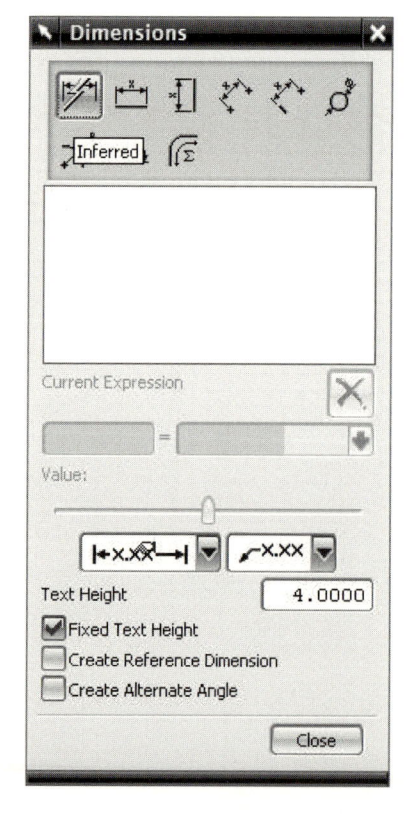

Abb. 2.50: Fenster Dimensions

[NX6] Veränderungen unter NX6, vgl. S. 271

2.2 Hülse

Ist die Bemaßungsfunktion aktiv, so werden Ihnen die verbliebenen Freiheitsgrade der im Sketch enthaltenen Punkte durch kleine ockerfarbene Pfeile angezeigt. Mit fortschreitender Bemaßung werden die Freiheitsgrade reduziert. Die eindeutig festgelegten Elemente, deren Endpunkte keine Freiheitsgrade mehr aufweisen, werden rot[NX6].

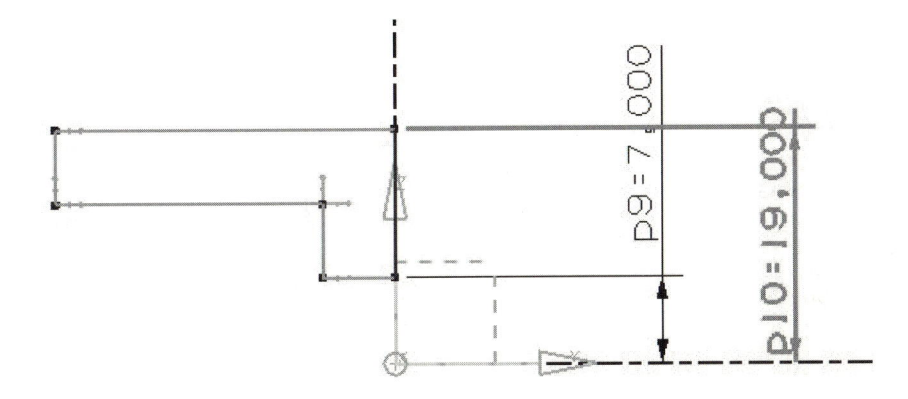

Abb. 2.51: Sketch mit ersten Maßen

Für das Festlegen einer Länge haben Sie zwei Möglichkeiten:
1. Wählen Sie die zu bemaßende Linie und platzieren Sie das Maß daneben bzw. darüber durch ein weiteres Betätigen der Maustaste.
2. Wählen Sie z.B. bei einem Vertikalmaß mit der linken Maustaste einmal die obere Linie und einmal die untere Linie und platzieren Sie dann das Maß durch ein weiteres Betätigen der linken Maustaste.

Ergänzen Sie die übrigen Maße (Abb. 2.52).

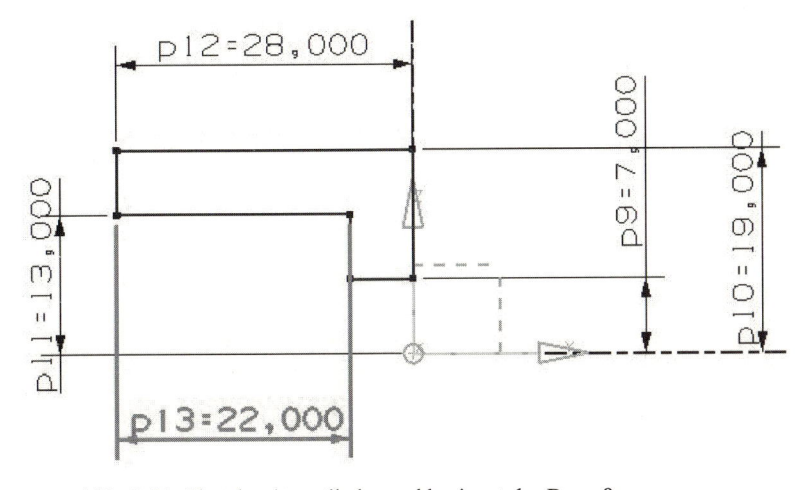

Abb. 2.52: Sketch mit vertikaler und horizontaler Bemaßung

[NX6] Veränderungen unter NX6, vgl. S. 271

Ändern und Löschen von Bemaßungen

Markieren Sie nun der Reihe nach die Maße in der Liste und ändern Sie die Werte im unteren Kästchen.

Durch Drücken der **Enter**-Taste wird das neue Maß übernommen.

Die Geometrie wird entsprechend angepasst.
Die Maße sollen am Schluss die links gezeigten Werte haben, wobei nicht die Namen der Maße (p9...p13), sondern die Maßwerte entsprechend Abbildung 2.53 und 2.54 maßgebend sind.

Beenden Sie dann die Bemaßung durch Betätigen des Icons in der Menüleiste oder – einfacher – durch Betätigen der mittleren Maustaste oder Drücken der **Esc**-Taste.

Ihr Sketch müsste jetzt so aussehen, wie in Abb. 2.54 dargestellt.

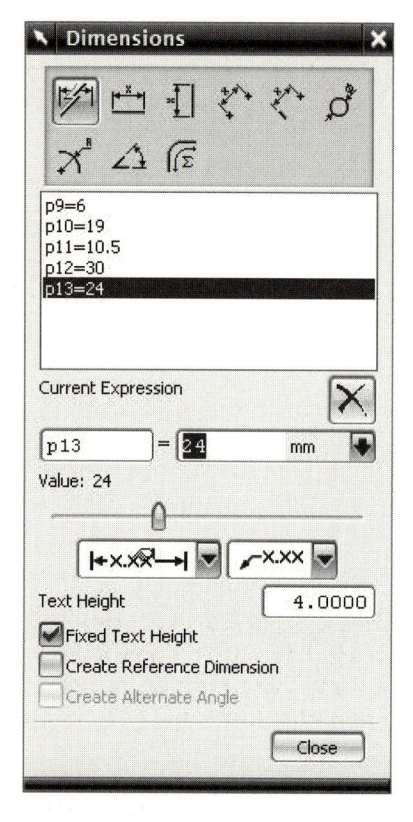

Abb. 2.53: Fenster Dimensions

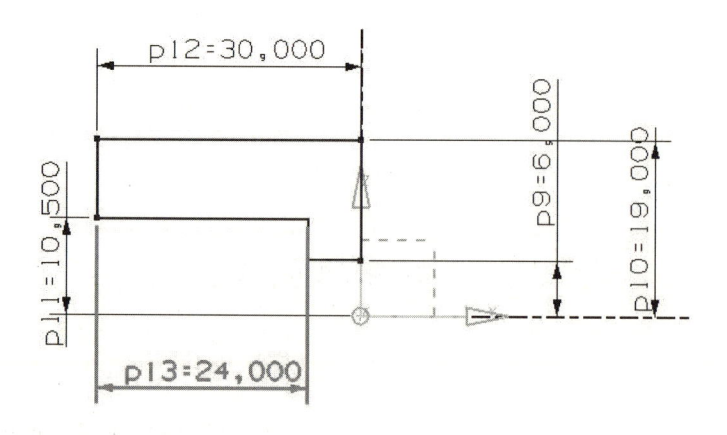

Abb. 2.54: Sketch mit geänderter Bemaßung

2.2 Hülse

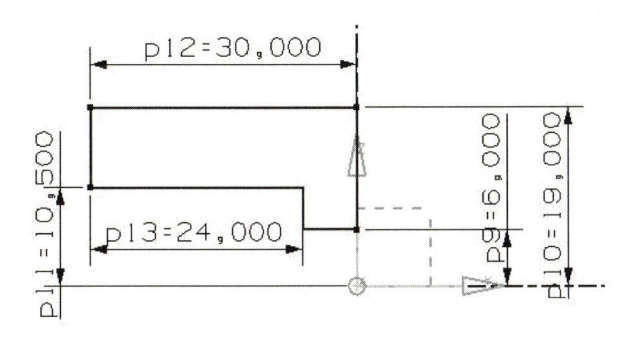

Abb. 2.55: Fertiger Sketch

Sollte ein Maß nicht an der gewünschten Stelle stehen, selektieren Sie es und schieben es mit gedrückter linker Maustaste an die gewünschte Stelle.

Beenden Sie den Sketch durch Selektieren der Schaltfläche **Finish Sketch**.

Die fertige Sketchgeometrie zeigt Abbildung 2.56. Wir werden nun den Sketch um die YC-Achse rotieren lassen, um einen Rotationskörper zu erzeugen.

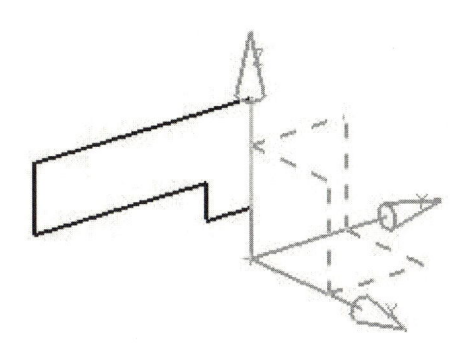

Abb. 2.56: Fertiger Sketch in der Isometrie

Erzeugen eines Elementes durch Rotieren eines Querschnittprofils

Wählen Sie das Icon **Revolve** (alternativ: **Insert → Design Features → Revolve**).

Es öffnet sich das Fenster **Revolve**, das Sie schrittweise durch die Operation leitet und das mit sinnvollen Werten für Start- und Endwinkel (0° und 360°) und die boolesche Operation vorbelegt ist.

Anweisung: *„Select Section Geometry"*

Selektieren Sie einfach irgendeine Linie Ihrer Sketchgeometrie und beenden Sie die Auswahl durch Betätigen der mittleren Maustaste.

Selektieren Sie sodann die YC-Achse als Rotationsachse im Graphikbereich. Sie bekommen dann die Vorschau auf das Ergebnis der Revolve-Operation angezeigt.

Veranlassen Sie die Erzeugung des Rotationskörpers mit OK.

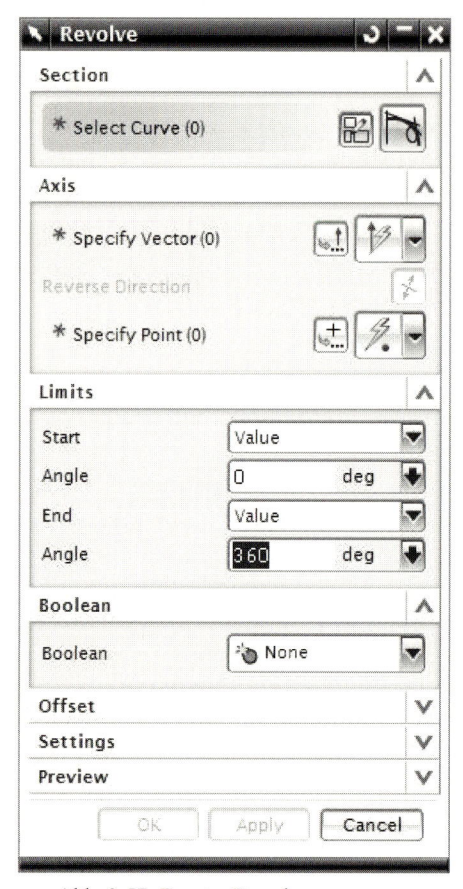

Abb. 2.57: Fenster Revolve

Den erzeugten Rotationskörper zeigt Abbildung 2.58.

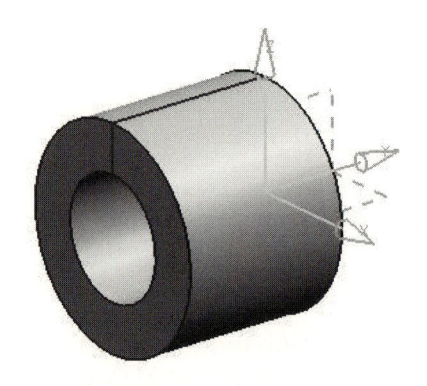

Abb. 2.58: Rotationskörper

2.2 Hülse 45

Verschieben von Sketch und Referenzsystem auf einen unsichtbaren Layer

Verschieben Sie nun die Sketchkontur sowie das Referenzkoordinatensystem in bekannter Weise auf Layer 2.

Mit dem Toggle-Schalter **Display WCS** (alternativ: **Format → WCS → Display**) sorgen Sie dafür, dass Ihnen das WCS angezeigt wird.

Betätigen Sie dann das Icon **Layer Settings** und selektieren im Fenster **Layer Settings** den Eintrag für den Layer 2. Dann setzen Sie den Layer 2 durch Betätigen der Schaltfläche **Invisible** unsichtbar und verlassen das Fenster mit **OK**.

Ihr Bildschirm sollte nun folgendermaßen aussehen:

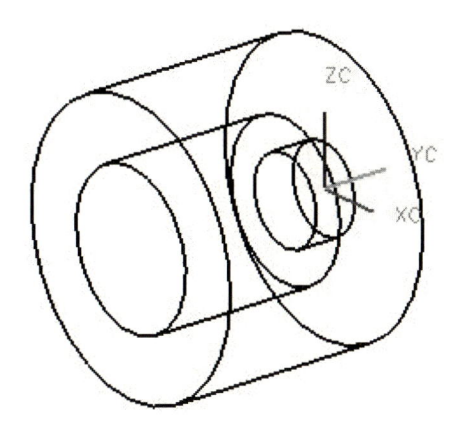

Abb. 2.59: Rotationskörper der Grobgeometrie

Anbringen der Fase 5 x 20°

Selektieren Sie das Icon **Chamfer** (alternativ: **Insert → Detail Feature → Chamfer**).

Selektieren Sie nun die Kante, an der die Fase erzeugt werden soll. Sie bekommen die Vorschau der Fase angezeigt. Wählen Sie dann die Erzeugungsart **Offset and Angle**. Als Werte geben Sie für Distance **5** und für Angle **20** ein. Falls der Winkel 20° jetzt in der Vorschau zur Stirnfläche erzeugt wird, betätigen Sie den Button **Reverse Direction** und schließen das Fenster mit **OK** (lassen Sie sich dabei nicht durch den Hinweis auf ein möglicherweise ungenaues Ergebnis irritieren).

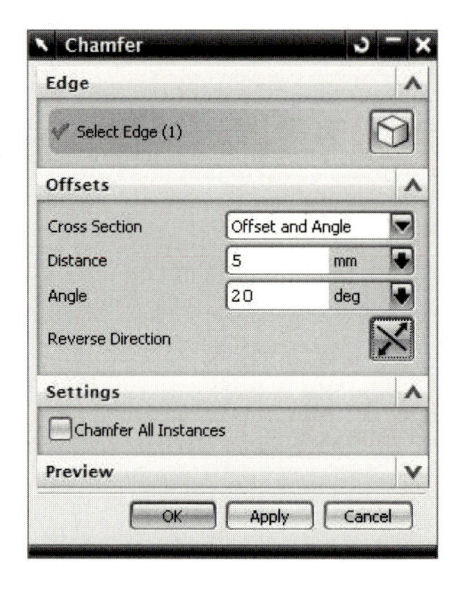

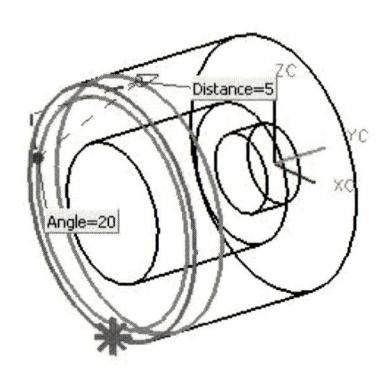

Abb. 2.60: Fase mit Option Offset and Angle

Ihr Modell sollte nun folgendermaßen aussehen:

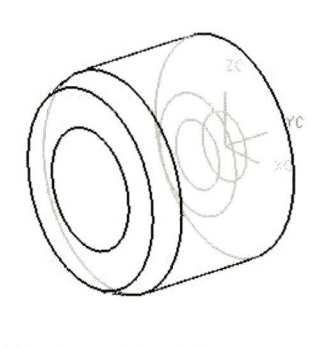

Abb. 2.61: Hülse mit Fase

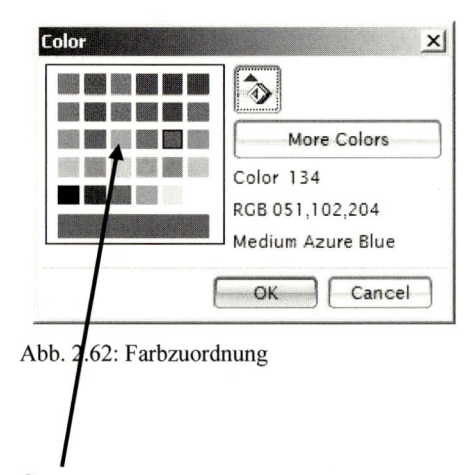

Abb. 2.62: Farbzuordnung

Einfärben der Hülse

Geben Sie abschließend der Hülse die Farbe **Orange**.

Speichern und Schließen

Speichern und schließen Sie die Datei **Huelse** wie gewohnt.

2.3 Zylinderrohr

Anhand der Zeichnung Zylinderrohr auf der nächsten Seite erstellen Sie das Teil wie nachfolgend beschrieben. Der hier aufgezeigte Weg benutzt eine Solid Line. Entlang dieser Linie wird dann ein Rohr mit einem Innen- und Außendurchmesser und der Höhe erzeugt.

Das Ergebnis zeigt die nachfolgende Abbildung:

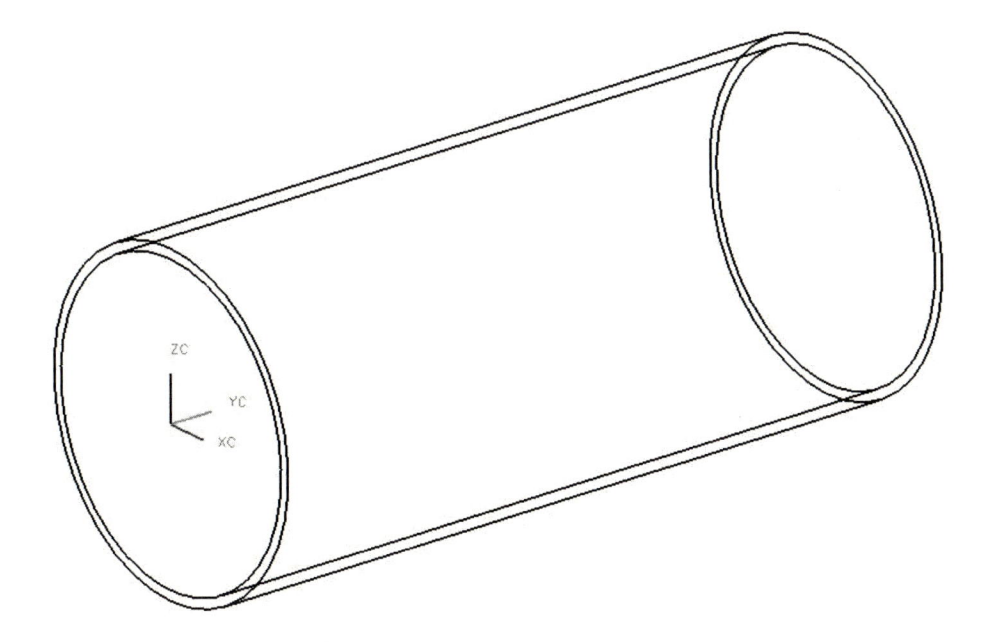

Abb. 2.63: Zylinderrohr

In dieser Übung werden Sie Folgendes lernen:
- Erzeugen eines Objektes mit Hilfe einer Solid Line und einem 3D-Grundkörper
- Festigung der in den bisherigen Übungen erlernten Arbeitstechniken

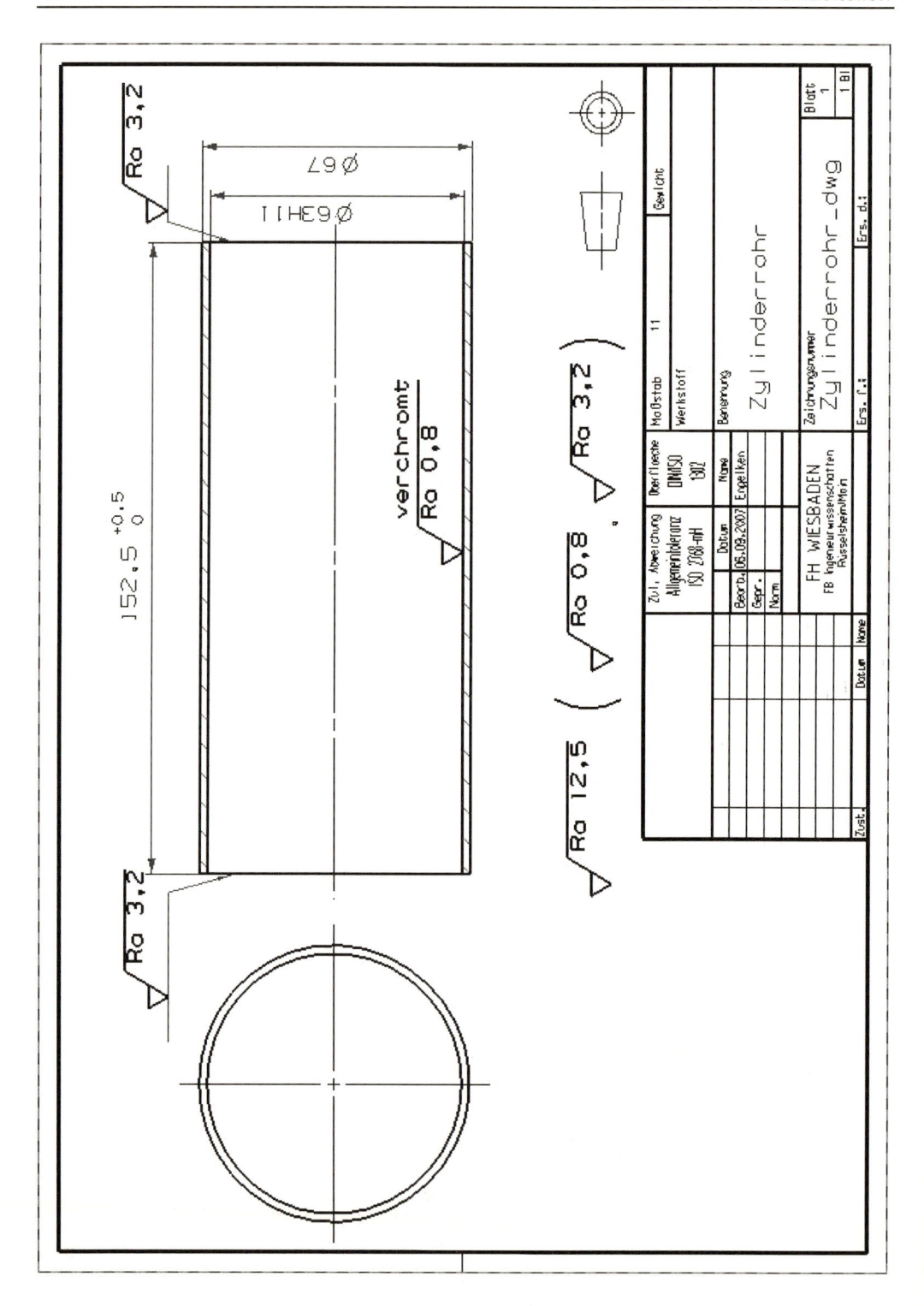

Abb. 2.64: Zeichnung Zylinderrohr

2.3 Zylinderrohr

Erzeugen einer neuen Objektdatei

Betätigen Sie das Icon **New** (alternativ: **File → New**). Im Fenster **File New** aktivieren Sie die Karteikarte **Model**.
Wählen Sie dann die Template-Datei **Model** aus, tragen Sie in das Feld **Name** den Dateinamen **Zylinderrohr.prt** und in das Feld **Folder** das Ablageverzeichnis **..\Zylinder**. Betätigen Sie dann die Schaltfläche **OK**.

Schalten Sie, falls erforderlich, die Ansicht auf **Isometric** um, damit Sie eine räumliche Vorstellung vermittelt bekommen.

Erstellen der Solid Line

Selektieren Sie das Icon **Line** (alternativ: **Insert → Curve → Line**), es erscheint das Fenster **Line**.

> Anweisung: „Specify start point or define first constraint"

Selektieren Sie nun einfach den Nullpunkt des Bezugskoordinatensystems und bewegen Sie dann den Mauszeiger in Richtung der y-Achse. Die Linie wird dort einrasten und im Fenster **Length** geben Sie die gewünschte Länge des Zylinderrohres von **152.5** mm ein und bestätigen mit **Enter**.

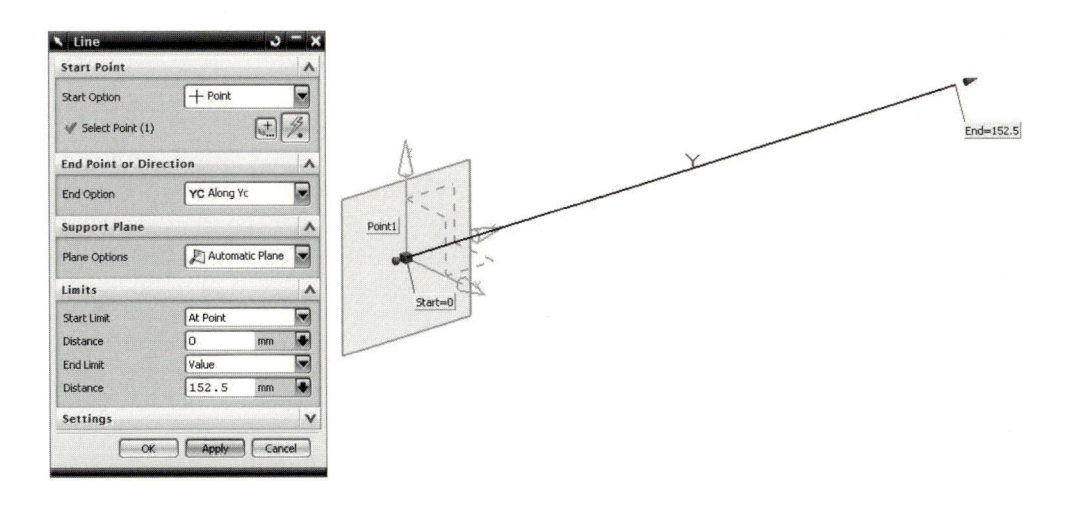

Abb. 2.65: Linienerzeugung

Da wir nur die eine Linie benötigen, können Sie das Fenster **Line** mit **OK** schließen. Bei Betätigen von **Apply** hätten Sie noch weitere Linien erzeugen können. Die erzeugte Linie erscheint mit NX5 übrigens im Part Navigator und ist so für nachträgliche Änderungen leicht zugänglich.

Alternativ können Sie nachträglich noch Änderungen an der Linie vornehmen, indem Sie mit der Maus einen Doppelklick auf die Linie ausführen. Das Fenster **Line** öffnet sich dann erneut und Sie können Ihre Eingaben verändern.

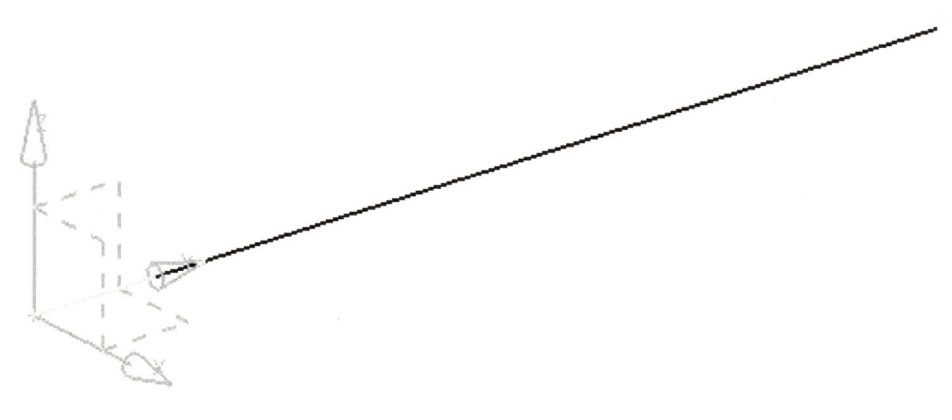

Abb. 2.66: Erzeugte Linie

Erzeugen des Zylinderrohres entlang der Solid Line

Selektieren Sie das Icon **Tube** (alternativ: **Insert → Sweep → Tube**).

Anweisung: „Select curves for tube centerline path"

Geben Sie die Werte für den Außendurchmesser **67** und den Innendurchmesser **63** wie dargestellt ein, selektieren Sie die erzeugte Linie und schließen Sie das Fenster mit OK.

Wie Sie sehen, wird das Zylinderrohr erzeugt.

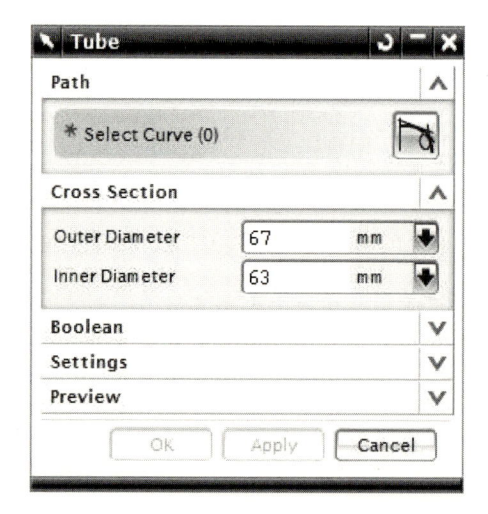

Abb. 2.67: Fenster Tube

2.3 Zylinderrohr

Ihr Graphikbereich sollte dann in der Drahtdarstellung folgendermaßen aussehen:

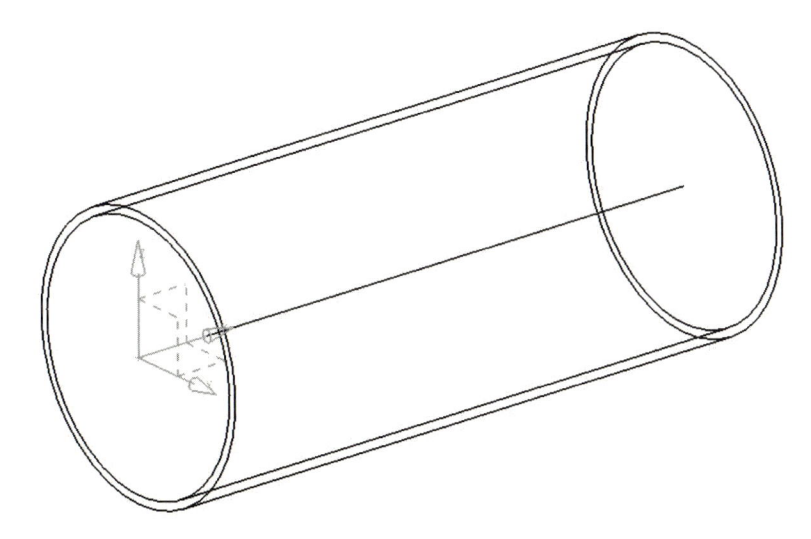

Abb. 2.68: Zylinderrohr mit Linie

Unsichtbarsetzen der Hilfsgeometrie

Wir wollen nun wieder die Linie (Hilfsgeometrie) und das Referenzkoordinatensystem unsichtbar setzen. Selektieren Sie also das Icon Move to Layer (alternativ: **Format → Move to Layer**).

Anweisung: „Select objects to move"

Selektieren Sie das Referenzkoordinatensystem und die Linie und beenden Sie die Auswahl mit der mittleren Maustaste oder mit OK.
In dem Fenster **Layer Move** geben Sie als Destination Layer die Zahl **2** ein und schließen das Fenster mit OK. Sodann betätigen Sie das Icon **Layer Settings** und selektieren im Fenster **Layer Settings** den Eintrag für den Layer 2. Dann setzen Sie den Layer 2 durch Betätigen der Schaltfläche **Invisible** unsichtbar und verlassen das Fenster mit OK.

Einfärben des Zylinderrohrs

Geben Sie nun noch dem Zylinderrohr die Farbe **Blau**.

Markieren Sie das Zylinderrohr mit der Maus und selektieren Sie in der Menüleiste **Edit Object Display**.

Wählen Sie dann im Fenster **Color** die Farbe **Blau**.

Speichern Sie dann die Datei **Zylinderrohr** und beenden Sie Ihre Arbeitssitzung oder fahren Sie mit der Übung Stangenmutter fort.

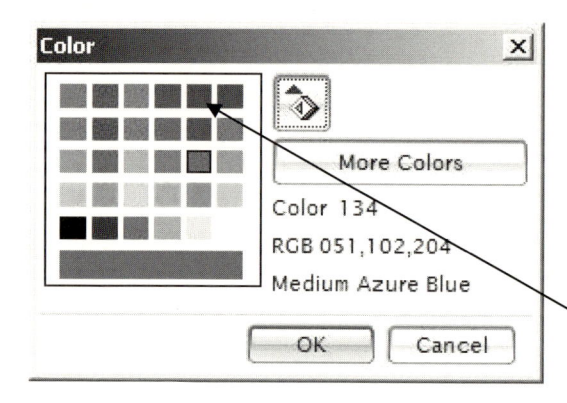

Abb. 2.69: Fenster Edit Object Display

2.4 Stangenmutter

In dieser Übung werden Sie die Stangenmutter durch einen Grundkörper herstellen, der anschließend modifiziert wird.

Das Ergebnis zeigt die nachfolgende Abbildung:

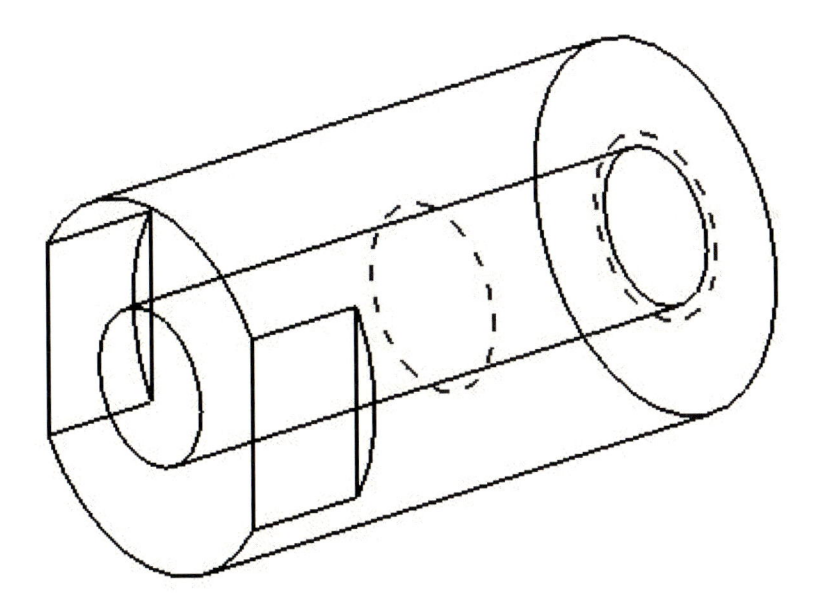

Abb. 2.70: Stangenmutter

Neben der Erzeugung eines Objektes aus einem 3D-Grundkörper werden Sie Folgendes lernen:
- Festigen der in den vorhergehenden Übungen erlernten Arbeitstechniken
- Erzeugen einer Durchgangsbohrung
- Schneiden eines Objektes mit einem anderen Objekt (Extrusionskörper)
- Spiegeln eines Formfeatures
- Löschen von Elementen
- Löschen eines Features

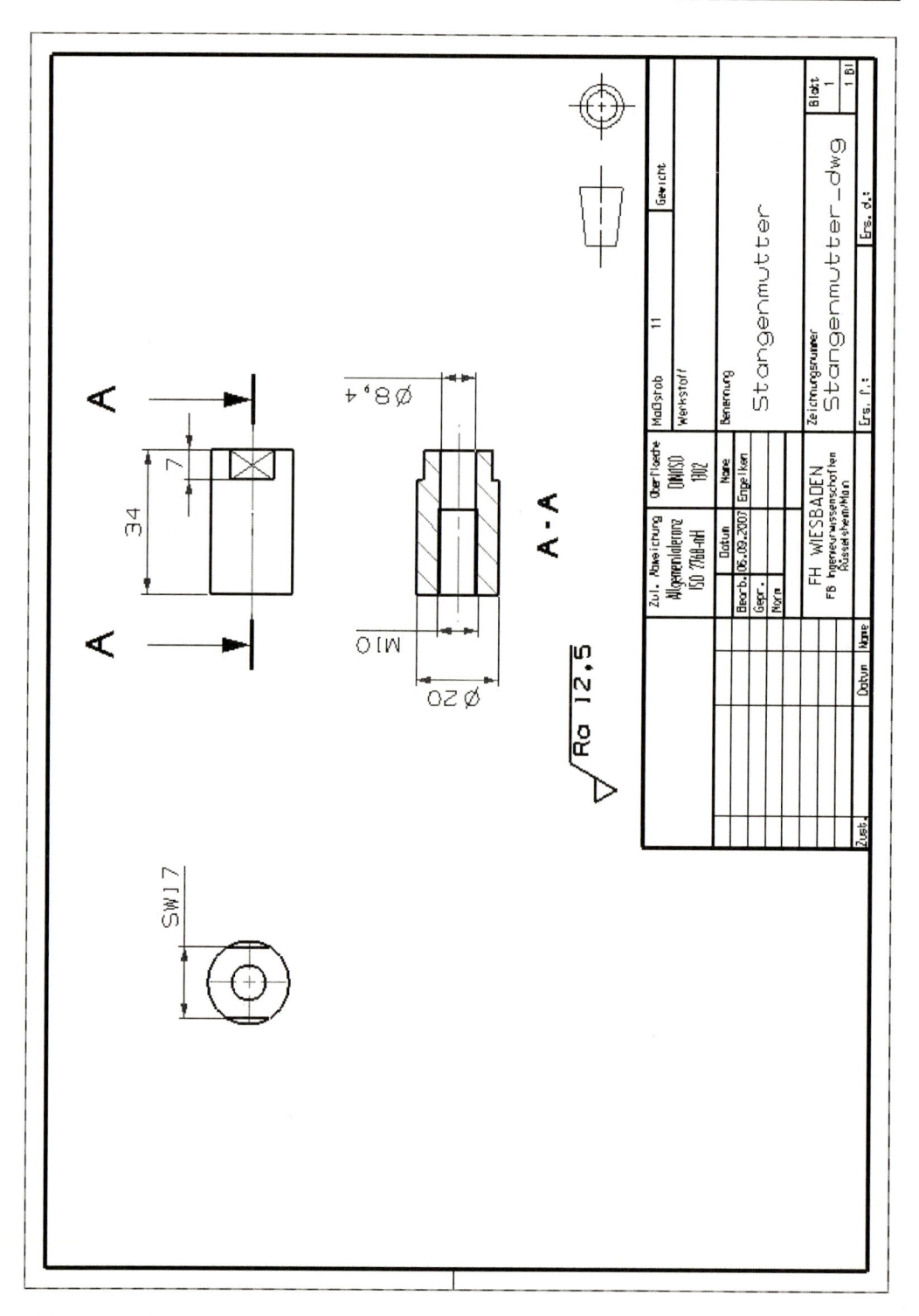

Abb. 2.71: Zeichnung Stangenmutter

2.4 Stangenmutter

Erzeugen einer neuen Objektdatei

Betätigen Sie das Icon **New** (alternativ: **File → New**). Im Fenster **File New** aktivieren Sie die Karteikarte **Model**.
Wählen Sie dann die Template-Datei **Model** aus, tragen Sie in das Feld **Name** den Dateinamen **Stangenmutter.prt** und in das Feld **Folder** das Ablageverzeichnis **..\Zylinder**. Betätigen Sie dann die Schaltfläche **OK**.

Schalten Sie falls erforderlich die Ansicht auf **Isometric** um, damit Sie eine räumliche Vorstellung vermittelt bekommen.

Selektieren Sie das Symbol **Cylinder** in der Symbolleiste (alternativ: **Insert → Design Feature → Cylinder**). Es erscheint das Fenster **Cylinder**.

Wählen Sie im Graphikbereich den in YC-Richtung weisenden Vektor des Referenzkoordinatensystems aus. Betätigen Sie sodann die Schaltfläche und wählen Sie die Option **Existing Point** für die Punktauswahl, dann selektieren Sie den Ursprung.

Im Bereich **Properties** geben Sie die Parameterwerte für den Durchmesser **20** und die Höhe **34** ein.

Im Bereich **Boolean** belassen Sie die Einstellung auf **None** und schließen Sie die Eingabe mit **OK**.

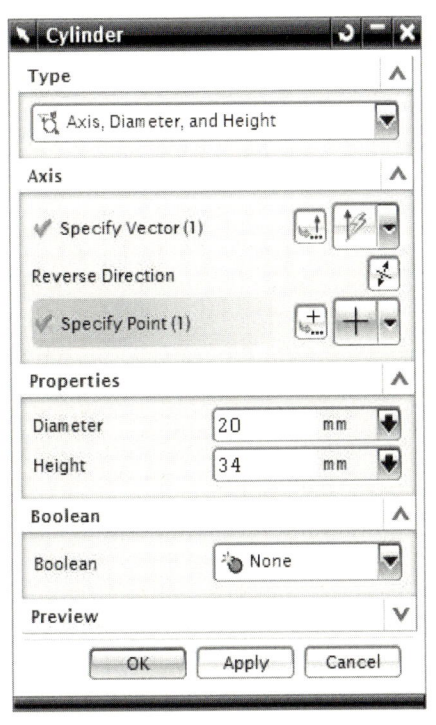

Abb. 2.72: Fenster Cylinder

Im Graphikbereich sehen Sie den erzeugten Zylinder.

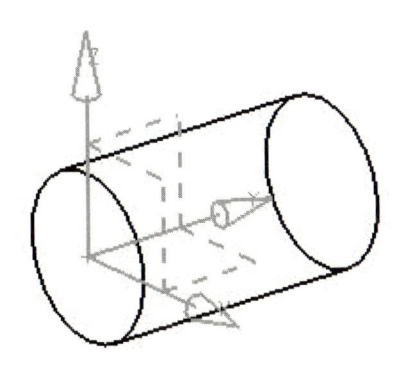

Abb. 2.73: Erzeugter Zylinder

Erzeugen der Durchgangsbohrung[NX6]

Nun erstellen Sie die Durchgangsbohrung mit dem Durchmesser 8,4 mm durch den Zylinder.
Nachdem Sie den Zylinder erzeugt haben, drehen Sie die Darstellung so, dass Sie die Bohrung auf die hintere Deckfläche des Zylinders positionieren können (vgl. Abb. 2.74) und selektieren dann das Icon **Hole** (alternativ: **Insert → Design Feature → Hole**).
Im Fenster **Hole** wählen Sie den Bohrungstyp **Threaded Hole**.

In der Anweisungszeile sehen Sie die Aufforderung *„Select a planar face to sketch or specify points"*.
Bewegen Sie den Cursor nun einfach etwa auf die Mitte der hinteren Deckfläche, dann bekommen Sie den Kreismittelpunkt zur Auswahl angeboten und selektieren ihn durch Mausklick. Sie bekommen dann bereits eine Bohrung in der Vorschau angezeigt und stellen die Bohrungsparameter entsprechend der Darstellung in Abbildung 2.75 ein.

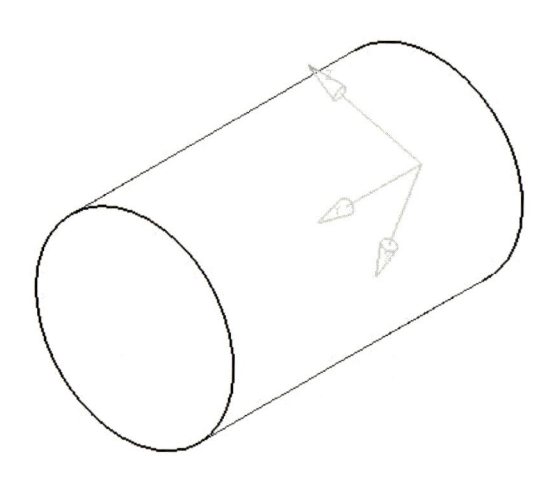

Abb. 2.74: Stangenmutter von hinten

[NX6] Veränderungen unter NX6, vgl. S. 270

2.4 Stangenmutter

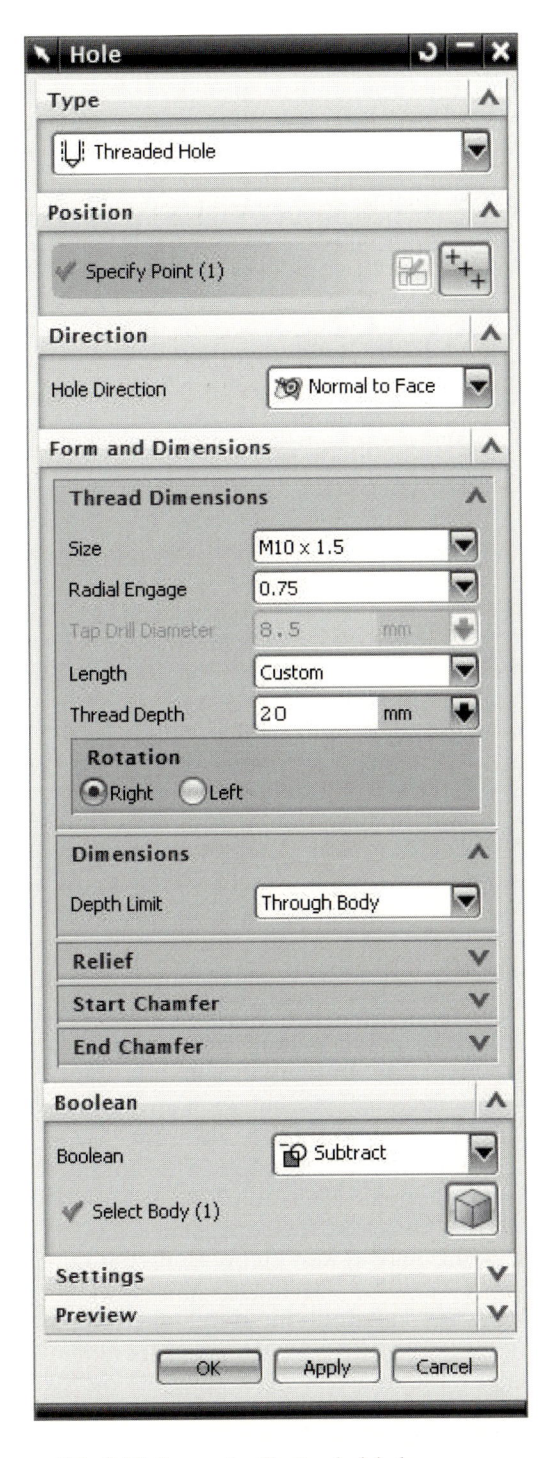

Type: **Threaded Hole**

Hole Direction: **Normal to Face**

Size: **M10 x 1.5**

Length: **Custom**
Thread Depth: **20**

Depth Limit: **Through Body**

Start Chamfer: Häkchen bei **enabled** entfernen, ebenso bei End Chamfer

Boolean: **Subtract**

Mit OK abschließen.

Abb. 2.75: Parameter für Gewindebohrung

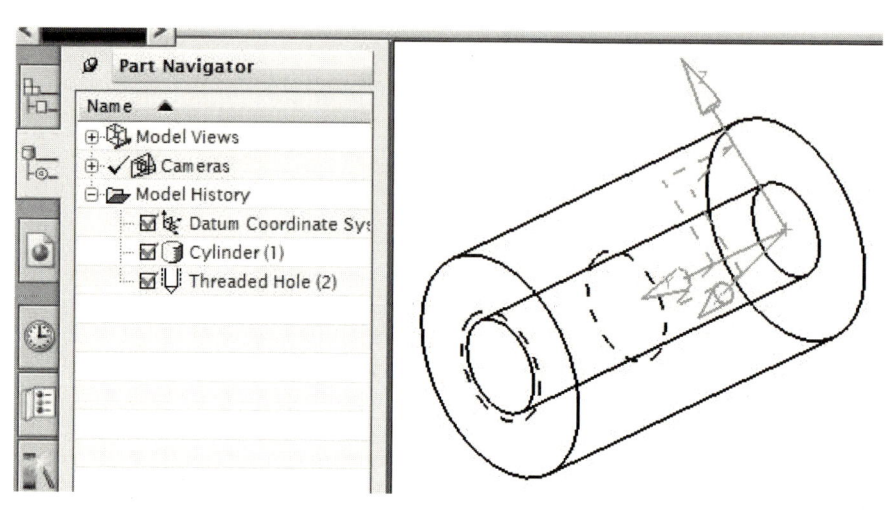

Abb. 2.76: Fertige Gewindebohrung

Das Ergebnis sehen Sie in Abbildung 2.76: Die Gewindebohrung ist in den Zylinder eingebracht, im Part Navigator sehen Sie die Bohrung als ein einziges Feature, das **Threaded Hole**.

Exkurs: Löschen von Elementen

Für das Löschen von Geometrieelementen gibt es mehrere Möglichkeiten. Bevor wir diese ausprobieren, sichern Sie die Datei mit **Save** (alternativ: **File → Save**).

Selektieren Sie nun das Icon **Delete** (alternativ: **Edit → Delete**). Es öffnet sich das Fenster **Class Selection** und Sie werden aufgefordert, die Objekte auszuwählen, die gelöscht werden sollen.

Anweisung: *"Select objects to delete"*

Gehen Sie nun mit dem Mauszeiger auf die eben erzeugte Bohrung und warten Sie einen kleinen Moment, bis neben dem Mauszeiger drei kleine Punkte angezeigt werden.
Mit den Punkten werden Sie darauf hingewiesen, dass NX5 aufgrund der aktuellen Position des Mauszeigers keine eindeutige Objektauswahl treffen kann. Wenn Sie nun die linke Maustaste betätigen, öffnet sich das **QuickPick**-Fenster, in dem die Elemente aufgelistet werden, die zur Auswahl anstehen. Wenn Sie den Mauszeiger über die einzelnen Zeilen bewegen, bekommen Sie die Elemente jeweils farblich hervorgehoben.

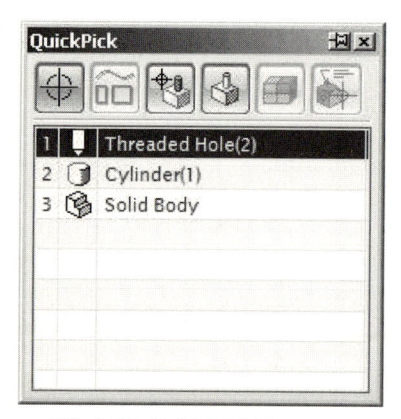

Abb. 2.77: Quick Pick Fenster

2.4 Stangenmutter

Selektieren Sie den Eintrag **Threaded Hole** und schließen Sie das Fenster **Class Selection** mit OK .

Nun ist die Bohrung gelöscht[NX6]. Das machen Sie jedoch einfach durch **Undo** wieder rückgängig.
Alternativ können Sie zum Löschen einzelner Elemente zunächst im Graphikbereich das jeweilige Element selektieren und dann durch Betätigen der rechten Maustaste das Kontextmenü öffnen. Im Kontextmenü können Sie dann die Option **Delete** wählen.
Dasselbe können Sie auch im **Part Navigator** tun. Dort können Sie in Ihrem Featurebaum das gewünschte Element wählen und dann durch Betätigen der rechten Maustaste das Kontextmenü öffnen. Im Kontextmenü können Sie dann die Option **Delete** wählen.

Probieren Sie es einfach mal aus. Vergessen Sie nicht, das Löschen durch **Undo** rückgängig zu machen. Notfalls schließen Sie Ihre Datei ohne zu sichern und öffnen den zuvor gespeicherten Stand.

Erzeugen der Schlüsselflächen

Die Schlüsselflächen können auf sehr unterschiedliche Weise hergestellt werden. Wir möchten Ihnen eine Möglichkeit vorstellen, die uns sehr einfach erscheint.
Wir brauchen zunächst eine Linie auf der vorderen Deckfläche in Richtung der Z-Achse. Selektieren Sie also das Icon **Line** und bewegen Sie den Mauszeiger etwa auf die Mitte der vorderen Deckfläche. Sie werden sehen, dass der Mittelpunkt des Kreises hervorgehoben wird. Wählen Sie ihn mit der linken Maustaste aus und bewegen Sie dann die Maus in Richtung der Z-Achse, bis die Linie über die Deckfläche hinausragt, dann setzen Sie den Endpunkt durch Klicken mit der linken Maustaste ab.

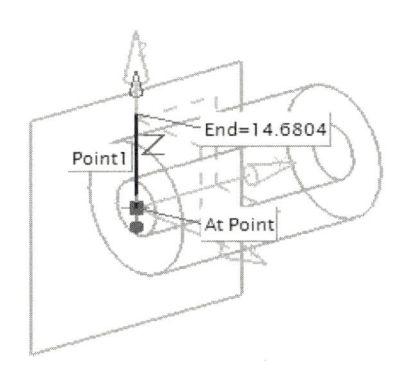

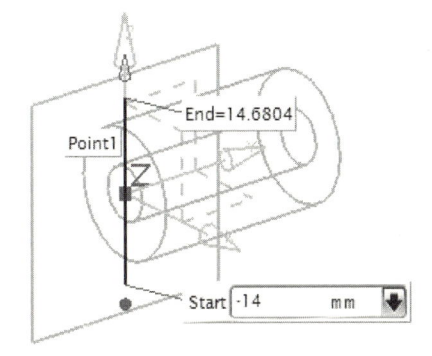

Abb. 2.78: Linie   Abb. 2.79: Linie verlängert

[NX6] Veränderungen unter NX6, vgl. S. 271

Schließen Sie das Erzeugen der Linie jetzt noch nicht ab, sondern ziehen Sie den Startpunkt der Linie mit gedrückter linker Maustaste nach unten, bis auch das untere Ende der Linie über die Deckfläche hinausragt (vgl. Abb. 2.79). Dann schließen Sie das Fenster **Line** mit OK.

Wir werden nun die Linie nutzen, um einen Extrusionskörper zu erzeugen, mit dem wir die Schlüsselfläche zunächst auf einer Seite wegschneiden.

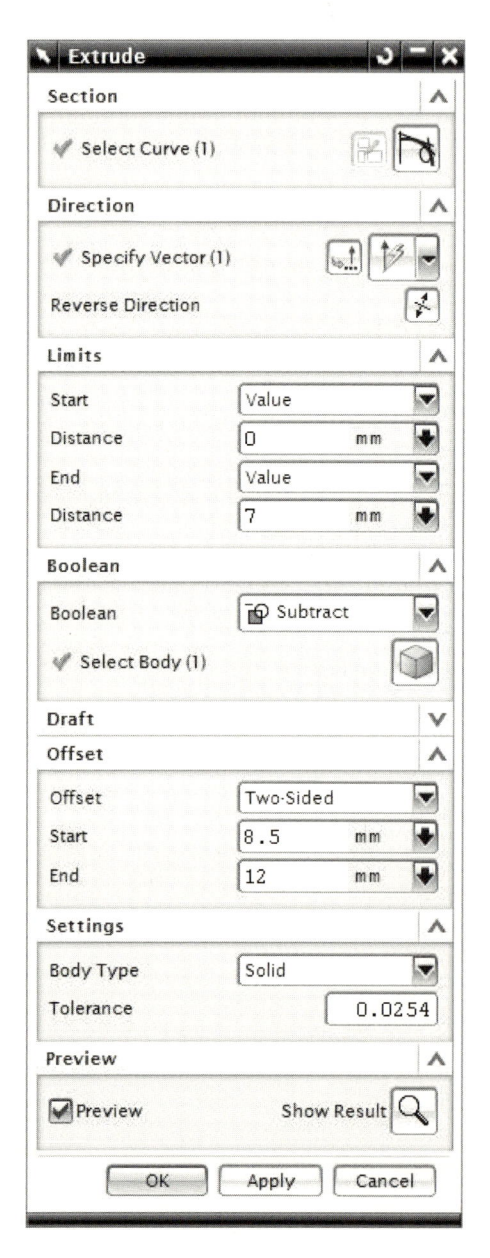

Dazu selektieren Sie zunächst das Icon **Extrude** (alternativ: **Insert → Design Feature → Extrude**).

Anweisung: *"Select section geometry"*

Damit wird deutlich, dass normalerweise für das Erzeugen eines Extrude-Körpers eine Schnittgeometrie erwartet wird. Üblicherweise wäre das eine Querschnittsfläche, die dann in Richtung eines Vektors eine Tiefenerstreckung vermittelt bekommt. Sie werden aber gleich sehen, dass wir das mit unserer Linie auch können.
Selektieren Sie also die Linie und dann widmen wir uns den Einträgen im Fenster **Extrude**.

Falls erforderlich, wählen Sie den in y-Richtung zeigenden Vektor, um die Extrusionsrichtung zu definieren (ist aber vermutlich schon automatisch als Vorschau zu sehen).
Tragen Sie dann im Bereich **Limits** als Start-Distance **0** und als End-Distance **7** ein (das ist die Tiefe der Schlüsselfläche).
Im Bereich **Offset** wählen Sie **Two-Sided** und als Startwert **8.5** sowie als Endwert **12**.
Im Bereich **Boolean** wählen Sie schließlich **Subtract**, da wir ja Geometrie wegschneiden wollen. Die Vorschau müsste dann der Abbildung 2.81 entsprechen.

Abb. 2.80: Fenster Extrude

2.4 Stangenmutter

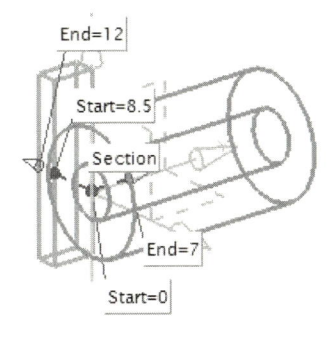

Abb. 2.81: Extrude Vorschau

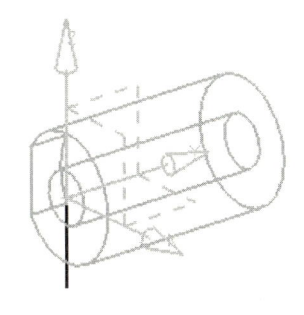

Abb. 2.82: einseitige Schlüsselfläche

Nach Betätigen von **OK** müssten Sie die einseitige Schlüsselfläche sehen. Diese Schlüsselfläche müssen wir jetzt noch spiegeln. Wählen Sie dazu das Icon **Mirror Feature** (alternativ: **Insert → Associatice Copy → Mirror Feature**).

Abb. 2.83: Fenster Mirror Feature

Es öffnet sich das Fenster **Mirror Feature**.

Anweisung: *"Select features to mirror"*

Wählen Sie im Graphikbereich die soeben erzeugte Schlüsselfläche aus und schließen Sie die Auswahl mit der mittleren Maustaste ab.

Anweisung: *"Select face or datum plane to mirror about"*

Wählen Sie nun als Spiegelebene die vorhandene y-z-Ebene aus und schließen Sie das Fenster mit **OK**.

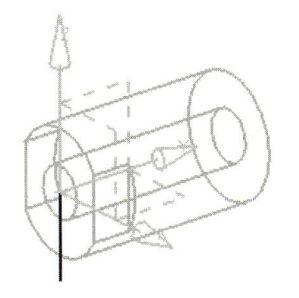

Damit sind die Schlüsselflächen fertig.

Abb. 2.84: Schlüsselflächen fertig

Einfärben der Stangenmutter

Geben Sie Ihrer Stangenmutter die Farbe **Grün**.

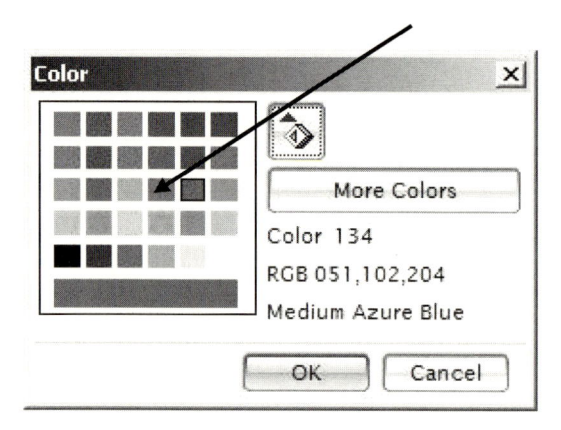

Abb. 2.85: Fenster Edit Object Display

Unsichtbarsetzen der Hilfsgeometrie

Schieben Sie nun wieder das Referenzkoordinatensystem und die Linie mit der Funktion **Layer Move** auf das Destination Layer **2** und setzen Sie sodann mit der Funktion **Layer Settings** den Layer 2 durch Betätigen der Schaltfläche **Invisible** unsichtbar.

Speichern und Schließen der Datei

Speichern und schließen Sie die Datei **Stangenmutter** wie in den vorangegangenen Übungen beschrieben.

2.5 Zugankermutter

In dieser Übung werden Sie die Zugankermutter durch parametrisches Skizzieren und anschließendes Rotieren erstellen. Anschließend werden Sie einen Innensechskant mit Hilfe einer Sechseckgeometrie erzeugen und schließlich die Fase und das Gewinde anbringen.

Das Ergebnis zeigt die nachfolgende Abbildung:

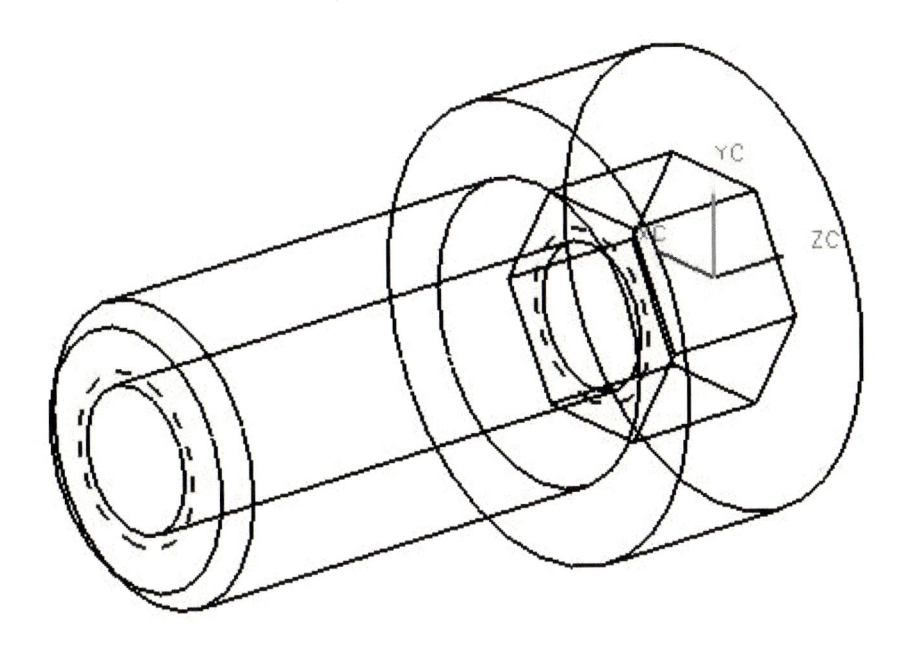

Abb. 2.86: Zugankermutter

Sie werden Folgendes lernen:
- Verschieben und Drehen des Arbeitskoordinatensystems (WCS)
- Erstellen eines Innensechskants
- Festigen der in den vorhergehenden Übungen erlernten Arbeitstechniken

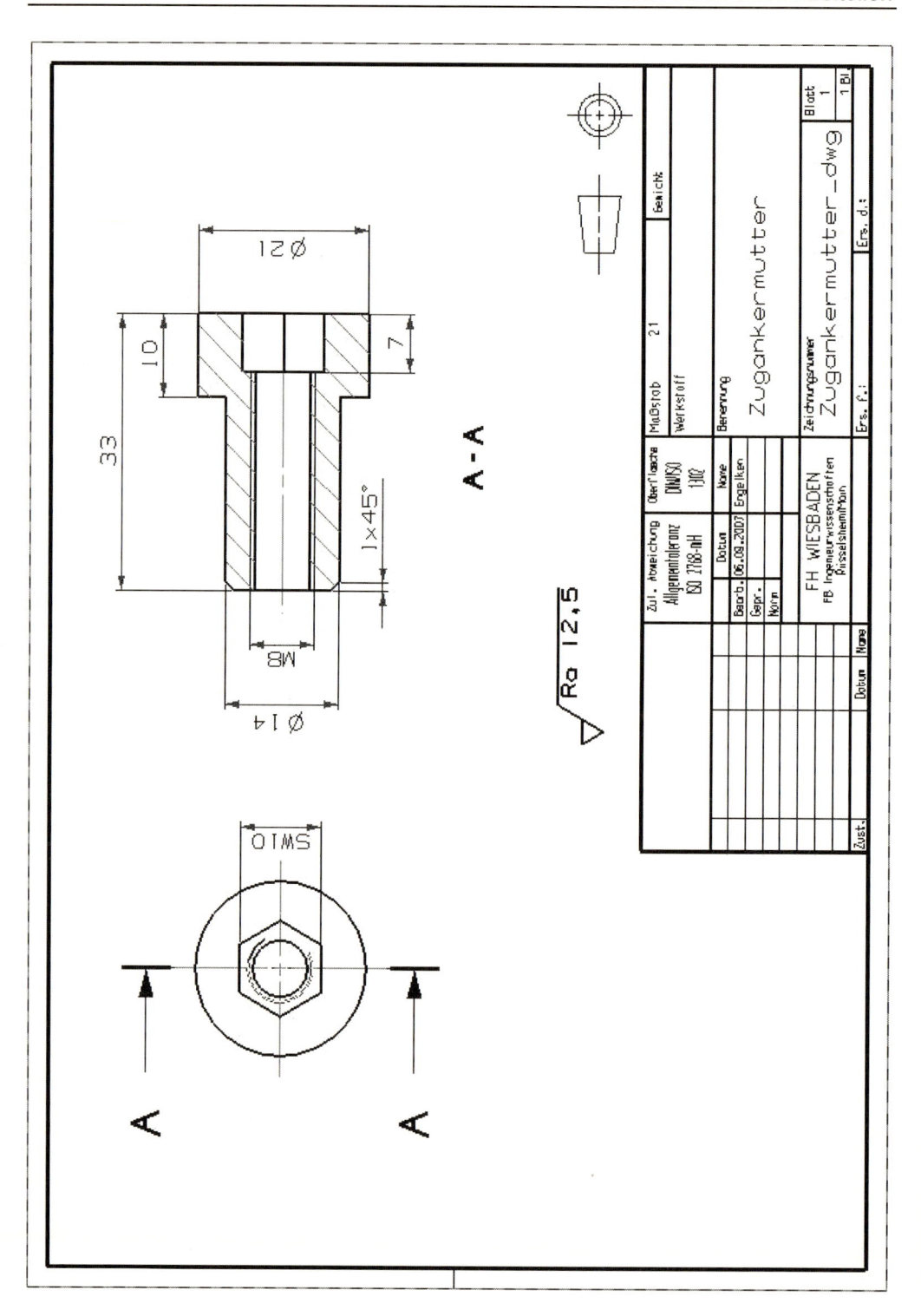

Abb. 2.87: Zeichnung Zugankermutter

2.5 Zugankermutter

Betätigen Sie das Icon **New** (alternativ: **File → New**). Im Fenster **File New** aktivieren Sie die Karteikarte **Model**.
Wählen Sie dann die Template-Datei **Model** aus, tragen Sie in das Feld **Name** den Dateinamen **Zugankermutter.prt** und in das Feld **Folder** das Ablageverzeichnis **..\Zylinder**. Betätigen Sie dann die Schaltfläche **OK**.

Weitere Arbeitsschritte:

- Erzeugen Sie mit der Funktion Sketch die unmaßstäbliche Rohgeometrie in der **XC-YC-Ebene**.

- Richten Sie mit der Funktion **Create Constraints** den Sketch zur vertikalen Achse aus, wie in Abbildung 2.105 dargestellt.

- Bemaßen Sie den Sketch mit der Funktion **Inferred Dimensions** entsprechend Abbildung 2.105. Wechseln Sie dabei nicht in die Spezialfunktionen **Horizontale Bemaßung** oder **Vertikale Bemaßung**, sondern überzeugen Sie sich davon, dass die meisten Bemaßungsaufgaben mit dieser „Allround"-Funktion erledigt werden können, bei der die Bemaßungsabsicht aus dem Kontext erschlossen wird.

Wenn Sie mit den oben genannten Schritten fertig sind, sollte Ihr Bildschirm etwa der Abbildung 2.88 entsprechen. Unterschiede können sich aus der voreingestellten Texthöhe ergeben. Öffnen Sie dann doch einmal den **Sketch Dimensions Dialog** und verändern Sie die Texthöhe. Ggf. deaktivieren Sie die Option **Fixed Text Height**.

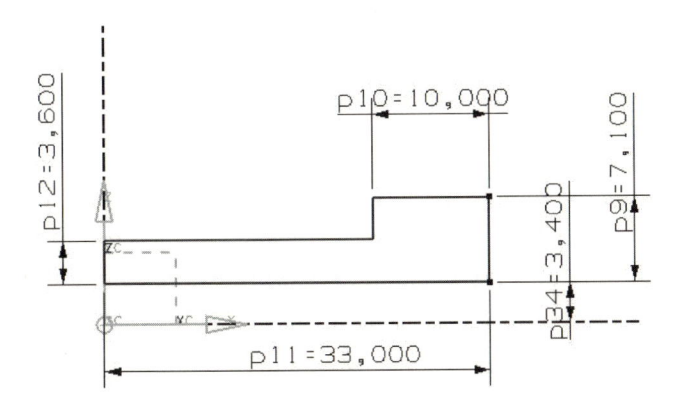

Abb. 2.88: Sketch der Zugankermutter

Schließen Sie anschließend den Sketch mit der Schaltfläche **Finish Sketch**.

Rotieren des Kurvenzuges zu einem Volumenmodell

Auch das Rotieren des Sketches zu einem Volumenkörper führen Sie wie bereits gelernt durch.

Wählen Sie dazu die Funktion **Revolve** (alternativ: **Insert → Design Features → Revolve**).

Selektieren Sie eine Linie des Sketches und beenden Sie die Auswahl durch Betätigen der mittleren Maustaste. Selektieren Sie anschließend die XC-Achse Ihres Referenzkoordinatensystems als Rotationsachse. Sie bekommen die Vorschau angezeigt. Die übrigen Einstellungen im Fenster **Revolve** belassen Sie unverändert und erzeugen den Rotationskörper mit **OK**.

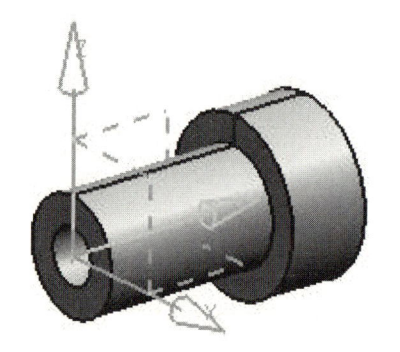

Den erzeugten Rotationskörper zeigt Abbildung 2.89.

Abb. 2.89: Rotationskörper

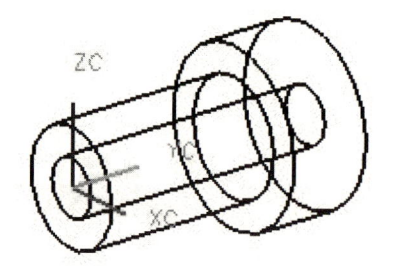

Verschieben Sie nun die Sketchkontur sowie das Referenzkoordinatensystem in bekannter Weise auf Layer 2 und sorgen Sie dafür, dass Ihnen das WCS in seiner Ausgangslage angezeigt wird.

Abb. 2.90: Zugankermutter nach Sichtbarsetzen des WCS

Exkurs: Arbeiten mit dem WCS

Vor allem beim Konstruieren ohne den Sketcher ist die Möglichkeit, das WCS frei im Raum verschieben und drehen zu können, ein unverzichtbares Werkzeug. Damit verbundene Funktionen werden hier kurz erklärt:

Speichern des WCS

Mit dem Icon **WCS Save** (alternativ: **Format → WCS → Save**) können Sie ein aktives WCS speichern. So kann es später erneut aktiviert werden.

Dynamisches Verschieben und Drehen des WCS

Über einen Doppelklick auf das WCS oder das Icon **WCS Dynamics** (alternativ: **Format → WCS → Dynamics**) gelangen Sie in die entsprechende Funktion. Das WCS kann jetzt frei in Raum und Modell platziert werden, dabei haben Sie folgende Möglichkeiten:

1. **Anwahl des Ursprungs:** Das WCS lässt sich per Drag & Drop frei im Raum verschieben oder durch einen einfachen Klick frei platzieren. Außerdem wird die Toolbar **Snap Point** aktiv, mit der z.B. Linienend-, Kreismittelpunkte oder Schnittpunkte gefangen werden können.
2. **Anwahl einer Achse** ermöglicht freies Verschieben entlang dieser Achse. Zusätzlich erscheint ein kleines Dialogfeld, über das man eine feste Distanz (Distance) oder einen Abstand (Snap) definieren kann. Eine Angabe bei **Distance** versetzt das WCS bei Betätigen der **Enter**-Taste um genau diesen Betrag, **Snap** ermöglicht ein Fangen von Punkten in einem bestimmten Abstand (z.B. alle 10 mm).
3. **Anwahl eines Rotationspunktes:** ermöglicht freies Drehen um eine Achse. Über **Angle** lässt sich ein fester Rotationswinkel eingeben, **Snap** ermöglicht das Fangen eines bestimmten Winkels.

Anwahl des Ursprungs	Anwahl einer Achse	Anwahl eines Rotationspunktes

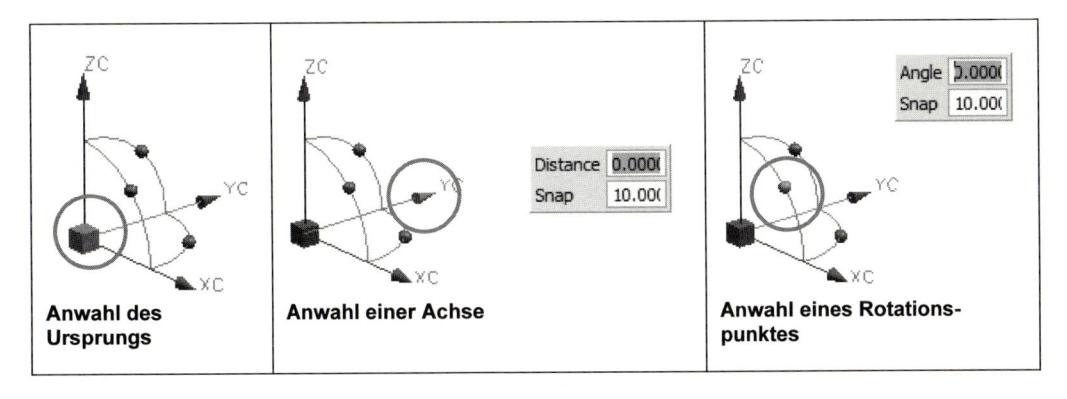

Abb. 2.91: Dynamisches Verschieben und Drehen des WCS

Neuorientieren des WCS

Um das WCS wieder auf absolut zu setzen, verwendet man die Funktion **Set WCS to Absolute** .

Die Funktion **Orient WCS** (alternativ: **Format → WCS → Orient**) bietet weitere, praktische Möglichkeiten zur Positionierung des WCS. Hier noch zwei Beispiele:

- **Origin, X-Point, Y-Point:** Die Position des WCS wird hier über drei Punkte bestimmt, welche über die Toolbar **Snap Point** angewählt werden können. Die Anwahl des ersten Punktes definiert die Position des Ursprungs, der zweite Punkt definiert die X-Richtung, wobei die X-Achse dann vom Ursprung auf den angewählten Punkt zeigt. Der dritte Punkt definiert die Ausrichtung der Y-Achse, die dann entsprechend der Auswahl des Punktes ausgerichtet wird.
- **Three Planes:** Es werden drei Ebenen ausgewählt, von denen zwei senkrecht zueinander stehen sollten. Als Ebenen werden neben **Datum Planes** z.B. auch gerade Bauteilflächen oder Kreise akzeptiert. In jedem Fall müssen die drei ausgewählten Objekte einen gemeinsamen Schnittpunkt haben, der dann die Position des Ursprungs definiert, sie dürfen also nicht parallel zueinander verlaufen. Das erste gewählte Element definiert dabei die Y-Z-Ebene des WCS.

Um zu sehen, wie das WCS mit diesen Funktionen ausgerichtet wird, testen Sie diese am besten einfach einmal selbst.

2.5 Zugankermutter

Speichern des Arbeitskoordinatensystems

Wir müssen jetzt als Vorbereitung für das Modellieren des Innensechskants, der durch Extrudieren eines Sechsecks erzeugt werden soll, das Arbeitskoordinatensystem verschieben und drehen. Speichern Sie zunächst das aktuelle WCS mit **WCS → Save** (alternativ: **Format → WCS → Save**).

Verschieben des WCS

Wählen Sie nun **WCS Origin** (alternativ: **Format → WCS → Origin...**). Es öffnet sich das Fenster **Point**, in dem wir jedoch keine Einstellungen verändern müssen. Selektieren Sie einfach einen Kreismittelpunkt am anderen Ende der Stangenmutter und bestätigen Sie mit **OK**. Das WCS wird in den Mittelpunkt der hinteren Deckfläche verschoben. Schließen Sie das Fenster **Point** mit **Cancel**.

Das WCS ist jetzt in der Mitte der hinteren Deckfläche der Stangenmutter platziert. Wir müssen nun noch das Koordinatensystem so drehen, dass die hintere Deckfläche zur XC-YC-Ebene wird.

Wählen Sie nun **Rotate WCS** (alternativ: **Format → WCS → Rotate**).

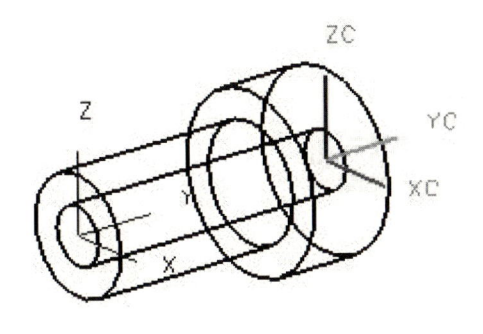

Abb. 2.92: Zugankermutter nach Verschieben des WCS

Im Fenster **Rotate WCS about...** wählen Sie die Option **+ ZC Axis** und betätigen zweimal **Apply** (das geht schneller als den Winkel auf 180° zu ändern). Dann wählen Sie die Option **+ XC Axis** und bestätigen mit **OK**.

Das Koordinatensystem sollte jetzt so ausgerichtet sein, wie in Abbildung 2.93 dargestellt.

Abb. 2.92: Rotieren des WCS

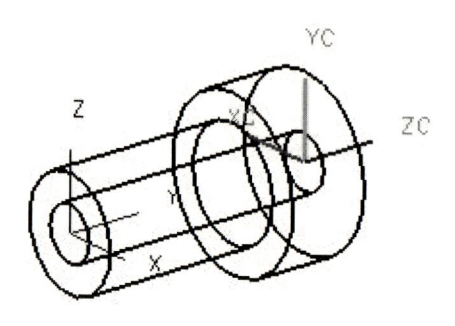

Abb. 2.93: Zugankermutter nach Verdrehen des WCS

Die ganze Aktion haben wir deshalb gemacht, weil bestimmte Geometrieelemente aufgrund von entsprechenden Standardeinstellungen grundsätzlich in der XC-YC-Ebene erzeugt werden, unter anderem regelmäßige Polygone. Ein solches, nämlich ein Sechseck, wollen wir jetzt zum Erzeugen des Innensechskants verwenden.

Konstruieren eines Sechskants mit Schlüsselweite 10

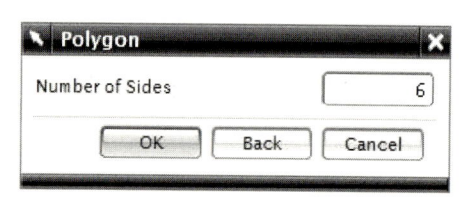

Abb. 2.94: Fenster Polygon

Wählen Sie das Icon **Polygon** (alternativ: **Insert → Curve → Polygon**).

Anweisung: *„Specify number of Polygon sides"*

Als Anzahl der Seiten geben Sie **6** an und bestätigen Sie mit OK.

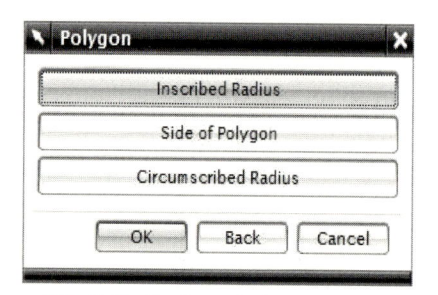

Abb. 2.95: Festlegen Polygontyp

Anweisung: *„Choose Polygon creation method"*

Wählen Sie die Option **Inscribed Radius**.

Anweisung: *„Specify Polygon parameters"*

Der Radius des einbeschriebenen Kreises ist die halbe Schlüsselweite.
Als **Inscribed Radius** geben Sie daher **5** ein und bestätigen mit OK.
Im Fenster Point, das sich dann öffnet, brauchen Sie keine Eingabe zu machen, sondern Sie können einfach mit dem Cursor im Graphikbereich den Ursprung Ihres WCS als Kreismittelpunkt wählen.

Abb. 2.96: Festlegen Radius und Winkel

2.5 Zugankermutter

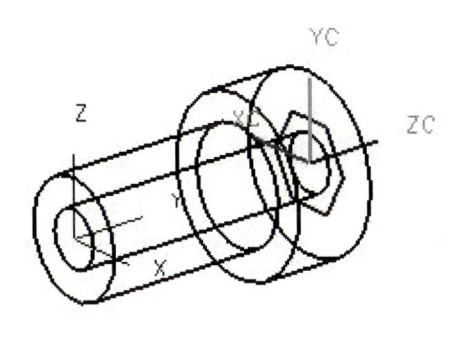

Abb. 2.97: Zugankermutter mit Polygon

Schließen Sie dann das Fenster Point mit `Cancel`. Ihr Bildschirm sollte jetzt aussehen, wie in Abbildung 2.97 dargestellt.

Extrudieren des Sechskantes

Als letztes extrudieren Sie den Sechskant mit einer Tiefe von 7 mm und subtrahieren ihn von dem Objekt.

Wählen Sie das Icon **Extrude** (alternativ: **Insert → Design Feature → Extrude**).

Anweisung: „*Select planar face to sketch or select section geometry*"

Achten Sie auf die Voreinstellung `Connected Curves` in der **Selection Intent** Auswahlliste und selektieren Sie eine Kante des Sechsecks. Daraufhin wird der komplette Linienzug markiert.

Anweisung: *"Select section geometry or change extrude setting"*

Geben Sie als Start-Wert **0** und als End-Wert **7** ein. Mit **Reverse Direction** können Sie die Extrusionsrichtung umkehren.

Als boolesche Operation wählen Sie **Subtract**.

Schließen Sie das Fenster mit `OK`.

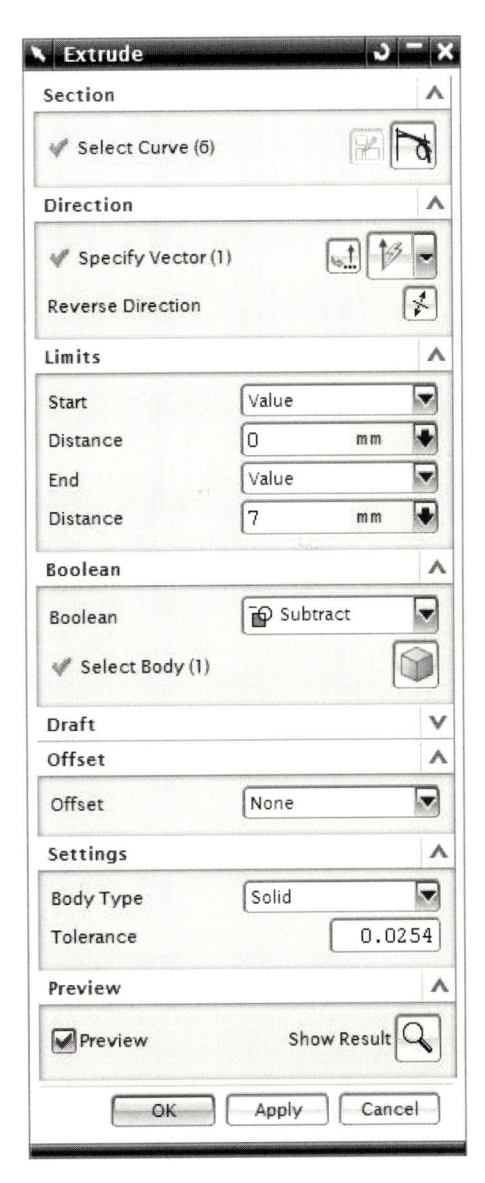

Abb. 2.98: Fenster Extrude

Die Zugankermutter sollte jetzt so aussehen, wie in Bild 2.99 dargestellt.

Verschieben Sie dann das Sechseck, das wir nicht mehr brauchen, auf den Layer 2.

Info:
Die Sechskant-Geometrie ist am besten im schattierten Modus zu erkennen.

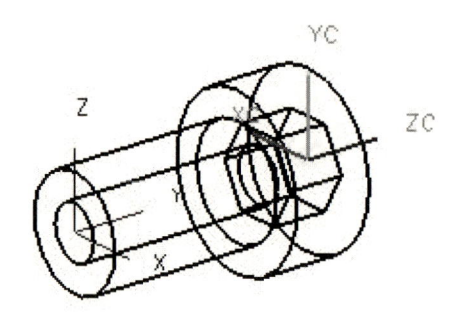

Abb. 2.99: Zugankermutter mit Innensechskant

Erzeugen der Fase

Erzeugen Sie jetzt noch die Fase 1 x 45° mit der Option **Symmetric Offsets**.

Einfügen des Gewindes

Fügen Sie das Gewinde wie zuvor erlernt ein.

Einfärben des Objektes

Geben Sie dem Objekt **Zugankermutter** die Farbe **Weiß**.

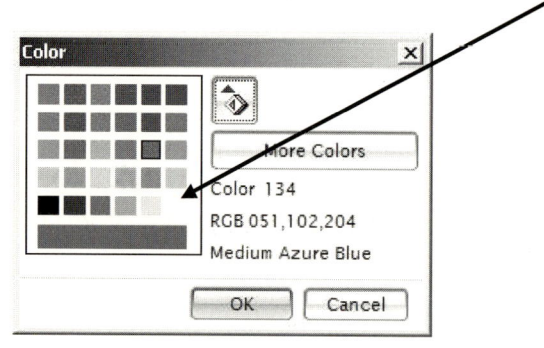

Abb. 2.100: Farbzuordnung

Speichern und schließen Sie die Datei **Zugankermutter**.

2.6 Anschlusskonsole

In dieser Übung werden Sie nun die Anschlusskonsole mit Hilfe der parametrischen Skizziertechnik erstellen.
Das Ergebnis zeigt nachfolgende Abbildung:

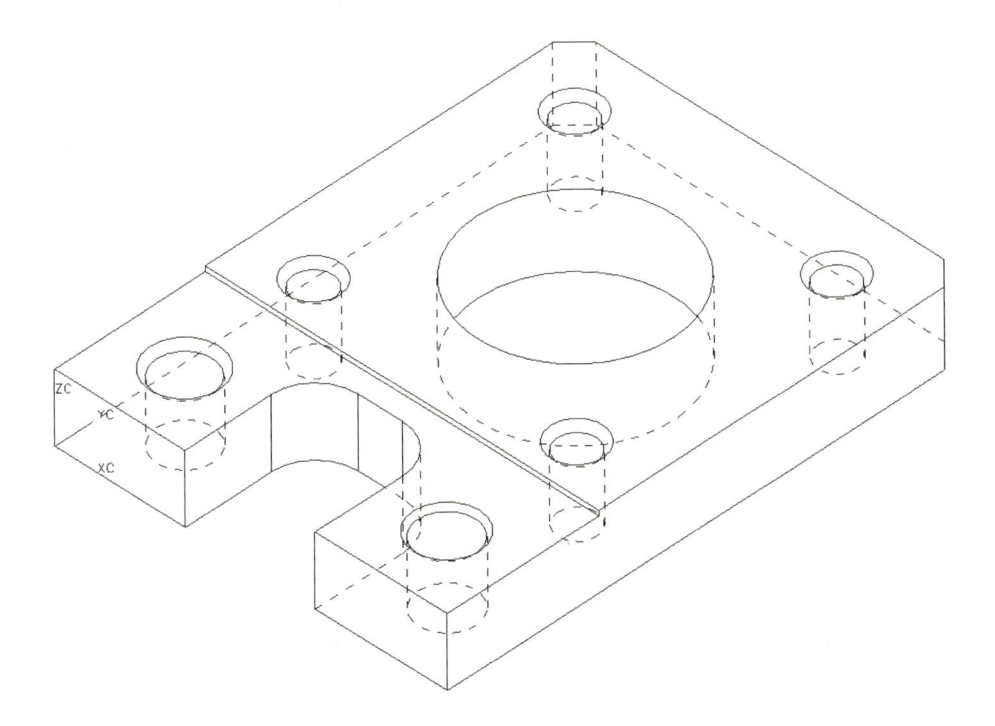

Abb. 2.101: Anschlusskonsole

Neben dem Erzeugen eines Volumens durch Extrudieren werden Sie Folgendes lernen:

- Festigung der in den vorhergehenden Übungen erlernten Arbeitstechniken
- Nachträgliche Maßänderung
- Erzeugen eines Absatzes
- Umgang mit gesteuerten Maßen

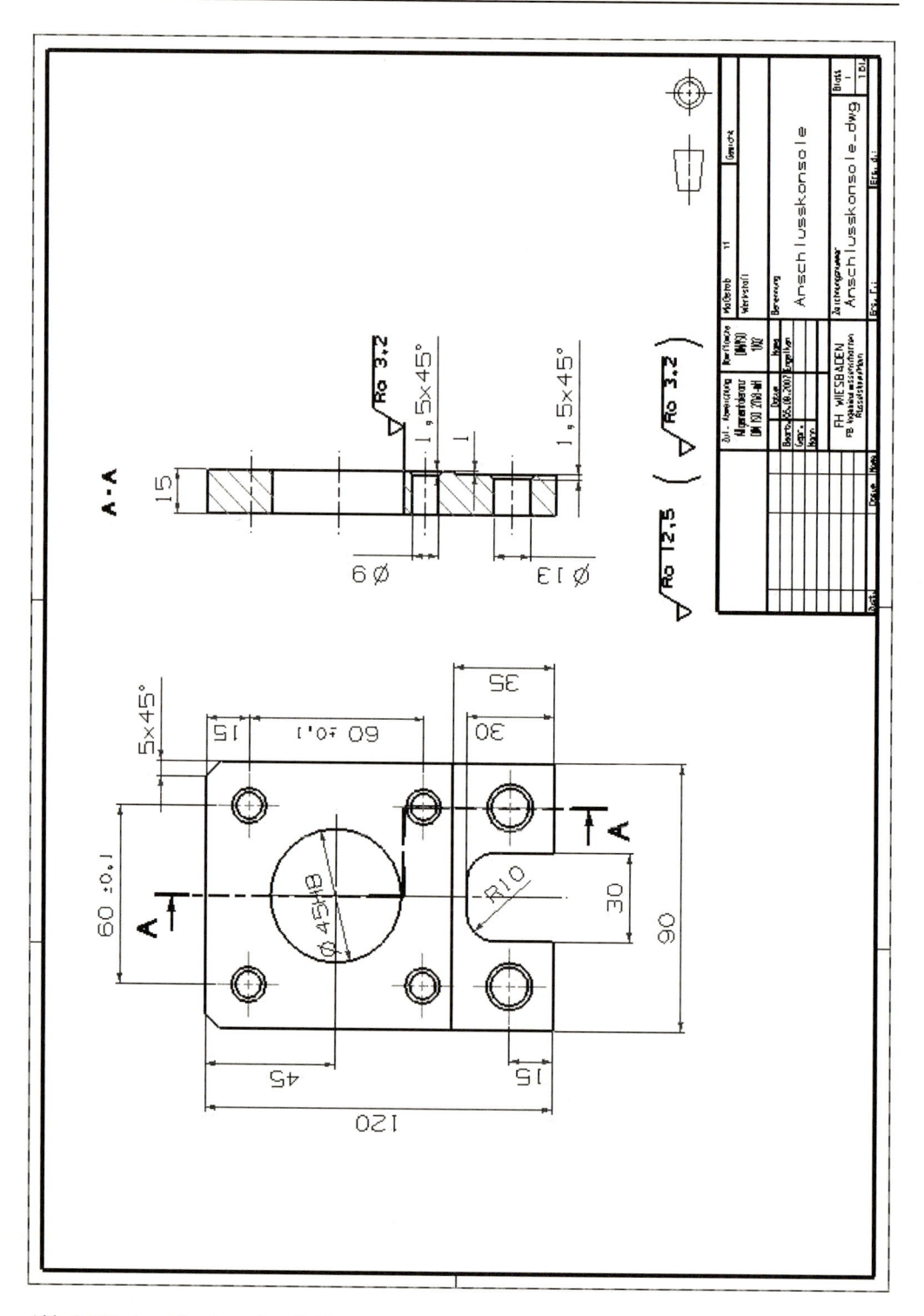

Abb. 2.102: Anschlusskonsole – Zeichnung

2.6 Anschlusskonsole

Betätigen Sie das Icon **New** (alternativ: **File → New**). Im Fenster **File New** aktivieren Sie die Karteikarte **Model**.

Wählen Sie dann die Template-Datei **Model** aus, tragen Sie in das Feld **Name** den Dateinamen **Anschlusskonsole.prt** und in das Feld **Folder** das Ablageverzeichnis **..\Zylinder**. Betätigen Sie dann die Schaltfläche **OK**.

Unmaßstäbliches Skizzieren

Öffnen Sie einen Sketch auf der **XC-YC-Ebene** und skizzieren Sie unmaßstäblich die Außenkontur der Anschlusskonsole. Schließen Sie die Konturerzeugung durch Betätigen der mittleren Maustaste ab.
Ihr Bildschirm sollte nach dem Skizzieren so ähnlich aussehen, wie links dargestellt.

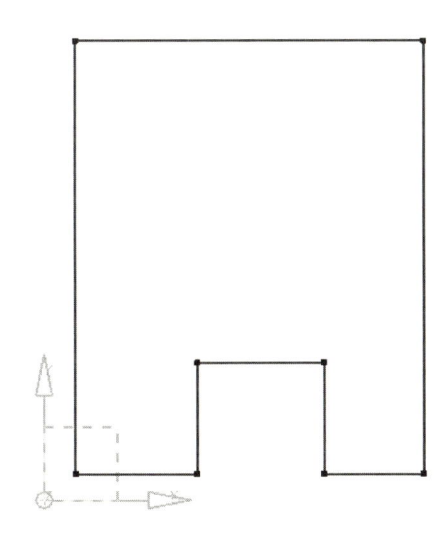

Abb. 2.103: Sketch der Außenkontur

Grundeinstellung der Nachkommastellen bei der Bemaßung[NX6]

Bevor Sie die Skizze weiter bearbeiten, sollten Sie noch eine Einstellung vornehmen.
Im Allgemeinen reichen im Sketch Modus für die Bemaßung zwei Dezimalstellen aus.
Um dies einzustellen, wählen Sie **Preferences → Sketch**.
In dem Fenster **Sketch Preferences** geben Sie bei **Decimal Places** (Nachkommastellen) die Anzahl **2** ein.
Bei **Text Height** (Texthöhe) genügt ebenfalls **2**.
Verlassen Sie das Fenster mit **OK**.

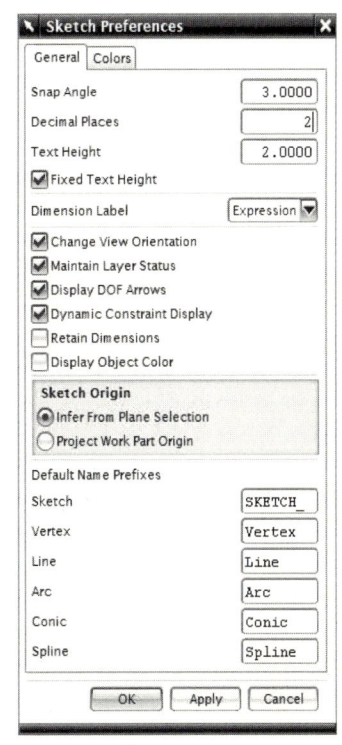

Abb. 2.104: Sketch Preferences

[NX6] Veränderungen unter NX6, vgl. S. 274

Fügen Sie nun zunächst Zwangsbedingungen mit **Create Constraints** hinzu: Machen Sie die linke Außenkante mit der vertikalen Achse kollinear, ebenso die linke untere Kante und die waagerechte Achse und schließlich auch die beiden unteren Kanten.

Zwangsbedingungen ansehen bzw. ändern

Überprüfen Sie mit **Show/Remove Constraints** und der Option **All in Active Sketch** die erzeugten Zwangsbedingungen.

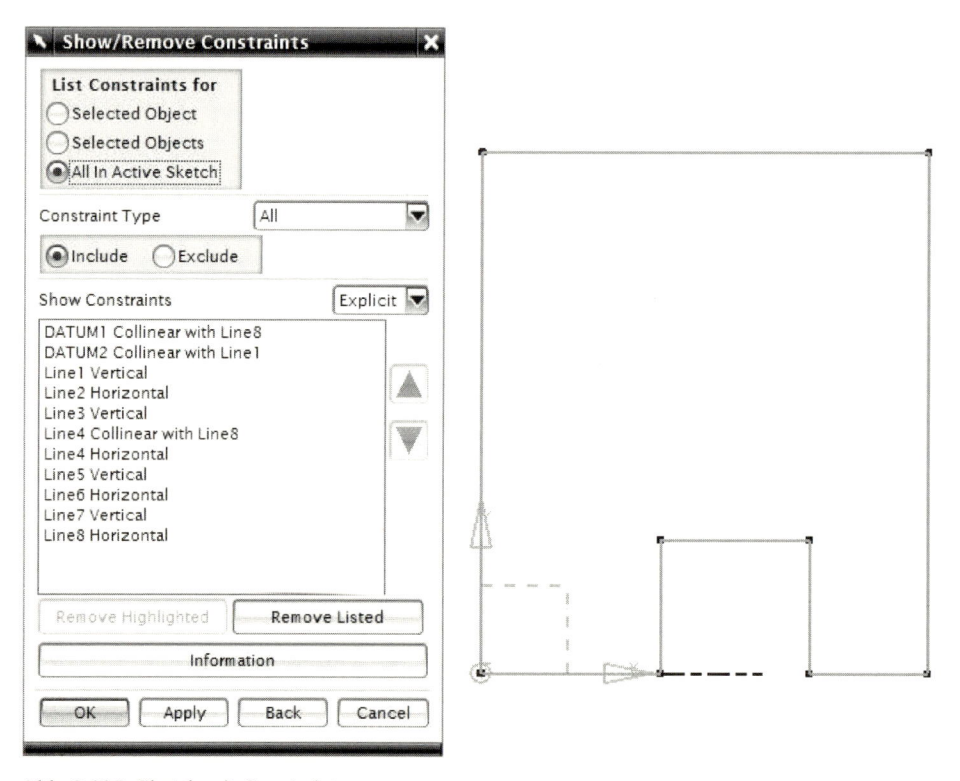

Abb. 2.105: Sketch mit Constraints

Alle Linien sollten entweder **Horizontal** oder **Vertical** ausgerichtet sein und ebenso müssten die hinzugefügten Constraints aufgelistet werden.

2.6 Anschlusskonsole

Skizze bemaßen

Wählen Sie **Inferred Dimensions** . In Ihrem Sketch wird jetzt jeder Punkt mit seinen Freiheitsgraden (Degree of Freedom, DOF) angezeigt. Bemaßen Sie Ihre Skizze wie unten dargestellt (Ihre Maßwerte werden sich sicher davon unterscheiden). Die Linien verändern mit der Beseitigung der Freiheitsgrade ihre Farbe. In der vollständig bemaßten Skizze sind alle Freiheitsgrade (Degree of Freedom DOF) verschwunden.

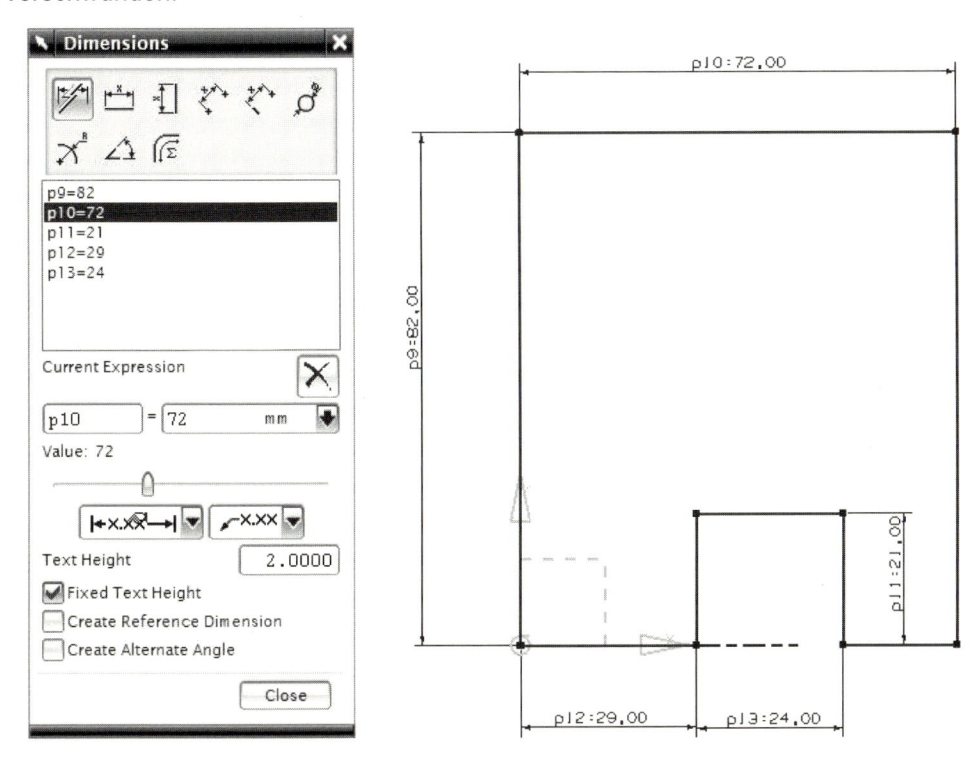

Abb. 2.106: Sketch mit Bemaßung

Info:
Sie können die Länge einer Linie bemaßen, indem Sie die Linie auswählen und das Maß daneben platzieren, z.B. die linke Kante mit dem Maß p9 = 82,00. Sie können aber auch den Abstand zwischen der unteren und oberen Kante bemaßen, was der eigentlichen Absicht einer Werkstückbemaßung entspricht.

Bemaßungen verschieben

Wenn die Bemaßungsfunktion aktiviert ist, können Sie ein Maß im Graphikbereich selektieren. Durch Selektieren und anschließendes Verschieben mit gedrückter linker Maustaste können Sie das Maß an die gewünschte Stelle ziehen.

Bemaßung löschen

Ein bereits angebrachtes Maß können Sie löschen, indem Sie es in der Liste im Fenster **Dimensions** markieren und anschließend den Button **Delete** ![X] betätigen.

Bemaßung verändern

Als Nächstes übernehmen Sie die korrekten Werte aus der Zeichnung und bestätigen jede Änderung mit der **Enter**-Taste.

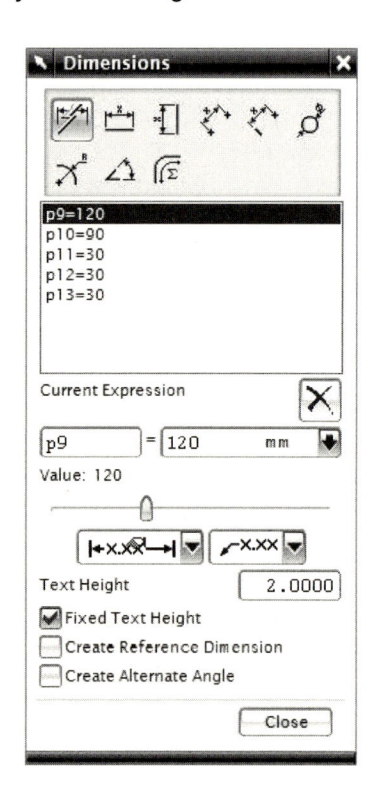

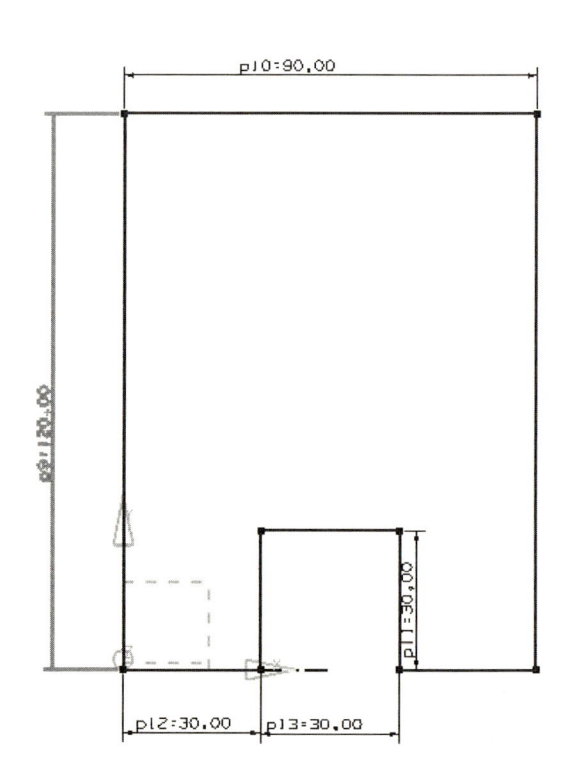

Abb. 2.107: Sketch mit geänderter Bemaßung

Beenden Sie jetzt den Sketch mit ![Finish Sketch].

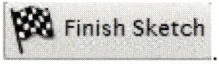

Extrudieren eines Profils zu einem Körper

Jetzt wird das Objekt durch Extrudieren des Profils entlang der **ZC-Achse** erzeugt.

Selektieren Sie das Icon **Extrude** ![icon].

Anweisung: *"Select planar face to sketch or select section geometry"*

2.6 Anschlusskonsole

Selektieren Sie eine Linie des Sketches. Der Sketch wird als Ganzes ausgewählt. Die Richtung der Extrusion wird defaultmäßig senkrecht zur Skizzenebene gesetzt. Gegebenenfalls müssen Sie die Richtung umkehren. Tragen Sie dann als **End Distance** den Wert **15** ein und schließen Sie mit OK ab.

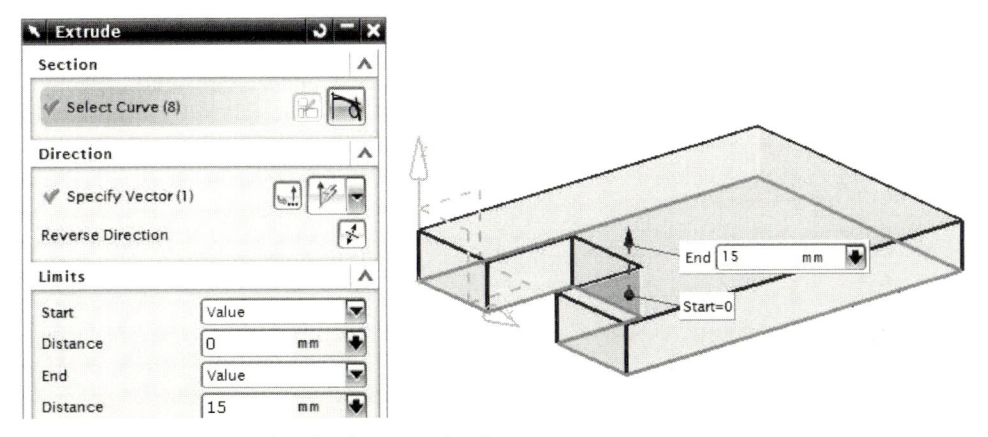

Abb. 2.108: Vorschau für den Extrusionskörper

Ihre Anschlusskonsole sollte in der Drahtdarstellung jetzt aussehen, wie in Abbildung 2.109 gezeigt.

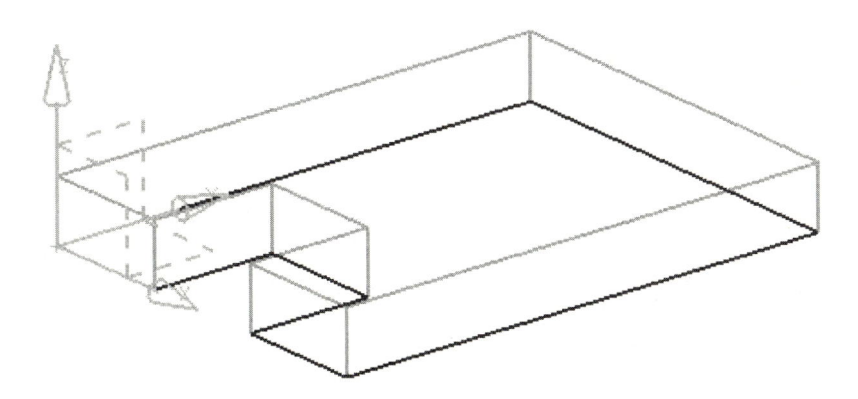

Abb. 2.109: Volumenkörper

Verschieben Sie nun noch den Sketch auf den Layer 2 und setzen Sie den Layer 2 unsichtbar.

Exkurs: Nachträgliche Maßänderung am Modell

Auch nachdem Sie einen Volumenkörper erzeugt haben, können Sie jederzeit durch Änderung der Maßzahlen im Sketch den Körper nachträglich verändern.

Wählen Sie **Edit → Sketch**. Da nur ein Sketch existiert, schaltet UG sofort in den Sketchmodus um und zeigt den Sketch an. Alternativ können Sie im **Part-Navigator** den Sketch durch Doppelklick auf den entsprechenden Eintrag im Featurebaum öffnen.

Wählen Sie **Inferred Dimensions** und dann **Sketch Dimensions Dialog**.

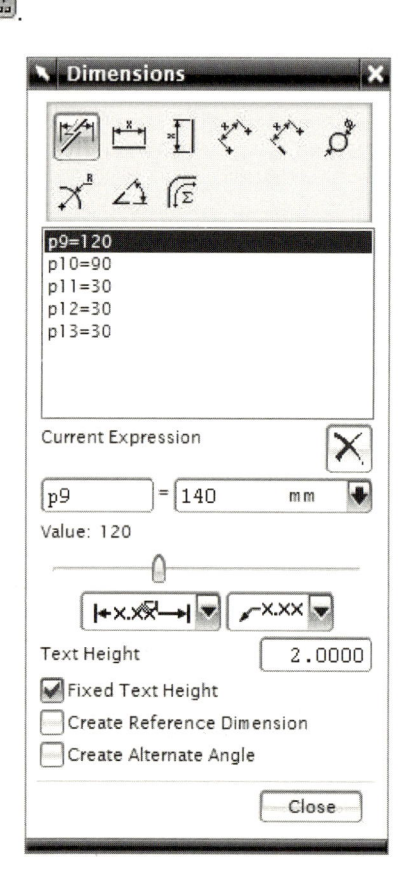

Im **Dimensions**-Fenster können Sie ein Maß markieren und seinen Wert verändern.
Nach Eingabe eines neuen Wertes drücken Sie **Enter**.

Abb. 2.110: Maßänderung

Wenn Sie anschließend die Skizze beenden, aktualisiert sich das 3D-Modell automatisch.
Bringen Sie die Anschlusskonsole jedoch wieder auf die in der Zeichnung angegebenen Maße (am einfachsten durch **Undo**).

Maße mit Namen versehen

Aktivieren Sie wieder den Sketch und öffnen Sie das Fenster **Dimensions**. Markieren Sie ein Maß und überschreiben Sie die automatisch erzeugten Parameternamen mit einem aussagekräftigen Namen wie z.B. Hoehe, Breite, usw. Nach Eingabe des neuen Namens bestätigen Sie immer mit **Enter**. Der neue Name erscheint dann im Listfenster.

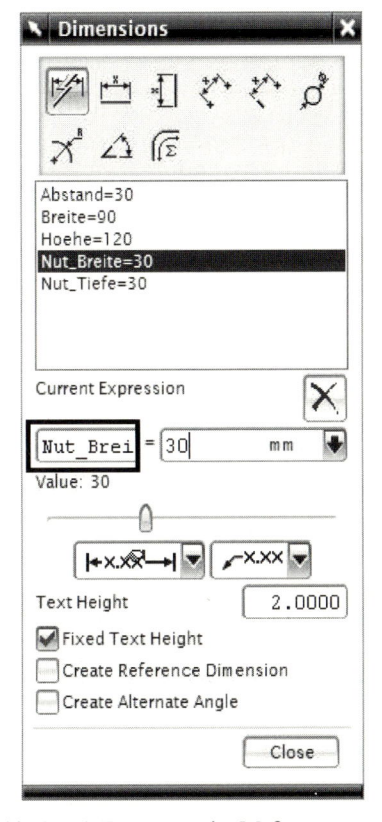

Abb. 2.111: Benennen der Maße

Gesteuerte Maße

Es besteht auch die Möglichkeit, die Maße über eine Formel zu steuern. Geben Sie beispielhaft anstelle der Maßzahl für den Parameter **Nut_Breite** folgenden Ausdruck ein:

Breite/3

Für den Parameter **Abstand** tragen Sie ein:

Nut_Breite

Das hat zur Folge, dass bei einer Änderung der Breite die Nut automatisch in der Mitte bleibt.

Beenden Sie nun zunächst den Sketch mit **Finish Sketch**.

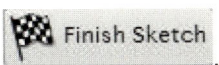

Die Veränderung der Namen können Sie sich auch noch in zwei anderen Varianten anschauen:

1. Variante:

Selektieren Sie **Information** → **Expression** → **List All**.
Im Fenster **Information** bekommen Sie alle Parameter mit den eventuell zugeordneten Formeln und den evaluierten Parameterwerten aufgelistet.

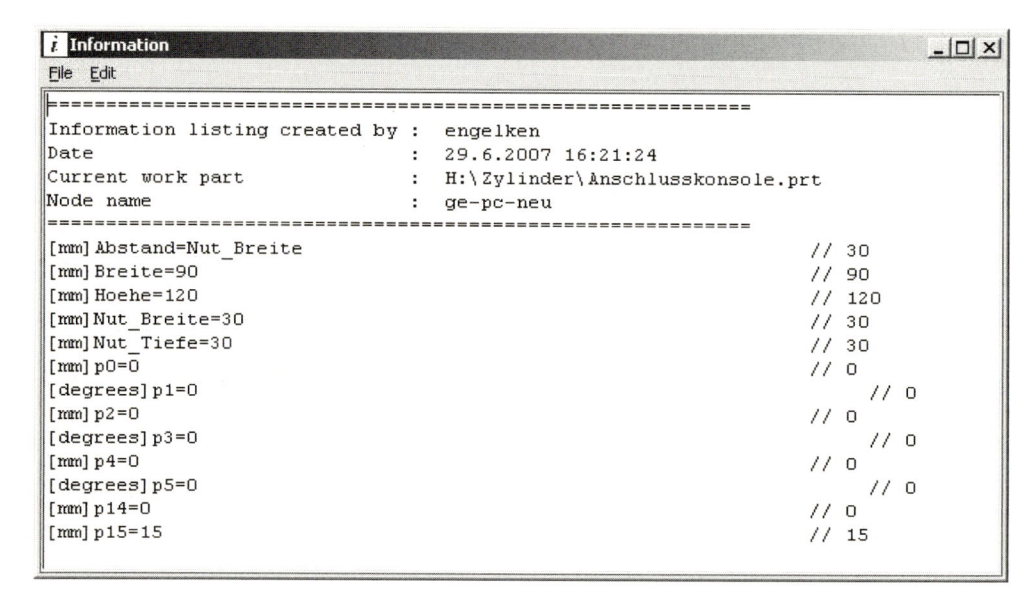

```
Information
File Edit
============================================================
Information listing created by :   engelken
Date                            :   29.6.2007 16:21:24
Current work part               :   H:\Zylinder\Anschlusskonsole.prt
Node name                       :   ge-pc-neu
============================================================
[mm]Abstand=Nut_Breite                                    // 30
[mm]Breite=90                                             // 90
[mm]Hoehe=120                                             // 120
[mm]Nut_Breite=30                                         // 30
[mm]Nut_Tiefe=30                                          // 30
[mm]p0=0                                                  // 0
[degrees]p1=0                                             // 0
[mm]p2=0                                                  // 0
[degrees]p3=0                                             // 0
[mm]p4=0                                                  // 0
[degrees]p5=0                                             // 0
[mm]p14=0                                                 // 0
[mm]p15=15                                                // 15
```

Abb. 2.112: Fenster Information

2. Variante:

Selektieren Sie **Tools** → **Spreadsheet**.
In dem Excel®-Fenster, das sich daraufhin öffnet, selektieren Sie sodann **Tools** → **Extract Expr**.
Daraufhin wird Ihnen die Liste aller steuerbaren Maße angezeigt.
Wie man aus einem *„Masterpart"* mit Hilfe der Excel®-Tabelle eine Teilefamilie erstellt, ist in Kapitel 7 beschrieben.
Sie wählen nun im Excel®-Fenster bitte **File** → **Schließen und zurückkehren zu Modeling – Anschlusskonsole.prt**.
Das Fenster **Exit Excel** schließen Sie mit `Discard`.

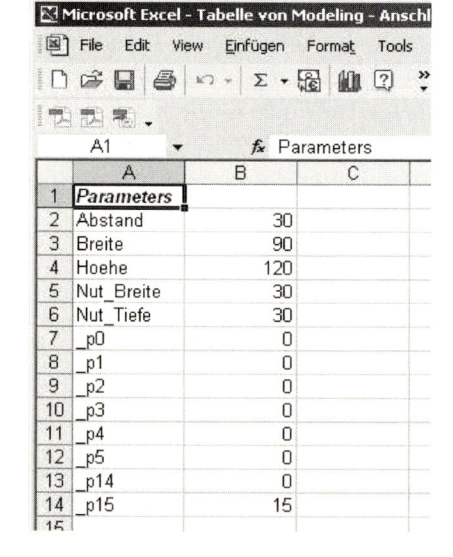

	A	B	C
1	Parameters		
2	Abstand	30	
3	Breite	90	
4	Hoehe	120	
5	Nut_Breite	30	
6	Nut_Tiefe	30	
7	_p0	0	
8	_p1	0	
9	_p2	0	
10	_p3	0	
11	_p4	0	
12	_p5	0	
13	_p14	0	
14	_p15	15	

Abb. 2.113: Excel-Tabelle mit Parametern

2.6 Anschlusskonsole

Einfügen des Absatzes

Als Nächstes werden Sie eine Skizze auf die obere Deckfläche der Anschlusskonsole einfügen.

Wählen Sie dazu **Sketch** (alternativ: **Insert → Sketch**)

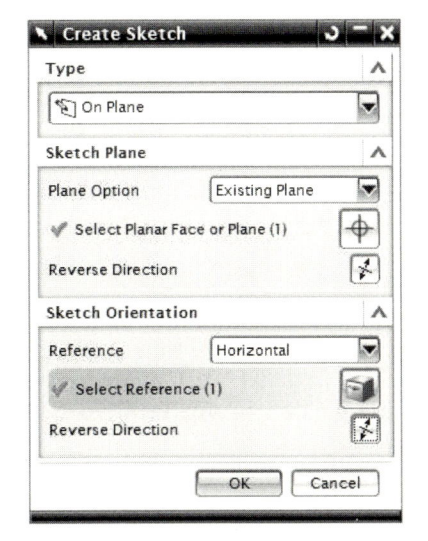

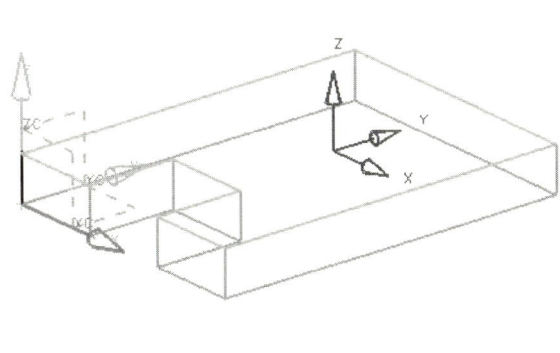

Abb. 2.114: Fenster Create Sketch

Selektieren Sie nun die obere Fläche der Anschlusskonsole anstelle einer Bezugsebene. Bei richtiger Auswahl ändert sich die Farbe der selektierten Fläche. Da vermutlich dann das Koordinatensystem für den Sketch nicht so ausgerichtet ist, wie in Abbildung 2.114 dargestellt, betätigen Sie nun die Schaltfläche **Select Reference** und wählen die **XC-Achse** des Referenzkoordinatensystems als Referenz für die horizontale Ausrichtung aus. Dann schließen Sie das Fenster mit **OK**.
Das Graphikfenster wird automatisch so ausgerichtet, dass Sie senkrecht auf die Skizzierebene schauen.

Selektieren Sie nun in der Toolbar **Sketch Curve** das Icon **Rectangle**.

In dem Menü **Rectangle** belassen Sie die Voreinstellung **By 2 Points** unverändert.
Aktivieren Sie ggf. die Snap-Point-Funktion **Point-on-Curve**.

Abb. 2.115: Pop-Up-Menü Rectangle

Selektieren Sie nun die beiden Eckpunkte des Rechtecks unter Bezugnahme auf die vorhandenen Kanten der Grobgeometrie. Dabei können Sie vorher die Geometrie mit gedrückter mittlerer Maustaste etwas verdrehen, wie in Abbildung 2.116 dargestellt.
Nach der Auswahl des zweiten Eckpunktes wird das Rechteck dargestellt. Beenden Sie den Vorgang mit der **Esc**-Taste und betätigen Sie die **F8**-Taste, um die Darstellung wieder in die Draufsicht zu drehen.

Sie können sich mit der inzwischen bekannten Funktion **Show/Remove Constraints** vergewissern, dass die Ausrichtung der Linien auf die Kanten der Grobgeometrie erfolgt ist.

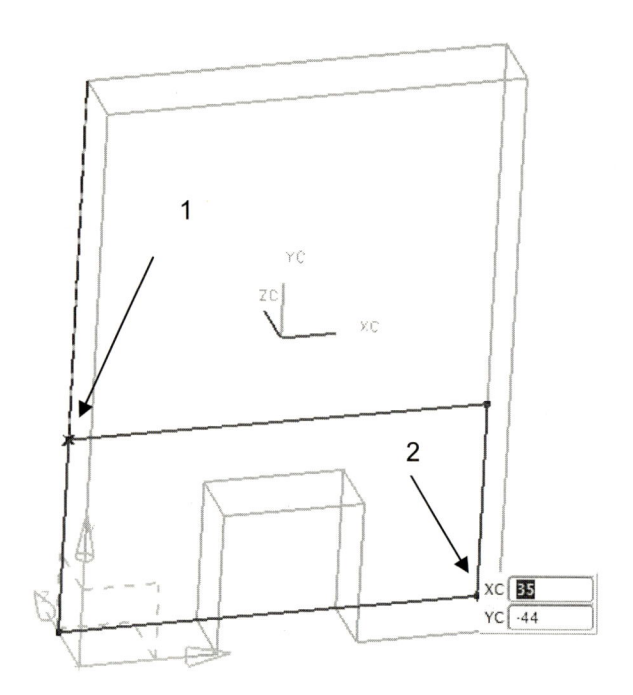

Abb. 2.116: Selektieren der Eckpunkte

Sie müssen also nur noch die Absatztiefe mit der Funktion **Inferred Dimensions** bemaßen, wie in Abbildung 2.117 dargestellt.
Beenden sie dann den Sketch mit **Finish Sketch**.

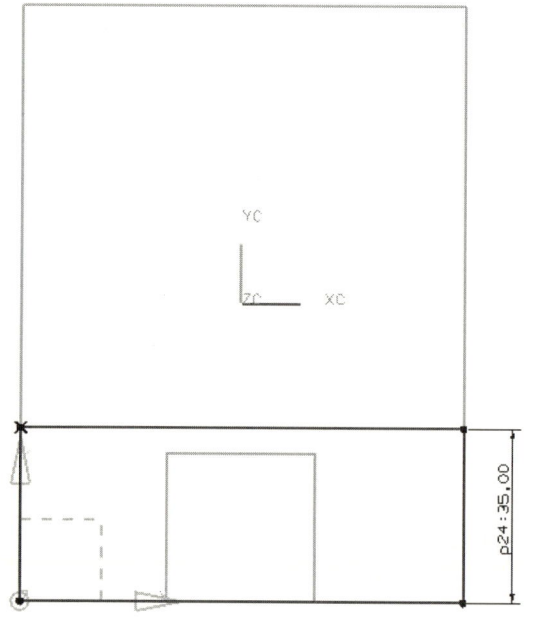

Abb. 2.117: Absatzmaß

2.6 Anschlusskonsole

Erzeugen Sie nun den Absatz mit dem Befehl **Extrude**.
Denken Sie dabei daran, dass der Richtungsvektor in Richtung des Modells zeigen muss. Als **End Distance** geben Sie den Wert **1** ein und als **Boolean Operation** wählen Sie **Subtract**.
Legen Sie Ihren Sketch und das Referenzkoordinatensystem auf den unsichtbaren Layer 2.

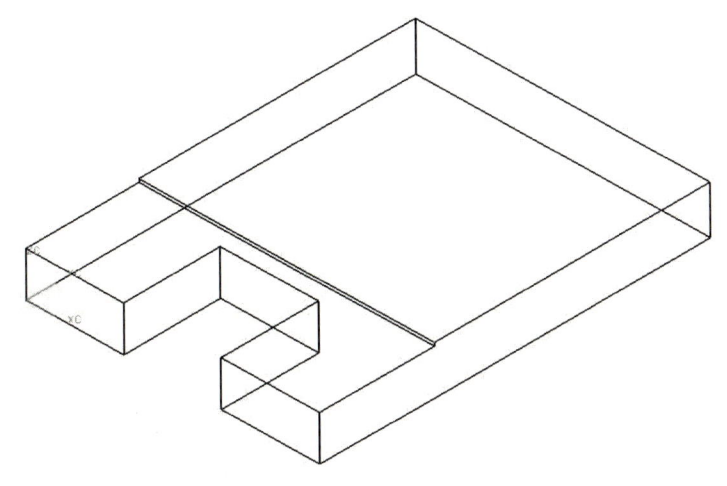

Abb. 2.118: Grobgeometrie mit Absatz

Erzeugen der Bohrungen[NX6]

Bringen Sie zunächst die Anschlusskonsole in die Ausgangslage (vgl. Abb. 2.119).

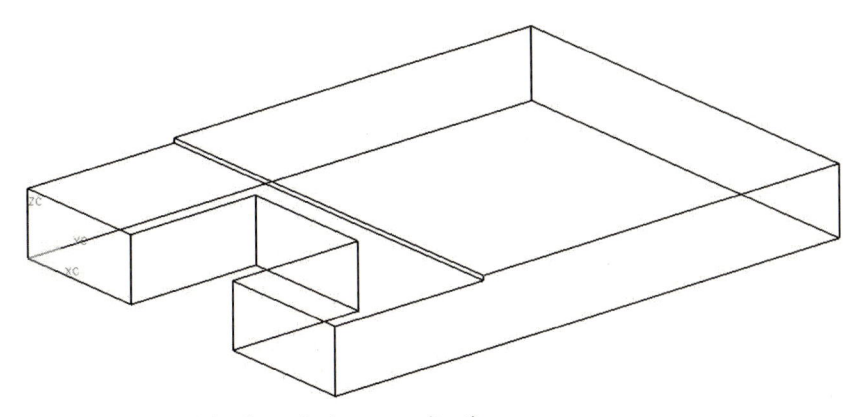

Abb. 2.119: Anschlusskonsole Ausgangssituation

[NX6] Veränderungen unter NX6, vgl. S. 270

Sodann wählen Sie das Icon **Hole** und tragen zunächst die in Abbildung 2.120 dargestellten Parameter für die Bohrung ein.

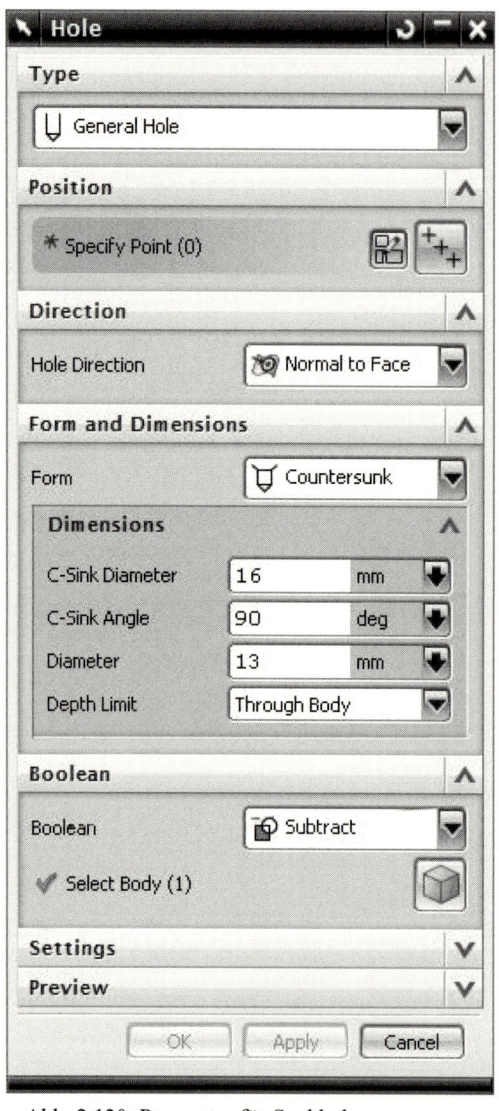

Type: General Hole

Direction: Normal to Face

Form: Countersunk

C-Sink-Diameter: 16
C-Sink-Angle: 90
Diameter: 13

Depth Limit: Through Body

Boolean: Subtract

Abb. 2.120: Parameter für Senkbohrung

Selektieren Sie nun die Absatzfläche als Platzierungsfläche. NX wechselt dann in den Sketch-Modus, stellt die Absatzfläche in der Draufsicht dar und erwartet die Eingabe der Platzierungspunkte durch Eingabe von Cursorpositionen.
Geben Sie nun gleich die beiden Platzierungspunkte für die zwei Bohrungen ein, wechseln dann in die Bemaßungsfunktion und bemaßen Sie die beiden Bohrungsmittelpunkte wie in Abbildung 2.121 dargestellt.

2.6 Anschlusskonsole

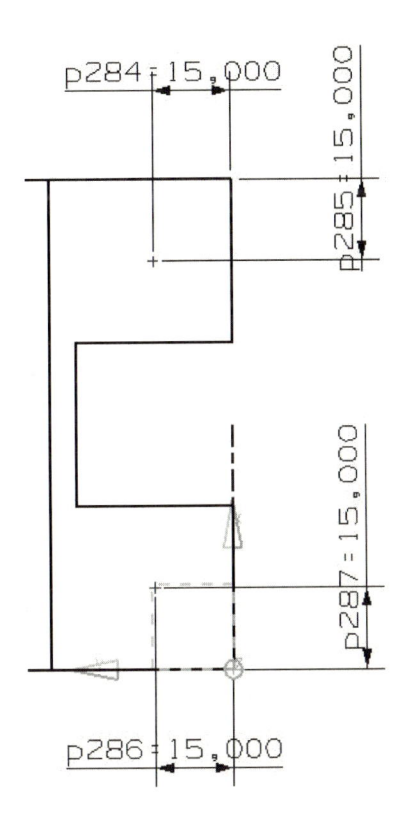

Abb. 2.121: Sketch für Absatzbohrungen

Schließen Sie dann den Sketch, prüfen ggf. nochmals die Parameter im Fenster **Hole** und beenden Sie dann die Erstellung der beiden Bohrungen mit OK.

Das Ergebnis sehen Sie in Abbildung 2.122.

Im Part-Navigator sehen Sie nur einen Eintrag **Countersunk Hole** für die beiden erzeugten Löcher, der für die Positionierung der Bohrungen erzeugte Sketch wird zunächst im Part Navigator nicht sichtbar.

In den Sketch gelangen Sie jedoch dann wieder, wenn Sie den Eintrag für die Senkbohrung selektieren und im Kontextmenü die Option **Edit Sketch** wählen.

Alternativ können Sie auch den Eintrag für die Senkbohrung selektieren und im Kontextmenü die Option **Make Sketch external** wählen. Dann wird der Sketch als zusätzlicher Eintrag im Part Navigator sichtbar.

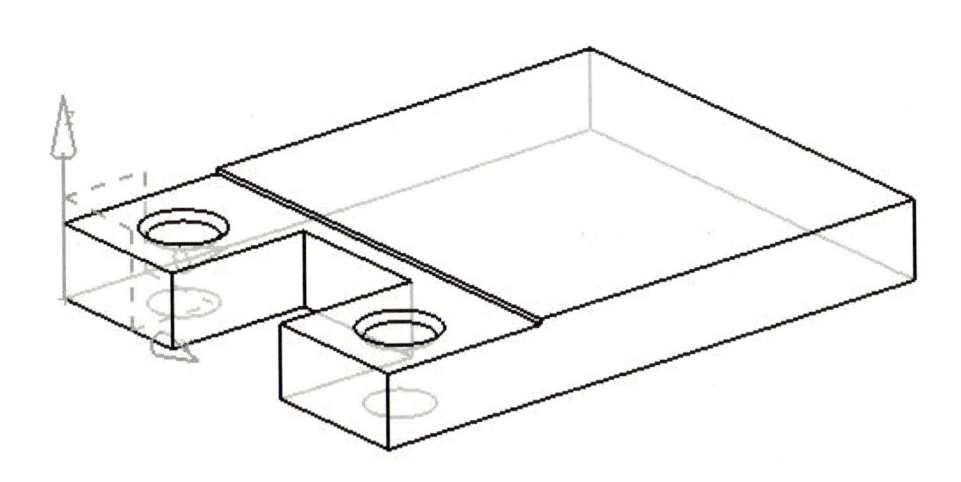

Abb. 2.122: Anschlusskonsole mit den beiden Bohrungen im Absatz

Die erste Bohrung für das Bohrungsmuster der 9 mm-Bohrungen erzeugen Sie in der linken oberen Ecke in analoger Weise mit den Parameterwerten:

Senkdurchmesser: 12
Bohrungsdurchmesser: 9

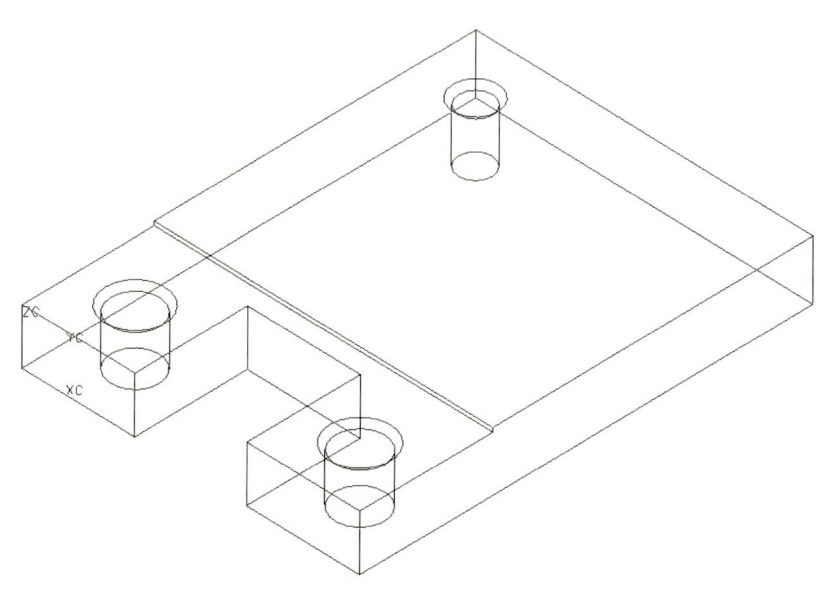

Abb. 2.123: Positionieren der kleinen Bohrung

Erzeugen eines Musters

Die restlichen Bohrungen werden Sie mit dem Befehl **Instance Feature** (Muster) erzeugen.

Selektieren Sie das Icon **Instance Feature** (alternativ: **Insert → Associative Copy → Instance Feature…**).

In dem Fenster **Instance** wählen Sie die Option **Rectangular Array**.

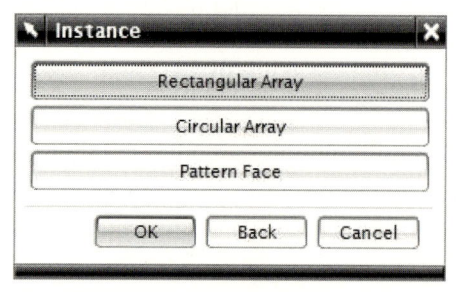

Abb. 2.124: Fenster Instance

2.6 Anschlusskonsole

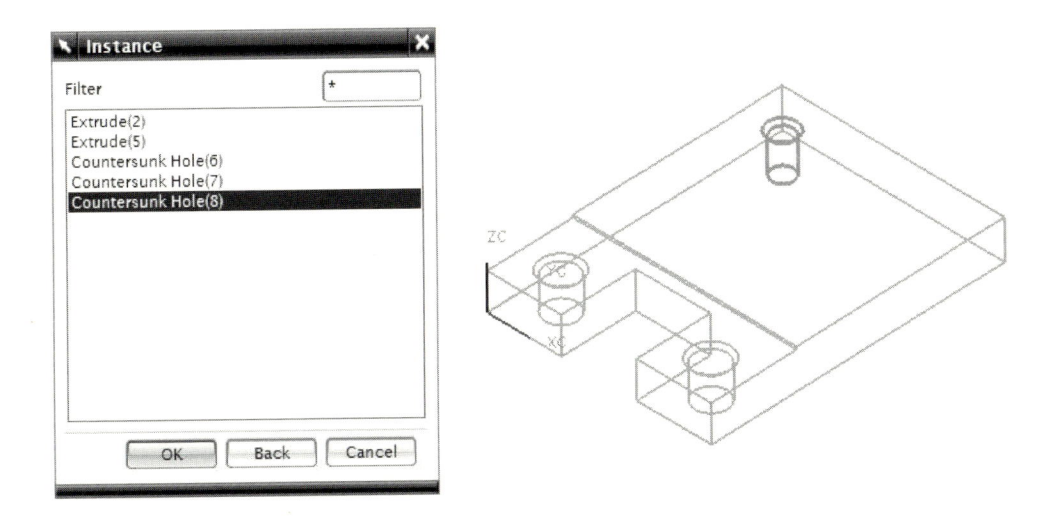

Abb. 2.125: Auswahl des Referenz-Features für das Muster

Sie bekommen nun in einem Listfenster die Features zur Auswahl angeboten, die als Referenz für das Muster genutzt werden könnten. Wählen Sie in der Liste das zuletzt erzeugte **Countersunk Hole** aus oder selektieren Sie die Bohrung direkt im Graphikbereich. Bestätigen Sie die Auswahl mit OK.

Als Nächstes geben Sie die Parameter der Mustererzeugung ein, wie in Abbildung 2.126 vorgegeben und bestätigen Sie Ihre Eingaben mit OK.

Abb. 2.126: Fenster Enter parameters

Sie bekommen nun eine Vorschau des Bohrungsmusters angezeigt und bestätigen die Erzeugung mit der Schaltfläche **YES** im Fenster **Create Instances**.

Das Listfenster **Instance**, das dann wieder eine nächste Auswahl anbietet, schließen Sie mit Cancel .

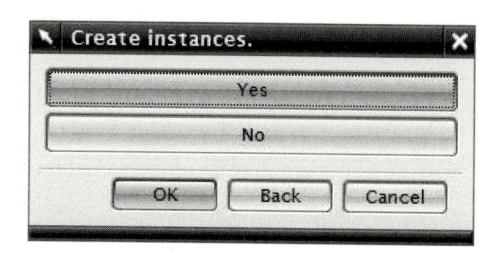

Abb. 2.127: Fenster Create Instances

Die Anschlusskonsole sollte jetzt so aussehen, wie in Abbildung 2.128 dargestellt

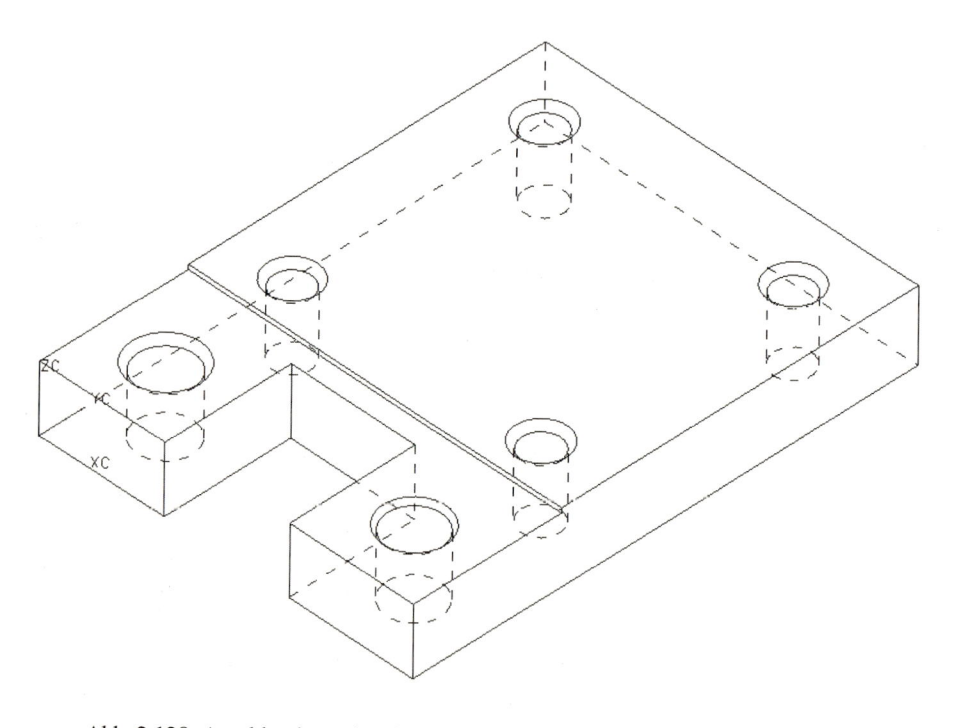

Abb. 2.128: Anschlusskonsole mit Bohrungsmuster

Fügen Sie nun die große Bohrung in der Mitte ein. Die einfachste Methode ist die Erzeugung mit dem Feature **Hole** . Wählen Sie dann den Bohrungstyp **Simple Hole** und geben Sie als Parameterwert für den Durchmesser **45** ein. Erzeugen Sie den Bezugspunkt für die Bohrung mit dem Abstand **45** zur linken (bzw. rechten) und zur oberen Kante.

2.6 Anschlusskonsole

Vervollständigen Sie dann die Anschlusskonsole noch mit den beiden **Fasen** (symmetrisch mit Fasenmaß **5**). Die Rundungen in der Aussparung mit dem Radius **10** erzeugen Sie mit der Funktion **Edge Blend** (alternativ: **Insert** → **Detail Feature** → **Edge Blend**). So erhalten Sie das Ergebnis entsprechend Abbildung 2.129.

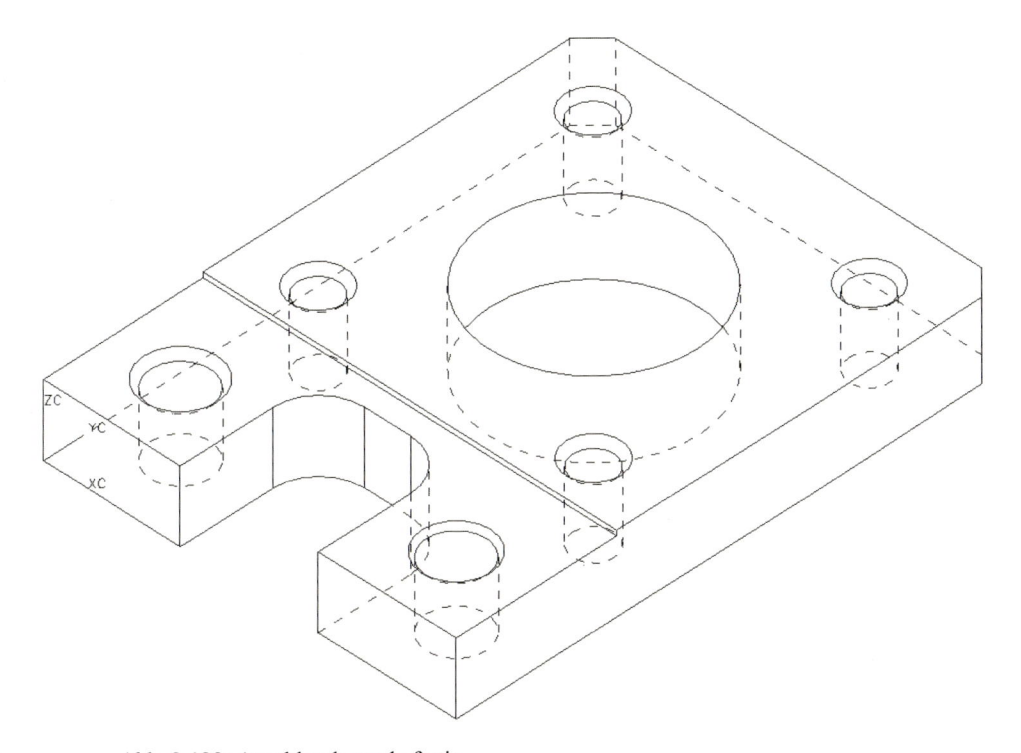

Abb. 2.129: Anschlusskonsole fertig

Geben Sie der Anschlusskonsole die Farbe **Orange** und speichern Sie Ihre Datei mit dem Befehl **SAVE**.

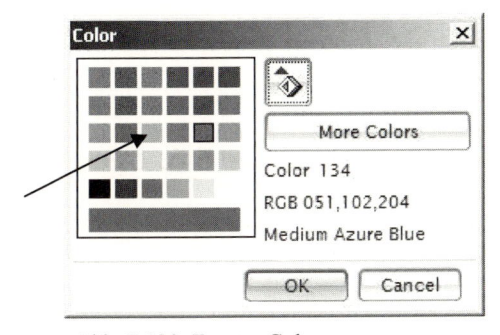

Abb. 2.130: Fenster Color

Bestimmen von Gewicht, Schwerpunkt und Massenträgheitsmoment

Da wir ein Volumenmodell erzeugt haben, ist NX5 in der Lage, das Gewicht, den Schwerpunkt, die Massenträgheitsmomente und die Trägheitsachsen zu bestimmen. Zunächst legen wir die Einheiten fest, in denen die entsprechenden Größen angezeigt werden sollen.

Wählen Sie dazu **Analysis** → **Units Custom** und wählen Sie dann **g – mm** aus.

Als Nächstes werden Sie sich die objektspezifischen Eigenschaften anschauen:

Selektieren Sie **Analysis** → **Advanced Mass Properties** → **Advanced Weight Management**.

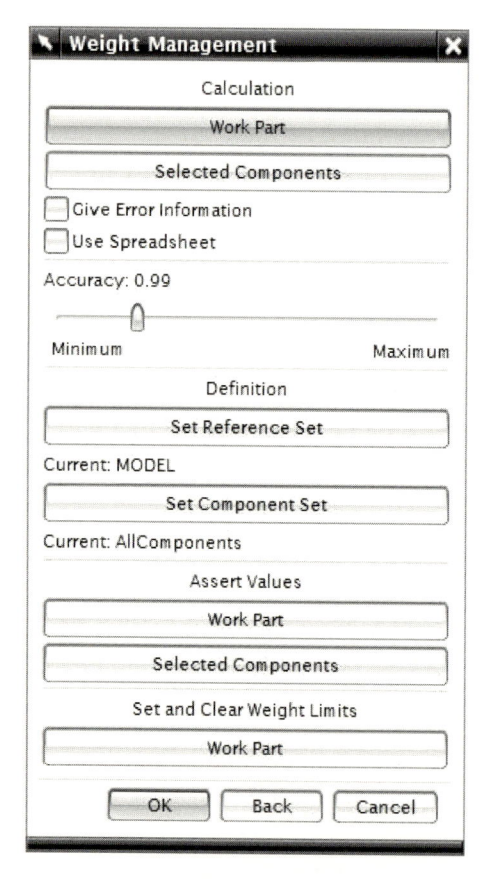

Abb. 2.131: Fenster Weight Management

Im Fenster **Weight Management** betätigen Sie einfach die Schaltfläche **Work Part**, da unsere Anschlusskonsole ja das Work Part darstellt.
Sie bekommen dann in einem Informationsfenster die relevanten Informationen zu Ihrem Bauteil angezeigt (Abbildung 2.132).

2.6 Anschlusskonsole

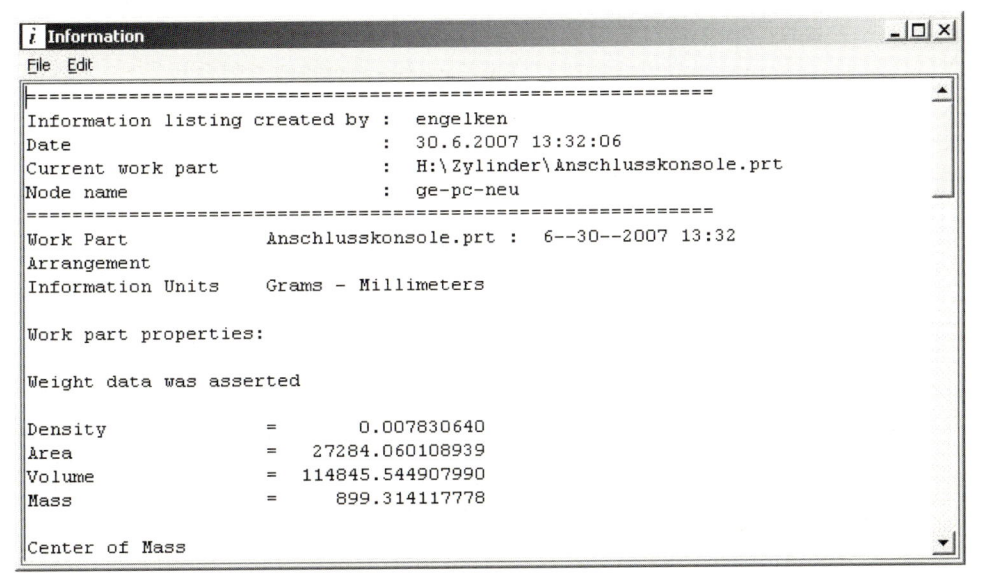

```
Information                                              _ □ ×
File  Edit
===========================================================
Information listing created by : engelken
Date                           : 30.6.2007 13:32:06
Current work part              : H:\Zylinder\Anschlusskonsole.prt
Node name                      : ge-pc-neu
===========================================================
Work Part              Anschlusskonsole.prt :  6--30--2007 13:32
Arrangement
Information Units      Grams - Millimeters

Work part properties:

Weight data was asserted

Density          =         0.007830640
Area             =     27284.060108939
Volume           =    114845.544907990
Mass             =       899.314117778

Center of Mass
```

Abb. 2.132: Informationsfenster

Aus dem Fenster **Information** heraus könnten Sie die Werte durch **File → Save As** oder durch **File → Print** ausgeben.

Sie können aber auch im Fenster **Weight Management** im Bereich **Assert Values** die Schaltfläche **Work Part** betätigen, dann öffnet sich das Fenster **Assert Values** (Abbildung 2.133).

Wenn Sie in diesem Fenster die Schaltfläche **Copy Values from Work Part** betätigen, werden die berechneten Werte Ihrem Work Part als Attribute zugewiesen.

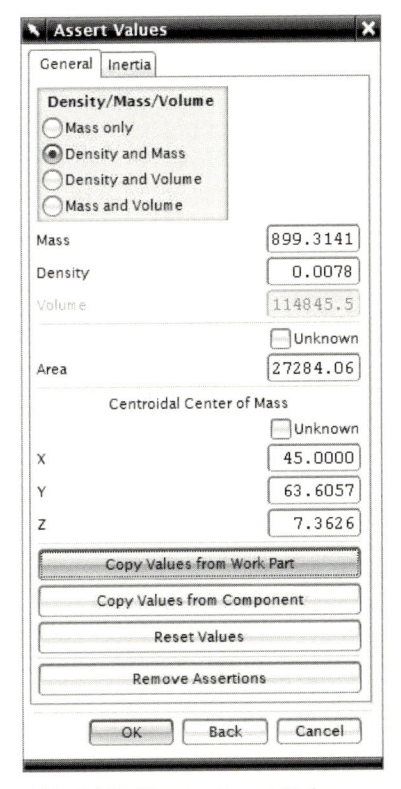

Abb. 2.133: Fenster Assert Values

Ändern der spezifischen Dichte

In NX5 können Sie jedem Volumenkörper eine individuelle spezifische Dichte zuweisen.
Wählen Sie dazu:
Edit → Feature → Solid Density.

Im Fenster **Assign Solid Density** können Sie die spezifische Dichte in der von Ihnen gewünschten Einheit eingeben.

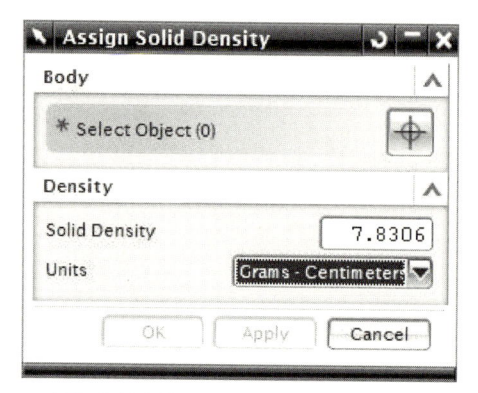

Abb. 2.134: Fenster Assign Solid Density

Die Parameter im Zusammenhang

Falls Sie ein Teil von jemandem übernehmen oder selbst bei Ihrem Objekt einen Überblick über alle Maße erhalten möchten, wählen Sie **Tools → Expression**, das Sie bereits kennen gelernt haben. Es erscheint das Fenster **Expressions**.

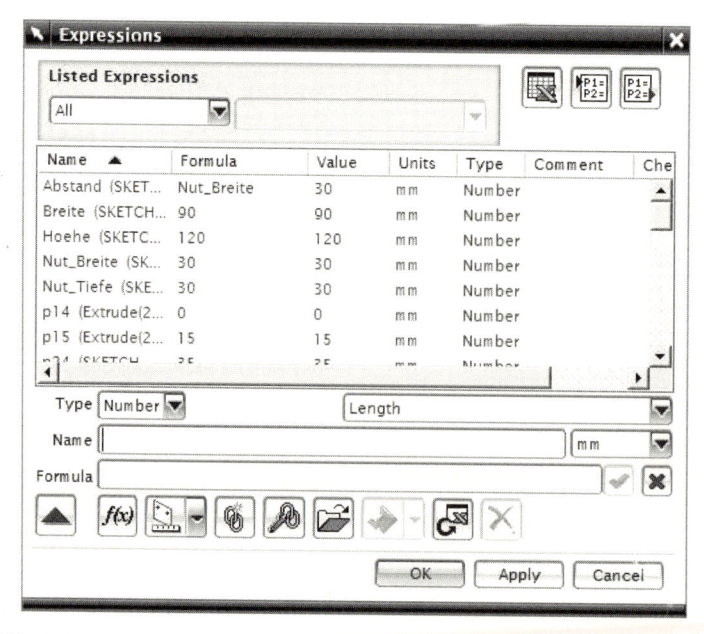

Abb. 2.135: Fenster Expressions

2.6 Anschlusskonsole

Sie können dabei einfach mit der Auswahl **All** alle Expressions anzeigen lassen, Sie können aber auch z.B. **Object Parameters** einstellen und ein Feature im Graphikbereich auswählen, dessen Parameter Sie interessieren. Alternativ selektieren Sie einfach im Graphikbereich ein Feature, dann bekommen Sie auch seine Parameter angezeigt. Sie können dann im Fenster **Expressions** im Listbereich einen Parameter auswählen und zum Beispiel den Parameternamen oder den Parameterwert ändern. Beim Ändern von Parameterwerten passt sich das Modell sofort an die Änderung an.

Wenn Sie im Fenster **Expressions** rechts oben das Icon **Spreadsheet Edit**  selektieren, werden Ihnen die Variablen in einer Excel®-Tabelle angezeigt.

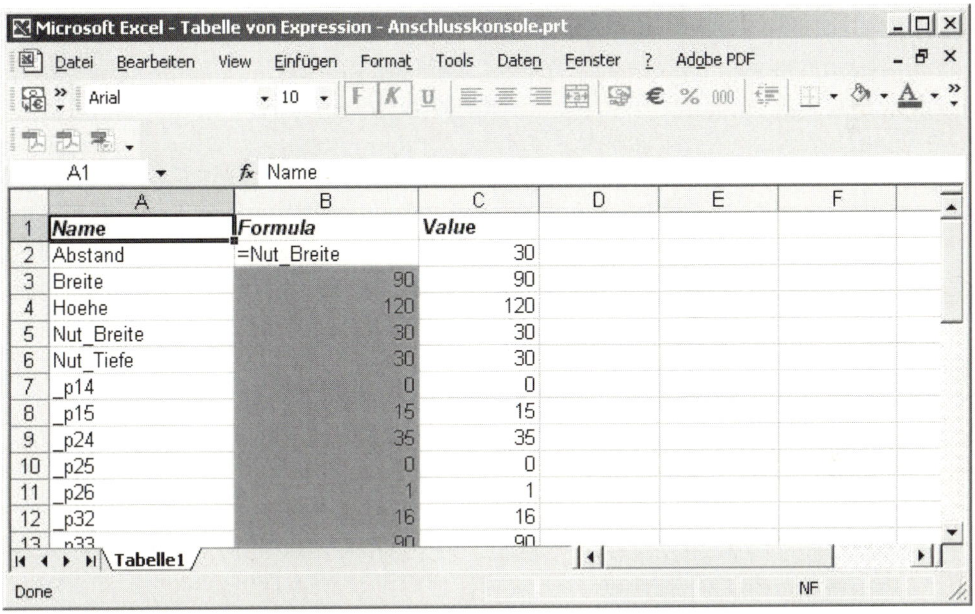

Abb. 2.136: Excel®-Tabelle

Schließen Sie die Excel® Tabelle mit **Datei → Schließen & Zurückkehren ....** und anschließend das **Expressions**-Fenster mit Cancel .

Unterdrücken eines Features

Unterdrücken Sie z.B. das Muster der 4 Bohrungen mit Ø 9 mm.
Wählen Sie hierzu **Edit → Feature → Suppress**.

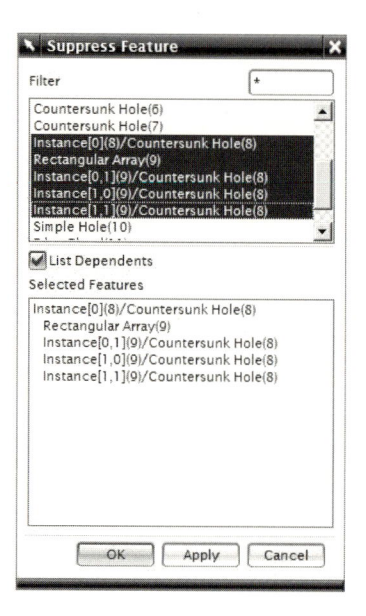

Selektieren Sie im **Suppress Feature**-Fenster **Rectangulay Array** und bestätigen Sie mit OK.

So können Sie ein Teil entfeinern z.B. für eine FEM-Analyse.

Abb. 2.137: Fenster Suppress

Mit **Edit → Feature → Unsuppress** und Auswählen von Rectangulay Array im **Unsuppress Feature**-Fenster sowie Bestätigen durch OK wird das Muster wieder eingeblendet.

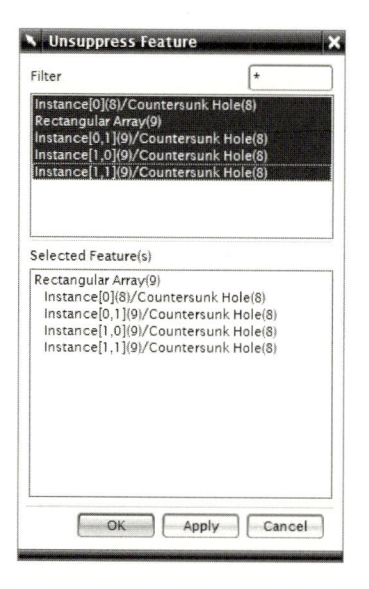

Abb. 2.138: Fenster Unsuppress Feature

Die einfachste Möglichkeit, ein Feature zu unterdrücken, bietet allerdings der **Part Navigator**.

Sie können ein Feature ausblenden, indem Sie das grüne Häkchen vor seinem Symbol und Namen anklicken und dadurch deaktivieren. Das Kästchen ist dann leer, das Feature unterdrückt.

Die Unterdrückung heben Sie auf, indem Sie das (leere) Kästchen erneut anklicken und dadurch das grüne Häkchen wieder setzen.

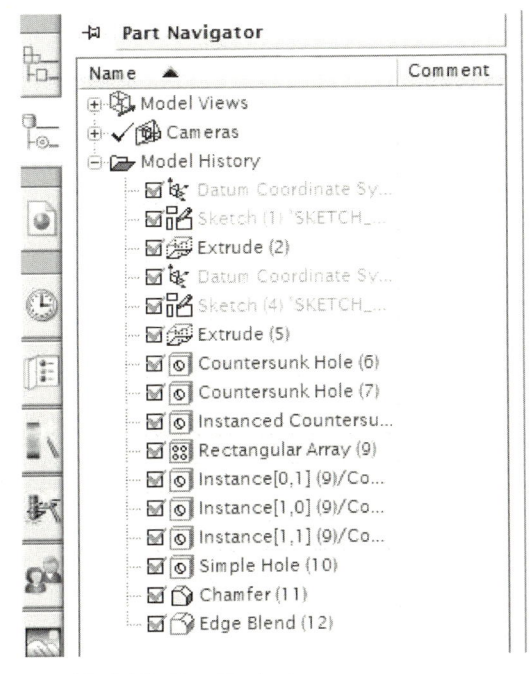

Abb. 2.139: Part Navigator

Eltern-Kind-Beziehung von Features

Um herauszufinden, welche Abhängigkeiten für ein Feature bestehen, selektieren Sie **Information → Feature**.

Es erscheint das Fenster **Feature Browser** (Abbildung 2.140), in dessen oberen Listfenster alle im Objekt enthaltenen Features aufgelistet werden. Nach Auswahl eines Features in dieser Liste oder im Graphikbereich bekommen Sie im unteren Listfenster je nach Wahl die Kinder- oder Elternbeziehungen dieses Features angezeigt.

Durch Betätigen der Schaltfläche **Apply** werden die Informationen für das ausgewählte Feature in einem Informationsfenster angezeigt (Abbildung 2.141).

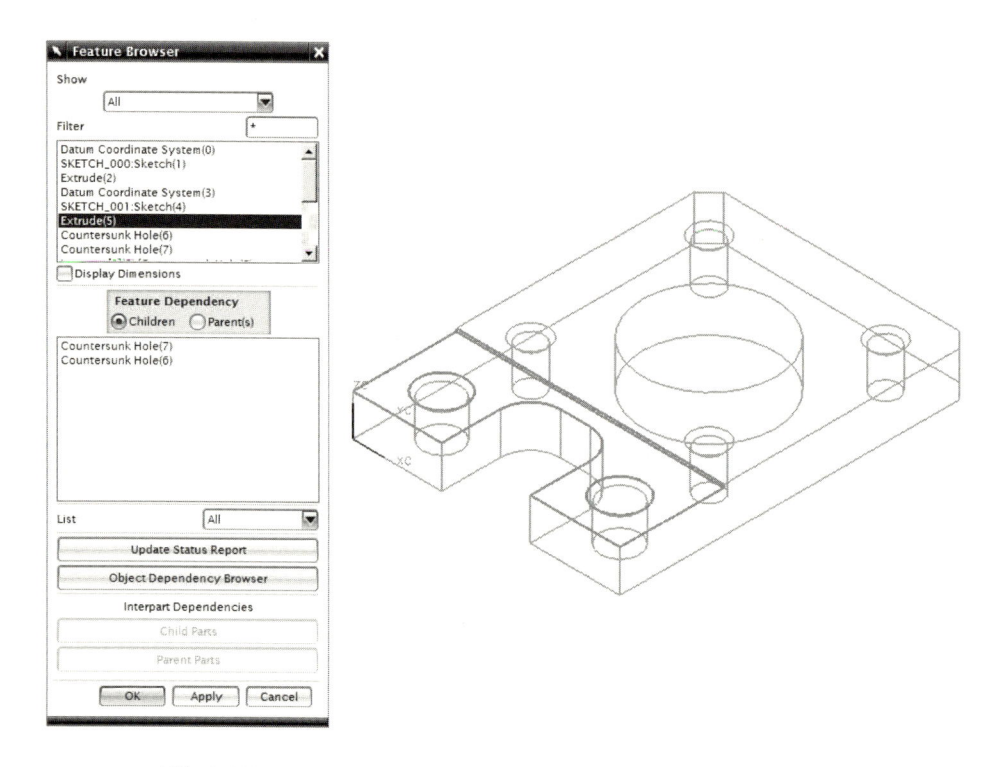

Abb. 2.140: Fenster Feature Browser

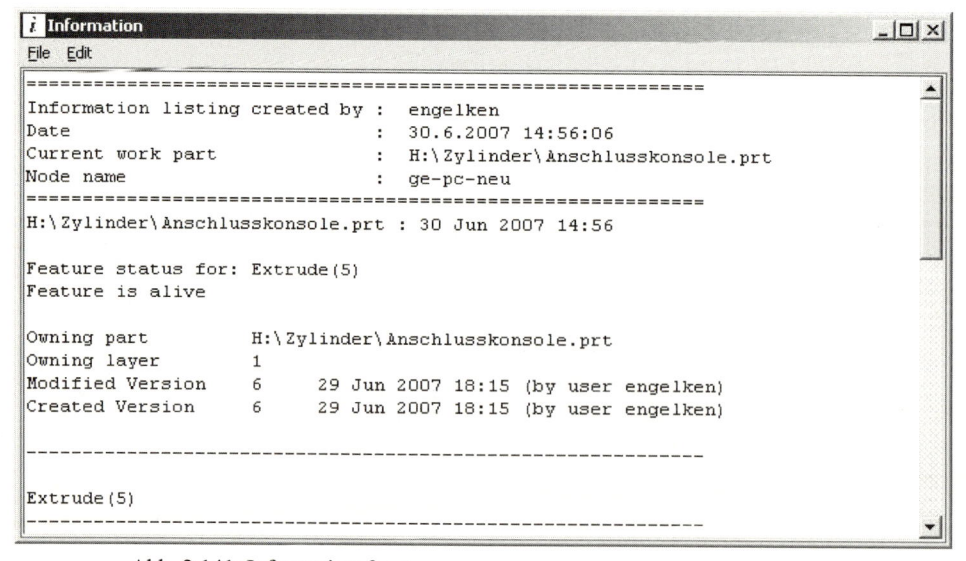

```
===========================================================
Information listing created by :   engelken
Date                            :   30.6.2007 14:56:06
Current work part               :   H:\Zylinder\Anschlusskonsole.prt
Node name                       :   ge-pc-neu
===========================================================
H:\Zylinder\Anschlusskonsole.prt : 30 Jun 2007 14:56

Feature status for: Extrude(5)
Feature is alive

Owning part          H:\Zylinder\Anschlusskonsole.prt
Owning layer         1
Modified Version     6      29 Jun 2007 18:15 (by user engelken)
Created Version      6      29 Jun 2007 18:15 (by user engelken)

-----------------------------------------------------------

Extrude(5)
-----------------------------------------------------------
```

Abb. 2.141: Informationsfenster

2.6 Anschlusskonsole

Anzeigen der Objekthistorie

Mit folgenden Arbeitsschritten können Sie die Entstehungsgeschichte eines Teils erkunden: Selektieren Sie **Information → Part → Modifications**.

Es erscheint das Fenster **Part Modification**. In diesem Fenster können Sie im unteren Listbereich ein Bearbeitungsdatum wählen und mit **Apply** aufrufen.

Es erscheint ein Informationsfenster, das alle Veränderungen anzeigt, die an diesem Tag vorgenommen wurden.
Schließen Sie nun wieder die beiden Fenster.

Abb. 2.142: Fenster Part Modifications

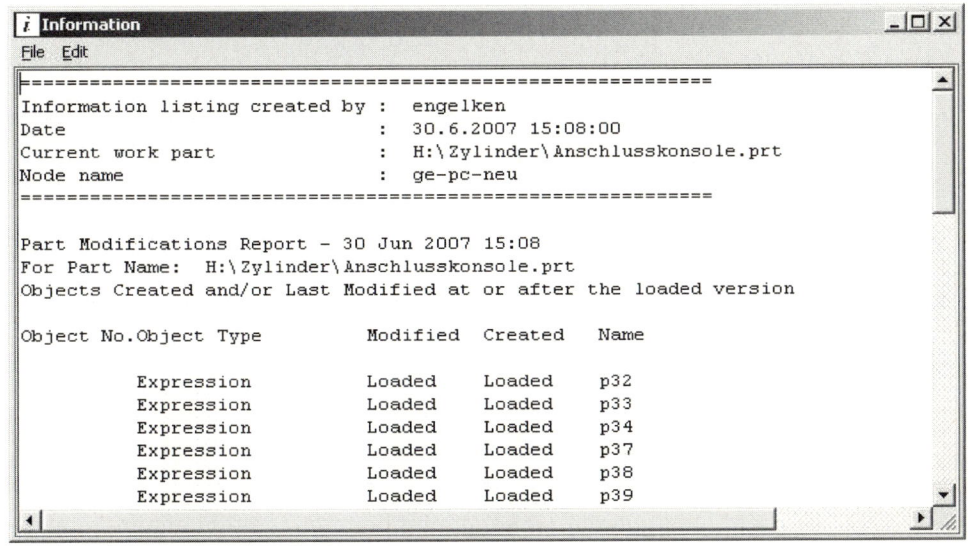

Abb. 2.143: Informationsfenster

Schließen Sie nun die Datei Anschlusskonsole mit **File → Save**.

2.7 Zusammenfassung

Methode A: Grundkörpermodellieren

Auswählen des gewünschten Icons, z.B. **Cylinder** .

Im Fenster **Cylinder** legen Sie den gewünschten Type fest (hier **Axis, Diameter and Height**).

Sie definieren den Vektor für die Achsausrichtung.

Sie spezifizieren den Referenzpunkt.

Sie geben die Maße laut Zeichnung ein.

Sie wählen die boolesche Operation.

Sie beenden mit OK, wenn Sie nur einen Grundkörper erzeugen wollen und mit Apply, falls Sie das Fenster geöffnet halten wollen, um weitere Grundkörper zu erzeugen.

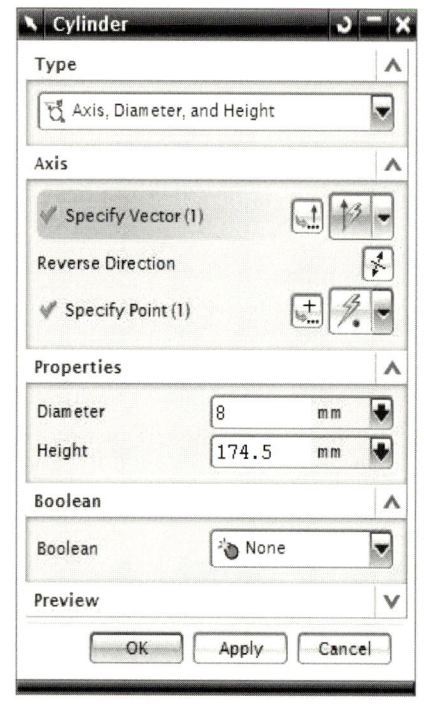

Abb. 2.144: Fenster Cylinder

Der Zylinder wird erzeugt.

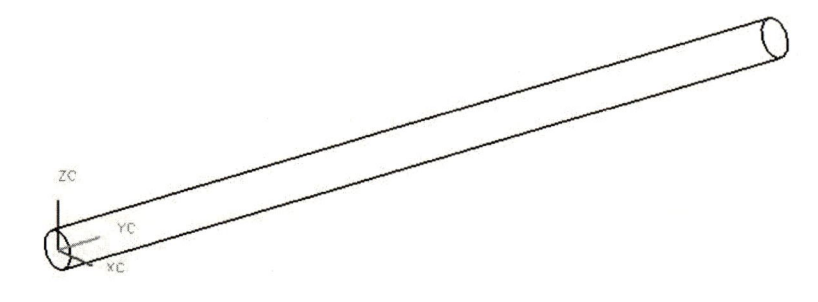

Abb. 2.145: Erzeugter Grundkörper

2.7 Zusammenfassung

Methode B: Parametrisches Skizzieren

Sketch öffnen → Es wird ein unmaßstäbliches Profil erstellt.

↓

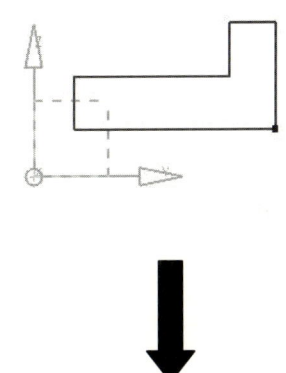

Durch Anbringen von Zwangsbedingungen und Bemaßen wird der Sketch entsprechend der Zeichnung verändert.

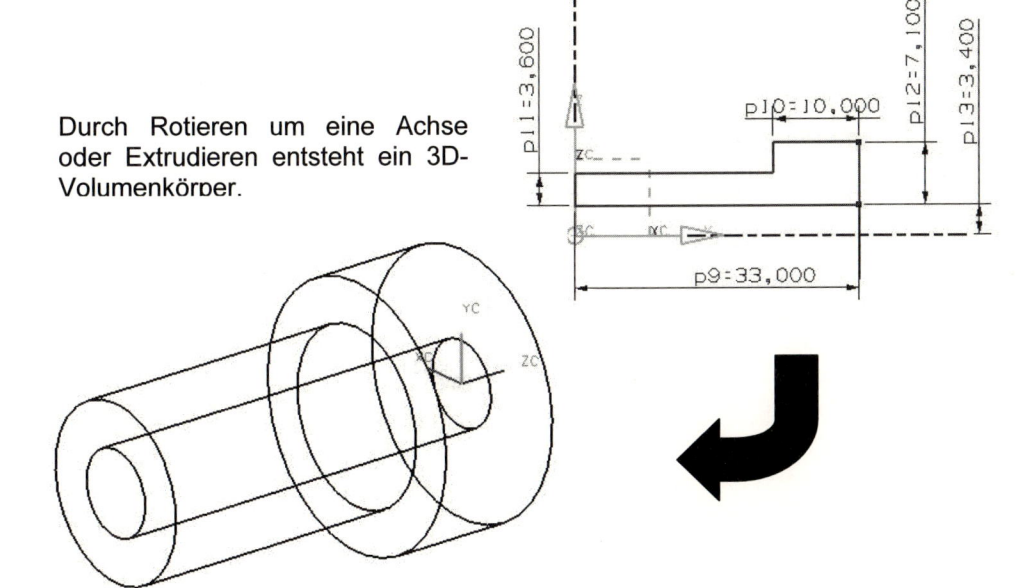

Durch Rotieren um eine Achse oder Extrudieren entsteht ein 3D-Volumenkörper.

Zusammenfassung einiger Systemfenster

Auf dieser Seite finden Sie einige der gebräuchlichsten Feature Operations- und Form Feature-Icons.

Weitere Icons können Sie, wie im Kapitel Zuganker gezeigt, aktivieren.

Feature Operations (Detail Features):

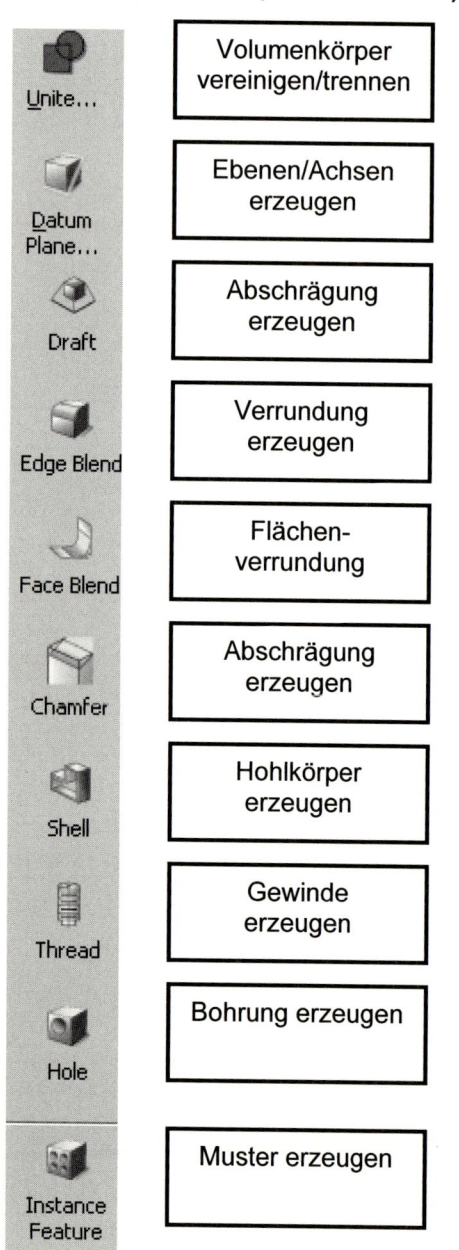

Unite...	Volumenkörper vereinigen/trennen
Datum Plane...	Ebenen/Achsen erzeugen
Draft	Abschrägung erzeugen
Edge Blend	Verrundung erzeugen
Face Blend	Flächen-verrundung
Chamfer	Abschrägung erzeugen
Shell	Hohlkörper erzeugen
Thread	Gewinde erzeugen
Hole	Bohrung erzeugen
Instance Feature	Muster erzeugen

2.7 Zusammenfassung

Form Features (Design Features)

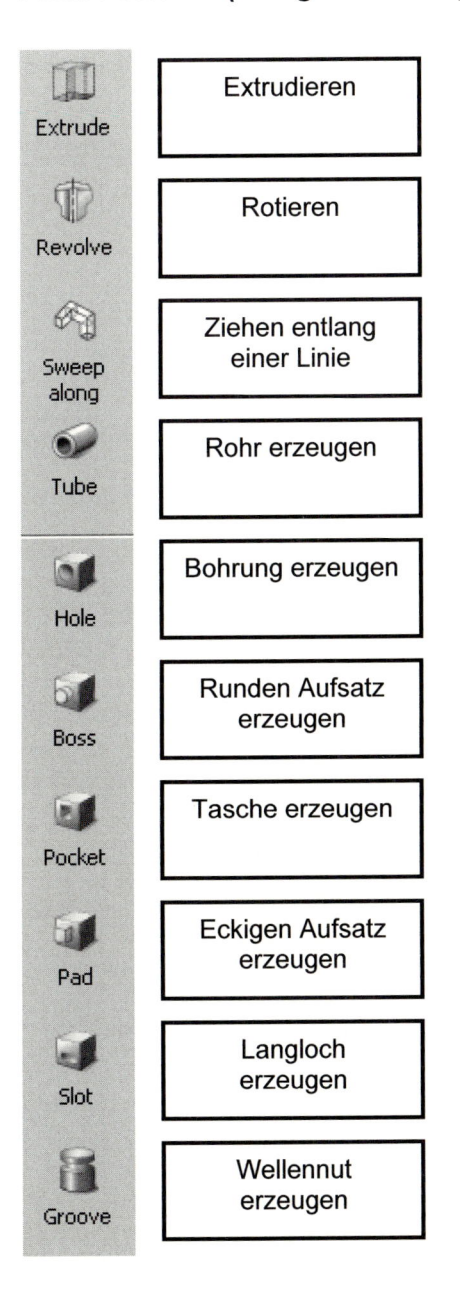

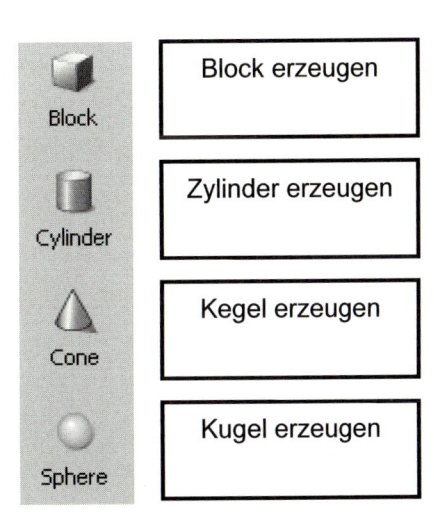

Extrude	Extrudieren	Block	Block erzeugen
Revolve	Rotieren	Cylinder	Zylinder erzeugen
Sweep along	Ziehen entlang einer Linie	Cone	Kegel erzeugen
Tube	Rohr erzeugen	Sphere	Kugel erzeugen
Hole	Bohrung erzeugen		
Boss	Runden Aufsatz erzeugen		
Pocket	Tasche erzeugen		
Pad	Eckigen Aufsatz erzeugen		
Slot	Langloch erzeugen		
Groove	Wellennut erzeugen		

Fenster **Point** NX6

Koordinaten auf null setzen

- Punkterzeugungsarten
- Punktfangoptionen
- Objektauswahl
- Steuerung WCS oder absolut für Koordinateneingabe
- Koordinateneingabe

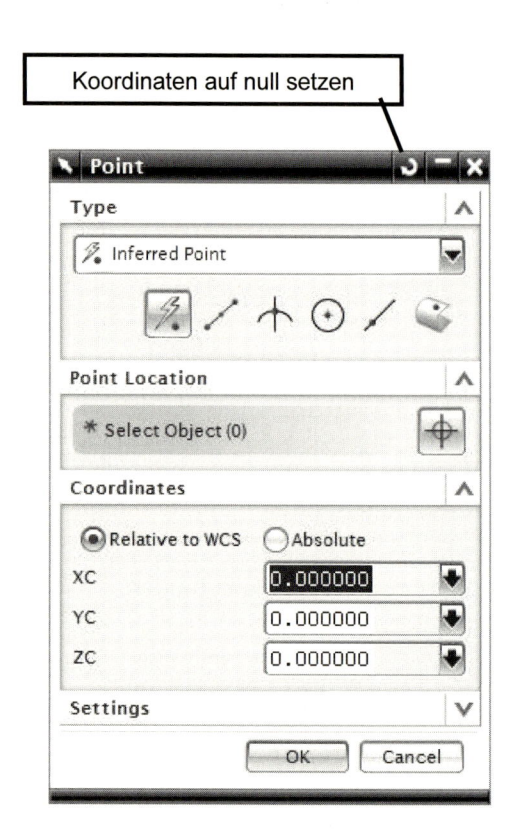

Fenster **Vector** NX6

- Vektorerzeugungsarten
- Vektorerzeugung über Richtungsangabe
- Auswählen von Bezugsachsen
- Richtung umkehren

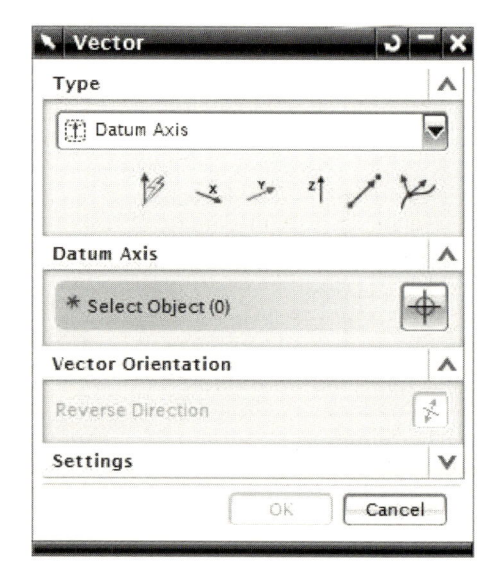

NX6 Veränderungen unter NX6, vgl. S. 272

2.7 Zusammenfassung

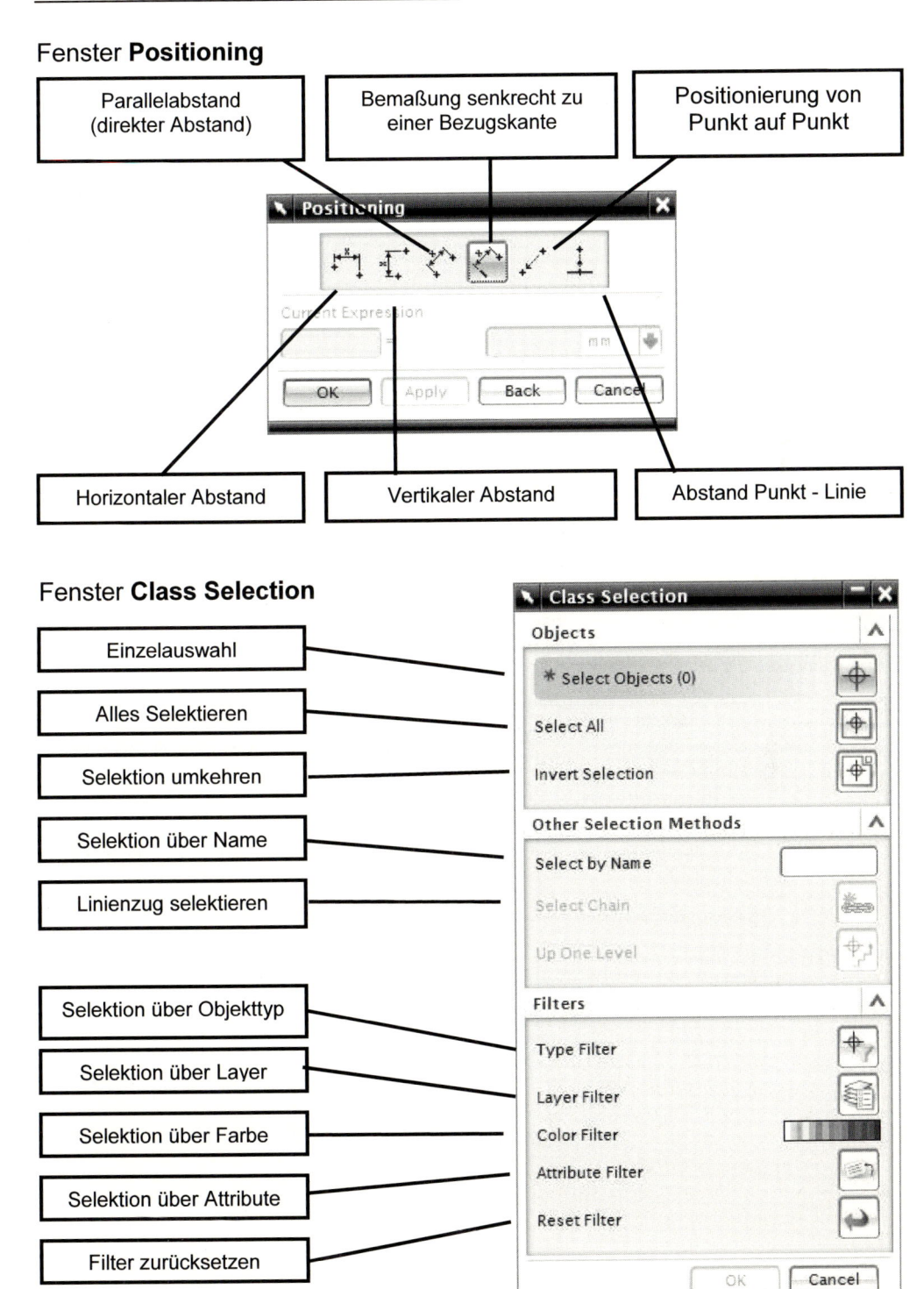

Fenster **Positioning**

- Parallelabstand (direkter Abstand)
- Bemaßung senkrecht zu einer Bezugskante
- Positionierung von Punkt auf Punkt
- Horizontaler Abstand
- Vertikaler Abstand
- Abstand Punkt - Linie

Fenster **Class Selection**

- Einzelauswahl
- Alles Selektieren
- Selektion umkehren
- Selektion über Name
- Linienzug selektieren
- Selektion über Objekttyp
- Selektion über Layer
- Selektion über Farbe
- Selektion über Attribute
- Filter zurücksetzen

Fenster **Sketch Preferences** NX6

Mit diesem Fenster können die Voreinstellungen für Sketchs auf die gewünschten Werte korrigiert werden. Das Fenster wird geöffnet mit: **Preferences → Sketch**.

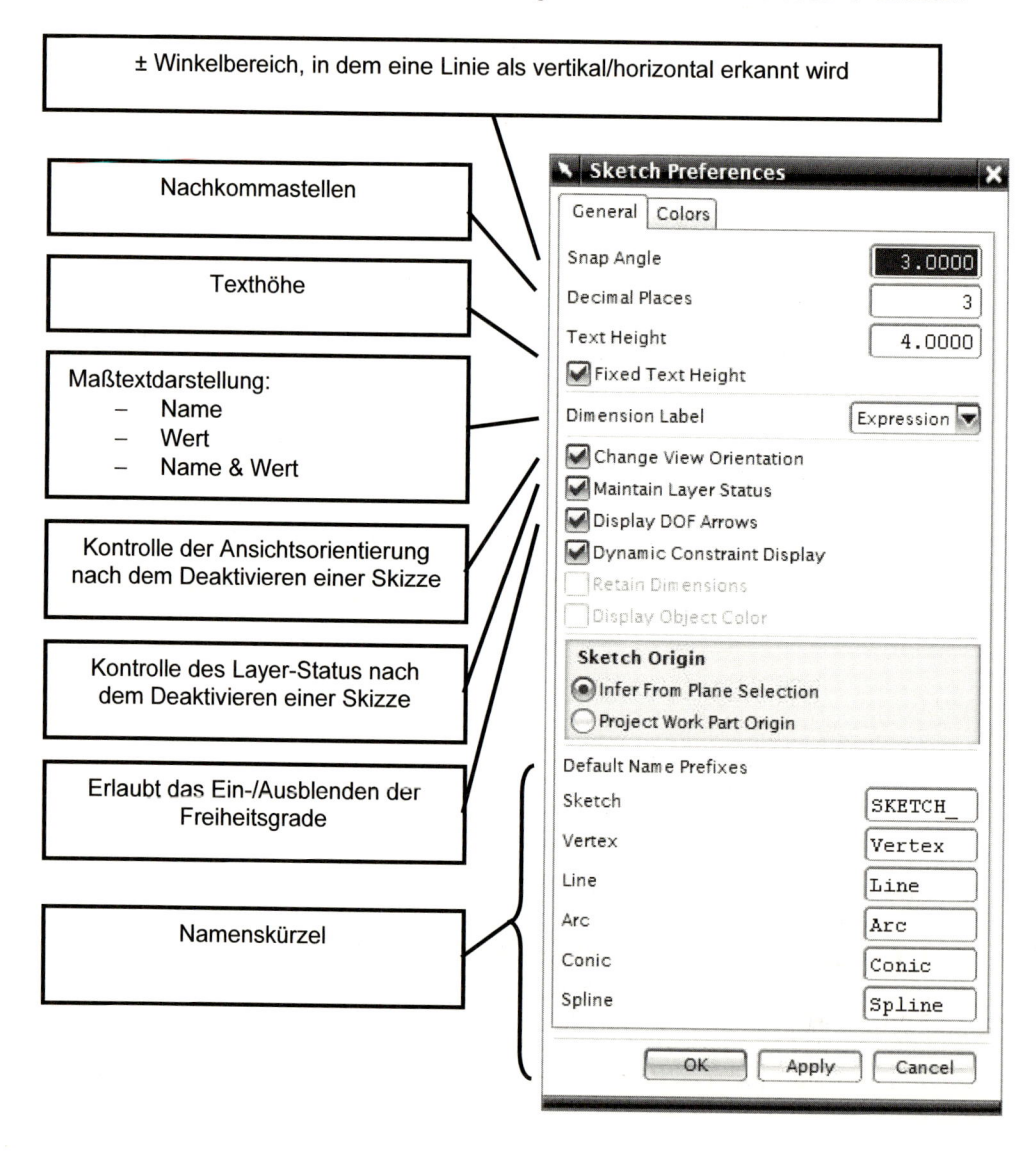

± Winkelbereich, in dem eine Linie als vertikal/horizontal erkannt wird

Nachkommastellen

Texthöhe

Maßtextdarstellung:
- Name
- Wert
- Name & Wert

Kontrolle der Ansichtsorientierung nach dem Deaktivieren einer Skizze

Kontrolle des Layer-Status nach dem Deaktivieren einer Skizze

Erlaubt das Ein-/Ausblenden der Freiheitsgrade

Namenskürzel

NX6 Veränderungen unter NX6, vgl. S. 273

3 Freies Modellieren von Einzelteilen
3.1 Kolbenstange

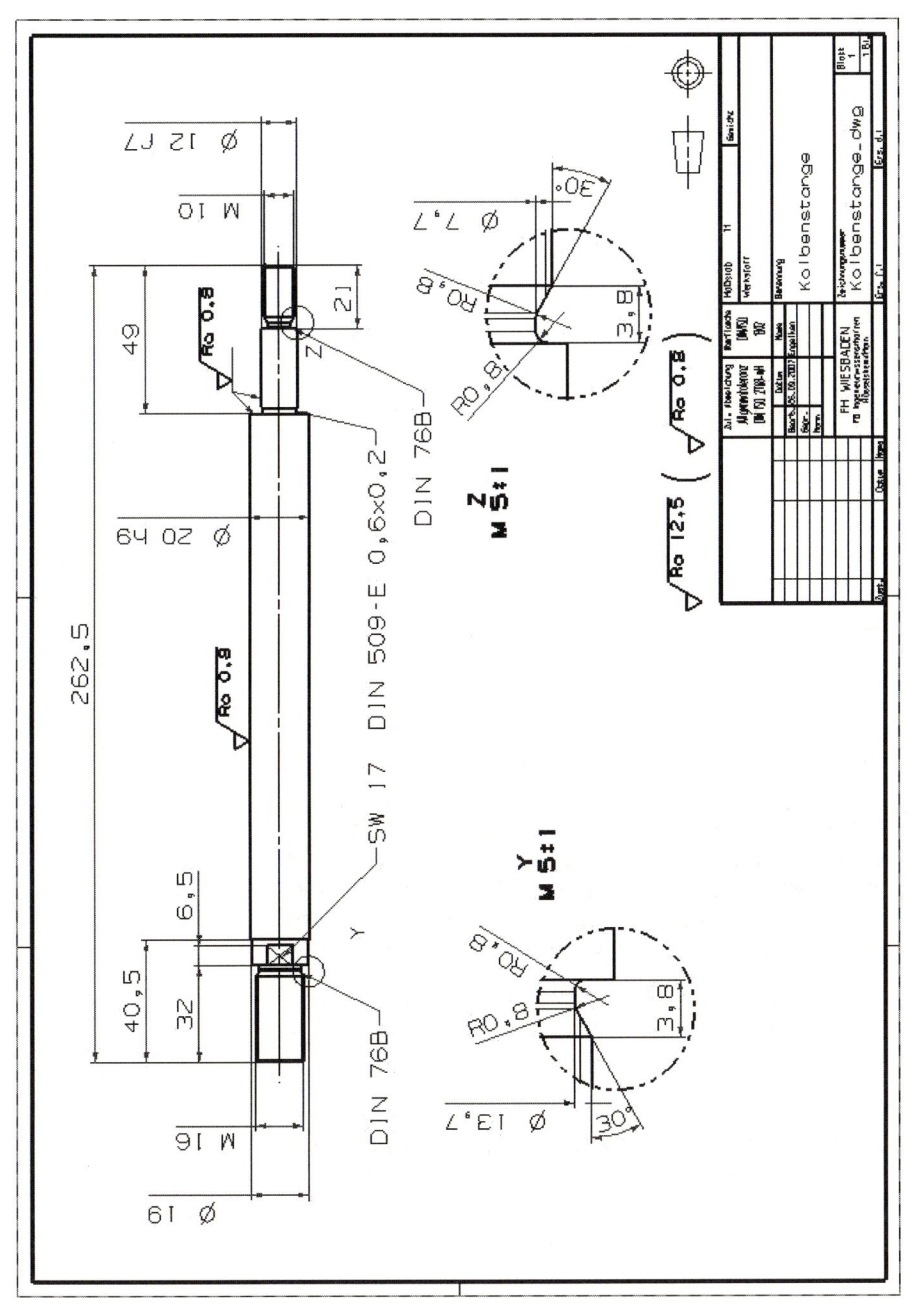

Abb. 3.1: Zeichnung Kolbenstange

In dieser Übung werden Sie die Kolbenstange erzeugen.
Das Ergebnis zeigt die folgende Abbildung:

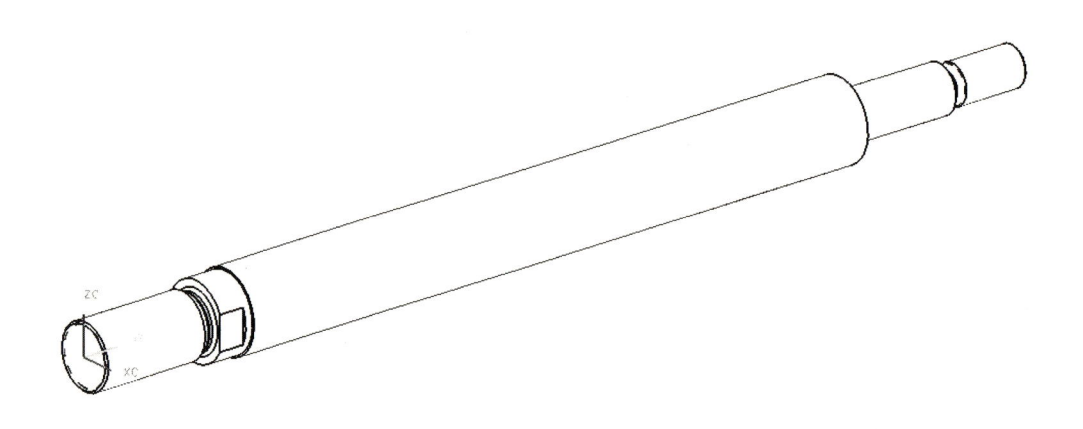

Abb. 3.2: Kolbenstange

Die Vorgehensweise beim Modellieren der Kolbenstange ist Ihnen völlig freigestellt.

Sinnvoll ist es, die Grobgeometrie der Kolbenstange (ohne Nuten und Fasen) über einen rotierten Sketch zu erzeugen.

Die **Schlüsselflächen** können Sie wie bei der Stangenmutter (Abschn. 2.4) erzeugen.

Sie werden nun noch ein neues Feature zur Erstellung der Freistiche kennen lernen.

Anbringen des Freistichs nach DIN 509-E 0,6 x 0,2:

Die Normbezeichnung enthält den Radius 0,6 und die Tiefe 0,2. Bei einem Bezugsdurchmesser von 12 mm beträgt die Nutbreite 2 mm. In der vereinfachten Darstellung wird der Radius nicht modelliert, sondern lediglich eine Rechtecknut.

Vergrößern Sie sich den Ausschnitt der Kolbenstange wie links dargestellt.

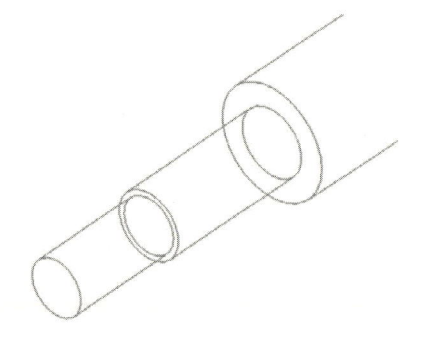

Abb. 3.3: Kolbenstange Ausschnitt

3.1 Kolbenstange

Wählen Sie das Icon **Groove** (alternativ: **Insert → Design Feature → Groove**).

Anweisung: "Choose Groove type"

Wählen Sie die Option **Rectangular.**

Abb. 3.4: Auswahl Groove Type

Es öffnet sich das Fenster **Rectangular Groove.**

Anweisung: "Select Placement face"

Abb. 3.5: Auswahl Groove Type

Legen Sie nun durch Selektion der Mantelfläche den Entstehungsort fest.

Anweisung: "Enter Groove parameters"

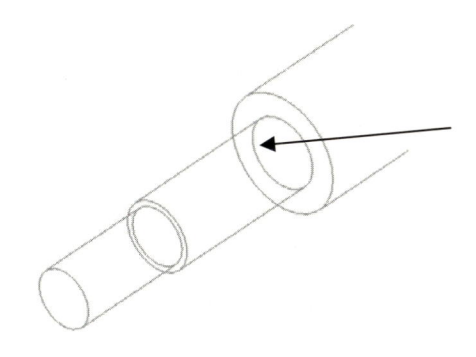

Abb. 3.6: Kolbenstange Ausschnitt

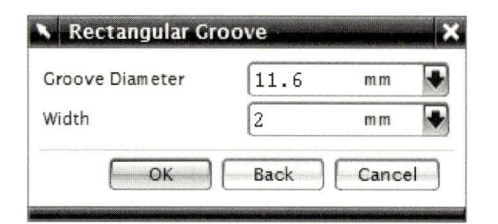

Abb. 3.7: Groove Parameter

Geben Sie für den Innendurchmesser der Nut **11.6** und für die Breite des Freistichs **2** an und bestätigen Sie mit OK.

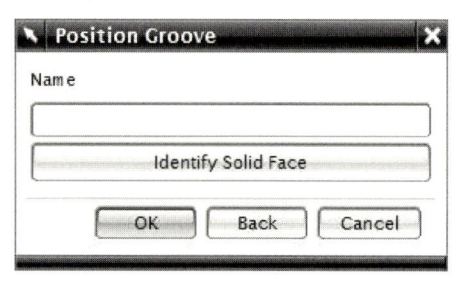

Abb. 3.8: Position Groove

Achtung: Wenn Sie die schattierte Darstellung eingeschaltet haben, werden Sie vermutlich erschrecken. Schalten Sie um auf die Drahtdarstellung, um die Darstellung wie in Abbildung 3.9 zu erhalten.

Es öffnet sich das Fenster **Position Groove.**

Anweisung: *"Select target edge or OK to accept initial"*

Zum Platzieren wählen Sie zunächst als Bezugskante die hintere Kante des Wellenabsatzes.

Anweisung: *"Select tool edge"*

Wählen Sie anschließend die hintere Kante des angezeigten Freistichs.

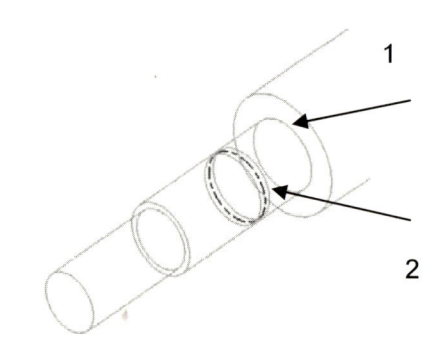

Abb. 3.9: Positionieren der Groove

Geben Sie dann den Wert „**0**" ein. Damit platzieren Sie den Freistich direkt in die Ecke. Bestätigen Sie mit OK.

Schließen Sie das folgende Fenster mit Cancel.

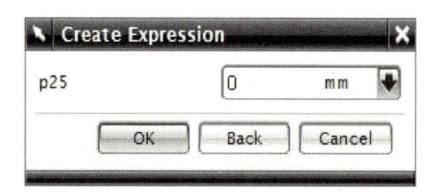

Abb. 3.10: Eingabe Abstand

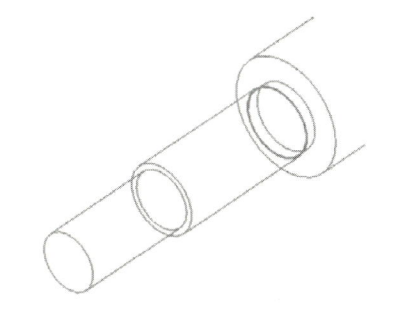

3.1 Kolbenstange

Der Freistich wurde erzeugt.

Abb. 3.11: Freistich

Einfügen des Gewindefreistichs DIN 76-B:

Für den Gewindefreistich auf derselben Seite erzeugen Sie zunächst auch eine Rechtecknut mit dem Icon **Groove**  (alternativ: **Insert → Design Feature → Groove**) und den in Abbildung 3.12 angegebenen Parametern.

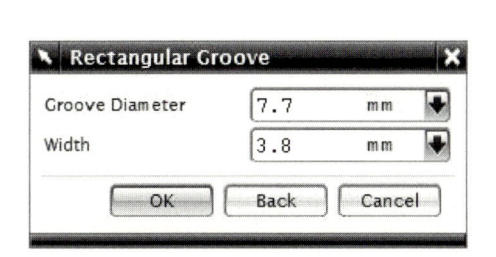

Abb. 3.12: Groove Parameter 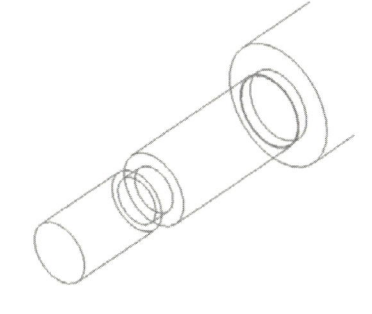   Abb. 3.13: Rechtecknut

Sie werden dann noch eine Fase und einen Radius in den Freistich einfügen.

Anbringen der Fase:

Erzeugen Sie eine Fase in der vorderen Innenecke mit der Option **Offset and Angle** und den Parameterwerten Distance **1.15** (errechnet über die Radiendifferenz) und Angle **60** (Winkel der Fase gegen die Senkrechte Stirnfläche). Die Fase wird hier ausnahmsweise verwendet, um Material in der Innenecke aufzutragen. Gegebenenfalls müssen Sie noch mit **Reverse Direction**  die Richtung umkehren, um die Vorschau entsprechend Bild 3.14 zu erhalten.

Bestätigen Sie dann mit **OK**.

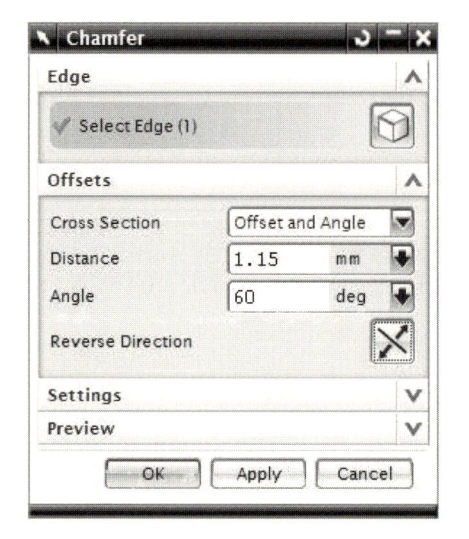

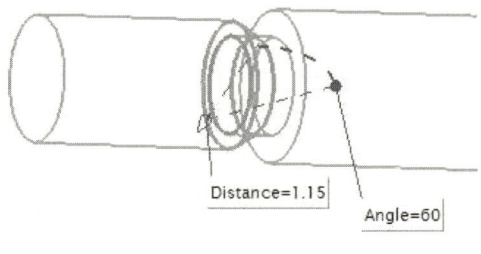

Abb. 3.14: Vorschau Fase

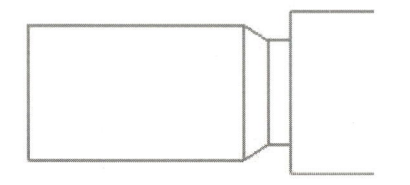

Freistich mit eingefügter Fase

Abb. 3.15: Freistich mit Fase

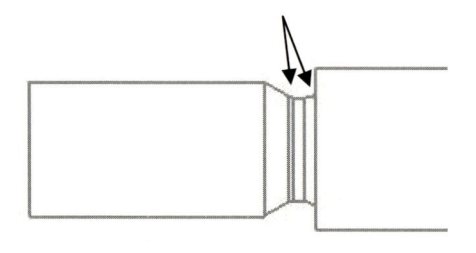

Fügen Sie nun den Radius 0,8 auf der Innenkante des Absatzes und auf dem Übergang zur Fase mit der Funktion **Edge Blend** ein.

Abb. 3.16: Freistich mit Rundungen

3.1 Kolbenstange 113

Verfahren Sie bei der Erstellung des Gewindefreistiches auf der gegenüberliegenden Seite analog. Als Parameterwerte für die Groove verwenden Sie:

    Groove Diameter: **13.7**

    Groove Width: **3.8**

Die Fase erzeugen Sie in gleicher Weise wie eben.

Achtung: Wenn Sie dann abschließend die Gewinde erzeugen, denken Sie daran, dass Sie jeweils die **Shaft Size** auf den **Nenndurchmesser** korrigieren, da es sonst zu Konflikten mit der Fasendefinition kommt.

Geben Sie dann Ihrer Kolbenstange die Farbe **Gelb**.

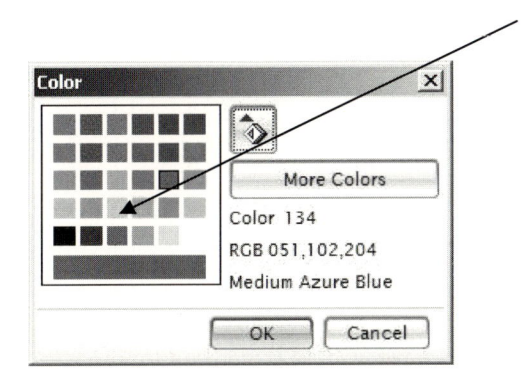

Abb. 3.17: Fenster Color

3.2 Drossel

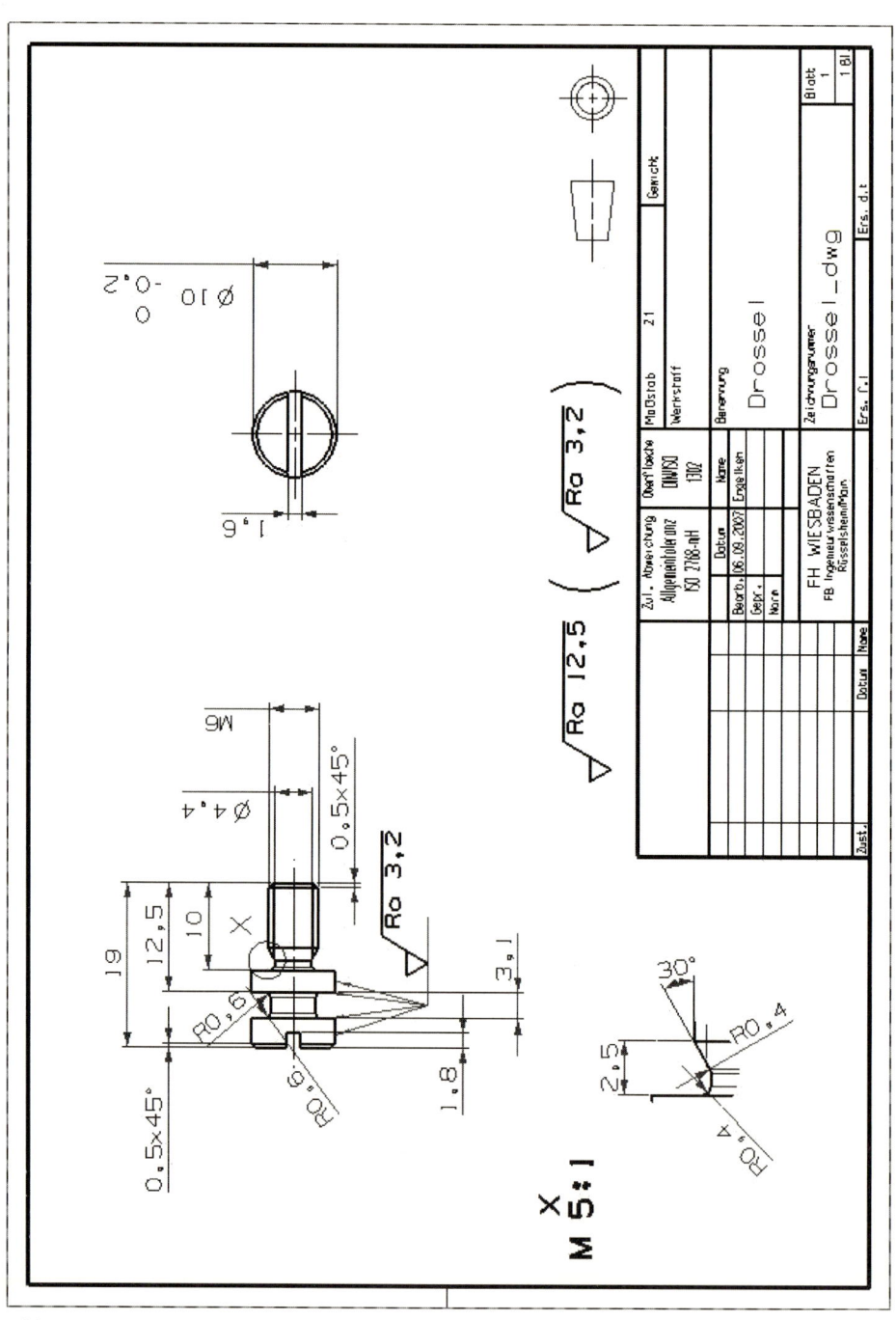

Abb. 3.18: Zeichnung Drossel

3.2 Drossel

In dieser Übung werden Sie die Drossel erzeugen. Das Ergebnis zeigt folgende Abbildung:

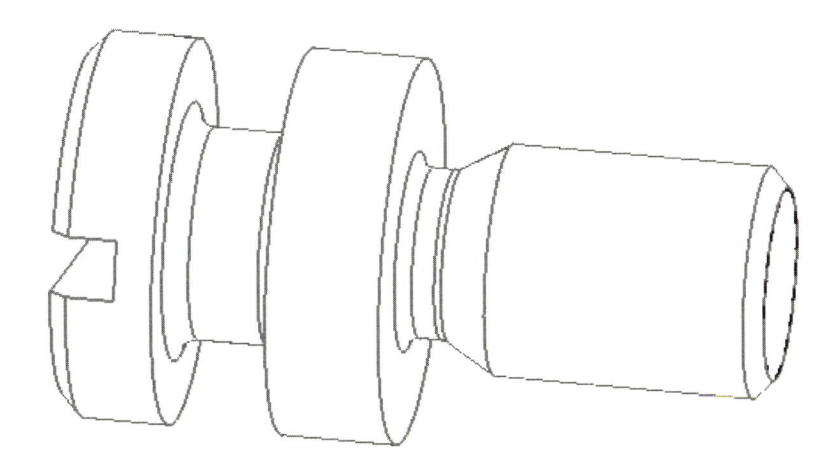

Abb. 3.19: Drossel

Die Modellierung ist Ihnen freigestellt. Sie können das Teil zum Beispiel über eine Skizze des Rotationsquerschnittes erzeugen, da dieser später einfach durch Neueingabe der Maße verändert werden kann. Für die Rechtecknut in der Stirnfläche erzeugen Sie sich einfach quer zur Stirnfläche eine Linie, die Sie mit symmetrischem Offset extrudieren.

Denkbare Vorgehensweise:
- Parametrisches Skizzieren der Grobkontur ohne Gewindefreistich
- Rotieren zu einem 3D-Objekt
- Anbringen Gewindefreistich
- Erzeugen der Fase in der Innenkante des Freistichs sowie der Fasen an den beiden Deckflächen
- Anbringen der Rundungen im Gewindefreistich und in der Nut
- Anbringen des Gewindes
- Anbringen der Rechtecknut in der Stirnfläche

Alternative Vorgehensweise:

Anstelle des parametrischen Sketches können Sie bei der Drossel auch vorteilhaft mit einem Zylinder (Durchmesser **10**, Höhe **9**) starten, den Sie zur YC-Achse ausrichten und im Ursprung positionieren. Den Gewindeschaft können Sie dann einfach mit der Funktion **Boss** (alternativ: **Insert → Design Feature → Boss**) aufsetzen.

Den zylindrischen Aufsatz (Boss mit Diameter **6** und Height **10**) positionieren Sie dann auf den Mittelpunkt der Deckfläche.

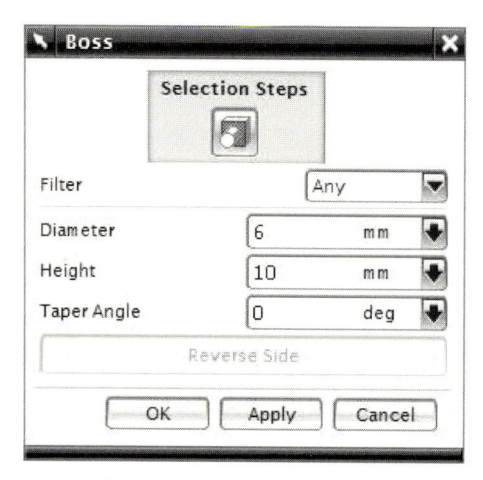

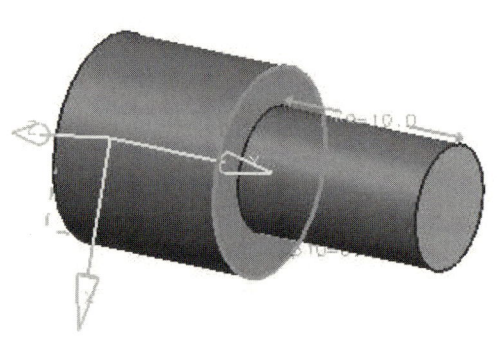

Abb. 3.20: Boss

Anschließend erzeugen Sie die umlaufende Nut mit der Funktion **Groove**, dieses Mal allerdings mit der Option **U-Groove**, da bei dieser Option die Innenradien gleich mit erzeugt werden.

Der weitere Ablauf entspricht der ersten Variante.

Abb. 3.21: Parameterwerte U-Groove

Geben Sie Ihrer Drossel die Farbe **Dunkelgrün** und sichern Sie Ihr Teil mit **Save**.

3.3 Kolben

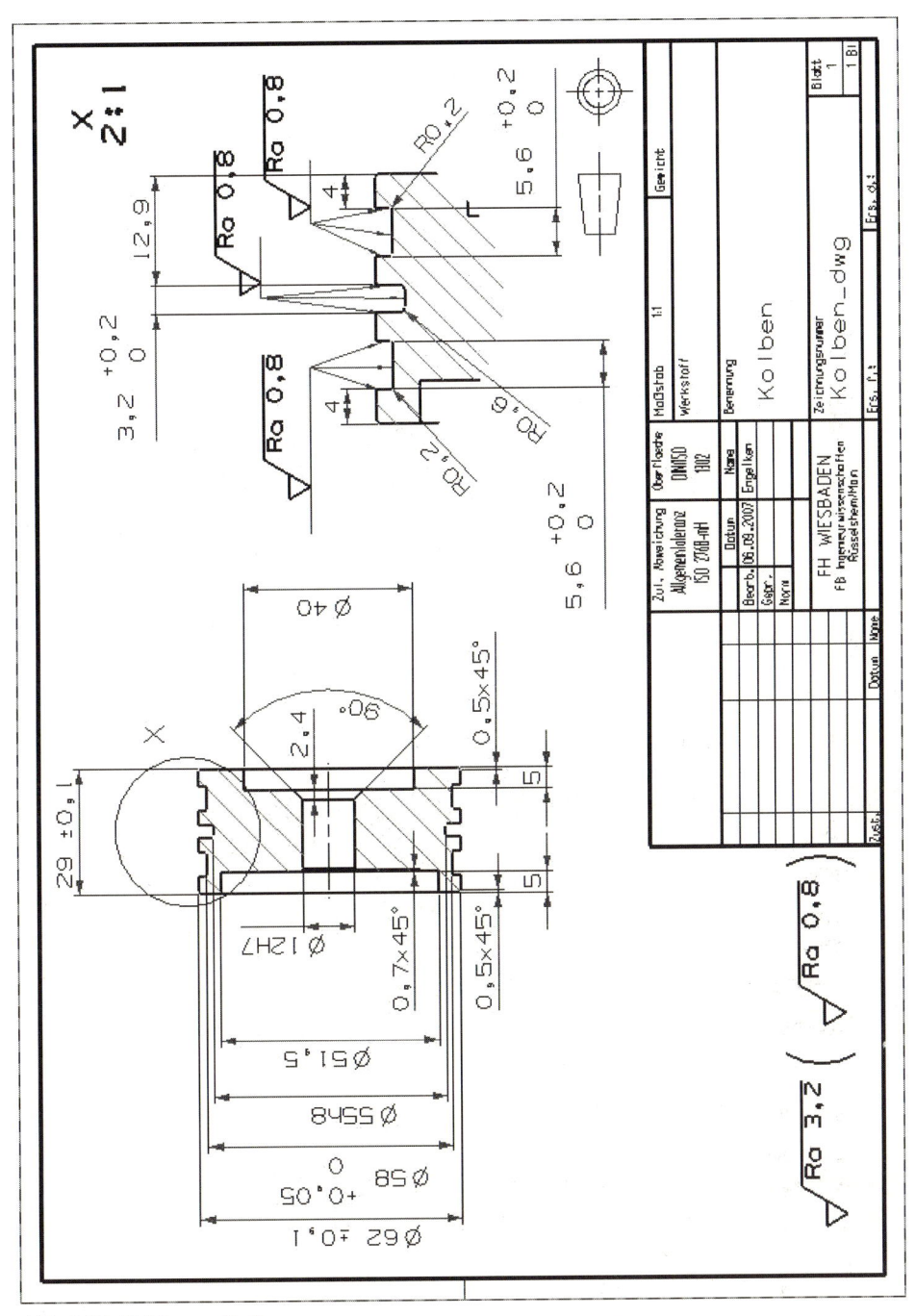

Abb. 3.22: Zeichnung Kolben

In dieser Übung werden Sie den Kolben erstellen. Das Ergebnis zeigt die folgende Abbildung:

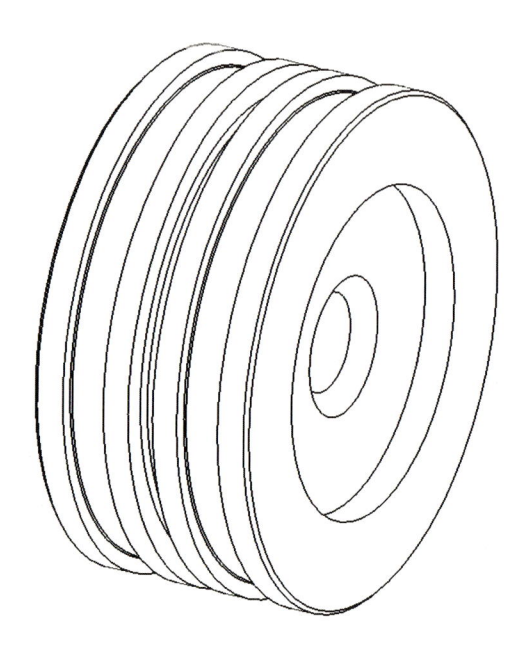

Abb. 3.23: Kolben

Die Erstellung dieses Bauteils ist Ihnen völlig freigestellt.

Denkbare Vorgehensweise

- Skizzieren der Außenkontur in der YC-ZC-Ebene
- Anbringen von sinnvollen Constraints, um möglichst wenig bemaßen zu müssen, dann bemaßen und Sketch schließen
- Erzeugen des Rotationskörpers mit Revolve
- Fasen und Radien anbringen

Alternative Vorgehensweise

- Starten mit einem Zylinder (Durchmesser **62**, Höhe **29**, zur YC-Achse ausgerichtet und im Ursprung positioniert)
- Einbringen der zylindrischen Vertiefung in der XC-ZC-Ebene mit der Funktion **Pocket** (alternativ: **Insert** → **Design Feature** → **Pocket**), dann Auswählen der Option **Cylindrical** und Eingeben der Parameter gemäß Abbildung 3.24.

3.3 Kolben

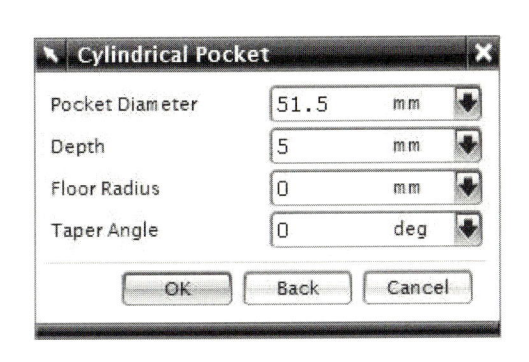

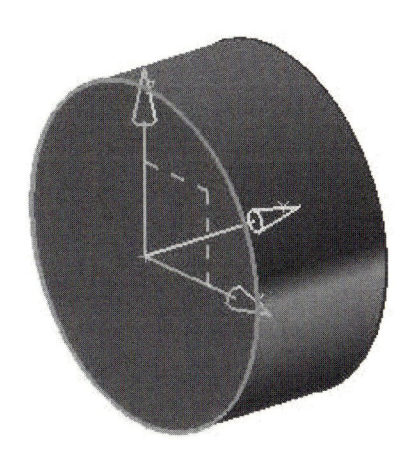

Abb. 3.24: Cylindrical Pocket

- Erzeugen der zylindrischen Vertiefung auf der Rückseite analog
- Erzeugen der zentralen Bohrung mit dem Feature **Hole**
- Erzeugen der umlaufenden Nuten mit dem Feature **Groove** als U-Groove
- Anbringen der Fasen.

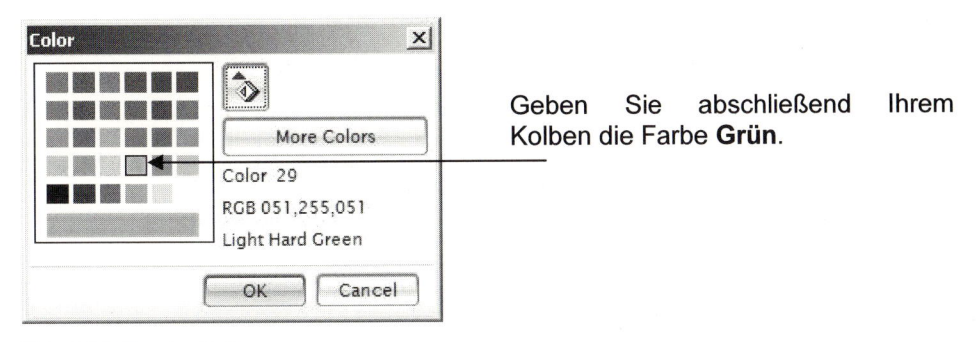

Geben Sie abschließend Ihrem Kolben die Farbe **Grün**.

Abb. 3.25: Fenster Color

Speichern und schließen Sie die Datei **Kolben**.

3.4 Boden

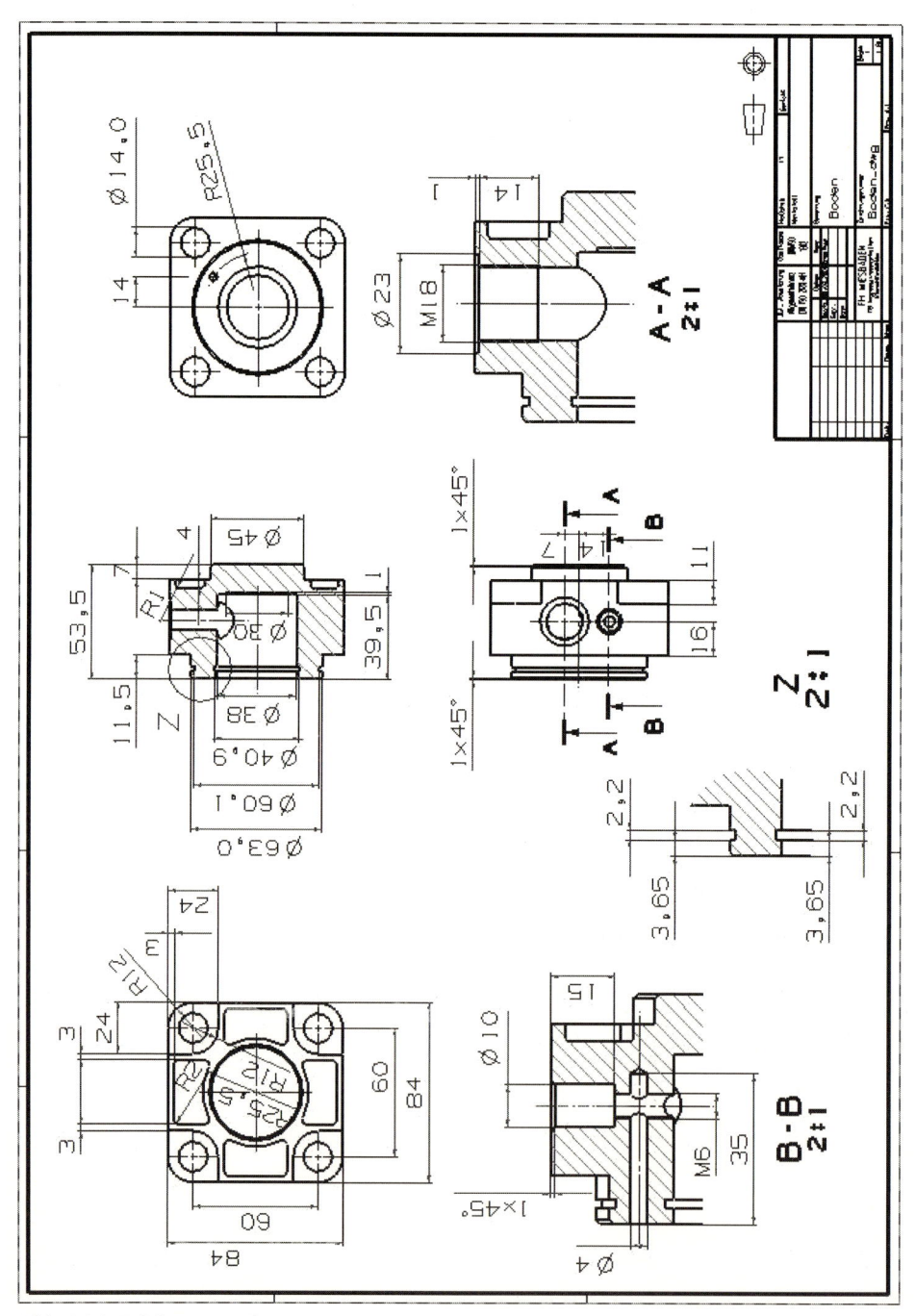

Abb. 3.26: Zeichnung Boden

3.4 Boden

In dieser Übung werden Sie den Boden erstellen. Alle dazu erforderlichen Fertigkeiten sind Ihnen bekannt. Das Ergebnis der Konstruktion sehen Sie in der folgenden Abbildung:

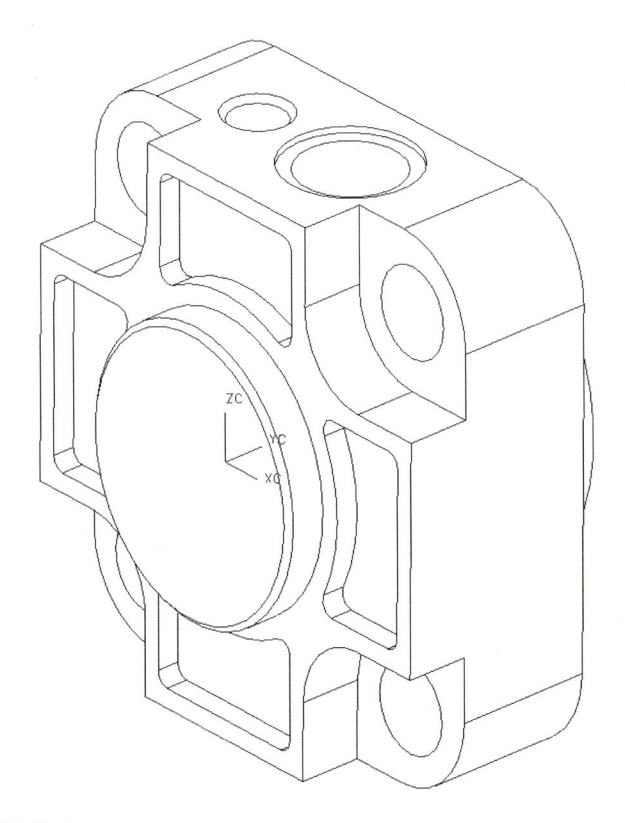

Abb. 3.27: Boden

Neben der Festigung der bereits erlernten Arbeitstechniken werden Sie Folgendes lernen:
- Zusammenfassung mehrerer Features zu einer Feature-Gruppe
- Vervielfältigen einer Feature-Gruppe mit Hilfe der Musterbildung

Vorgehen

Der Boden kann in folgenden Schritten erzeugt werden:

- Erzeugen eines Quaders
- Erzeugen von zylindrischen Aufsätzen auf den Quader
- Erzeugen einer Eckenaussparung mit Bohrung als Gruppe
- Vervielfältigen der Eckenaussparung
- Erzeugen der Frästasche auf der Außenseite des Bodens
- Erzeugen der zentralen Bohrung auf der Innenseite
- Anbringen der Nuten für die Dichtelemente
- Anbringen der Bohrungen für den Hydraulikanschluss und die Drossel

Erzeugen der Grobgeometrie

Erzeugen Sie einen Quader mit Hilfe des Icons **Block**[NX6] (alternativ: **Insert → Design Feature → Block**).

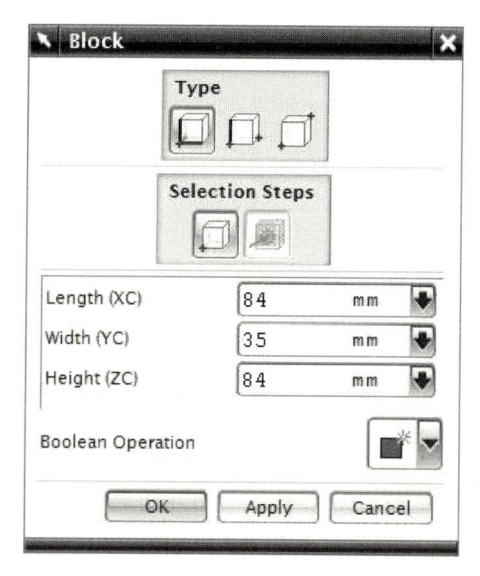

Der Type des Blocks ist mit **Origin, Edge Lengths** voreingestellt. Um den Block zu erzeugen, müssen wir also die Kantenlängen eingeben und die linke untere Ecke des Quaders als Bezugspunkt definieren.

Geben Sie zunächst die Parameterwerte ein:

Length: **84** mm
Width: **35** mm
Height: **84** mm

Abb. 3.28: Fenster Block

Anweisung: *"Select object to infer point"*

Um den Bezugspunkt zu definieren, öffnen Sie mit Hilfe des Icons **Point Constructor** in der Toolbar **Snap-Point** das Fenster **Point**.

[NX6] Veränderungen unter NX6, vgl. S. 275

3.4 Boden

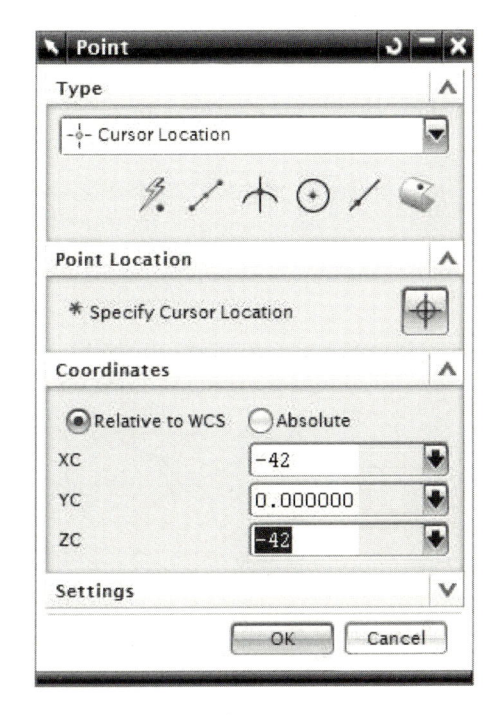

Die Vorderseite des Blocks soll mittig über dem Ursprung in der XC-ZC-Ebene angeordnet sein. Als Koordinaten für die linke untere Ecke des Quaders benötigen wir daher folgende Werte:

XC = **-42**

YC = **0**

ZC = **-42**

Schließen Sie das Fenster **Point** mit OK und dann auch das Fenster **Block** mit OK .

Abb. 3.29: Fenster Point

Komplettieren der Grobgestalt durch zylindrische Aufsätze

Erzeugen Sie nun auf der Vorderseite des Quaders einen zylindrischen Aufsatz (Boss) mit Durchmesser **45** und Höhe **7**, den Sie am einfachsten in Drahtdarstellung mit der Option **Point onto Point** zum Ursprung ausrichten. Ebenso erzeugen Sie auf der Rückseite des Quaders einen zylindrischen Aufsatz (Boss) mit Durchmesser **63** und Höhe **11.5**, den Sie ebenfalls mit der Option **Point onto Point** zum Ursprung ausrichten.

Das Ergebnis zeigt Abbildung 3.30.

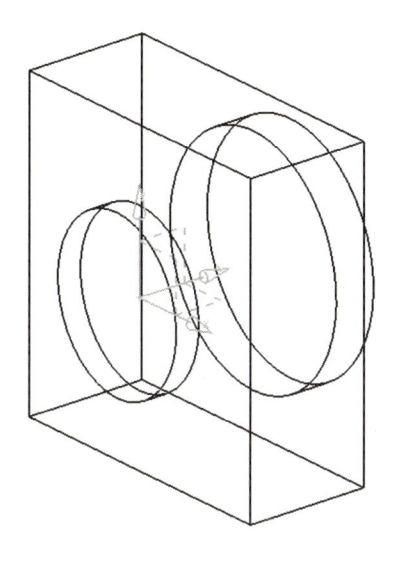

Abb. 3.30: Grobgestalt des Bodens

Erstellen der Eckeinfräsungen mit Feature Set und Instanzenbildung

Erzeugen Sie einen zweiten Quader mit folgenden Maßen:

Length:	**24** mm
Width:	**11** mm
Height:	**24** mm

Wählen Sie als boolesche Operation **Subtract**, da wir ja Material wegnehmen wollen, und selektieren Sie einfach im Graphikbereich den linken unteren Eckpunkt auf der vorderen Deckfläche als Referenzpunkt und bestätigen Sie mit der mittleren Maustaste oder mit OK.

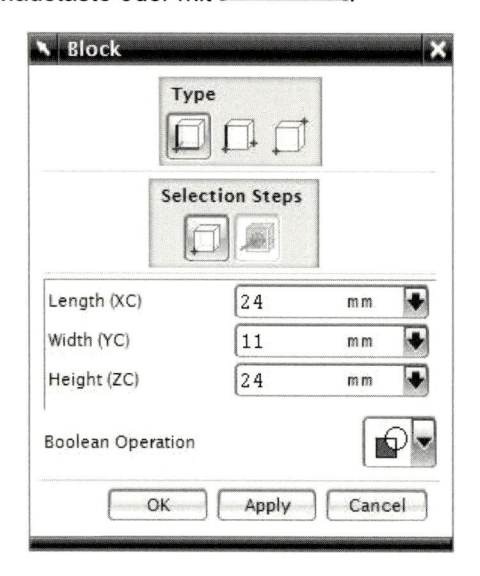

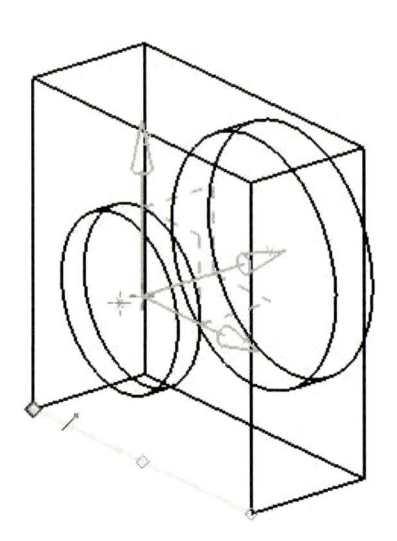

Abb. 3.31: Einfügen des zweiten Blocks

Fügen Sie dann mit der Funktion **Edge Blend** den Radius **12** an der Innenkante der Aussparung ein.

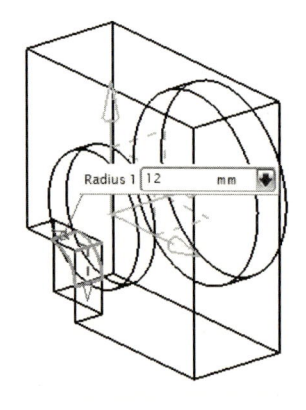

Abb. 3.32: Einfügen Radius R12

3.4 Boden

Bringen Sie nun noch die Durchgangsbohrung mit Durchmesser **14** mm und einem Abstand zu den Außenkanten von jeweils **12** mm ein und runden Sie abschließend auch die Außenkante mit dem Radius **12**.

Das Ergebnis sehen Sie in Abbildung 3.33.

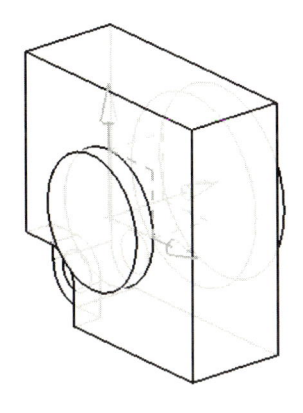

Abb. 3.33: Bohrung und Rundung

Zusammenfassen zu einem Feature Set:

Im **Part Navigator** selektieren Sie nun den zuletzt erzeugten Block mit der rechten Maustaste und wählen **Group....**

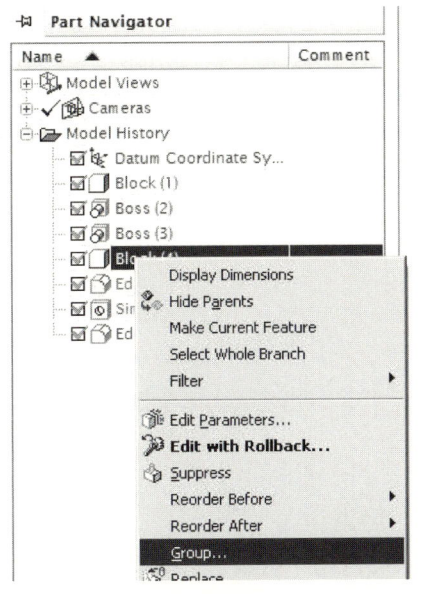

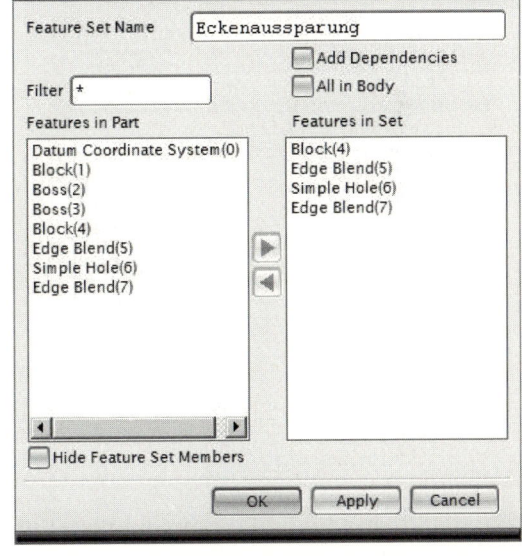

Abb. 3.34: Part Navigator   Abb. 3.35: Bilden des Feature Sets

Als **Feature Set-Namen** geben Sie **Eckenaussparung** ein und ordnen als zusätzliche Komponenten die erste Kantenrundung (Edge Blend), das Durchgangsloch (Simple Hole) und die zweite Kantenrundung (Edge Blend) dem Feature Set zu.

Hierfür wählen Sie die entsprechenden Features im linken Fenster mit der Maus aus und betätigen dann die Pfeil-nach-rechts-Taste, um das Feature in das Set zu übernehmen.

Erzeugen eines kreisförmigen Musters:

Selektieren Sie die Funktion **Instance Feature** (alternativ: **Insert -> Associative Copy -> Instance Feature**).

Wählen Sie den Typ **Circular Array** und selektieren Sie sodann im Listfenster **Instance** die Eckenaussparung und bestätigen Sie die Auswahl mit OK.

Im nachfolgenden Fenster setzen Sie die Anzahl der Vervielfältigungen auf **4** und den Winkel belassen Sie auf **90** Grad.

Zur Festlegung der Bezugsachse für das Kreismuster wählen Sie die Option **Datum Axis** und selektieren Sie sodann im Graphikbereich die YC-Achse.

Das Muster wird gebildet und Sie schließen das Listfenster **Instance** mit Cancel.

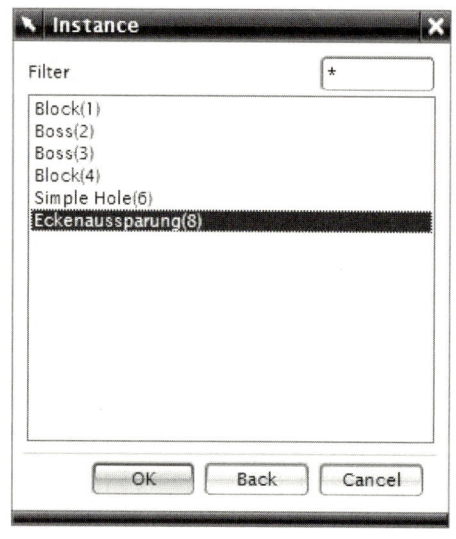

Abb. 3.36: Listfenster Instance

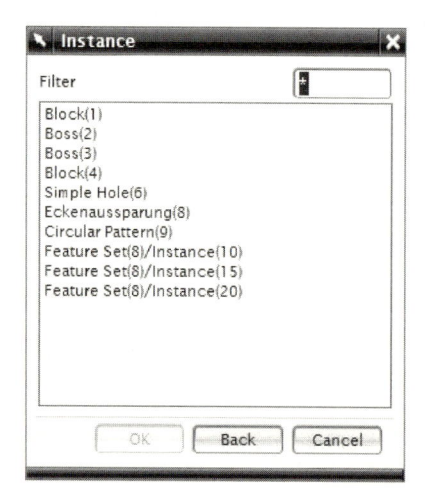

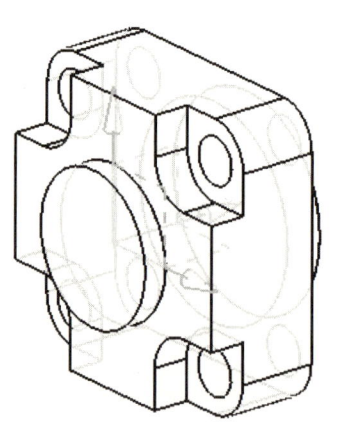

Abb. 3.37: Ergebnis der Musterbildung

3.4 Boden

Erzeugen der Frästaschen

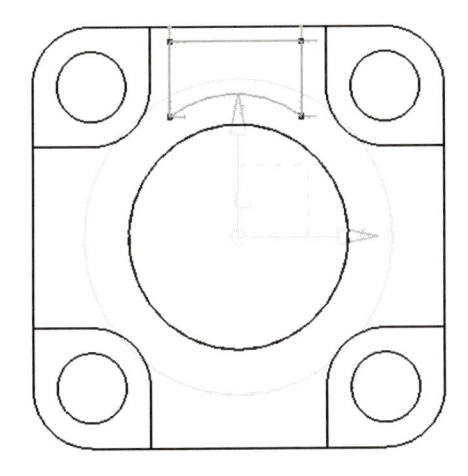

Abb. 3.38: Sketch

Zur Konstruktion der Frästaschen öffnen Sie einen Sketch auf der XC-ZC-Ebene oder auf der Vorderseite des Quaders.

Dann fügen Sie einen Konturzug aus drei Linien ein, unterbrechen dann am einfachsten die Konturzugerstellung mit Escape und erzeugen dann einen Kreisbogen, mit dem Sie die beiden senkrechten Linien verbinden.

Setzen Sie dann entsprechende Constraints, um den Mittelpunkt des Kreisbogens auf dem Ursprung zu fixieren, bemaßen Sie den Sketch wie in Abbildung 3.39 dargestellt und schließen Sie den Sketch mit **Finish Sketch**.

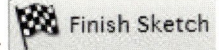

Extrudieren Sie die Tasche mit der Tiefe **4** (achten Sie auf die Richtung) und der booleschen Operation **Subtract**.

Die anderen drei Taschen erzeugen Sie dann als Instanzen über ein Kreismuster (**Insert -> Associative Copy -> Instance -> Circular Array**).

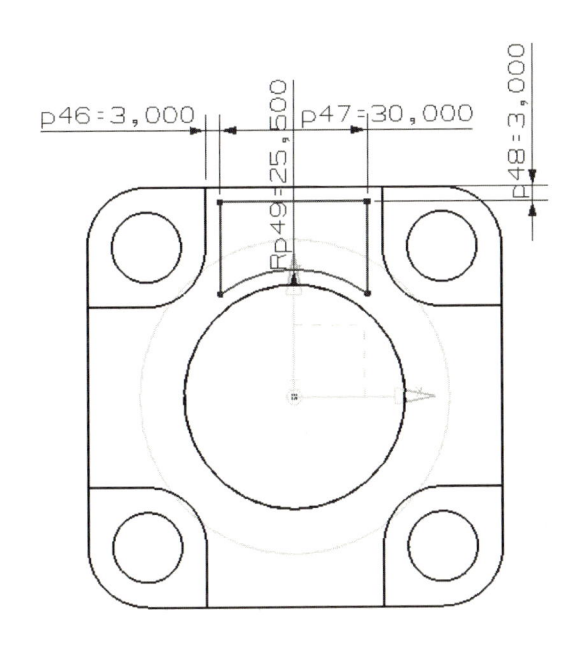

Abb. 3.39: Sketch bemaßt

Achtung: Hier ist die Anzahl der Instanzen 4, das „Original" wird mitgezählt.

Schieben Sie den Sketch nun schon einmal auf Layer 2 und setzen Sie den Layer 2 unsichtbar.

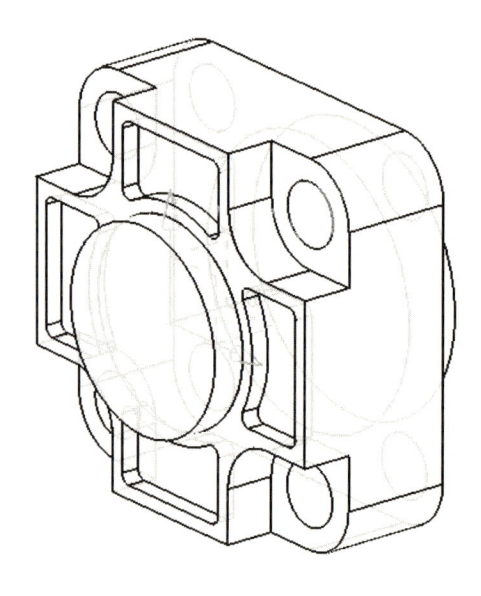

Anschließend verrunden Sie die Ecken der Tasche. Öffnen Sie dazu das Fenster **Edge Blend** durch Selektieren des entsprechenden Icons in der Menüleiste.

Setzen Sie den Parameterwert für den Radius auf **2** und selektieren Sie die senkrechten Kanten der Originaltasche. Achten Sie darauf, dass die Option **Blend all Instances** aktiviert ist und schließen Sie dann das Fenster mit OK. Das Ergebnis sehen Sie in Abbildung 3.40.

Abb. 3.40: Taschen mit gerundeten Kanten

Sodann ergänzen Sie noch die Rundung mit Radius **1** zum Taschenboden. Nach Auswahl von Edge Blend brauchen Sie nur eine der Kanten am Boden der Originaltasche auszuwählen. Bei voreingestelltem Selection Intent **Tangent Curves** müsste dann in der Vorschau eine umlaufende Rundung am Taschenboden gezeigt werden. Achten Sie wieder darauf, dass die Option **Blend all Instances** aktiviert ist, und schließen Sie dann das Fenster mit OK.

Nun müssen Sie noch die zentrale Bohrung auf der Innenseite des Bodens erzeugen, die Nuten für die Dichtelemente anbringen und die Bohrungen für den Hydraulikanschluss und die Drossel einfügen sowie Fasen ergänzen. Die dafür benötigten Funktionen sind Ihnen inzwischen bekannt. Trotzdem noch ein paar Hinweise:

- Wenn Sie die zentrale Bohrung nicht als **Pocket** (zylindrische Tasche) sondern als **Hole** (Bohrung) erzeugen, müssen Sie für den Parameter **Tip Angle** (Spitzenwinkel) den Wert **0** eingeben, um einen ebenen Boden zu erhalten.

- Die etwas komplexeren Bohrungen an der Oberseite des Bodens können Sie durch Kombination mehrerer Standardbohrungen (Feature **Hole**) erzeugen. Achten Sie dabei darauf, dass jeweils die erste Bohrung mit Abstandsmaßen zur vorhandenen Geometrie bemaßt wird, eine zweite Bohrung dann aber auf den Mittelpunkt eines Kreises der ersten Bohrung referenziert wird. Dann können Sie später die Position der gesamten Bohrung leicht verändern.

- Den Bezugspunkt für die 4-Millimeter-Bohrung von der Rückseite des Bodens bemaßen Sie zunächst mit dem Abstand **14** zur YC-ZC-Ebene. Sodann

3.4 Boden

verwenden Sie die Option **Parallel** ![icon] um den Abstand zum Mittelpunkt der Bohrung (oder zum Ursprung) zu bemaßen.

Erzeugen der Feingestalt

Erzeugen Sie nun noch die diversen Nuten und Fasen mit den Funktionen, die Sie bereits häufig verwendet haben.

Schieben Sie abschließend das Referenzkoordinatensystem auf Layer 2 und geben Sie dem Boden die Farbe **Rot**.

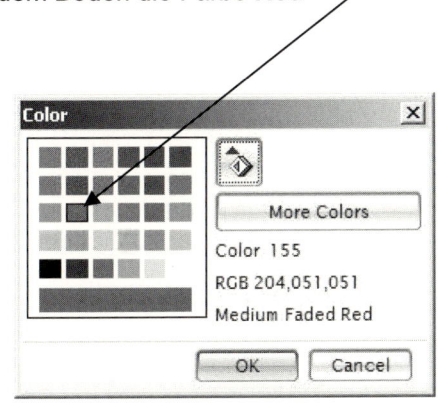

Abb. 3.41: Fenster Color

Speichern Sie die Datei **Boden**.

Da der Deckel große Ähnlichkeit mit dem Boden aufweist, werden wir den Boden durch eine Änderungskonstruktion erstellen und zunächst noch eine Kopie des Bodens mit dem Namen **Deckel** speichern.

Wählen Sie dazu **File → Save As** und speichern Sie anschließend die Datei unter dem Namen „**Deckel**".

3.5 Deckel

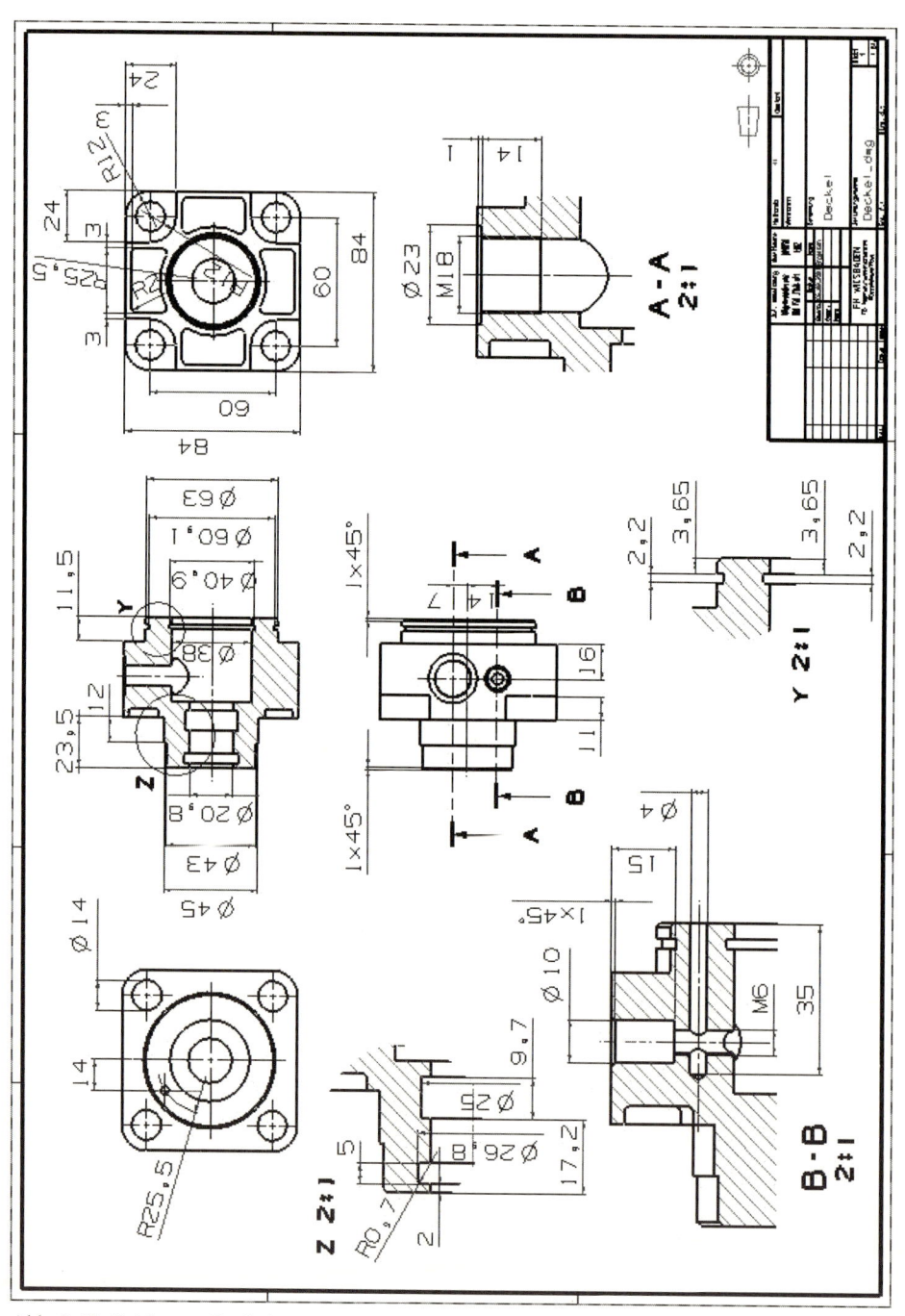

Abb. 3.42: Zeichnung Deckel

3.5 Deckel

In dieser Übung werden Sie den Deckel erstellen. Das Ergebnis dieser Übung zeigt die nachfolgende Abbildung:

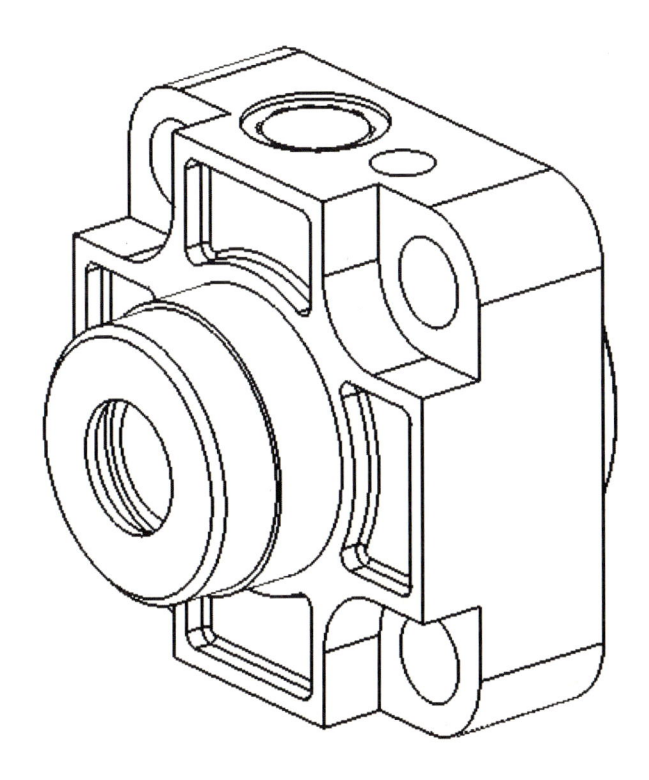

Abb. 3.43: Deckel

Falls Sie Ihre Arbeit unterbrochen hatten, öffnen Sie zunächst einmal wieder die Datei **Deckel**, die wir als Kopie der Datei Boden angelegt hatten.

Sie können vielleicht am einfachsten damit anfangen, dass Sie die zuletzt erzeugten Bohrungen in ihrer Position verändern, da die Bohrungen im Deckel zur YC-ZC-Ebene gespiegelt angeordnet sind.

Machen Sie zunächst die Bohrungen, die gespiegelt werden sollen, im **Part Navigator** inaktiv. Wählen Sie dann jeweils die entsprechende Bohrung im **Part Navigator** aus und öffnen Sie das Kontextmenü mit der rechten Maustaste. Im Kontextmenü wählen Sie die Option **Edit Sketch**.

Im Sketch verändern Sie dann die Bemaßung des Bezugspunktes für die Bohrung.

Wenn Sie dies auch mit der zweiten Bohrung durchgeführt haben, können Sie die Bohrungen wieder aktiv setzen.

Hinweis: Wenn Sie das Inaktiv-Setzen nicht beachten, erhalten Sie nach dem Verändern der Bemaßung im Sketch eine Fehlermeldung, die darauf hinweist, dass die Bohrung nicht erstellt werden kann. Dies liegt daran, dass als Option für die Erzeugung der Bohrung Normal to Surface voreingestellt ist, der neue Bezugspunkt für die gespiegelte Bohrung aber in die zweite vorhandene Bohrung fällt, so dass im Umfeld des neuen Bezugspunktes keine Oberfläche gefunden wird, zu der die Bohrung senkrecht angebracht werden kann.

Als Nächstes sollten Sie dann die Fase an dem nach außen zeigenden kreisförmigen Aufsatz entfernen, damit Sie auch diesen Aufsatz für den Deckel weiter verwenden können. Sie wählen den Aufsatz im Part Navigator mit der rechten Maustaste und sodann im Kontextmenü die Option **Edit Parameters**. Auf diese Weise können Sie den Durchmesser auf 45 mm und die Höhe auf 12 mm verändern. Sie brauchen dann nur noch einen zweiten zylindrischen Aufsatz (Boss) zentrisch auf den ersten zu platzieren und schon ist die Grobgeometrie des Deckels fertig.

Anschließend löschen Sie im Part Navigator alle Features heraus, die nicht mit dem Deckel übereinstimmen und fügen dann die neuen Features hinzu.

Geben Sie abschließend dem Deckel die Farbe **Magenta**.

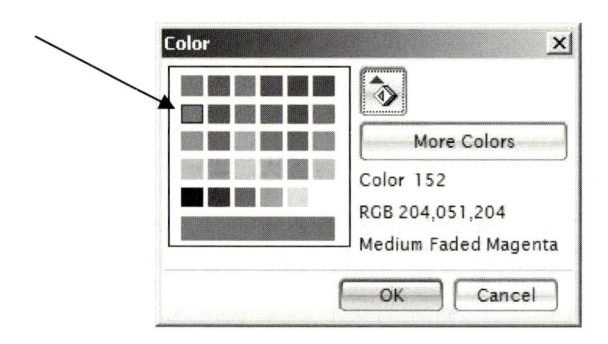

Abb. 3.44: Fenster Color

Speichern Sie und schließen Sie die Datei **Deckel**.

Bravo!

Sie haben nun alle Einzelteile des Zylinders erstellt. Im nächsten Kapitel können wir dann mit dem Zusammenbau der Einzelteile beginnen.

4 Modellieren von Baugruppen

4.1 Einführung

In dieser Übung werden Sie die mit der Application **Modeling** erstellten Einzelteile in der Application **Assemblies** zu einer Baugruppe zusammenstellen.

Sie werden dabei sowohl die räumlichen Beziehungen der in dieser Baugruppe zu platzierenden Einzelteile zueinander als auch die hierarchischen Abhängigkeiten der Unterbaugruppen erfassen.

Das Ergebnis zeigt die nachfolgende Abbildung:

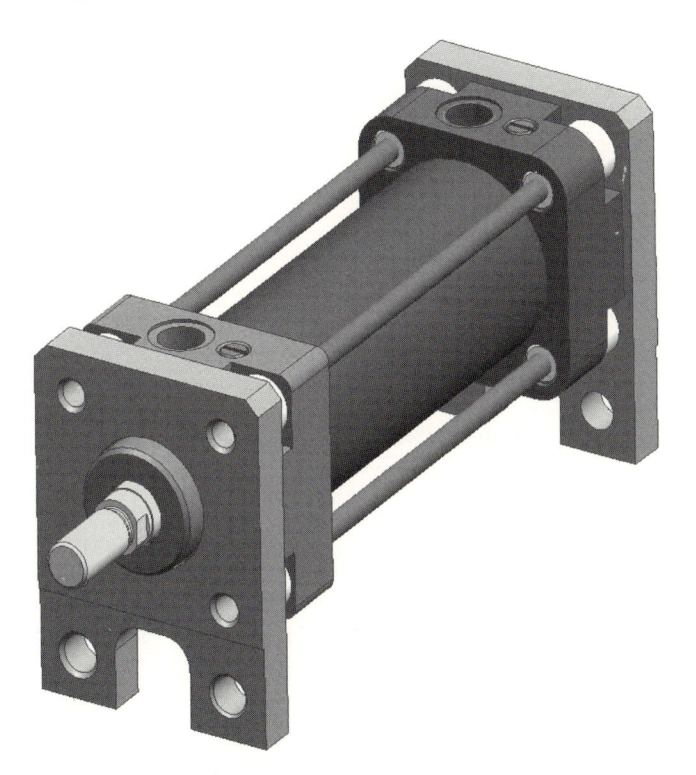

Abb. 4.1: Zylinder kpl.

Neben der Erstellung der Baugruppe **Zylinder kpl.** werden Sie Folgendes lernen:
- Festigen der in den vorhergehenden Übungen erlernten Arbeitstechniken
- Erzeugen von Unterbaugruppen
- Erzeugen einer Explosionsdarstellung
- Erzeugen einer Baugruppe
- Ein- und Ausblenden von Einzelteilen

4 Modellieren von Baugruppen

Die nachfolgend dargestellte Baugruppenstruktur des Zylinders werden Sie nun schrittweise realisieren:

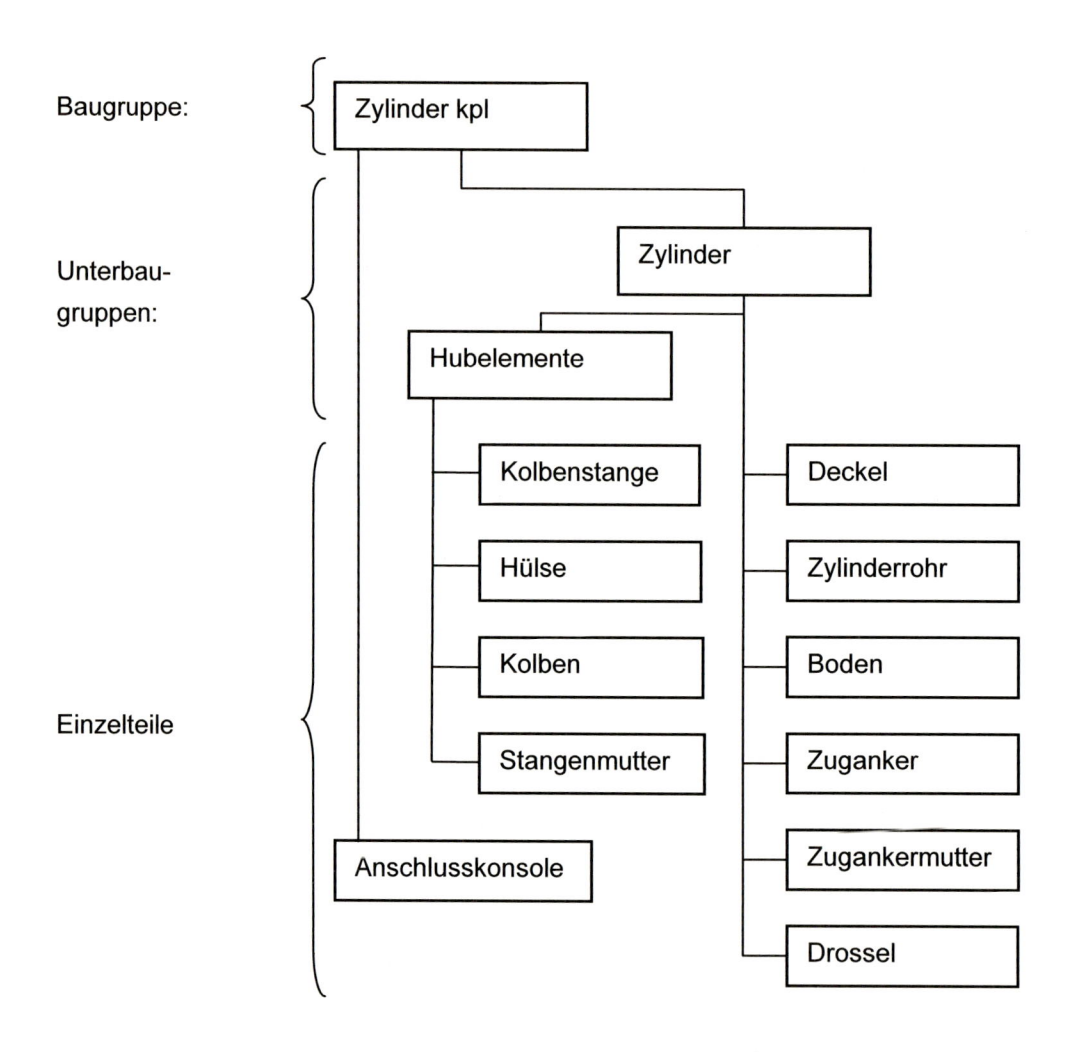

Baugruppe: Zylinder kpl

Unterbaugruppen:
- Zylinder
  - Hubelemente

Einzelteile:
- Kolbenstange
- Hülse
- Kolben
- Stangenmutter
- Anschlusskonsole
- Deckel
- Zylinderrohr
- Boden
- Zuganker
- Zugankermutter
- Drossel

Die dargestellte Baugruppenhierarchie werden Sie nach dem **Bottom-up-Prinzip** (von unten nach oben) erzeugen, d.h. Sie werden zuerst die Unterbaugruppe **Hubelemente** erzeugen und diese danach mit den übrigen Teilen in der Baugruppe **Zylinder** zusammenfassen. Die Baugruppe **Zylinder kpl** entsteht dann durch Hinzufügen der Anschlusskonsole. Damit wird dem Umstand Rechnung getragen, dass anstelle der Anschlusskonsole auch durchaus andere Befestigungselemente mit dem Zylinder kombiniert werden können. Das Erstellen von Unterbaugruppen erleichtert die Übersicht und spätere Änderungen. Unterbaugruppen sollten entsprechend der Montagefolge gebildet werden und bei größeren Maschinen oder Anlagen der Möglichkeit der parallelen Vormontage der Unterbaugruppen Rechnung tragen.

4.2 Erzeugen der Unterbaugruppe Hubelemente

Sie werden zuerst die Hierarchie für Ihre Unterbaugruppe **Hubelemente** erstellen.

Dazu erzeugen Sie sich eine neue Datei mit dem Namen **Hubelemente**. Wählen Sie das Template-File **Assembly** aus, tragen Sie dann in das Feld **Name** den Dateinamen **Hubelemente_asm.prt** und in das Feld **Folder** das Ablageverzeichnis **..\Zylinder**. Betätigen Sie dann die Schaltfläche [OK].

Hinweis: Den Zusatz „_asm" zum Dateinamen ergänzen Sie sinnvollerweise, um auch am Dateinamen erkennen zu können, dass es sich um eine Baugruppendatei handelt. Im Unterschied zu vielen anderen CAD-Systemen unterscheidet NX5 nicht die Dateiinhalte Part, Assembly, Drawing über unterschiedliche Extensions, sondern verwendet einheitlich die Extension „.prt".

Es öffnet sich nun unmittelbar das Fenster **Add Component**, in dem die beiden Listfenster zunächst noch leer sind (vorausgesetzt, Sie haben NX5 neu gestartet und noch keine anderen Teile geöffnet).

Um ein erstes Teil der neuen Unterbaugruppe hinzuzufügen, wählen Sie im Fenster **Add Component** das Icon **Open** [ ], wählen dann die Datei **Kolbenstange** und bestätigen mit [OK].

Im Graphikbereich erscheint das Fenster **Component Preview**, dem wir beim ersten Part aber keine Beachtung schenken müssen.

Beim ersten Part einer Baugruppe belassen wir die Option **Positioning** auf **Absolute Origin**, das bedeutet in unserem Fall, dass die Kolbenstange so im Raum positioniert wird, wie sie in ihrem Partfile positioniert war.

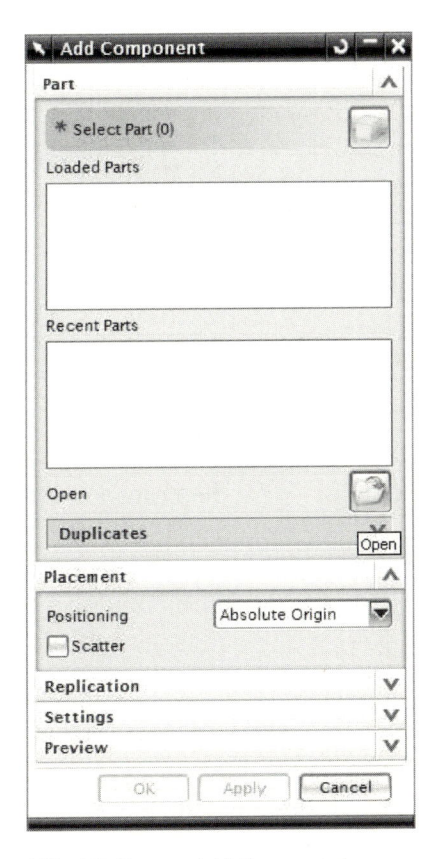

Abb. 4.2: Fenster Add Component

Wenn Sie nun das Fenster **Add Component** mit [OK] schließen, so wird die Kolbenstange in den Graphikbereich übertragen, das Fenster **Component Preview** verschwindet.

Aufrufen des Assembly Navigator

Um die Kontrolle über den Fortgang Ihrer Assembly-Aktivitäten zu haben, können Sie sich das Fenster **Assembly Navigator** aufrufen, in dem Sie Ihren Assembly-Strukturbaum angezeigt bekommen.

Hierzu betätigen Sie den Flip-Schalter **Assembly Navigator** am Rand des Graphikbereichs. Der **Assembly-Navigator** schließt sich automatisch, wenn Sie den Cursor auf den Graphikbereich bewegen, es sei denn, Sie heften ihn durch Anklicken des Nadelsymbols fest. Das Anheften machen Sie rückgängig, indem Sie das veränderte Nadelsymbol erneut anklicken.

Wie Sie sehen können, befindet sich nun in Ihrem Fenster **Assembly Navigator** die Baugruppe **Hubelemente_asm** mit ihrem ersten Bauteil **Kolbenstange**.

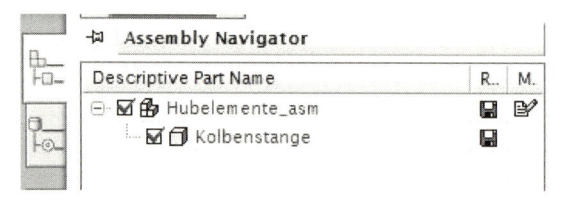

Abb. 3.3: Assembly Navigator

Einbringen von weiteren Teilen in die Baugruppe[NX6]

Wählen Sie nun wieder das Icon **Add Component**, dann im Fenster **Add Component** das Icon **Open** und wählen Sie das Teil **Huelse** aus.

Wechseln Sie im Bereich **Placement** die Positioning-Option von **Absolute Origin** auf **Mate** und bestätigen Sie mit OK.

Nun öffnet sich am linken Bildrand das Fenster **Mating Conditions**, zusätzlich erscheint die Hilfsansicht der Hülse (**Component Preview**), die dazu verwendet werden kann, die sogenannten **Mating Conditions** (Fügebedingungen) zu definieren. In dieser Hilfsansicht können Sie durch Drücken der rechten bzw. mittleren Maustaste die Hülse so bewegen, dass Sie die für das Fügen erforderlichen Elemente gut identifizieren können.

[NX6] Veränderungen unter NX6, vgl. S. 276 ff.

4.2 Erzeugen der Unterbaugruppe Hubelemente

Die Hülse soll zunächst einmal mit der Absatzfläche in Kontakt gebracht werden. Wählen Sie dazu im Fenster **Mating Conditions** den Mating Type **Mate**.

Anweisung: *"Select object FROM component to be mated"*

Selektieren Sie zuerst die Absatzfläche der Hülse.

Anweisung: *"Select object on component to mate TO"*

Selektieren Sie nun die entsprechende Anlagefläche der Kolbenstange.

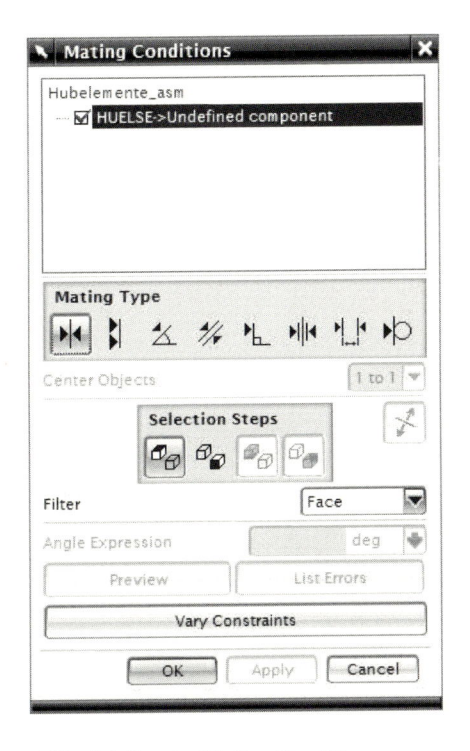

Abb. 4.4: Fenster Mating Conditions

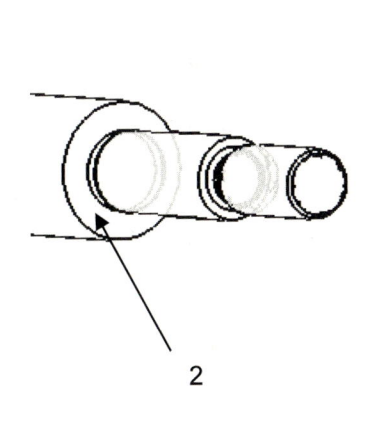

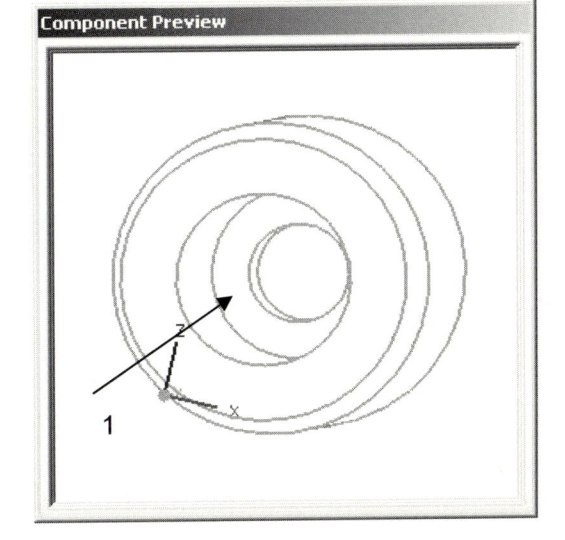

Abb. 4.5: Fügebedingung Mate

Wählen Sie nun den Mating Type **Center** [icon] und selektieren Sie wieder zunächst eine der Zylinderflächen der Hülse und dann eine Zylinderfläche der Kolbenstange, um so die Hülse koaxial zur Kolbenstange auszurichten. Betätigen Sie dann die Schaltfläche [Apply] im Fenster **Mating Conditions**, um das Einfügen der Hülse abzuschließen und schließen Sie dann das Fenster **Mating Conditions** mit [OK].

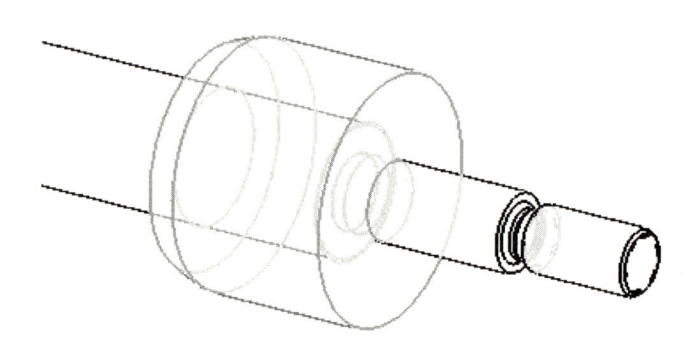

Abb. 4.6: Hülse eingefügt

Hinweis: Wenn NX5 nach der Definition der beiden Mating Conditions die Apply-Taste nicht mehr anbietet, dann löschen Sie zunächst einfach die zweite Mating Condition wieder. Dies kommt regelmäßig dann vor, wenn Sie zuerst koaxial ausrichten und dann versuchen, die Kontaktfläche festzulegen. NX5 hat manchmal Schwierigkeiten, mehr als eine Mating Condition auf einmal korrekt zu verarbeiten. Da hilft dann nur schrittweises Definieren, wobei weitere Fügebedingungen definiert werden können, wenn das zu fügende Teil sich bereits im Graphikbereich befindet.

Bei Bedarf kann dann durch das Icon **Alternate Solution** [icon] die axiale Ausrichtung des Teiles umgekehrt werden.

Selektieren Sie nun wieder das Icon **Add Component** [icon] und holen Sie sich den Kolben auf den Bildschirm. Gehen Sie bei der Positionierung genauso vor wie bei der Hülse.

4.2 Erzeugen der Unterbaugruppe Hubelemente

> **Info:**
> Um die entsprechenden Flächen besser auswählen zu können, können Sie das Vorschaufenster **Component Preview** auch vergrößern.

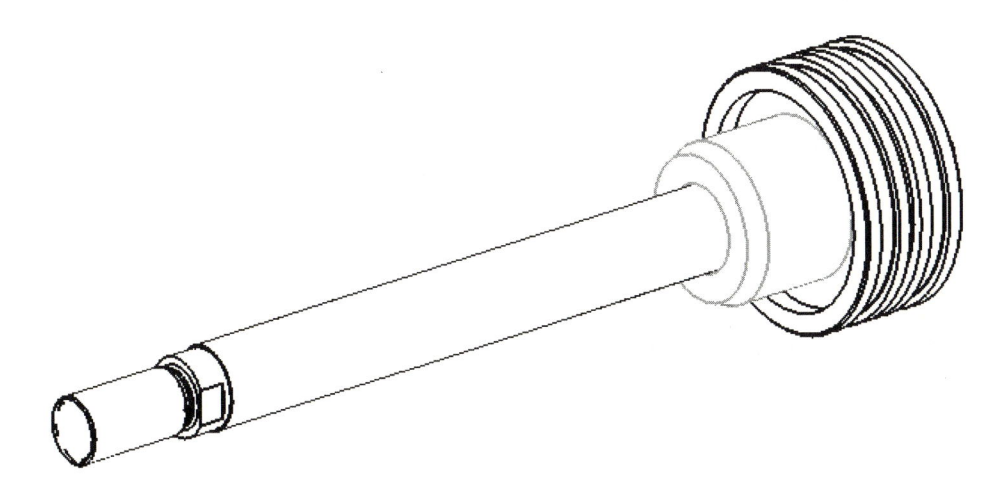

Abb. 4.7: Kolben eingefügt

Fügen Sie dann die zweite Hülse in die Baugruppe ein. Die Hülse können Sie nun im Fenster **Add Component** im Listbereich **Loaded Parts** auswählen, da wir sie ja bereits einmal eingefügt haben.

Nachdem Sie diesen Vorgang auch mit der Stangenmutter vollzogen haben, sollten Ihre Hubelemente folgendermaßen aussehen:

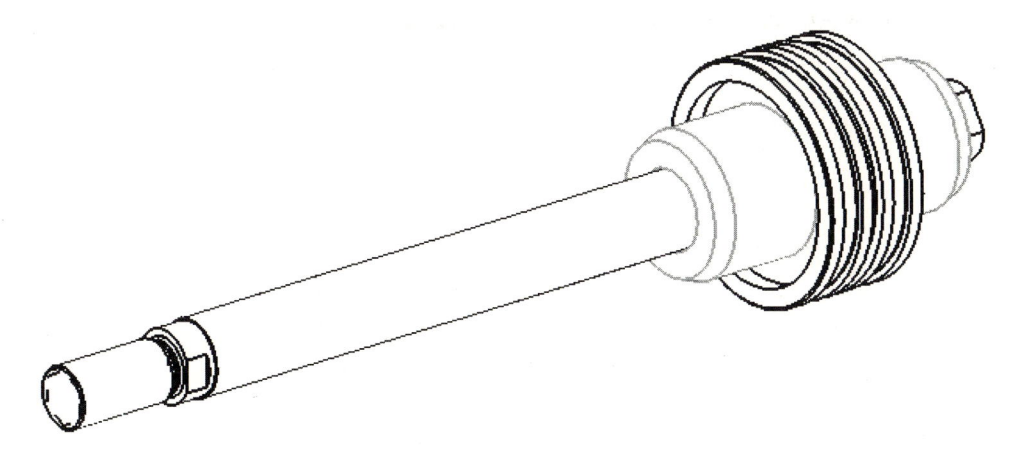

Abb. 4.8: Zweite Hülse und Stangenmutter eingefügt

Die beiden Schlüsselflächen von Stangenmutter und Kolbenstange können Sie nun noch mit dem Mating Type **Parallel** zueinander ausrichten. Sollte das Fenster Mating Conditions schon geschlossen sein, können Sie es mit dem Icon **Mate Components** wieder öffnen.

> **Info:**
>
> Die erläuterte Vorgehensweise erzeugt Beziehungen zwischen den ausgewählten Flächen der zu positionierenden Einzelteile. Das hat zur Folge, dass die Teile aufgrund dieser Beziehungen zueinander ausgerichtet werden.

4.3 Erzeugen einer Explosionsdarstellung der Hubelemente

In NX5 können Sie in der Anwendung **Assemblies** auch Explosionsdarstellungen erzeugen. Speichern Sie zunächst einmal Ihre Baugruppe und wählen Sie dann das Icon **Exploded Views**, sodann in der Toolbar **Exploded Views** das Icon **Create Explosion** (alternativ: **Assemblies** → **Exploded Views** → **Create Explosion**).

Akzeptieren Sie den Namen mit **OK**.

Abb. 4.9: Create Explosion

Wählen Sie in der Toolbar **Exploded Views** das Icon **Auto-explode Components**.

Es erscheint das Fenster **Class Selection** für die Objektauswahl. Sie können aber einfach im Graphikbereich die Stangenmutter selektieren (Abschluss mit mittlerer Maustaste).

Geben Sie bei **Distance** den Wert **200** ein und schließen Sie mit **OK** ab.

Abb. 4.10: Explosion Distance

Die Stangenmutter wird um 200 mm in Achsrichtung verschoben.

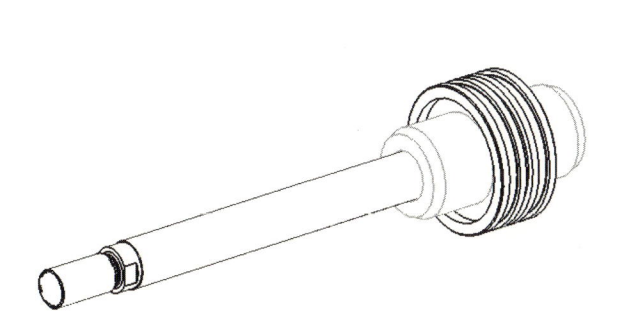

Abb. 4.11: Stangenmutter um 200 mm in Achsrichtung verschoben

Verfahren Sie nun mit den anderen Teilen so, wie Sie es dem nachfolgenden Bild entnehmen können.

Abb. 4.13: Auswahl No Explosion

Durch Auswählen der Darstellung **(No Explosion)** wird der ursprüngliche Zustand der Baugruppe wieder hergestellt.

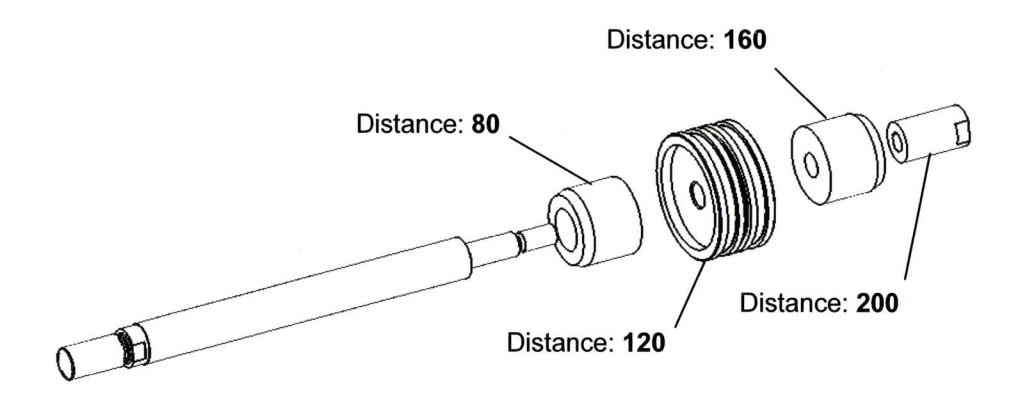

Abb. 4.12: Abstände für die Explosionsdarstellung

4.4 Erzeugen der Unterbaugruppe Zylinder

Die Vorgehensweise zur Erstellung der Unterbaugruppe **Zylinder** ist prinzipiell die gleiche wie bei der Unterbaugruppe Hubelemente.

Sie beginnen sinnvollerweise mit dem **Deckel**, da dieser absolut ausgerichtet werden kann und dann als Bezug für die übrigen Teile dient. Beenden Sie das Einfügen mit **Apply**, dann können Sie z.B. gleich das **Zylinderrohr** als nächste Komponente auswählen. Die Option **Positioning** wechselt auf **Mate**, so dass Sie nun für das Zylinderrohr bereits die bekannten Fügebedingungen nutzen können.

An das Zylinderrohr fügen Sie sinnvollerweise gleich den **Boden** an. Sie können den Mating Type **Align** nutzen, um die Deckfläche des Bodens gegen die Deckfläche des Deckels auszurichten.

Den **Zuganker** richten Sie dann zunächst zentrisch an der zugehörigen Aufnahmebohrung für die Stangenmutter aus, dann verwenden Sie den Mating Type **Distance**, um die Deckfläche des Zugankers im Abstand **-11** zur Rückseite des Deckels zu positionieren. Beim Einfügen der Zuganker sollten Sie außerdem zunächst nur ein Teil einfügen und dann mit der Funktion **Create Component Array** das Teil mehrfach anordnen. Das funktioniert genauso wie das Bilden von Instanzen in der Application **Modeling**.

Analog verfahren Sie dann mit den **Zugankermuttern**. Auch diese fügen Sie nur jeweils einmal an Deckel und Boden ein und vervielfältigen sie dann mit der Funktion **Create Component Array**. Wenn Sie auf eine „stimmige" bildliche Darstellung Wert legen, sollten Sie für die Zugankermuttern ein lineares Muster wählen, da dann die Innensechskante in gleicher Weise ausgerichtet bleiben. Bei einem zirkularen Muster würden sie gegeneinander verdreht.

Die beiden **Drosseln** können Sie schließlich mit der Oberfläche von Boden und Deckel bündig abschließen lassen.

Zu guter Letzt fügen Sie die Unterbaugruppe **Hubelemente** in Ihren Zylinder ein. Dabei ist es zweckmäßig, das Zylinderrohr vorübergehend unsichtbar zu setzen. Das machen Sie am einfachsten, indem Sie im **Assembly-Navigator** das Häkchen vor der Komponente **Zylinderrohr** entfernen.

Wenn Sie Ihre Baugruppe Zylinder vollständig erzeugt haben, sichern Sie erst einmal Ihre Daten mit dem Befehl **File → Save**.

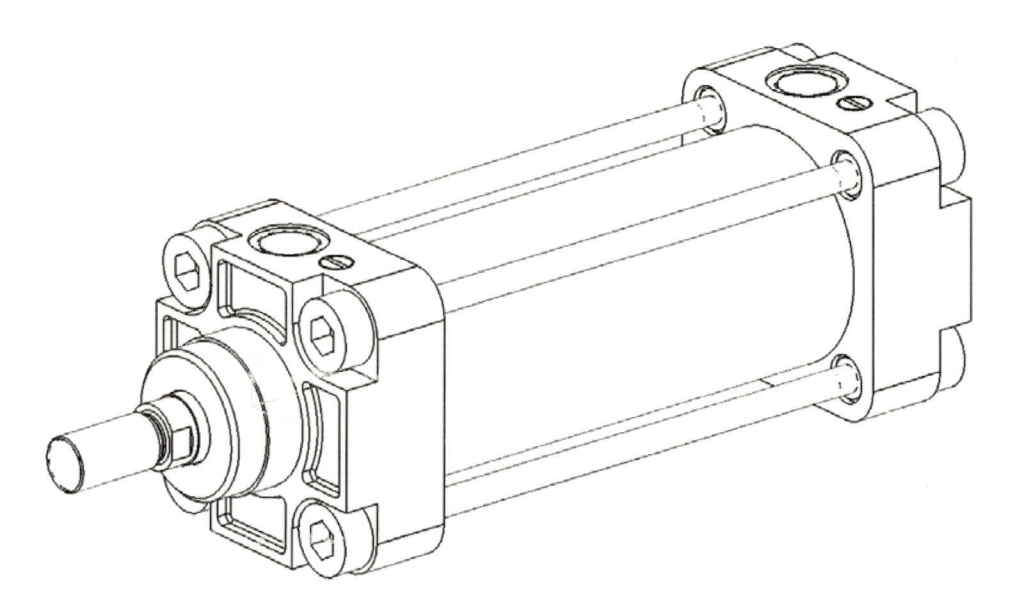

Abb. 4.14: Baugruppe Zylinder

4.5 Erzeugen der Baugruppe Zylinder kpl

Die Vorgehensweise zur Erstellung der Baugruppe **Zylinder kpl** ist prinzipiell die gleiche wie bei der Unterbaugruppe **Zylinder**. Als Basisteil fügen Sie die Unterbaugruppe **Zylinder** mit absoluter Position ein. Die beiden Anschlusskonsolen ergänzen Sie mit entsprechenden Mating Conditions.

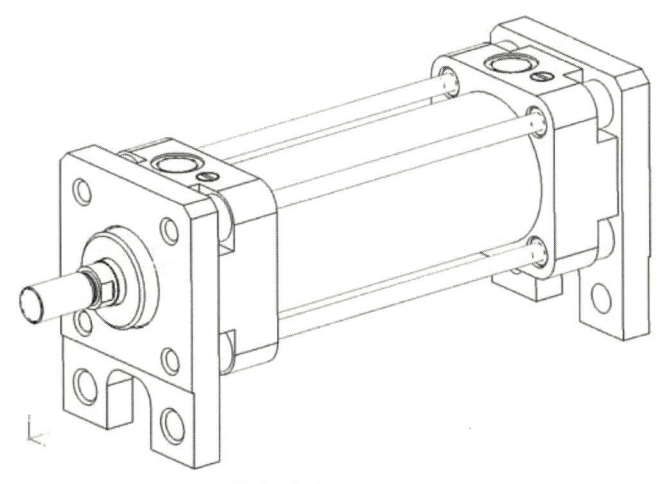

Abb. 4.15: Baugruppe Zylinder kpl

Wenn Sie Ihre Baugruppe Zylinder vollständig erzeugt haben, sichern Sie erst einmal Ihre Daten mit dem Befehl **File → Save**.

Ausblenden einzelner Objekte

Manchmal ist es wichtig, in eine Baugruppe hineinzuschauen; hierfür kann man einzelne Objekte ausblenden. Dazu wählen Sie das Häkchen z.B. vor dem Part **Zylinderrohr** aus, dann wird das Häkchen grau und Sie können im Grafikfenster erkennen, dass das Zylinderrohr ausgeblendet wurde.

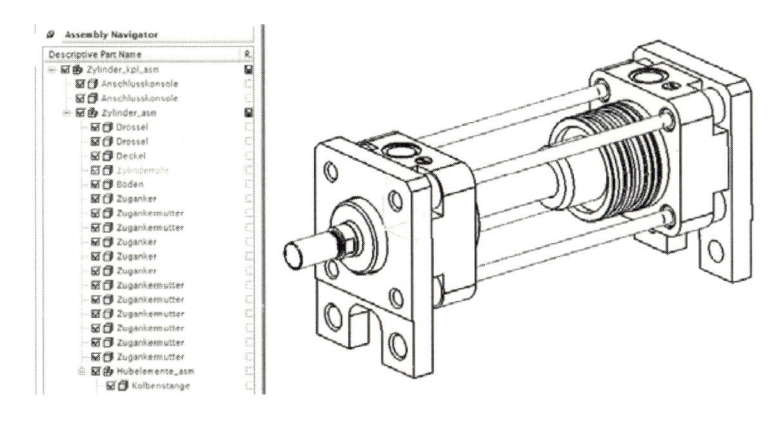

Abb. 4.17: Baugruppe Zylinder kpl, Zylinderrohr ausgeblendet

Optionen des Assembly Navigators

Um alle Ihre eingebauten Teile im **Assembly Navigator** zu sehen, betätigen Sie im freien Bereich des **Assembly Navigator** die rechte Maustaste und anschließend im Kontextmenü **Expand All**. Die komplette Liste aller eingebauten Unterbaugruppen mit ihren einzelnen Parts wird im **Assembly Navigator** angezeigt:

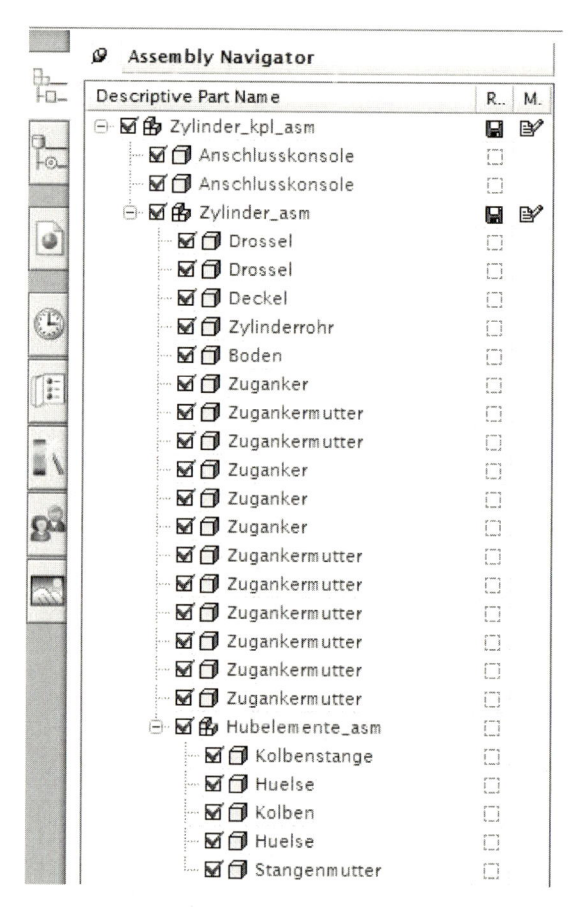

```
Assembly Navigator
Descriptive Part Name                R.   M.
├─ ☑ Zylinder_kpl_asm
│   ├─ ☑ Anschlusskonsole
│   ├─ ☑ Anschlusskonsole
│   ├─ ☑ Zylinder_asm
│   │   ├─ ☑ Drossel
│   │   ├─ ☑ Drossel
│   │   ├─ ☑ Deckel
│   │   ├─ ☑ Zylinderrohr
│   │   ├─ ☑ Boden
│   │   ├─ ☑ Zuganker
│   │   ├─ ☑ Zugankermutter
│   │   ├─ ☑ Zugankermutter
│   │   ├─ ☑ Zuganker
│   │   ├─ ☑ Zuganker
│   │   ├─ ☑ Zuganker
│   │   ├─ ☑ Zugankermutter
│   │   ├─ ☑ Zugankermutter
│   │   ├─ ☑ Zugankermutter
│   │   ├─ ☑ Zugankermutter
│   │   ├─ ☑ Zugankermutter
│   │   └─ ☑ Zugankermutter
│   └─ ☑ Hubelemente_asm
│       ├─ ☑ Kolbenstange
│       ├─ ☑ Huelse
│       ├─ ☑ Kolben
│       ├─ ☑ Huelse
│       └─ ☑ Stangenmutter
```

Abb. 4.16: Vollständige Übersicht zur Baugruppe Zylinder kpl

Mengenübersicht

Eine Mengenüberischt zu allen eingebauten Teilen sehen Sie im **Assembly Navigator**, wenn Sie im freien Bereich des **Assembly Navigator** die rechte Maustaste betätigen und anschließend im Kontextmenü **Pack All** wählen.

Das sieht schon fast so aus wie eine Stückliste und auch eine Stückliste können Sie sich aufbereiten lassen.

4.5 Erzeugen der Baugruppe Zylinder kpl

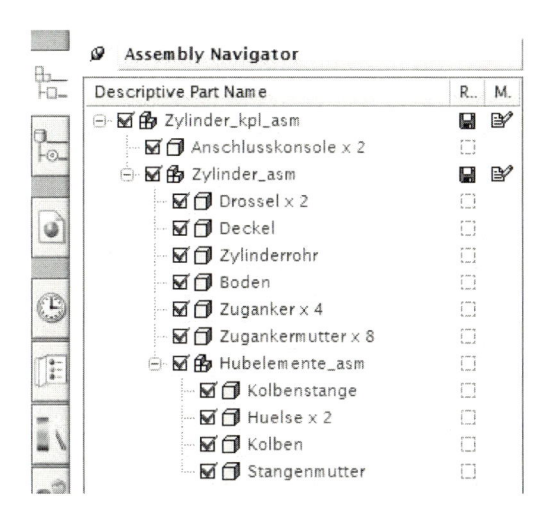

Abb. 4.18: Baugruppe Zylinder kpl, Mengenübersicht

Stückliste anzeigen

Selektieren Sie: **Assemblies → Reports → List Components**

Es erscheint nun folgendes Informationsfenster:

Abb. 4.19: Baugruppe Zylinder kpl, Rohstückliste

Das Fenster **Information** können Sie einfach wieder schließen.

Am Ende Ihrer Arbeitssitzung sichern Sie Ihre Baugruppe mit dem Befehl **File → Save**.

4.6 Zusammenfassung

Ablaufplan für das Modellieren von Baugruppen:

Definieren Sie die Struktur Ihrer Baugruppe.

⬇

Erzeugen Sie dann die erforderlichen Unterbaugruppen.

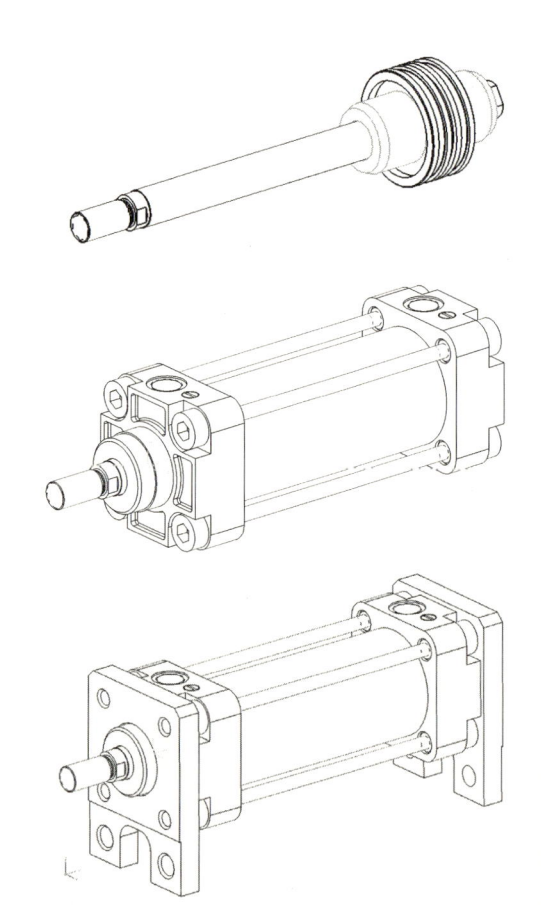

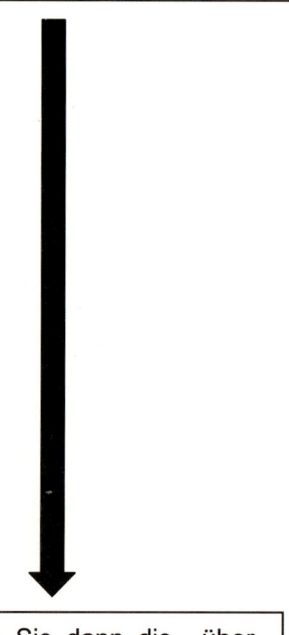

⬇

Erzeugen Sie dann die übergeordnete Baugruppe aus den erstellten Unterbaugruppen.

4.6 Zusammenfassung

Zusammenfassung der Icons

Find Component	Open Component
Open by Proximity	Isolate Component
Show Product Outline	Save Content
Restore Context	
Add Existing Component	Create New Component
Create New Parent	Create Component Array
Substitute Component	Mate Component
Reposition Component	Mirror Assembly
Suppress Component	Unsuppress Component
Edit Suppression State	Edit Arrangements
Replace Reference Set	
Exploded Views	Assembly Sequences
Make Work Part	Make Displayed Part
WAVE Geometry Linker	Check Clearances

Das Fenster Exploded Views

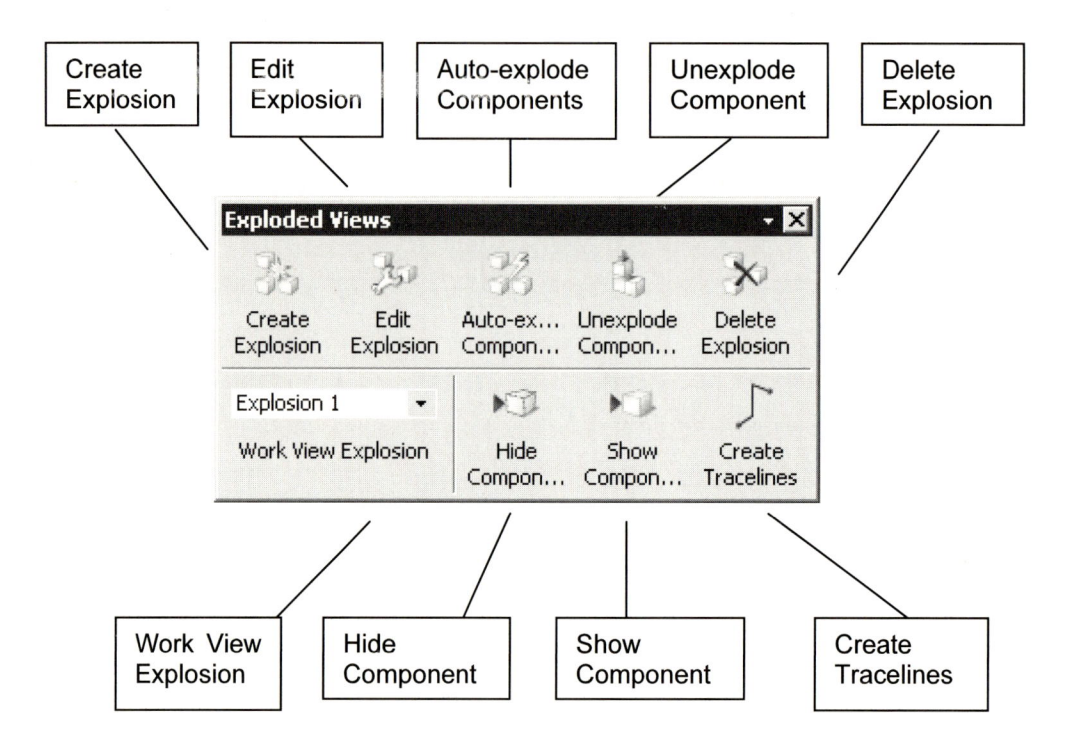

- Create Explosion
- Edit Explosion
- Auto-explode Components
- Unexplode Component
- Delete Explosion
- Work View Explosion
- Hide Component
- Show Component
- Create Tracelines

5 Erstellen von technischen Zeichnungen

5.1 Anschlusskonsole

In dieser Übung werden Sie eine technische Zeichnung für die von Ihnen im Abschnitt 2.6 erzeugte Anschlusskonsole erstellen und dabei die Application **Drafting** nutzen.

Das Ergebnis zeigt die nachfolgende Abbildung:

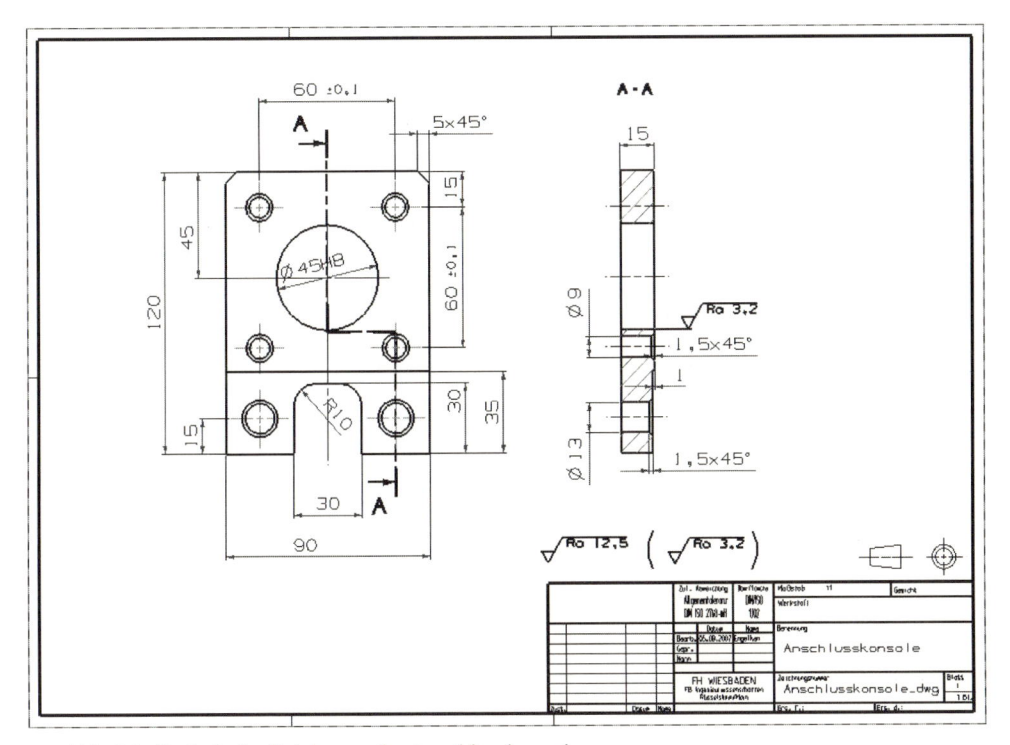

Abb. 5.1: Technische Zeichnung der Anschlusskonsole

Folgende Arbeitstechniken werden Sie in dieser Übung erlernen:
- Erzeugen einer neuen Zeichnungsdatei
- Erzeugen eines Layouts von einem Einzelteil
- Löschen von Ansichten
- Bewegen und Modifizieren der Ansichten
- Erzeugen eines Schnittverlaufes
- Anbringen von Mittellinien und Bemaßung

Erzeugen einer neuen Zeichnungsdatei

Erzeugen Sie eine neue Datei **New**, aktivieren Sie im Fenster **File New** den Reiter **Drawing** und wählen Sie das Template-File **A3 – no views**. Tragen Sie dann in das Feld **Name** den Dateinamen **Anschlusskonsole_dwg.prt** und in das Feld **Folder** das Ablageverzeichnis **..\Zylinder**.

Hinweis: Den Zusatz „_dwg" zum Dateinamen ergänzen Sie sinnvollerweise, um auch am Dateinamen erkennen zu können, dass es sich um eine Zeichnungsdatei handelt. Im Unterschied zu vielen anderen CAD-Systemen unterscheidet NX5 nicht die Dateiinhalte Part, Assembly, Drawing über unterschiedliche Extensions, sondern verwendet einheitlich die Extension „.prt".

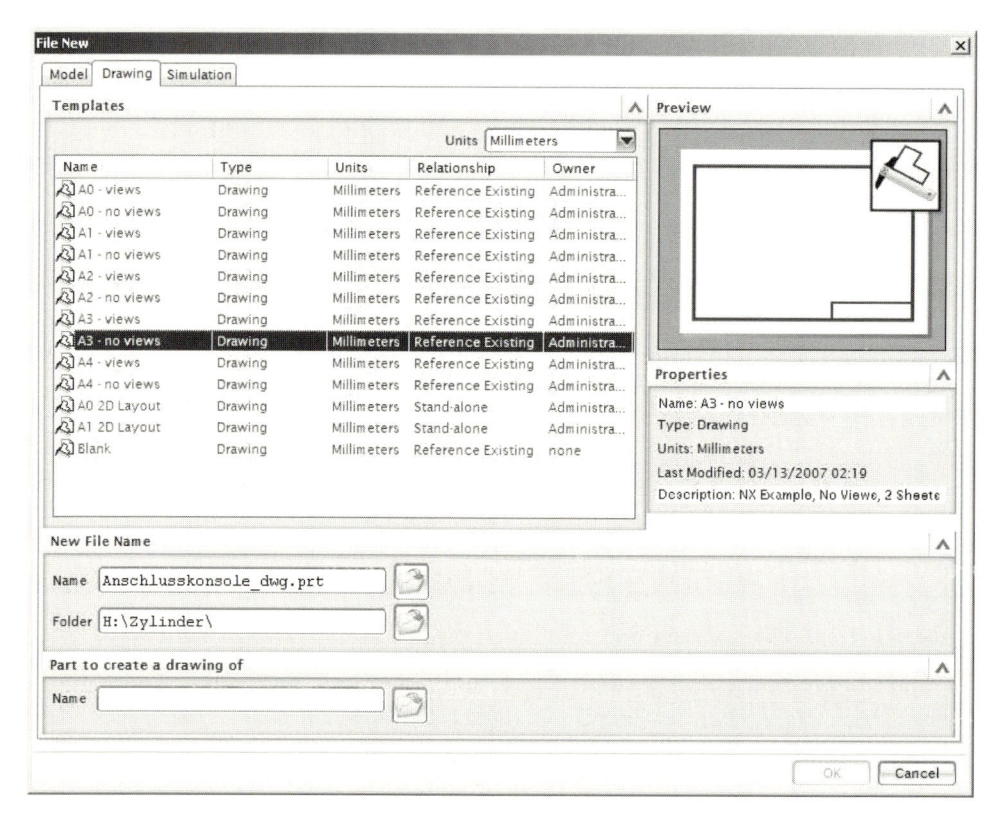

Abb. 5.2: Auswahl der Template-Datei

Sie werden bemerken, dass Sie die Schaltfläche **OK** noch nicht betätigen können. Bei Nutzung der Template-Dateien werden Sie in NX5 ganz zwanglos in das sogenannte Master-Model-Konzept eingeführt. Danach müssen Sie nun die Angabe machen, von welchem Part eigentlich eine Zeichnung erstellt werden soll. Betätigen Sie also das Symbol **Open** im Bereich **Part to create a drawing of**.

5.1 Anschlusskonsole

Es öffnet sich das Fenster **Select master part**. Wenn Sie die Arbeit unterbrochen hatten, werden die beiden Listfenster leer sein. Betätigen Sie dann erneut das Icon **Open** im Fenster **Select master part** und wählen Sie Ihre Datei **Anschlusskonsole** aus.

Schließen Sie die Auswahl mit OK und schließen Sie dann auch das Fenster **File New** mit OK.

Abb. 5.3: Auswahl Master Part

Es öffnet sich dann der in der Template-Datei hinterlegte leere Zeichnungsrahmen für das A3-Format und Sie bekommen die Ansicht **TOP** auf die Anschlusskonsole zum Platzieren auf der Zeichnung angeboten. Sie setzen die Zeichnung durch Klicken mit der linken Maustaste an der gewünschten Position auf dem Zeichnungsblatt ab.

Zuvor könnten Sie in dem Menü **Base View**[NX6] noch Veränderungen vornehmen (vgl. Abb. 5.5).

Wenn Sie nach dem Absetzen der Ansicht die Maus sofort etwas bewegen, gelangen Sie unmittelbar in das Erzeugen weiterer abgeleiteter Ansichten. Je nach Bewegungsrichtung der Maus bekommen Sie die Rahmen für die Ansicht von links, von rechts usw. angeboten.

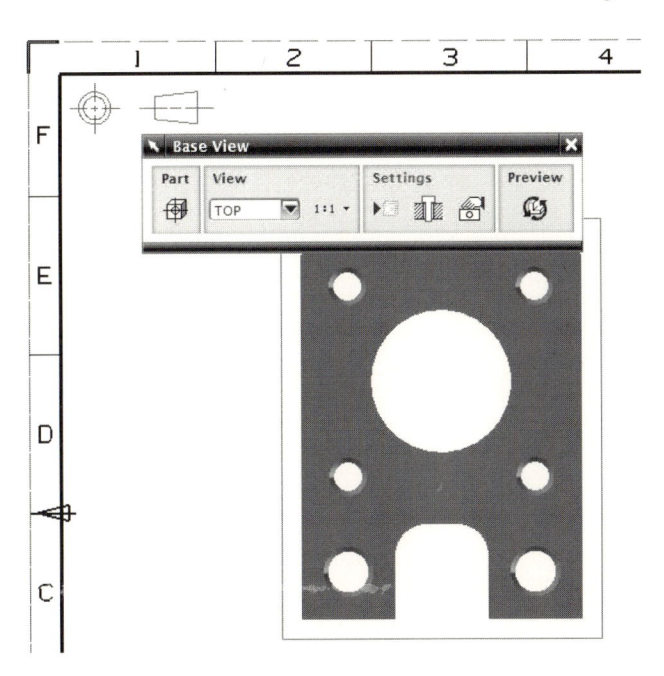

Abb. 5.4: Einfügen der Basisansicht

[NX6] Veränderungen unter NX6, vgl. S. 280

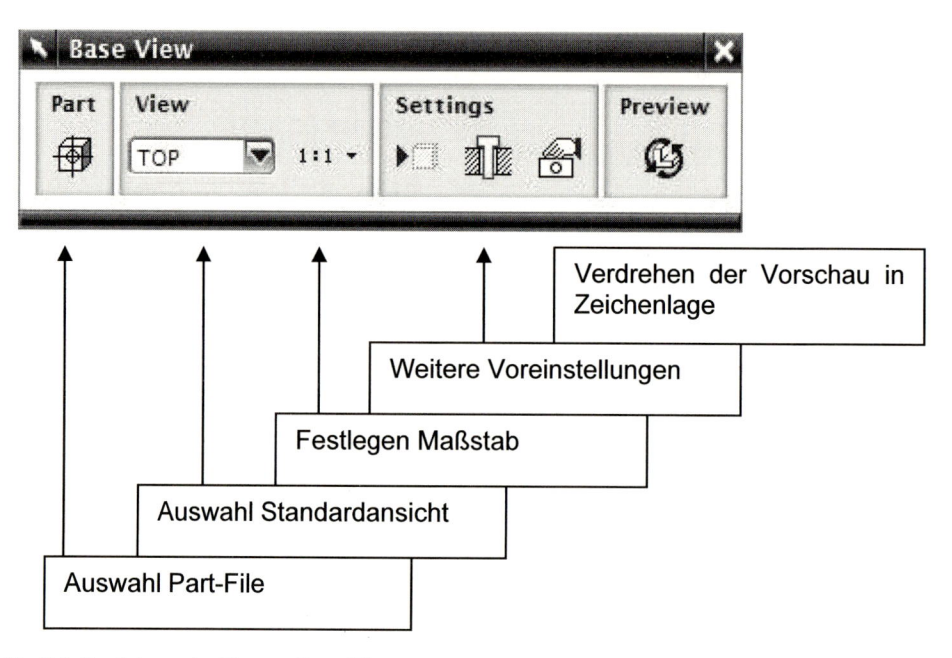

Abb. 5.5: Funktionen im Fenster Base View

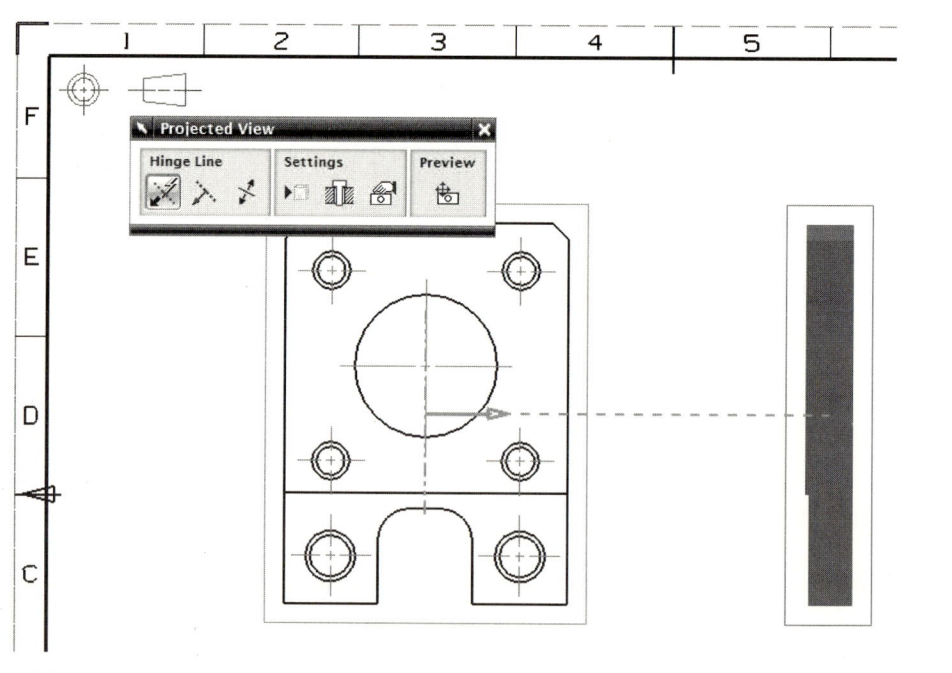

- Auswahl Part-File
- Auswahl Standardansicht
- Festlegen Maßstab
- Weitere Voreinstellungen
- Verdrehen der Vorschau in Zeichenlage

Abb. 5.6: Ableiten einer Projektionsansicht

5.1 Anschlusskonsole   155

Falls Sie diese Automatik nicht bemerken, wählen Sie das Icon **Projected View**  (alternativ: **Insert** → **View** → **Projected View**) und verfahren dann wie eben beschrieben.

Master-Model-Konzept

Bevor wir die Zeichnung weiter bearbeiten, schauen Sie doch einmal kurz in den **Assembly-Navigator**.

Abb. 5.7: Assembly Navigator

Sie sehen dort, dass NX5 Ihre Zeichnung als Baugruppe versteht, der die Anschlusskonsole als einziges Teil angehört. Dadurch wird bewirkt, dass die Zeichnungsdatei nur die Zeichnungsdaten und lediglich eine Referenz auf das 3D-Modell beinhaltet. So kann im Ergebnis in der Teiledatei und in der Zeichnungsdatei parallel gearbeitet werden. Diese Organisation der von den Daten des 3D-Modells getrennten Ablage der Daten einer Spezialanwendung wird auch bei der CAM-Aufbereitung, der Berechnung und Simulation praktiziert und in NX5 als **Master-Model-Konzept** bezeichnet.

Löschen von Ansichten

Wenn Sie die Standard-Template-Dateien nutzen, die mit NX5 mitgeliefert werden, werden Sie bemerken, dass die Klapprichtung der Projektion nicht der deutschen Norm entspricht. Wir werden daher zunächst einmal die projizierte Ansicht wieder löschen, da wir an ihrer Stelle ja sowieso die Schnittdarstellung erzeugen wollen und dann die Klappregel für die Zeichnung verändern.

Wählen Sie die Seitenansicht aus (durch Selektieren der Ansicht im Grafikbereich oder im Fenster **Part Navigator**). Die Auswahl wird farblich hervorgehoben.

Sie haben nun mehrere Möglichkeiten, die Ansicht zu löschen:

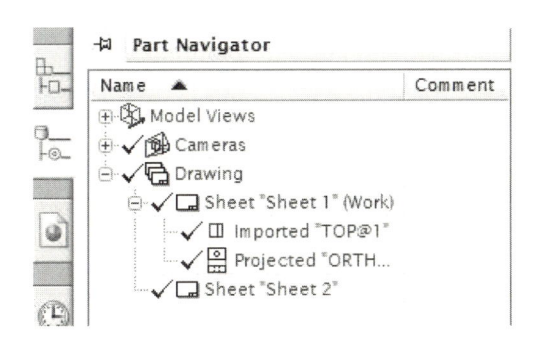

- **Edit** → **Delete** oder × 
- rechte Maustaste; **Delete** im Kontextmenü auswählen oder
- einfach nach der Auswahl die Entf-Taste drücken.

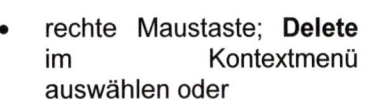

Bei der Gelegenheit können Sie auch das Sheet 2 im **Part Navigator** löschen, da wir es für die Zeichnung der Anschlusskonsole nicht benötigen.

Abb. 5.8: Part Navigator

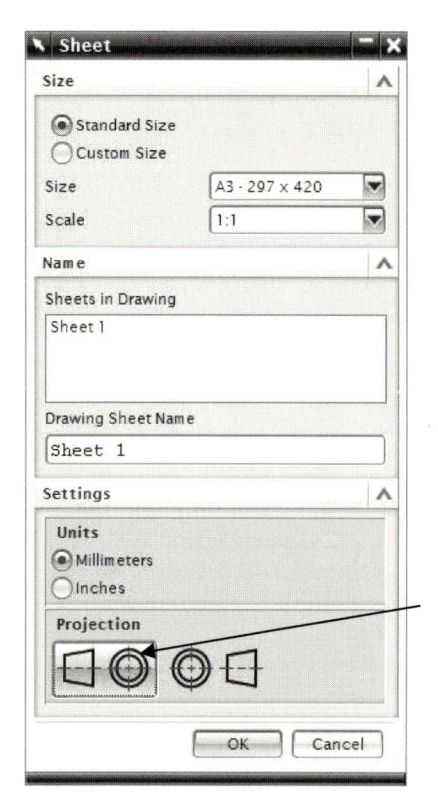

Abb. 5.9: Fenster Sheet

Ändern der Klapprichtung

Wählen Sie nun das Icon **Edit Sheet** in der Toolbar **Drafting Edit** (alternativ: **Edit → Sheet**).

Im Fenster **Sheet** ändern Sie die Projektionsrichtung durch Anklicken des entsprechenden Icons auf **1st Angle Projection** und schließen das Fenster mit OK.

Verschieben von Ansichten

Wenn Sie die Position Ihrer Ansicht noch korrigieren wollen, wählen Sie das Icon **Move/Copy View** (alternativ: **Edit → View → Move/Copy View**).

Wählen Sie die Ansicht (hier: TOP@1) aus, die Sie verschieben möchten, und selektieren Sie die Verschiebungsmethode **To a Point**.

Sie können nun die Ansicht auf einen neuen Platz auf dem Zeichnungsblatt legen.

Legen Sie die Ansicht in die obere linke Ecke und schließen Sie das Fenster mit Cancel.

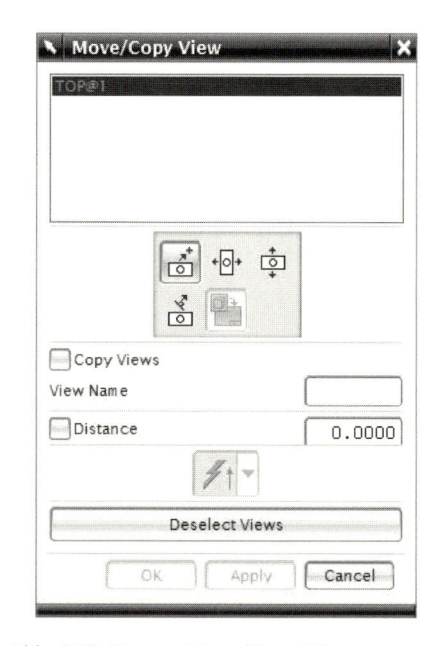

Abb. 5.10: Fenster Move/Copy View

Erzeugen des Schnittes A-A

Anstelle der Seitenansicht von links soll nun der Stufenschnitt dargestellt werden. Dazu erzeugen wir am einfachsten erst einmal einen geraden Schnittverlauf durch die große Bohrung und modifizieren anschließend den Schnittverlauf.

Wählen Sie also das Icon **Section View** [icon] (alternativ: **Insert → View → Section View**).

Es erscheint das Menü für die Schnittdefinition und Sie werden aufgefordert, die Ansicht auszuwählen, von der der Schnitt abgeleitet werden soll.

    Anweisung: *"Select parent view"*

Selektieren Sie die Umrahmung der Vorderansicht der Anschlusskonsole und beenden Sie die Auswahl durch Drücken der mittleren Maustaste. Der Ansichtsrahmen wird farblich hervorgehoben. Sie erhalten auch sofort die Vorschau einer Hauptschnittlinie (Hinge Line).

    Anweisung: *" Select object to infer a point"*

Selektieren Sie den Mittelpunkt der großen Bohrung als Bezugspunkt für den Schnittverlauf und bewegen Sie dann die Maus nach rechts. Die Schnittlinie wird sich dann senkrecht ausrichten und Sie können die Schnittdarstellung rechts neben der Draufsicht absetzen.

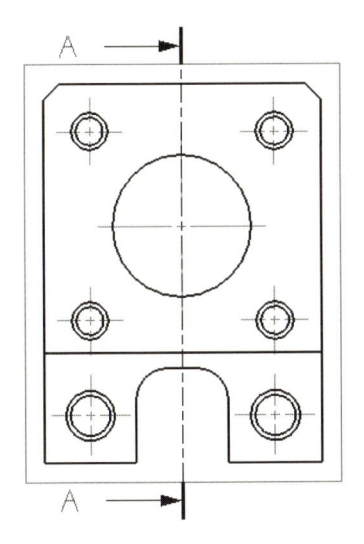

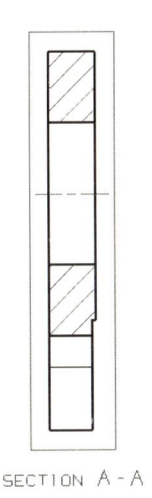

Abb. 5.11: Schnittansicht

Nun entspricht das Ergebnis noch nicht dem eigentlich gewünschten Stufenschnitt, wir müssen also noch Veränderungen am Schnittverlauf vornehmen.

Wählen Sie das Icon **Edit Section Line** (alternativ: **Edit → View → Section Line**) oder selektieren Sie einfach die Schnittlinie, betätigen Sie die rechte Maustaste und wählen Sie im Kontextmenü **Edit**. Es öffnet sich das Fenster **Section Line**. In diesem wählen Sie die Option **Add Segment**.

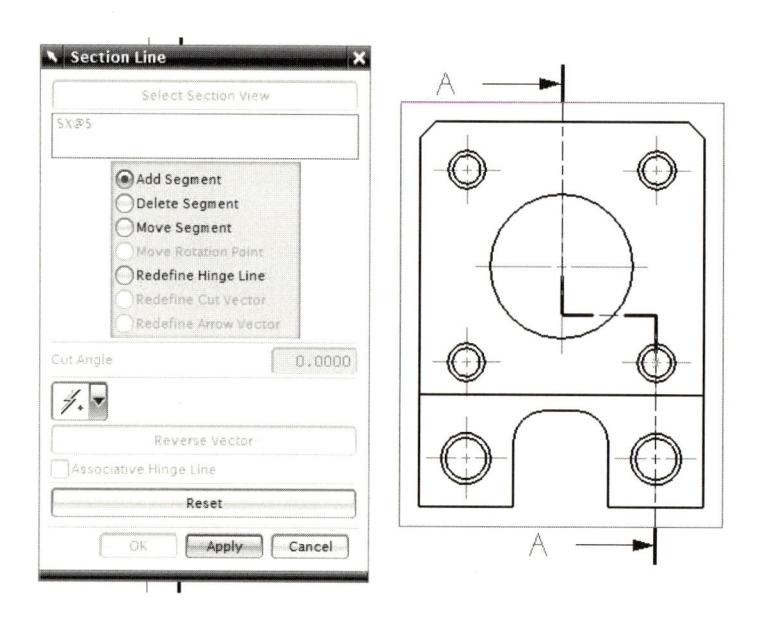

Abb. 5.12: Stufenschnitt

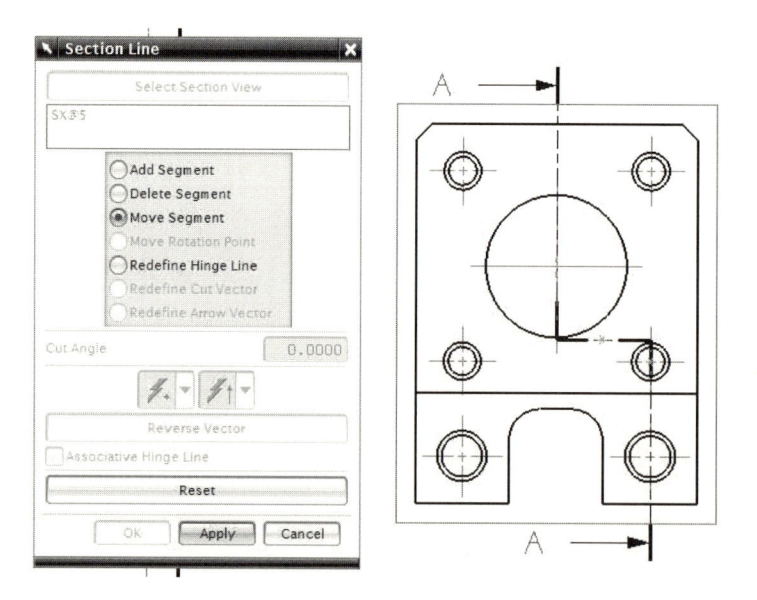

Abb. 5.13: Stufenschnitt modifiziert

5.1 Anschlusskonsole

Selektieren Sie nun die kleine Bohrung. Das System zeigt Ihnen an, dass der Schnitt durch die Bohrung verlaufen wird, allerdings muss die Stufe des Schnitts in ihrer Höhe noch korrigiert werden. Wählen Sie dazu nun die Option **Move Segment** im Fenster **Section Line** und selektieren Sie dann in der Ansicht die Querlinie des Schnittverlaufs. Vergrößern Sie sich dann die Ansicht so, dass Sie leicht durch Absetzen einer Cursorposition die Höhe der Querlinie so verändern können, dass sie zwischen der großen Bohrung und der oberen kleinen Bohrung verläuft (vgl. Abb. 5.13).

Bestätigen Sie die Veränderung der Position mit `Apply` und schließen Sie das Fenster mit `Cancel`.

Vermutlich wird der geänderte Schnittverlauf in der Schnittansicht nicht sofort dargestellt. Wählen Sie daher das Icon **Update Views** (alternativ: **Edit → View → Update Views**).

Es öffnet sich das Fenster **Update Views**. Wählen Sie die Schnittansicht aus und bestätigen Sie mit `OK`.

Ihre Schnittansicht müsste jetzt wie dargestellt aussehen:

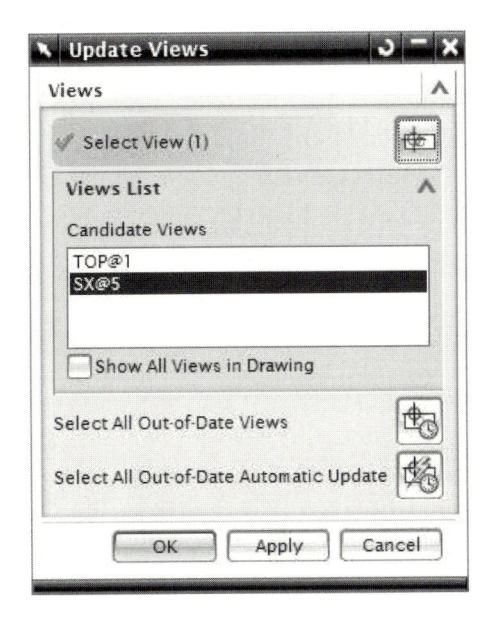

Abb. 5.14: Fenster Update Views

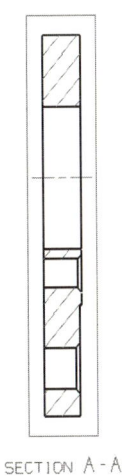

Abb. 5.15: Aktualisierte Schnittdarstellung

Einfügen fehlender Mittellinien[NX6]

Die meisten Mittellinien für die Bohrungen in der Vorderansicht und im Schnitt wurden wahrscheinlich auch bei Ihnen automatisch eingezeichnet. Vermutlich fehlen lediglich die Mittellinien der Bohrungen, die durch den geänderten Schnittverlauf sichtbar wurden, sowie die Mittellinien der in der Schnittansicht verdeckten Bohrungen. Diese wollen wir jetzt noch manuell ergänzen.

Wählen Sie das Icon **Utility Symbol** (alternativ: **Insert → Symbol → Utility Symbol**)

Wählen Sie nun die Option **Cylindrical Centerline**.

Wechseln Sie die Fangmethode auf **Cylindrical Face**.

Wählen Sie nun zuerst die Zylinderfläche einer der Bohrungen und markieren Sie dann beiderseits der Bohrung die Endpunkte der Mittellinie.

Wiederholen Sie den Vorgang für die zweite Bohrung und schließen Sie dann das Fenster **Utility Symbols** mit **Cancel**.

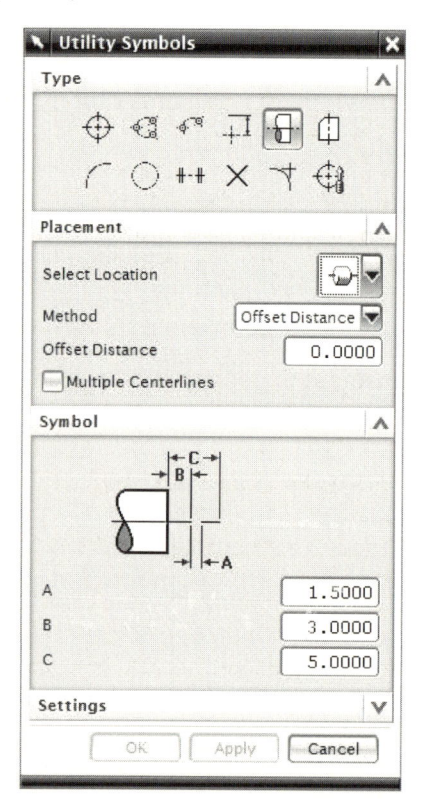

Abb. 5.16: Fenster Utility Symbols

[NX6] Veränderungen unter NX6, vgl. S. 281

5.1 Anschlusskonsole

Info:

Sie können die Mittellinien auch automatisch erzeugen, dazu gehen Sie folgendermaßen vor:

Machen Sie das Einfügen der Mittellinien noch einmal rückgängig.

Wechseln Sie im Fenster **Utility Symbols** zu **Automatic Centerline**.

Selektieren Sie die Schnittansicht im Fenster **Utility Symbols** oder im Graphikbereich und betätigen dann `Apply`.

Die Mittellinien werden dann automatisch erzeugt, allerdings auch nicht die für die verdeckten Bohrungen.

Bei dieser Methode müssen Sie also auf die Vollständigkeit der dargestellten Mittellinien achten.

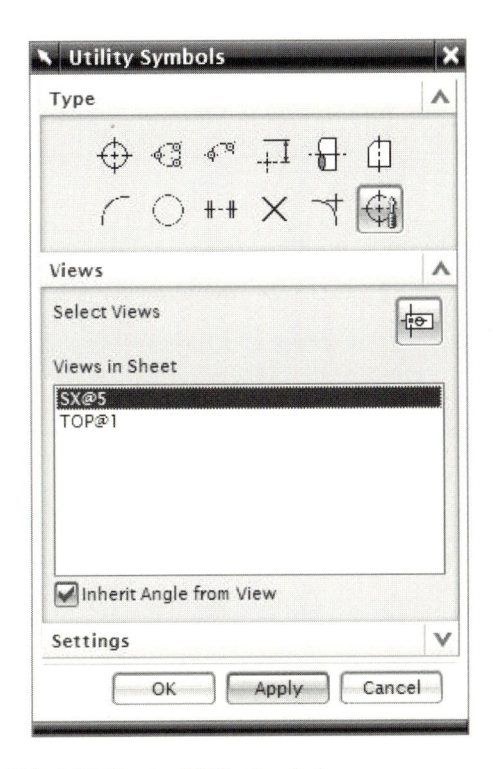

Abb. 5.17: Fenster Utility Symbols

Um die Mittellinien der verdeckten Bohrungen einzufügen, müssen Sie erst die verdeckten Kanten einblenden. Selektieren Sie dazu die Umrahmung der Schnittansicht und wählen Sie im Kontextmenü **Style**.

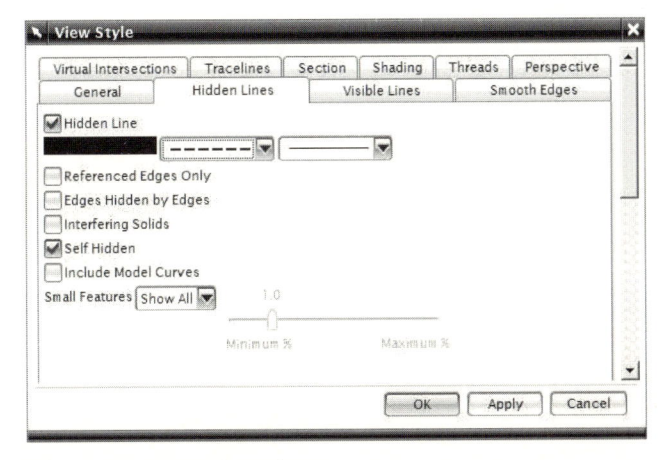

In dem sich nun öffnenden Fenster **View Style** aktivieren Sie das Register **Hidden Lines** (verdeckte Kanten) und wählen als Linientyp **Dashed** (gestrichelt) aus.

Schließen Sie das Fenster mit `OK`.

Abb. 5.18: Fenster Update Views

Sie können nun, wie zuvor dargestellt, auch für die verdeckte Bohrung eine Mittellinie einfügen. Nach dem Einfügen der Mittellinie setzen Sie die verdeckten Kanten im Fenster **View Style** wieder unsichtbar.

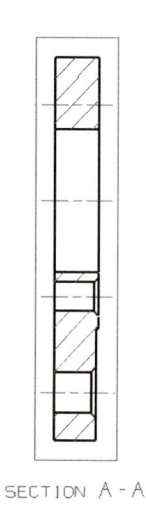

Abb. 5.19: Fertige Schnittdarstellung

Löschen von Zeichnungselementen

Das Löschen von Ansichten haben Sie bereits kennen gelernt.

Falls Sie nun einzelne Zeichnungselemente wie z.B. eine der erzeugten Mittellinien löschen möchten, dann wählen Sie am einfachsten das Zeichnungselement aus, und wählen im Kontextmenü (rechte Maustaste) **Delete**.

Wollen Sie mehrere Zeichnungselemente löschen, gehen Sie auf **Edit → Delete** oder **Delete** und wählen Sie dann die Elemente aus, die Sie löschen möchten.

Achtung:

Die einzelnen Linien von Ansichten können in UNIGRAPHICS nicht selektiert und folglich auch nicht modifiziert oder gelöscht werden.

Bemaßen der Anschlusskonsole

Die Bemaßung in der Application **Drafting** erfolgt bei NX5 vorwiegend manuell. Im Gegensatz zur bereits vorhandenen Bemaßung in der Application **Modeling** (Feature & Sketch) ist diese Zweitbemaßung nicht mit dem 3-D-Modell assoziiert. Es besteht keine Möglichkeit, ausgehend von der Zweitbemaßung parametrisch das Volumenmodel zu modifizieren. Jedoch ist die Zweitbemaßung in der Gegenrichtung einseitig assoziativ: Bei Änderungen am Modell, z.B. von Abmessungen eines Features, wird die Zweitbemaßung entsprechend automatisch angepasst.

Die Bemaßung der Sketche und die Bemaßung der Features kann man zwar unproblematisch in die Zeichnung einblenden. Da selbst das Übernehmen der primären Sketch-Bemaßung viel Nacharbeit (Positionieren) erfordern würde und letztlich wenig Nutzen bringt, werden sinnvoller alle Bemaßungen in der Zeichnung als Zweitbemaßung ausgeführt.

Bevor Sie mit der Bemaßung beginnen, sorgen Sie für passende Voreinstellungen.

Wählen Sie das Icon **Annotation Preferences** aus der Toolbar **Drafting Preferences** (alternativ: **Preferences** → **Annotation**).

Ändern Sie nun die Einträge in den Karteikarten wie folgt:

Karteikarte **Units**:

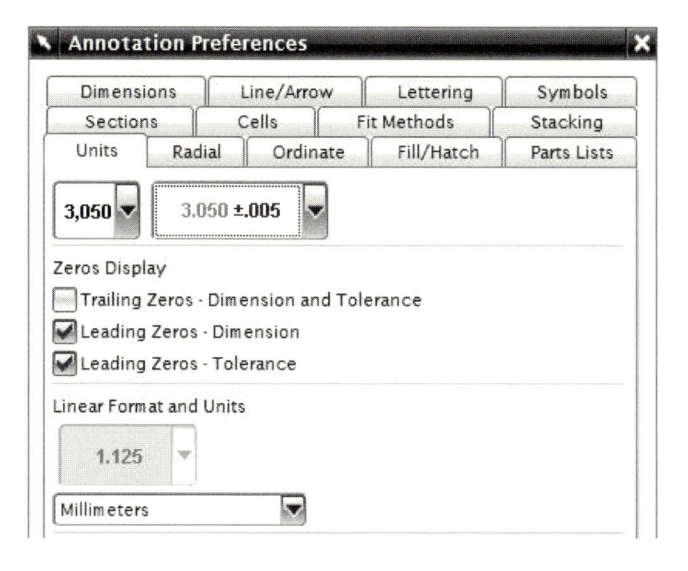

3,050: Komma als Trennzeichen

Unterdrücken von nicht benötigten Nullen

Millimeters

Abb. 5.20: Karteikarte Units

Karteikarte **Dimensions:**

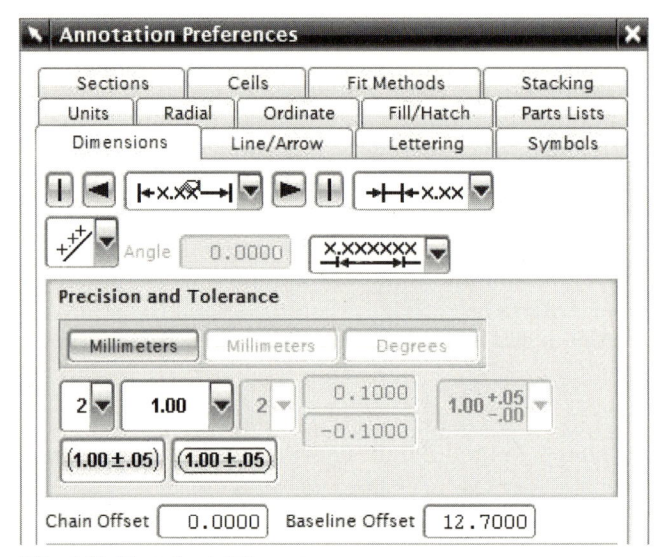

Abb. 5.21: Karteikarte Dimensions

Maßpfeile automatisch

Maßlinie durchgezogen

Bemaßungstext auf Maßpfeil legen

Maximal zwei Nachkommastellen

Karteikarte **Line/ Arrow:**

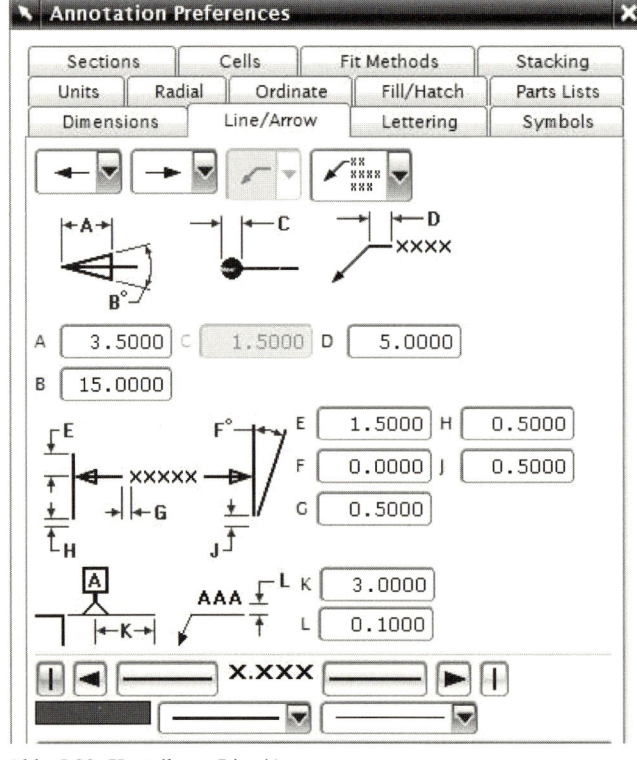

Abb. 5.22: Karteikarte Line/Arrow

Ausgefüllte Pfeilspitzen

Ändern Sie die Werte **A** bis **L** wie hier links dargestellt.

Diese Werte dienen zur Darstellung der Maßeinheiten/ -pfeile, wie es links daneben beschrieben ist.

5.1 Anschlusskonsole

Karteikarte **Lettering**:

Abb. 5.23: Karteikarte Lettering

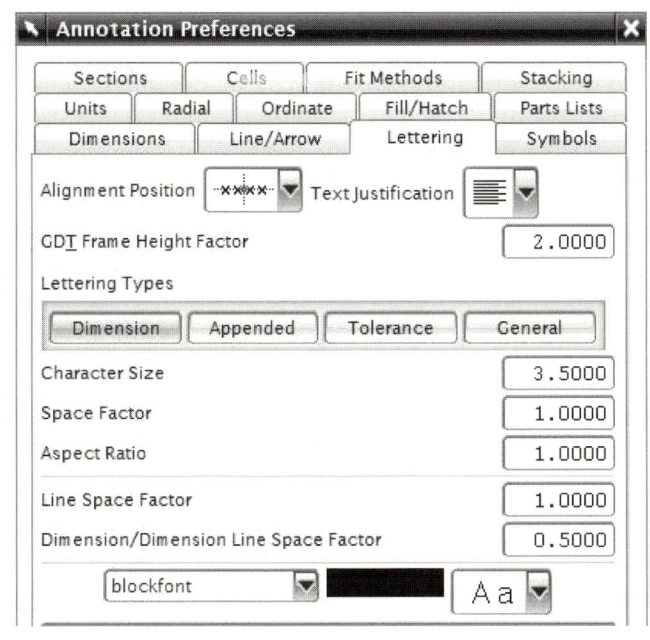

Schriftgröße: **3.5**
Schriftart und -form

Wenn Sie die Einstellung abgeschlossen haben, bestätigen Sie mit OK.

Schnittliniendarstellung ändern[NX6]

Wählen Sie das Icon **Section Line Preferences** (alternativ: **Preferences** → **Section Line Display**).

Anweisung: *"Choose section line display or select section line to edit"*

Wählen Sie die Schnittlinie aus und nehmen Sie dann die Einstellungen wie links beschrieben vor.

Bestätigen Sie mit OK.

Die Darstellung in der Zeichnung wird automatisch geändert.

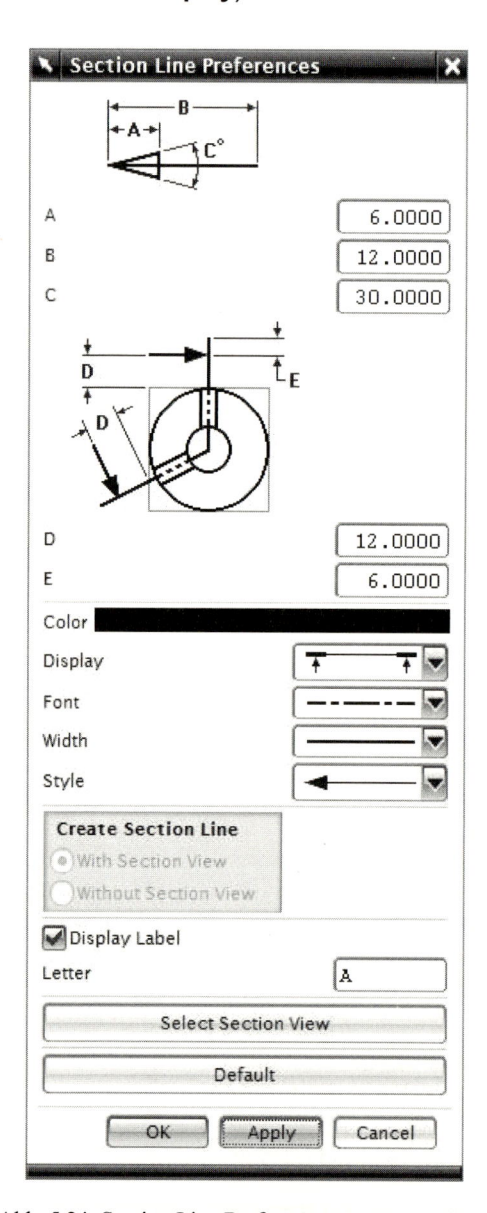

Abb. 5.24: Section Line Preferences

[NX6] Veränderungen unter NX6, vgl. S. 282

5.1 Anschlusskonsole

Ausblenden der Ansichtsrahmen

Wenn Sie möchten, können Sie die Ansichtsrahmen ausblenden.

Wählen Sie **Preferences → Drafting**.

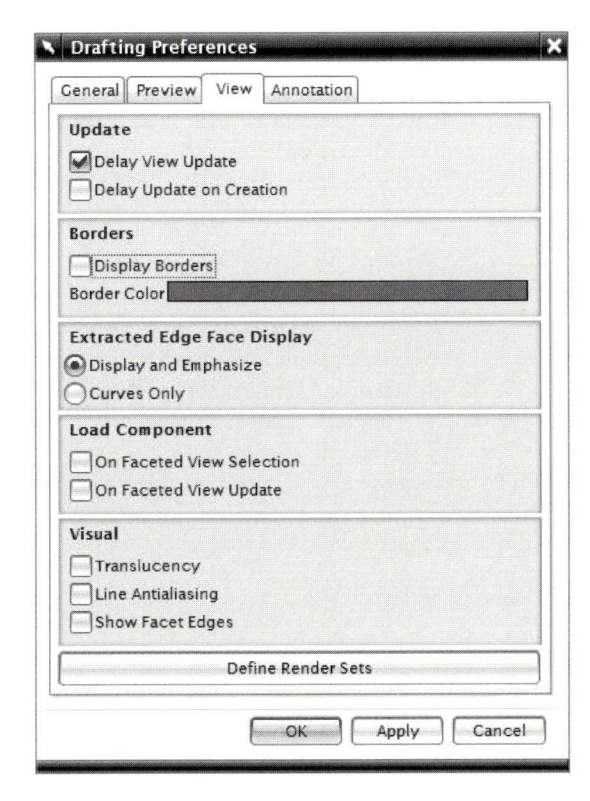

In dem sich nun öffnenden Fenster **Drafting Preferences** aktivieren Sie die Karteikarte **View**, anschließend deaktivieren Sie die Option **Display Borders** (Ränder anzeigen), indem Sie das Häkchen davor entfernen, und schließen das Fenster mit **OK**.

Nun können Sie mit der Bemaßung beginnen.

Abb. 5.25: Drafting Preferences

Vertikale Bemaßung

Beginnen Sie mit der vertikalen Bemaßung in der Vorderansicht. Wählen Sie dazu das entsprechende Icon für vertikale Bemassung. Es öffnet sich ein Pop-Up-Menü, mit dem Sie Voreinstellungen, die Sie zuvor getroffen haben, wieder ändern können.

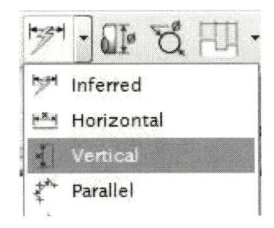

Abb. 5.26: Auswahl Vertical 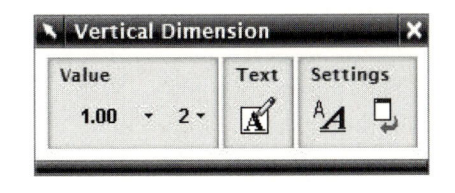   Abb. 5.27: Fenster Vertical Dimension

Da Sie es für die Bemaßung nicht brauchen, ignorieren Sie es.

Anweisung: *"Select first object for vertical dimension or double–click to edit"*

Bemaßen Sie nun den Mittelpunkt der großen Durchgangsbohrung durch Selektieren des Kreises und der oberen Kante, platzieren Sie dann das Maß links daneben.

> **Info:**
> Durch erneutes Selektieren des Maßes und Gedrückthalten der linken Maustaste kann die Position des Maßes verändert werden.

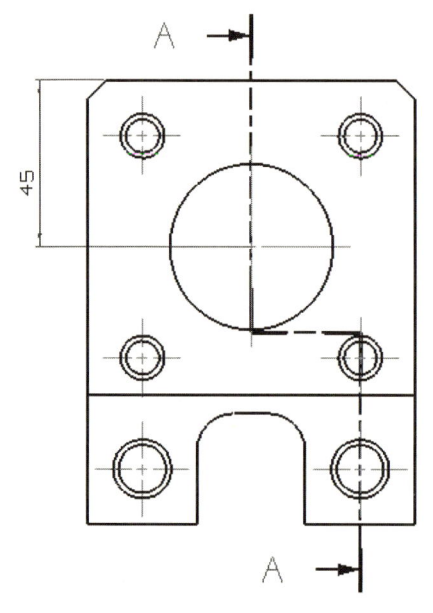

Abb. 5.28: Erstes Vertikalmaß

Bemaßen Sie die Anschlusskonsole wie links gezeigt.

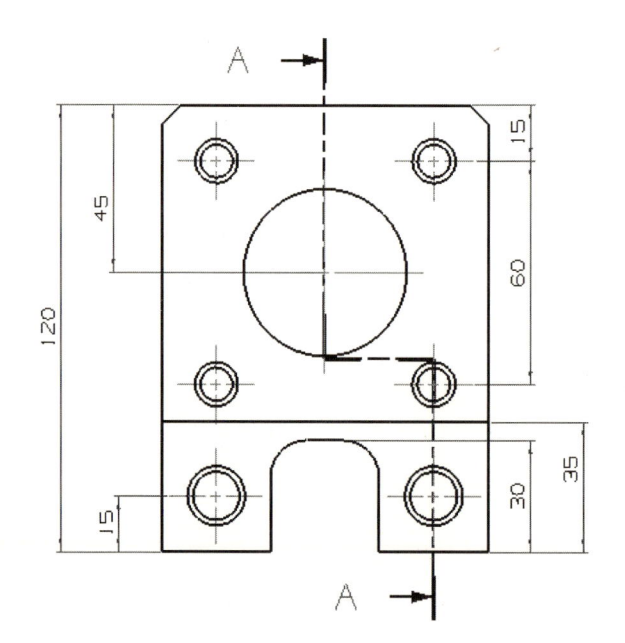

Abb. 5.29: Vertikalbemaßung fertig

5.1 Anschlusskonsole

Verschieben von Bemaßungen

Sie können innerhalb der Bemaßungsfunktion jederzeit ein Maß mit dem Cursor auswählen und mit gedrückter linker Maustaste die Position korrigieren.

Wenn Sie Maße zueinander ausrichten wollen, wählen Sie das Icon **Edit Origin** (alternativ: **Edit → Annotation → Origin**).

In dem Fenster **Origin Tool** können Sie Bemaßungen gesteuert positionieren oder zueinander horizontal, vertikal usw. ausrichten.

Selektieren Sie hierzu das neu zu positionierende Maß (wird farblich hervorgehoben) und wählen Sie dann die Verknüpfungsart (z.B. vertical), selektieren Sie die Bemaßung, nach der ausgerichtet werden soll, und gehen Sie anschließend auf **Apply**.

Achten Sie einfach auf die Anweisungszeile, dann werden Sie sich zurechtfinden.

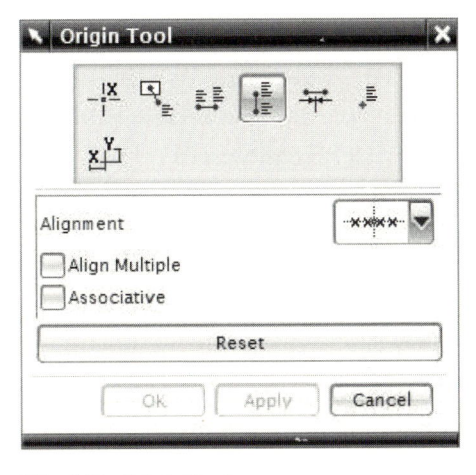

Abb. 5.30: Origin Tool

Das Ausrichten von Maßen zueinander können Sie übrigens auch innerhalb der Bemaßungsfunktion erreichen. Sie müssen dazu nur beim Positionieren einer Maßzahl den Mauszeiger erst zu der Maßzahl bewegen, an der das neue Maß ausgerichtet werden soll, dann wird diese als Referenz „gefangen": Probieren Sie es aus.

Horizontale Bemaßung

Wählen Sie nun das Icon für die horizontale Bemaßung und bemaßen Sie die horizontalen Elemente. Schließen Sie die Bemaßung durch Abwahl des Bemaßungs-Icons.

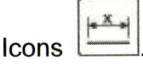

Nachgestellter Text

Bei den Fasen wird der angehängte Text **x 45°** benötigt.

Selektieren Sie dazu die Bemaßung der Fase mit 1.5 mm mit einem Doppelklick (sie wird farblich hervorgehoben).

Wählen Sie das Icon **Annotation Editor** im Fenster **Edit Dimension**.

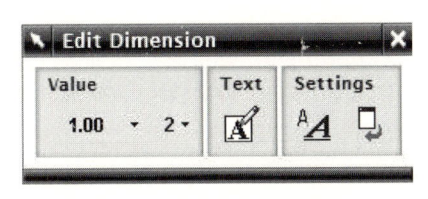

Abb. 5.31: Fenster Edit Dimension

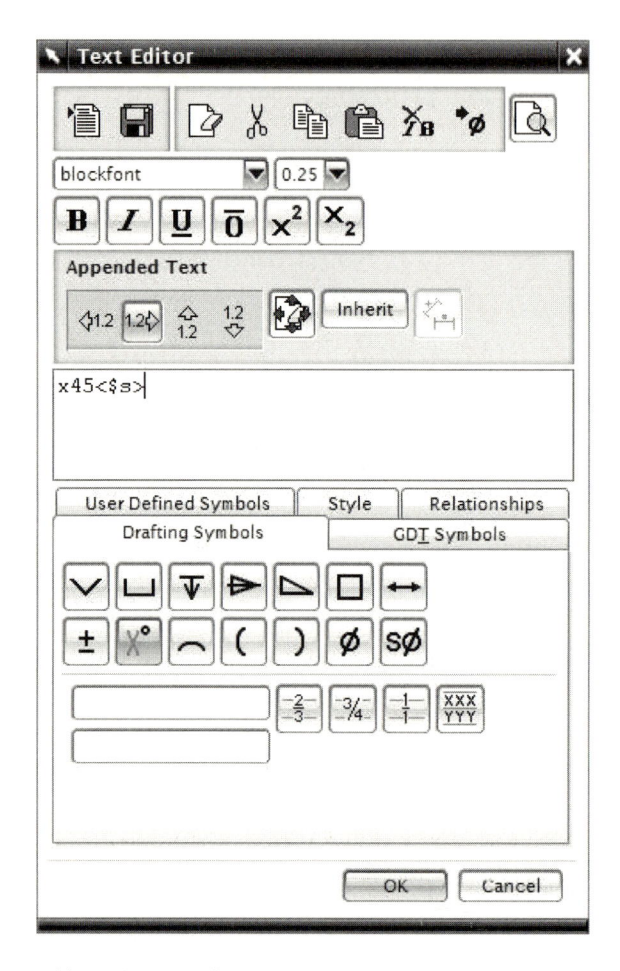

Anwählen: **Appended Text**
Eingabe: **x45**

Drafting Symbols aktivieren

Eingabe des Gradsymbols durch Selektieren des Icons: **x°**

Verlassen des **Text Editor** mit OK.

Abb. 5.32: Text Editor

Bei den weiteren Fasen können Sie es sich etwas leichter machen: Selektieren Sie das Fasenmaß und wählen Sie im Kontextmenü **Edit Appended Text**. Im Texteditor betätigen Sie die Schaltfläche Inherit und selektieren Sie dann das Fasenmaß, von dem der nachgestellte Text übernommen werden soll. Dann schließen Sie das Fenster wieder mit Close.

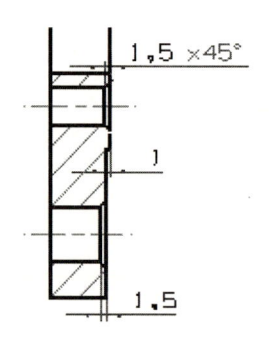

Abb. 5.33: Nachgestellter Text

5.1 Anschlusskonsole

Durchmesser- und Radienbemaßung

Für eine Durchmesserbemaßung wählen Sie das Icon **Diameter** und anschließend selektieren Sie den Kreis, den Sie bemaßen wollen.

Selektieren Sie nun noch das Icon **Radius to Center** und dann den Kreisbogen für die Bemaßung des Radius 10 mm.

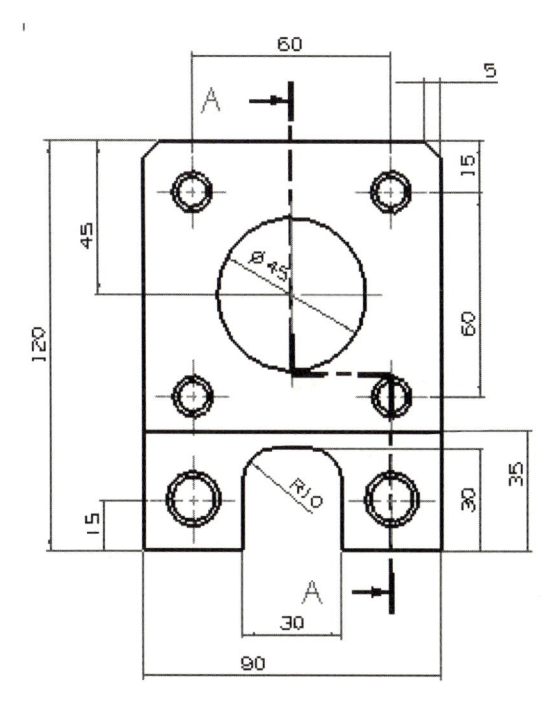

Abb. 5.34: Bemaßung von Durchmesser und Radius

Löschen von Bemaßungselementen

Wenn Sie ein Maß löschen wollen, betätigen Sie das Icon Delete , wählen Sie die entsprechenden Maße und schließen Sie dann die Auswahl ab.

Verschieben von Maßen und Text

Sie können Maße und Texte einfach mit dem Cursor auswählen und mit gedrückter linker Maustaste an eine andere Stelle ziehen.

Alternativ können Sie durch **Edit → Annotation → Origin** das Fenster **Origin Tool** öffnen:

Anweisung: *"Reposition annotation or select annotation to edit"*

Sie können durch Selektieren und Ziehen Maße, Texte und sogar Schnittbezeichnungen verschieben.

Abb. 5.35: Origin Tool

Wenn Sie alle Bemaßungen durchgeführt haben, sollte Ihre Zeichnung folgendermaßen aussehen:

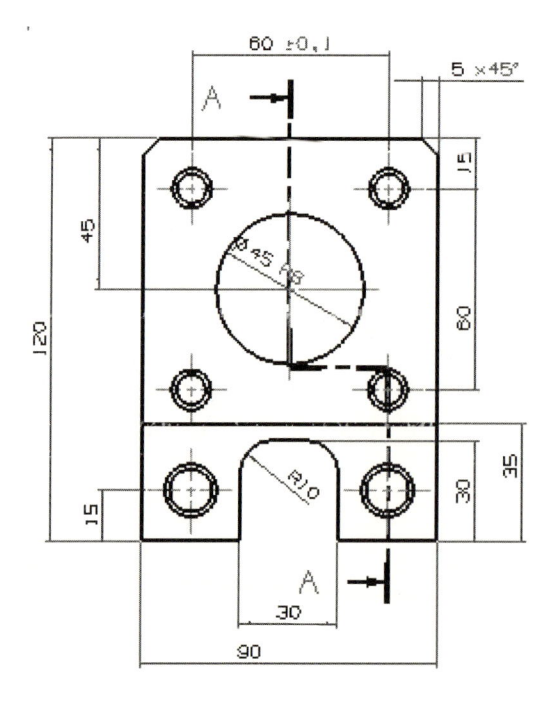

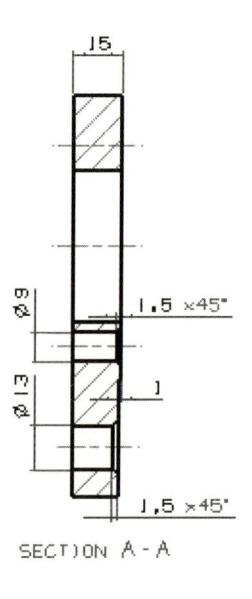

Abb. 5.36: Bemaßung komplett

5.1 Anschlusskonsole 173

Entfernen der Schnittbezeichnung

Wählen Sie mit der Maus die Schnittdarstellung (der Rahmen wird hervorgehoben) und betätigen Sie die rechte Maustaste. Im Kontextmenü selektieren Sie die Option **Style**, es erscheint das Fenster **View Style**.

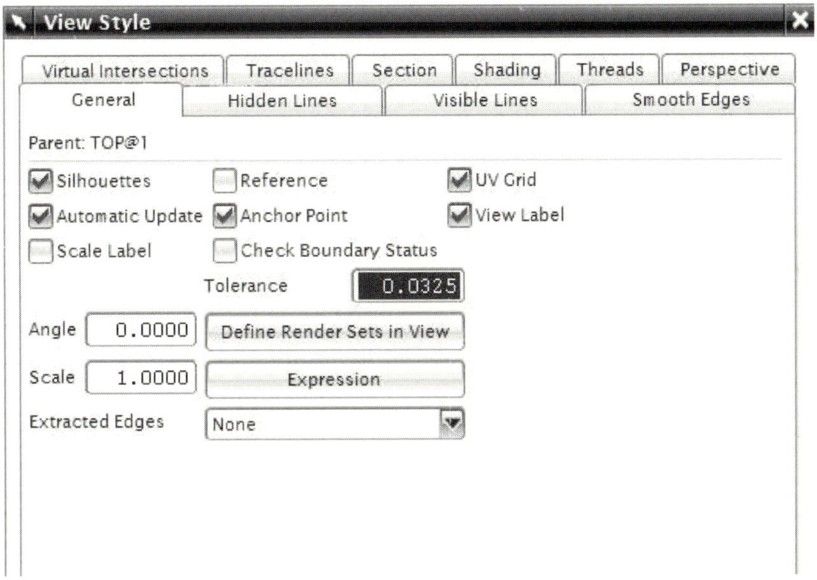

Abb. 5.37: Fenster View Style

In der Registerkarte **General** entfernen Sie das Häkchen vor **View Label** und bestätigen mit OK.

Sie werden sehen, dass dann die Schnittbezeichnung verschwindet.

Um die Schnittbezeichnung wieder anzuzeigen, öffnen Sie wieder in gleicher Weise das Fenster **View Style**, setzen das Häkchen wieder und bestätigen mit OK.

Wenn Sie die Schnittbuchstaben an der Darstellung des Schnittverlaufs in der Ansicht TOP entfernen wollen, selektieren Sie den Schnittverlauf und wählen im Kontextmenü die Option **Style**. Es öffnet sich das Fenster **Section Line Style** (Abb. 5.38), in dem Sie das Häkchen vor **Display Label** entfernen und mit OK bestätigen.

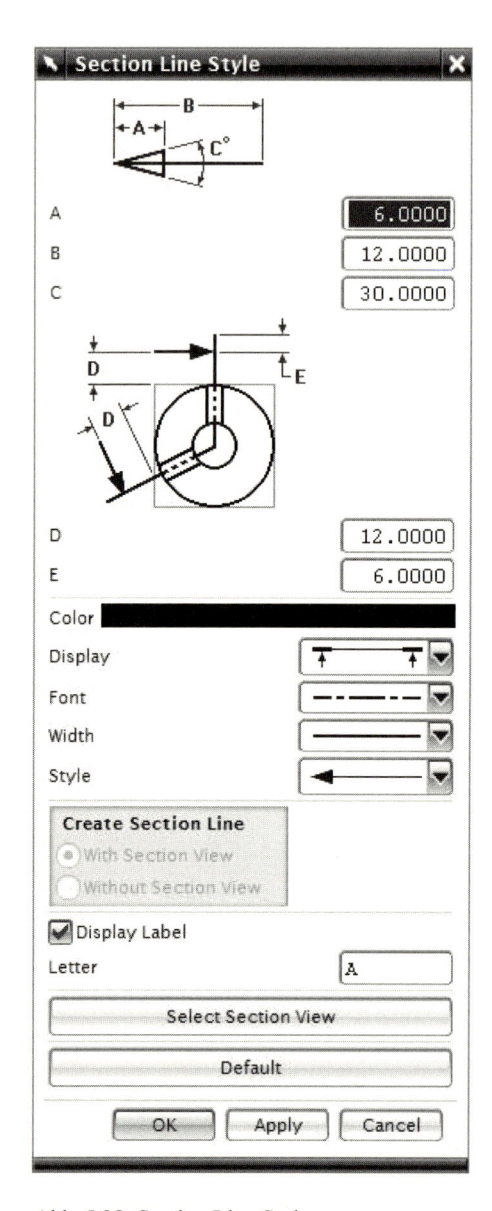

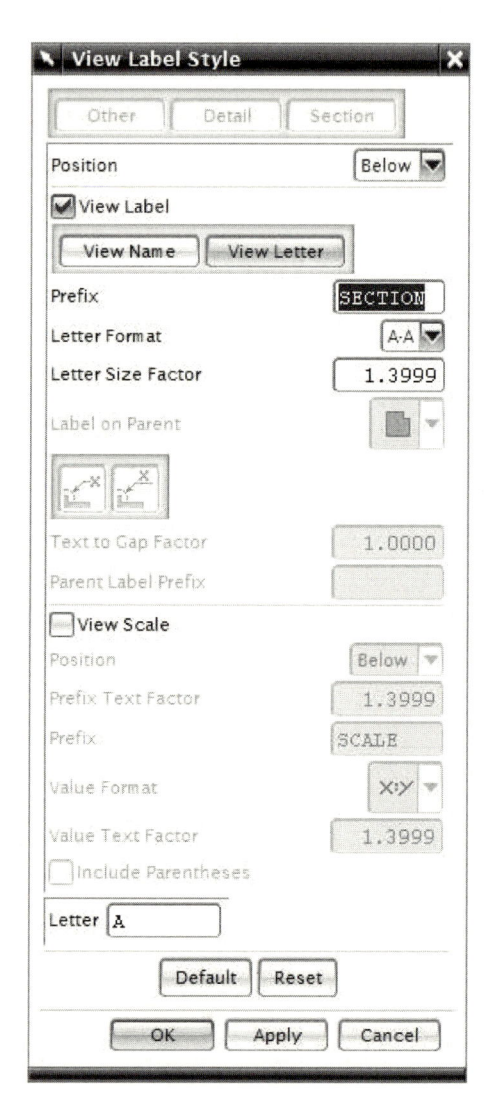

Abb. 5.38: Section Line Style   Abb. 5.39: View Label Style

Verändern der Schnittbezeichnung

Wenn Sie die Schnittbezeichnung z.B. auf A-A verkürzen wollen, wählen Sie die Schnittbezeichnung und betätigen die rechte Maustaste. Im Kontextmenü selektieren Sie die Option **Edit View Label**. Es öffnet sich das Fenster **View Label Style**.

Entfernen Sie dann das Prefix „SECTION" und schließen Sie das Fenster mit OK.

5.1 Anschlusskonsole

Vergrößern von eingefügtem Bemaßungs-Text

Wählen Sie den Bemaßungstext, den Sie ändern wollen, und betätigen Sie die rechte Maustaste. Im Kontextmenü selektieren Sie die Option **Style**. Es öffnet sich das Fenster **Annotation Style**.

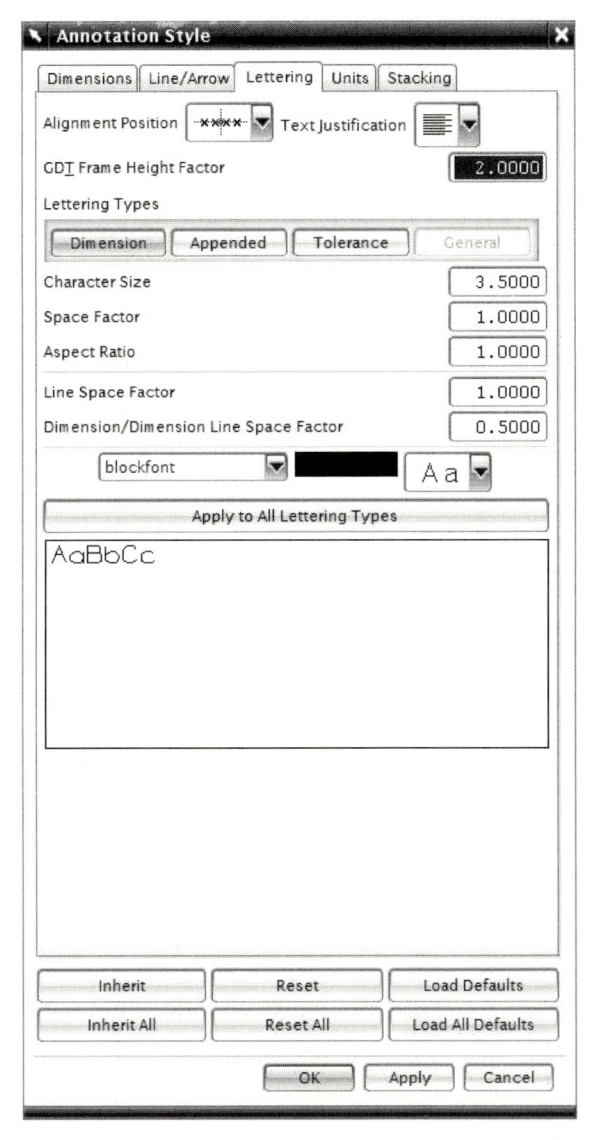

In der Karteikarte **Lettering** können Sie die **Character Size** nach Ihren Wünschen einstellen.

Schließen Sie das Fenster mit OK.

Abb. 5.40: Fenster Annotation Style

Hinweis: Wenn Sie nachträglich die Größe aller Maßzahlen ändern wollen, setzen Sie zunächst den Filter Dimension und selektieren dann durch Aufziehen eines Rechtecks über die ganze Zeichenfläche alle Maße. Sodann wählen Sie im Kontextmenü die Option **Style** und Sie können, wie eben dargestellt, ändern.

Verwenden eigener Zeichnungsrahmen

In jedem Unternehmen werden eigene Zeichnungsrahmen verwendet, die anstelle der mitgelieferten Template-Dateien zu hinterlegen sind.

Die im Installationsumfang enthaltenen Zeichnungsrahmen sind für unsere Übungszwecke völlig ausreichend. Die Zeichnungsrahmen sind unter dem Installationsverzeichnis im Unterverzeichnis

    ....\NX5.0\UGII\templates

abgelegt. Die dort abgelegten Template-Dateien können Sie natürlich auch öffnen und an Ihre Anforderungen anpassen (z.B. durch Ändern der Klapprichtung, Löschen von Sheet 2 und Einpflegen der Preferences).

Sie können aber auch die Zeichnungsrahmen von den Internet-Seiten der **Fachhochschule Wiesbaden** → **Fachbereich Ingenieurwissenschaften** → **Studienbereich Maschinenbau** herunterladen.

Zum Herunterladen gehen Sie auf die Internet-Adresse **www.fh-wiesbaden.de**. Wählen Sie dann **Fachbereiche** und in dem sich nun öffnenden Fenster **Ingenieurwissenschaften**. Auf der Seite des Fachbereichs wechseln Sie zum **Studienbereich Maschinenbau**. Als nächstes wählen Sie **Alles Mögliche** und anschließend **Download**.

Im Download-Bereich gehen Sie auf **CAD** und dann auf **Unigraphics**. Wählen Sie nun **Rahmen_NX.zip** aus.

Für einen schnellen Zugriff:

http://fh-web1.informatik.fh-wiesbaden.de/go.cfm/fb/7/lpid/27/sprachid/1/sid/0.html

    CAD
    Unigraphics
    Rahmen_NX.zip

Entpacken Sie die Datei in ein geeignetes Verzeichnis und kopieren Sie dann die Dateien in das oben genannte Template-Verzeichnis. Die Original-Templates sollten Sie zuvor an anderer Stelle sichern.

Oberflächenzeichen[NX6]

Zum Einfügen eines Oberflächenzeichens nach aktuellem Normenstand gehen Sie auf **Insert → Symbol → Surface Finish Symbol**. Da dieser Menüpunkt im Installationsumfang nicht aktiviert ist, müssen Sie möglicherweise Ihre Datei erst einmal sichern und NX5 schließen. Öffnen Sie dann die Datei **ugii_env.dat** im Verzeichnis

    ....\NX5.0\UGII

mit dem Editor und suchen Sie nach dem Eintrag **UGII_SURFACE_FINISH**. Ändern Sie die entsprechende Zeile in

    UGII_SURFACE_FINISH=ON

und speichern Sie die geänderte Datei. Dann können Sie NX5 wieder starten und müssten nun den oben angeführten Menüpunkt vorfinden.

Wählen Sie im Fenster **Surface Finish Symbol** das Symbol für spanende Bearbeitung.

Geben Sie im Feld f_1 den Eintrag **Ra 3,2** ein.

Stellen Sie die **Symbol Text Size** auf **3.5**.

Wählen Sie die Option **Create on Edge**.

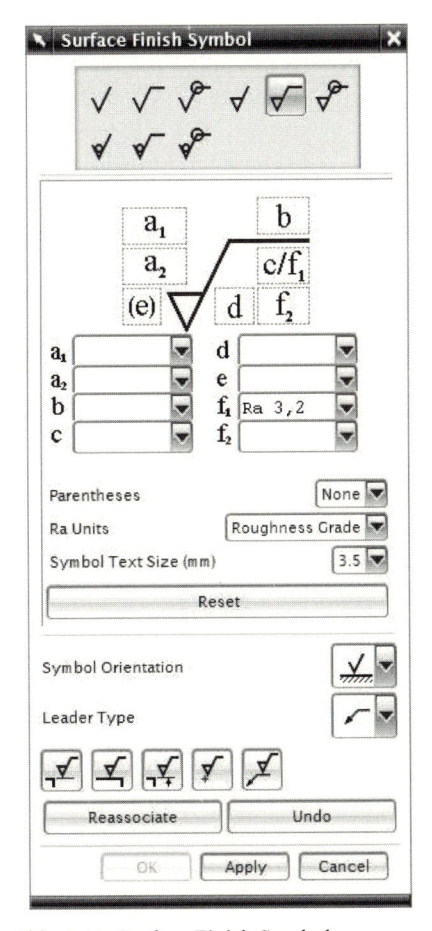

Abb. 5.41: Surface Finish Symbol

[NX6] Veränderungen unter NX6, vgl. S. 283

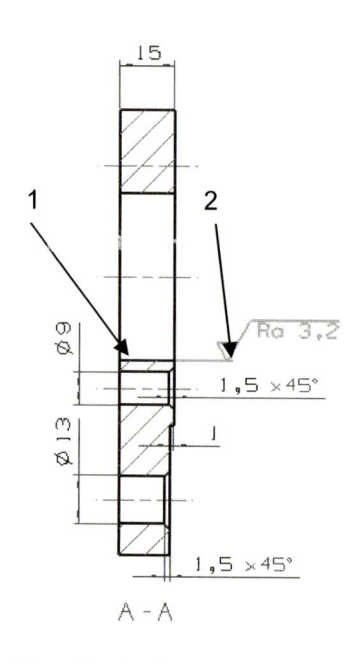

Abb. 5.42: Oberflächenzeichen

Selektieren Sie dann die Kante, die als Bezug für das Oberflächenzeichen genutzt werden soll (1) und legen Sie dann durch einen weiteren Mausklick (2) die Position des Zeichens fest. Bei Bedarf wird eine entsprechende Hilfslinie gezogen.

Schließen Sie dann die Dialogfenster mit Cancel.

Die gleiche Funktion können Sie nutzen, um entsprechend größere Zeichen oberhalb des Schriftfeldes in die Zeichnung zu setzen, um Defaultwerte anzugeben und die abweichenden Eintragungen der Zeichnung in Klammern dahinter anzugeben.

Sie können nun noch das Schriftfeld ausfüllen. In der Template-Datei wird dabei für einige Einträge ein Mechanismus genutzt, bei dem Dateiattribute Platzhaltertexten zugeordnet werden, so z.B. der Änderungsstand und die Benennung. Der vergebene Dateiname wird automatisch als Drawing-Number eingetragen.

Die Benennung ändern Sie daher über **File → Properties** und Auswahl der Karteikarte **Attributes** entsprechend Abb. 5.43. Dort selektieren Sie den Eintrag **DB_PART_DESC**, tragen im Feld **Value** den Attributwert **Anschlusskonsole** ein und schließen das Fenster mit OK.

Weitere Texte fügen Sie jeweils mit der Funktion **Text** ein (alternativ: **Insert → Text**).

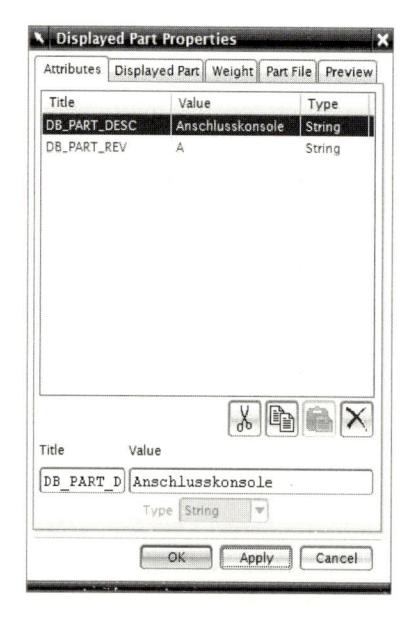

Abb. 5.43: Displayed Part Properties

5.1 Anschlusskonsole

So sollte die fertige Zeichnung der Anschlusskonsole aussehen:

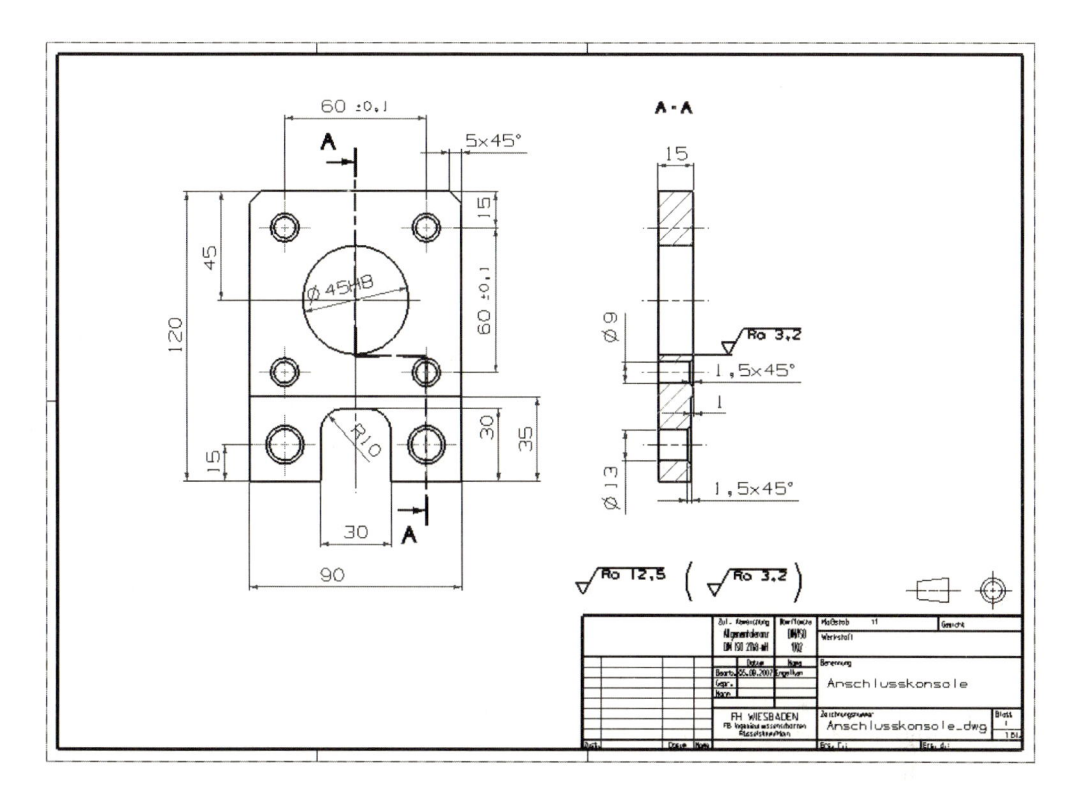

Abb. 5.44: Fertige Zeichnung der Anschlusskonsole

5.2 Deckel

In der folgenden Übung werden Sie eine technische Zeichnung für den von Ihnen in Übung 3.5 modellierten Deckel erstellen.

Das Ergebnis zeigt die nachfolgende Abbildung:

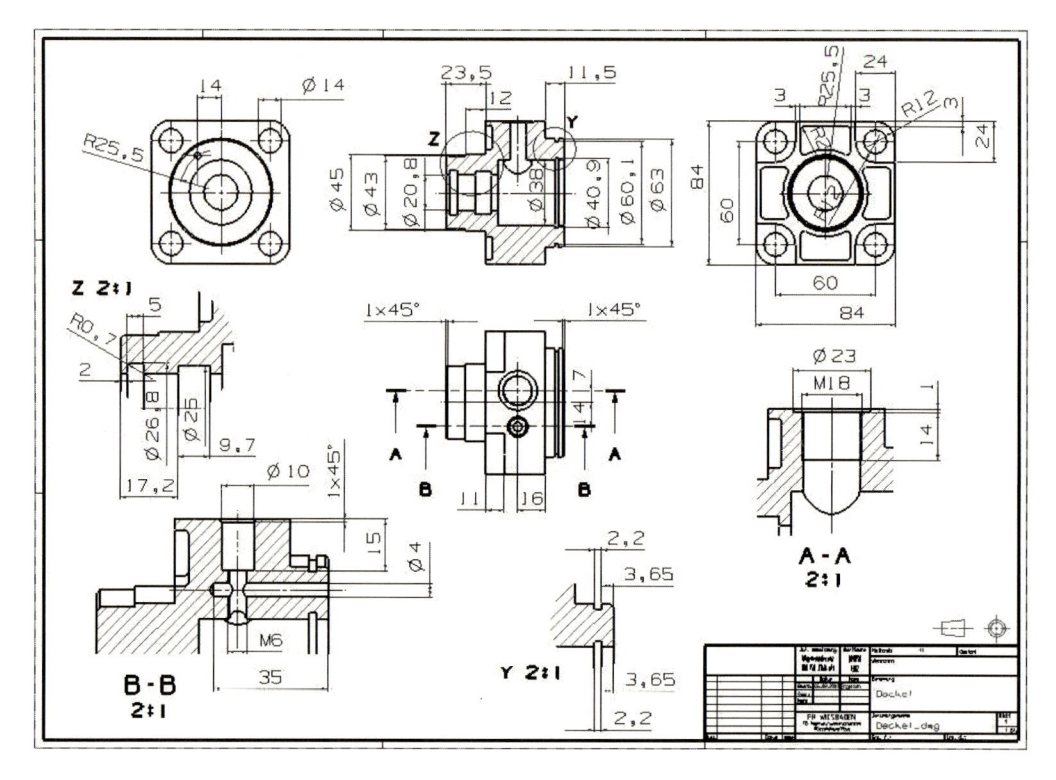

Abb. 5.45: Fertige Zeichnung des Deckels

Folgende Arbeitstechniken werden Sie in dieser Übung erlernen:
- Erstellen einer Zeichnungsdatei nach dem Master-Model-Konzept
- Erzeugen eines Zeichnungslayouts von einem komplexeren Einzelteil
- Bewegen und Modifizieren der Ansichten
- Detailansichten erzeugen
- Ändern des Maßstabes

5.2 Deckel

Erstellen der Zeichnungsdatei

Erzeugen Sie eine neue Datei **New**, aktivieren Sie im Fenster **File New** den Reiter **Drawing** und wählen Sie das Template-File **A2 – no views**. Tragen Sie dann in das Feld **Name** den Dateinamen **Deckel_dwg.prt** und in das Feld **Folder** das Ablageverzeichnis **..\Zylinder**. Betätigen Sie das Symbol **Open** im Bereich **Part to create a drawing of** und wählen Sie Ihren Deckel aus. Schließen Sie die Auswahl im Fenster **Select Master Part** mit **OK** und schließen Sie dann auch das Fenster **File New** mit **OK**.

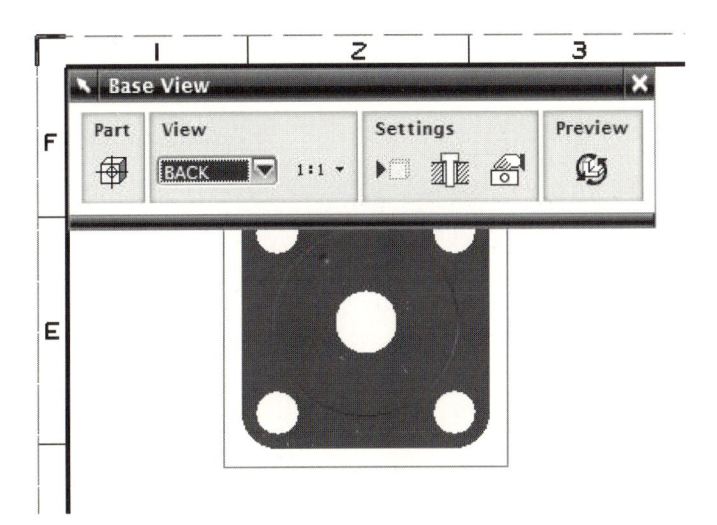

Es öffnet sich dann der in der Template-Datei hinterlegte leere Zeichnungsrahmen für das A2-Format und Sie bekommen die Ansicht **TOP** auf den Deckel zum Platzieren auf der Zeichnung angeboten. Ändern Sie die Ansicht in **BACK** und platzieren Sie die Ansicht in der linken oberen Ecke des Zeichnungsrahmens.

Abb. 5.46: Basisansicht BACK

Unterbrechen Sie gegebenenfalls das Einfügen weiterer abgeleiteter Ansichten und ändern Sie für das Sheet 1 im **Part Navigator** die Klappregel in **1st Angle Projection**. Dort können Sie auch wieder das Sheet 2 löschen, da wir es nicht benötigen.

Blenden Sie die Ansichtsrahmen aus. Wählen Sie dazu: **Preferences → Drafting**. In dem sich nun öffnenden Fenster **Drafting Preferences** aktivieren Sie die Karteikarte **View**, anschließend deaktivieren Sie die Option **Display Borders** (Ränder anzeigen), indem Sie das Häkchen davor entfernen, und schließen das Fenster mit **OK**.

Wählen Sie nun das Icon **Projected View** (alternativ: **Insert → View → Projected View**).

Leiten Sie zunächst von der Ansicht **Back** die **Seitenansicht von links** ab.

Nutzen Sie dann die **Seitenansicht von links** als Basisansicht (Wechsel mit dem Icon **Base View** im Menü **Projected View**), um die Vorderansicht und die Draufsicht abzuleiten.

Beenden Sie das Einfügen mit **Escape**.

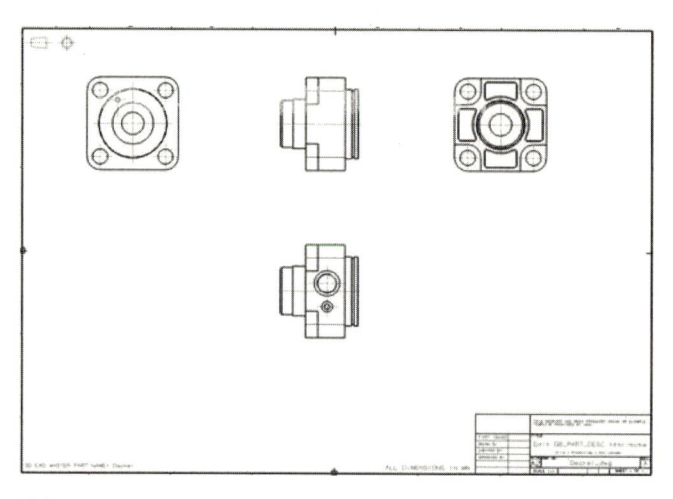

Abb. 5.47: Layout mit abgeleiteten Ansichten

Löschen einer Ansicht

Wählen Sie nun die Seitenansicht aus, betätigen Sie die rechte Maustaste und selektieren Sie im Kontextmenü **Delete**.

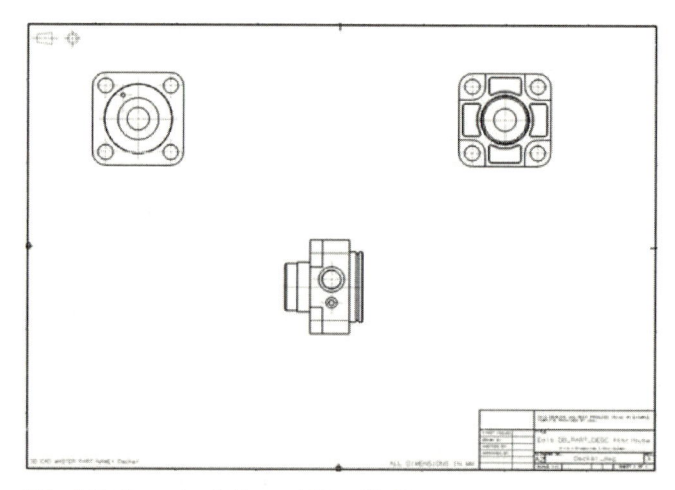

Abb. 5.48: Layout – Seitenansicht gelöscht

Erzeugen einer Schnittansicht

Wählen Sie nun das Icon **Section View** (alternativ: **Insert → View → Section View**) und wählen Sie als **Parent View** für den Schnitt die Basisansicht (**Back**) aus.

5.2 Deckel

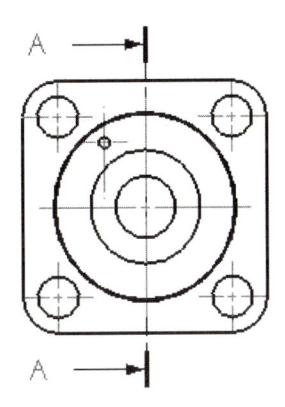

Abb. 5.49: Ableiten des Hauptschnitts

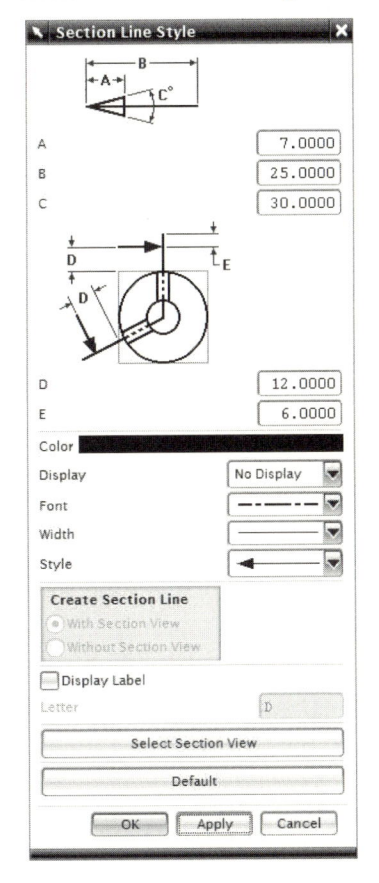

Abb. 5.50: Ausblenden Schnittlinie

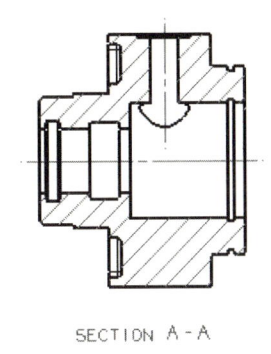

Legen Sie zunächst die Schnittposition durch Auswahl eines der Kreise fest (Kreismittelpunkt wird gewählt) und platzieren Sie dann die Schnittansicht rechts neben der Basisansicht.

Schließen Sie das Fenster mit **Escape**.

Der Schnittbuchstabe soll nun in „D" geändert werden, damit es später keine Probleme mit anderen Schnittansichten gibt.

Wählen Sie dazu die Beschriftung **Section A – A**, betätigen Sie die rechte Maustaste und selektieren Sie im Kontextmenü **Edit View Label**.

Ändern Sie im Fenster **View Label Style** den Schnittbuchstaben in **D** und schließen Sie das Fenster mit OK.

Da wir bei einem Hauptschnitt Schnittlinie und Schnittbezeichnung nicht darstellen, werden wir diese nun ausblenden[NX6].

Am einfachsten selektieren Sie dazu die Schnittlinie in der **Base View** und wählen im Kontextmenü die Option **Style**.

Stellen Sie im Fenster **Section Line Style** die Option **Display** auf **No Display** und entfernen Sie das Häkchen bei **Display Label**.

Bestätigen Sie Ihre Eingaben mit OK.

[NX6] Veränderungen unter NX6, vgl. S. 284

Ausrichten der Ansichten

Um den eben erzeugten Hauptschnitt zur unteren Ansicht auszurichten, wählen Sie das Icon **Align View** (alternativ: **Edit → View → Align View**).

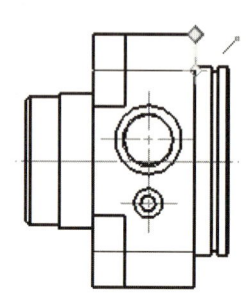

Anweisung: *"Select Object to infer point"*

Markieren Sie dann eine vertikale Linie in der unteren Ansicht.

Abb. 5.51: Bezugspunkt wählen

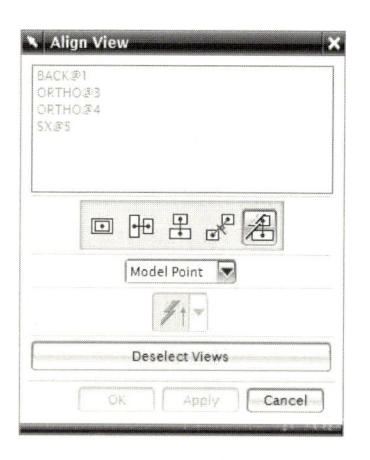

Anweisung: *"Select view(s) to align "*

Anschließend selektieren Sie die Schnittansicht im Graphikbereich oder im Listfenster (Abb. 6.52) und schließen die Auswahl mit der mittleren Maustaste.

Die beiden Ansichten werden dann zueinander ausgerichtet.

Schließen Sie das Fenster **Align View** mit Cancel.

Abb. 5.52: Fenster Align View

Erzeugen der Detailansichten A-A

Zunächst werden Sie eine Schnittansicht erzeugen, die dann zur Detailansicht verändert werden soll. Verschieben Sie gegebenenfalls die Draufsicht etwas nach unten, damit die Schnittansicht über ihr Platz findet.

Wählen Sie **Section View** (alternativ: **Insert → View → Section View**).

Anweisung: *"Select parent view"*

Wählen Sie die Draufsicht zum Definieren der Schnittansicht.

5.2 Deckel

Anweisung: *"Select object to infer point"*

Wählen Sie den Mittelpunkt der großen Bohrung als Bezug für den Schnitt und platzieren Sie den Schnitt über der Draufsicht.

Selektieren Sie nun die Schnittansicht und wählen Sie im Kontextmenü die Option **View Boundary**.

Im Fenster View Boundary stellen Sie die Option **Manual Rectangle** ein.

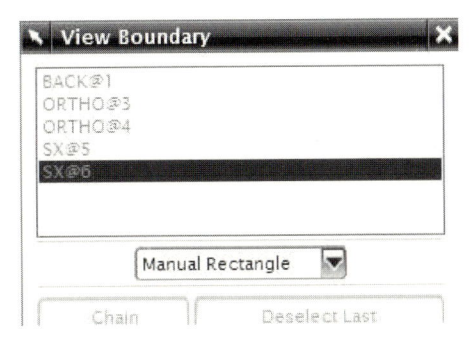

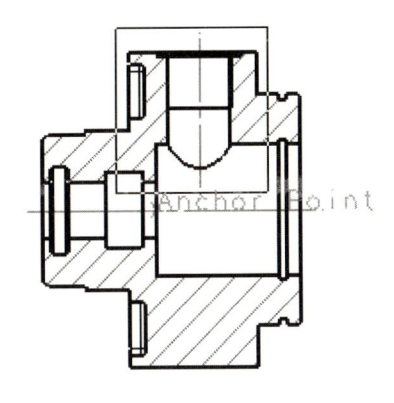

Abb. 5.53: Fenster View Boundary

Dann ziehen Sie in der Schnittdarstellung das Rechteck auf, das den Ausschnitt begrenzen soll.

Mit Absetzen des zweiten Eckpunktes verkleinert sich die Schnittdarstellung auf den gewünschten Ausschnitt.

Abb. 5.54: Ausschnittdefinition

Die störende Mittellinie können Sie selektieren und durch Auswahl von **Hide** im Kontextmenü entfernen (unsichtbar setzen).

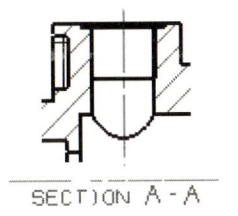

Abb. 5.55: Ausschnittdefinition

Selektieren Sie nun wieder den Ansichtsrahmen unseres Ausschnitts und wählen Sie im Kontextmenü die Option **Style**. Im Fenster **View Style** setzen Sie dann den Parameterwert für den **Scale** auf **2**. Damit legen Sie fest, dass der Ausschnitt im Maßstab 1:2 dargestellt werden soll. Schließen Sie das Fenster **View Style** mit [OK] und verschieben Sie dann den vergrößerten Ausschnitt an die gewünschte Stelle unter der Vorderansicht.

Ihre Zeichnung müsste nun so aussehen:

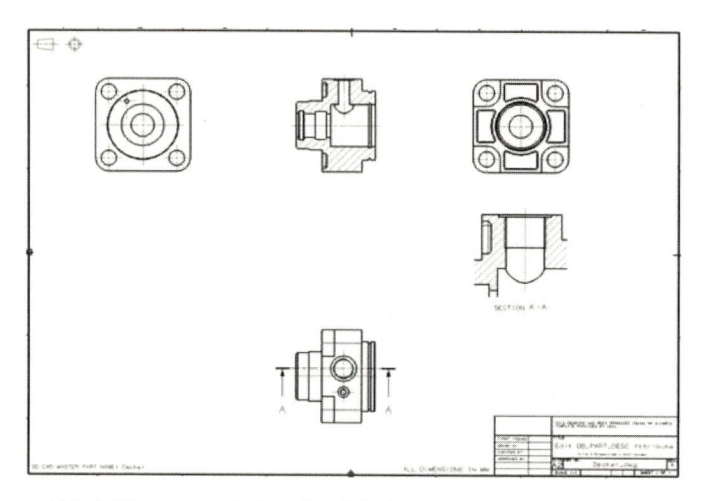

Abb. 5.56: Layout mit Detailansicht A-A

Erzeugen der Detailansichten B-B

In analoger Weise werden Sie wieder eine Schnittansicht erzeugen, die dann zur Detailansicht verändert wird.

Wählen Sie wieder **Section View** [icon] (alternativ: **Insert → View → Section View**).

    Anweisung: *"Select parent view"*

Wählen Sie die Draufsicht zum Definieren der Schnittansicht.

    Anweisung: *"Select object to infer point"*

Wählen Sie jetzt den Mittelpunkt der kleinen Bohrung als Bezug für den Schnitt und platzieren Sie den Schnitt über der Draufsicht.
Der weitere Ablauf ist völlig analog zum Ablauf bei der Detailansicht A-A.

5.2 Deckel

Wenn Sie die Detailansicht fertiggestellt haben, verschieben Sie sie etwas unter die Basisansicht; die Draufsicht, von der wir die Schnitte abgeleitet hatten, können Sie dann auch wieder nach oben verschieben. Im Ergebnis sieht das Layout der Zeichnung dann etwa so aus wie in Abbildung 6.57 dargestellt.

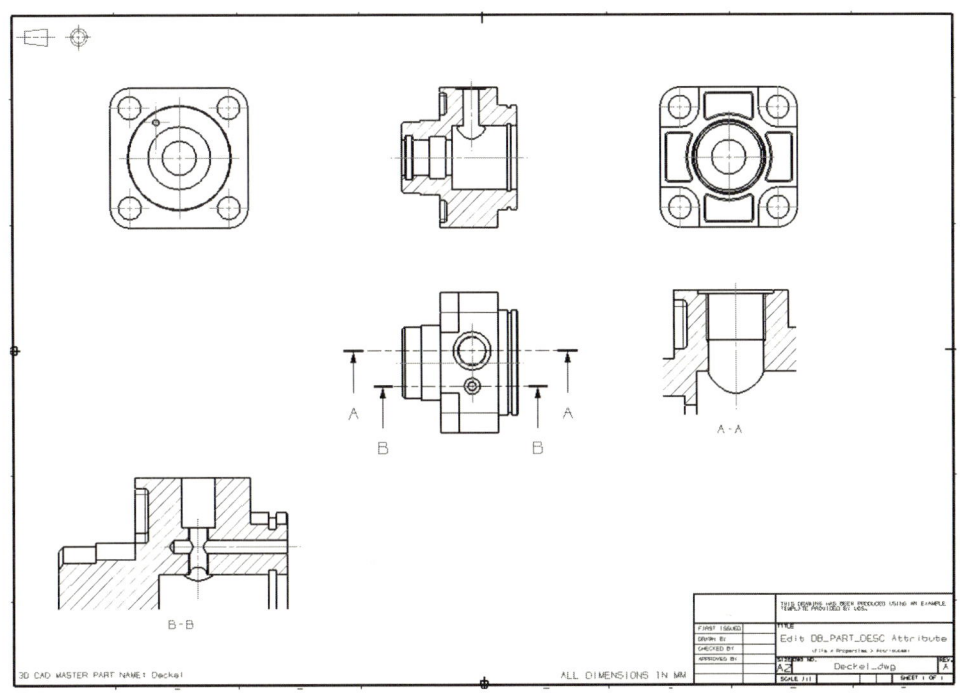

Abb. 5.57: Layout mit Detailansicht A-A

Verschiedene Kleinigkeiten, wie das Entfernen des Vorsatzes „Section" oder das Ändern des Schnittbuchstabens haben Sie schon kennen gelernt. Auch das Versetzen der Schnittbuchstaben A in der Draufsicht können Sie über die Option **Style** im Kontextmenü bewerkstelligen (Setzen Sie im Fenster **Section Line Style** das Maß **D** auf **30**).

Erzeugen der Detailansichten Y und Z[NX6]

Vergrößern Sie sich zunächst einmal durch Zoomen den Hauptschnitt, bevor Sie die Detailansichten Y und Z definieren.

Wählen Sie das Icon **Detail View** (alternativ: **Insert → View → Detail View**).

In dem Fenster **Detail View** lassen Sie die Option **Circular Boundary** eingestellt.

Abb. 5.58: Fenster Detail View

Anweisung: *"Select object to infer point"*

Wählen Sie nun im Hauptschnitt den Mittelpunkt des Kreisausschnitts und ziehen Sie dann mit der Maus den Kreisausschnitt auf.

Da der Default-Maßstab 2:1 genau dem gewünschten Maßstab entspricht, können Sie die Detailansicht ohne Veränderung in der Ansicht platzieren.

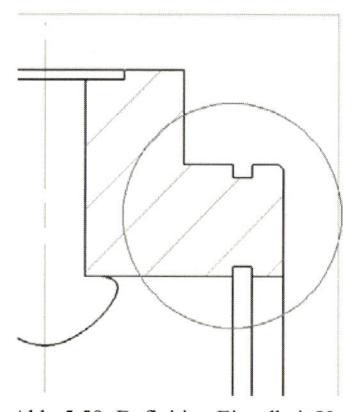

Abb. 5.59: Definition Einzelheit Y

Erzeugen Sie dann in gleicher Weise die Detailansicht Z.

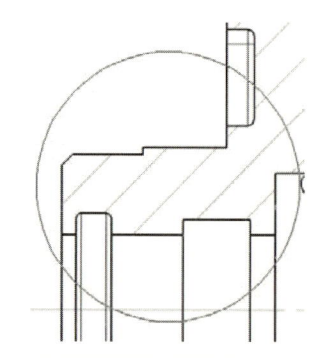

Abb. 5.60: Definition Einzelheit Z

[NX6] Veränderungen unter NX6, vgl. S. 285

5.2 Deckel

Editieren der Detailbeschriftungen

Mit den übernommenen Defaulteinstellungen wird das Detail Y vermutlich so aussehen, wie in Abbildung 5.61 dargestellt.

Zur Herstellung der normgerechten Darstellung selektieren Sie die Detailbeschriftung und wählen im Kontextmenü die Option **Edit View Label**.

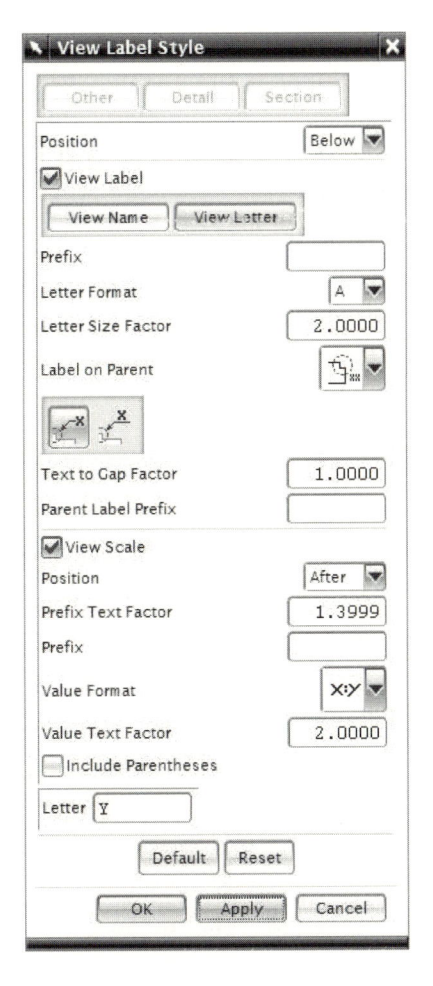

Abb. 5.61: Einzelheit Y - Default

Im Fenster **View Label Style** nehmen Sie folgende Änderungen vor:

Prefix löschen

Letter Size Factor **2**

Position **After**

Prefix löschen

Value Text Factor **2**

Letter **Y**

Fenster schließen mit OK.

Abb. 5.62: View Label Style

Die Umrandungslinie der Einzelheit entfernen Sie durch Anwählen der Funktion **Hide** (alternativ: **Edit → Show and Hide → Hide**) und anschließender Auswahl der Umrandungslinie der Einzelheit.

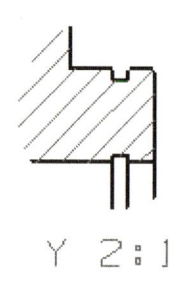

Abb. 5.63: Einzelheit Y - korrigiert

Nach diesen Korrekturen müsste die Einzelheit Y so aussehen, wie in Abbildung 6.63 dargestellt.

Nach aktuellem Normenstand muss die Umrandungslinie der Einzelheit in der Parent View (dem Hauptschnitt) eine dünne Volllinie sein. Zur Änderung der Linienart verwenden Sie die Funktion **Edit Object Display** (alternativ: **Edit → Object Display**) und selektieren anschließend die Umrandungslinie in der Parent View. Im Fenster **Edit Object Display** setzen Sie die **Color** auf **black**, den **Line Font** auf **solid** (durchgezogen) und die **Line Width** auf **thin** (dünn).

In analoger Weise verfahren Sie mit der Einzelheit Z.

Bemaßung

Bevor Sie nun mit der Bemaßung beginnen, prüfen Sie die eingestellten Preferences. Dann führen Sie die Bemaßung mit den Ihnen bereits bekannten Funktionen durch.

Zur Bemaßung der 4-mm-Bohrung in der Basis View (Back) erzeugen Sie zunächst eine Hilfslinie. Nutzen Sie die Funktion **Utility Symbol**[NX6] (alternativ: **Insert → Symbol → Utility Symbol**) und wählen Sie den Type **Partial Circular Centerline**. Setzen Sie die **Method** auf **Centerpoint** und selektieren Sie dann die beiden Kreise entsprechend Abbildung 5.64. Wenn Sie dann die Schaltfläche **Apply** betätigen, wird eine kurze, gebogene Mittellinie durch die kleine Bohrung gezeichnet, auf die Sie dann bei der Radienbemaßung Bezug nehmen können.

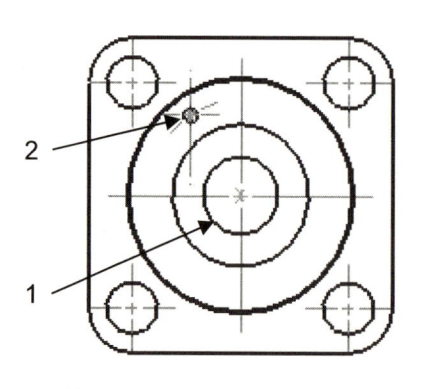

Abb. 5.64: Partielle Mittellinie

[NX6] Veränderungen unter NX6, vgl. S. 286

5.2 Deckel

Toleranzangaben

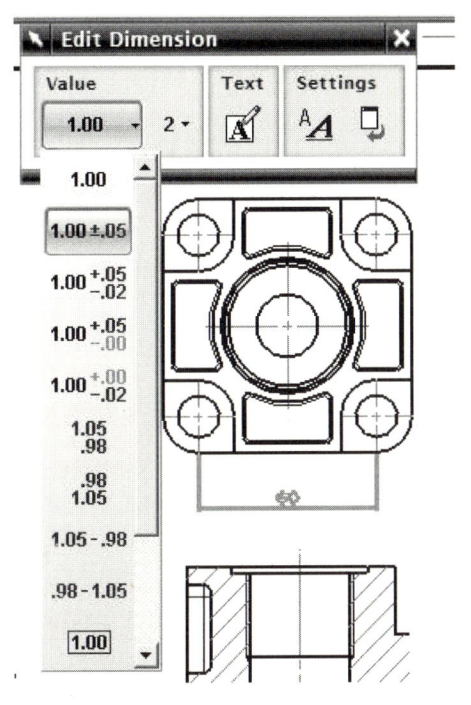

Abb. 5.65: Toleranzangabe

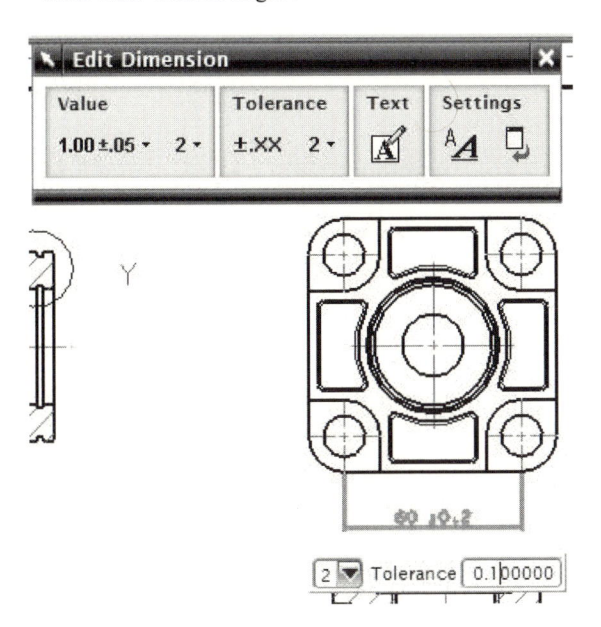

Zur Ergänzung von Toleranzangaben selektieren Sie die Bemaßung, an der Sie eine Toleranzangabe hinzufügen wollen, mit einem Doppelklick mit der linken Maustaste. Es öffnet sich das Fenster **Edit Dimension**. In diesem Fenster können Sie durch Auswahl der entsprechenden Optionen festlegen, ob Ihr Maß eine symmetrische oder einseitige Toleranz erhalten soll.

Wenn Sie eine entsprechende Option auswählen, z.B. die Option symmetrische Toleranz für das Abstandsmaß 60 entsprechend Abbildung 5.65, dann bekommen Sie eine symmetrische Toleranz mit Defaultwert zu Ihrer Maßzahl ergänzt.

Wenn Sie diesen Defaultwert korrigieren wollen, so müssen Sie den in der Zeichnung eingetragenen Toleranzwert mit Doppelklick selektieren. Dann öffnet sich ein Pop-Up-Eingabefenster, in dem Sie den entsprechenden Zahlenwert korrigieren können. Das Fenster schließen Sie durch Eingabe von **Return**.

Abb. 5.66: Korrektur Toleranzwert

Wenn Sie alle Mittellinien und Maße eingefügt haben, Toleranzangaben und Oberflächenzeichen ergänzt haben, vervollständigen Sie noch das Schriftfeld.

Bravo!

Die Zeichnung ist nun vollständig.

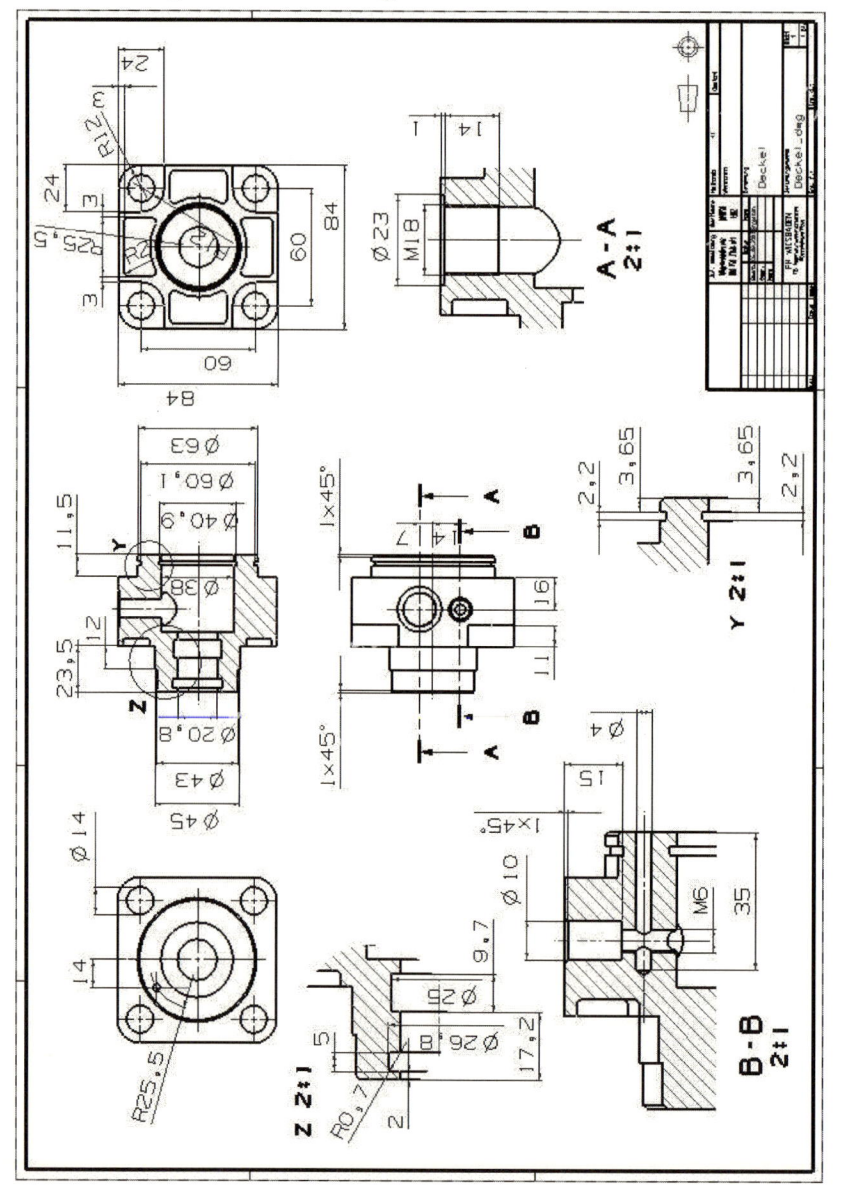

Abb. 5.67: Zeichnung Deckel

5.3 Zylinder

In dieser Übung werden Sie eine technische Zeichnung für den von Ihnen in Abschnitt 4.5 erzeugten Zylinder kpl erstellen. Das Ergebnis zeigt die nachfolgende Abbildung:

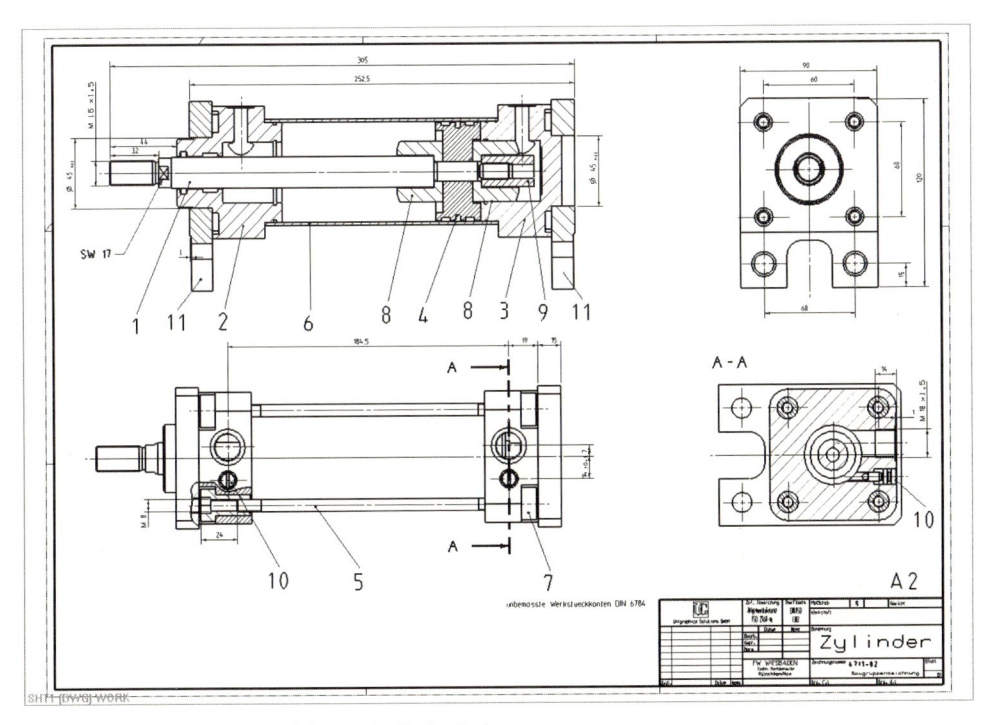

Abb. 5.68: Baugruppenzeichnung Zylinder kpl

Folgende Arbeitstechniken werden Sie in dieser Übung festigen und erlernen:
- Erstellen einer Zeichnungsdatei nach dem Master-Model-Konzept
- Erzeugen eines Layouts von einer Baugruppe
- Bewegen und Modifizieren der Ansichten
- Erzeugen eines Ausbruches
- Ändern der Schraffur
- Einfügen der Positionsnummern

Erstellen einer neuen Zeichnungsdatei

Erzeugen Sie eine neue Datei **New**, aktivieren Sie im Fenster **File New** den Reiter **Drawing** und wählen Sie das Template-File **A2 – no views**. Tragen Sie dann in das Feld **Name** den Dateinamen **Zylinder_kpl_dwg.prt** und in das Feld **Folder** das Ablageverzeichnis **..\Zylinder**. Betätigen Sie das Symbol **Open** im Bereich **Part to create a drawing of** und wählen Sie Ihre Baugruppe **Zylinder_kpl** aus. Schließen Sie die Auswahl im Fenster **Select Master Part** mit **OK** und schließen Sie dann auch das Fenster **File New** mit **OK**.

Es öffnet sich dann der in der Template-Datei hinterlegte leere Zeichnungsrahmen für das A2-Format und Sie bekommen die Ansicht **TOP** auf die Anschlusskonsole zum Platzieren auf der Zeichnung angeboten. Ändern Sie die Ansicht in **FRONT** und platzieren Sie die Ansicht in der rechten oberen Ecke des Zeichnungsrahmens.

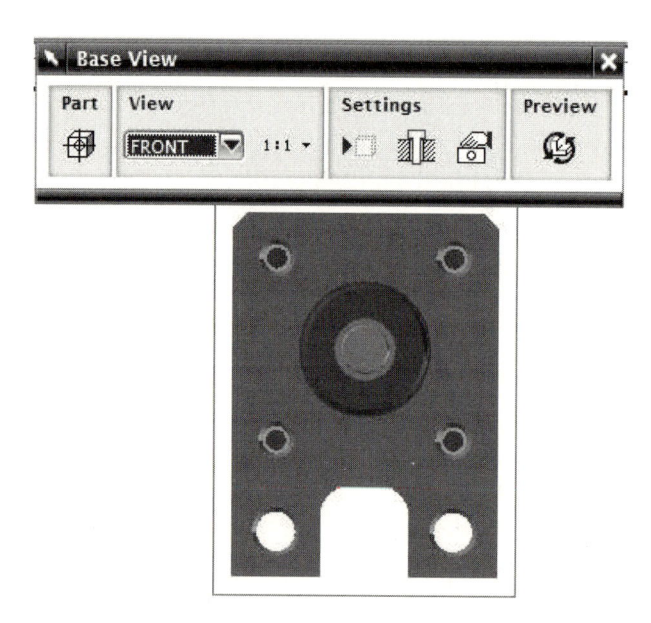

Abb. 5.69: Basisansicht FRONT

Unterbrechen Sie gegebenenfalls das Einfügen weiterer abgeleiteter Ansichten und ändern Sie für das Sheet 1 im **Part Navigator** die Klappregel in **1st Angle Projection**. Dort können Sie auch wieder das Sheet 2 löschen, da wir es nicht benötigen.

Blenden Sie die Ansichtsrahmen aus. Wählen Sie dazu: **Preferences → Drafting**. In dem sich nun öffnenden Fenster **Drafting Preferences** aktivieren Sie die Karteikarte **View**, anschließend deaktivieren Sie die Option **Display Borders** (Ränder anzeigen), indem Sie das Häkchen davor entfernen, und schließen das Fenster mit **OK**.

Wählen Sie nun das Icon **Projected View** (alternativ: **Insert → View → Projected View**). Platzieren Sie dann eine projizierte Ansicht (**Ansicht von rechts**) links oben. Machen Sie anschließend mit Hilfe des Icons **Base View** im Fenster **Projected View** die Ansicht von rechts zur neuen Bezugsansicht und erstellen Sie die

5.3 Zylinder

Draufsicht links unten als projizierte Ansicht. Anschließend löschen Sie die Seitenansicht wieder, da wir sie durch den Hauptschnitt ersetzen werden.

Gehen Sie sicher, dass in allen Ansichten die verdeckten Kanten ausgeblendet sind.

Wenn dies nicht der Fall ist, wählen Sie die Ansicht, betätigen die rechte Maustaste und selektieren im Kontextmenü **Style**. Im Fenster **View Style** können Sie dann die unsichtbaren Kanten ausblenden.

Erzeugen Sie dann den Schnitt A-A.

Im Schnitt A-A müssen Sie dafür sorgen, dass die Drossel als Rotationsteil nicht geschnitten dargestellt wird. Wählen Sie **Sectioned Components in View**[NX6] (alternativ: **Edit → View → Section Components in View**).

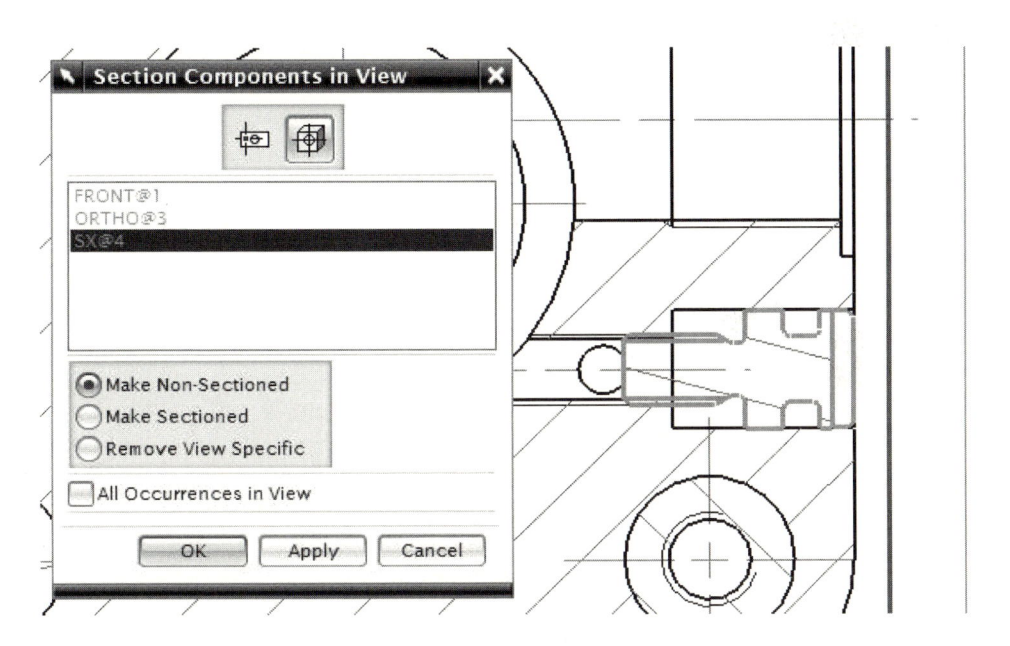

Abb. 5.70: Drossel unschraffiert setzen

Markieren Sie die Option **Make Non-Sectioned**. Selektieren Sie die Schnittansicht im Graphikbereich oder durch Auswahl im Listfenster und anschließend die Drossel, die nicht schraffiert werden soll. Bestätigen Sie mit OK.

Falls der Effekt nicht sofort sichtbar wird, müssen Sie die Schnittansicht noch aktualisieren. Dazu wählen Sie die Funktion **Update Views** (alternativ: **Edit → View → Update Views**). Im Fenster **Update Views** wählen Sie dann wieder die Schnittansicht und schließen das Fenster mit OK.

[NX6] Veränderungen unter NX6, vgl. S. 287

Vor Erzeugung des Hauptschnittes links oben schalten Sie im Fenster **Section Line Display**[NX6] die Schnittlinie und die Beschriftung aus (**Preferences** → **Section Line Display**). Erzeugen Sie dann den Hauptschnitt, indem Sie die Draufsicht als **Parent View** auswählen, und richten Sie ihn gegebenenfalls noch zur Ansicht **FRONT** aus.

Nach Erzeugung des Hauptschnitts werden Sie feststellen, dass wieder alle geschnittenen Teile schraffiert sind, auch die Kolbenstange, obwohl dies nach den Zeichenregeln nicht korrekt ist. Sie müssen daher wie eben bei der Drossel dafür sorgen, dass die Kolbenstange ungeschnitten dargestellt wird.

Erzeugen eines Ausbruches

Damit man die Zugankermutter in der Baugruppenzeichnung vollständig erkennen kann, werden Sie nun einen Ausbruch in der Draufsicht erzeugen. Vorab benötigen wir einen Spline, der die Grenze für unseren Ausbruch festlegen soll. Selektieren Sie die Draufsicht und wählen Sie im Kontextmenü die Option **Expand Member View**.

Vergrößern Sie sich den Bildausschnitt, in dem der Ausbruch entstehen soll, und erzeugen Sie einen **Spline**, der den Ausbruch begrenzen soll, durch Anwählen von **Insert** → **Curve** → **Spline**. Sodann wählen Sie im Fenster **Spline** die Option **Through Points**.

Curve Type **Multiple Segments**

Curve Degree **3**
Closed Curve aktivieren

Fenster mit OK schließen.

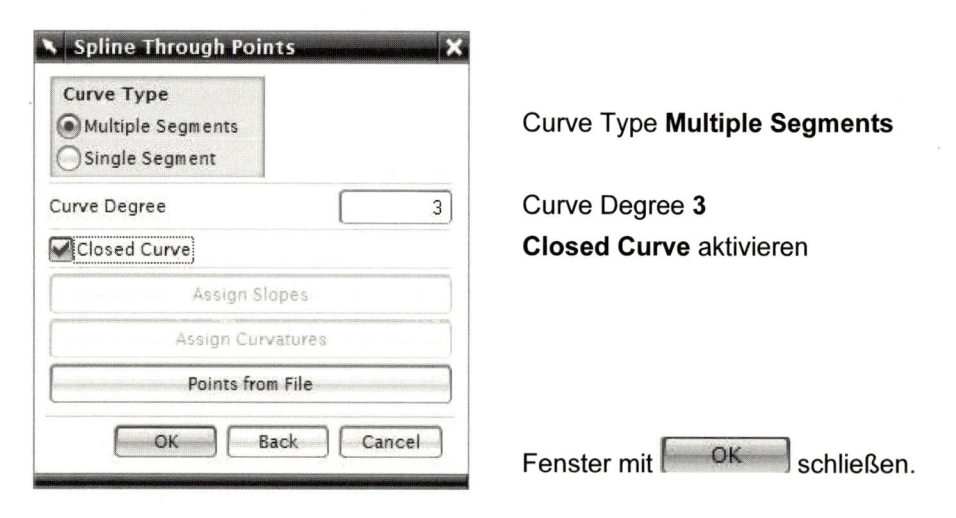

Abb. 5.71: Fenster Spline Through Points

Im nachfolgenden Fenster **Spline** wählen Sie die Option **Point Constructor**, sodann schalten Sie im Fenster **Point** den Type auf **Cursor Location** um.

Erzeugen Sie nun die Punkte, durch die der Spline verlaufen soll, durch Absetzen von Cursorpositionen mit einfachem Mausklick (vgl. Abbildung 5.71).

Anschließend schließen Sie das Fenster **Point** mit OK.

[NX6] Veränderungen unter NX6, vgl. S. 287

5.3 Zylinder

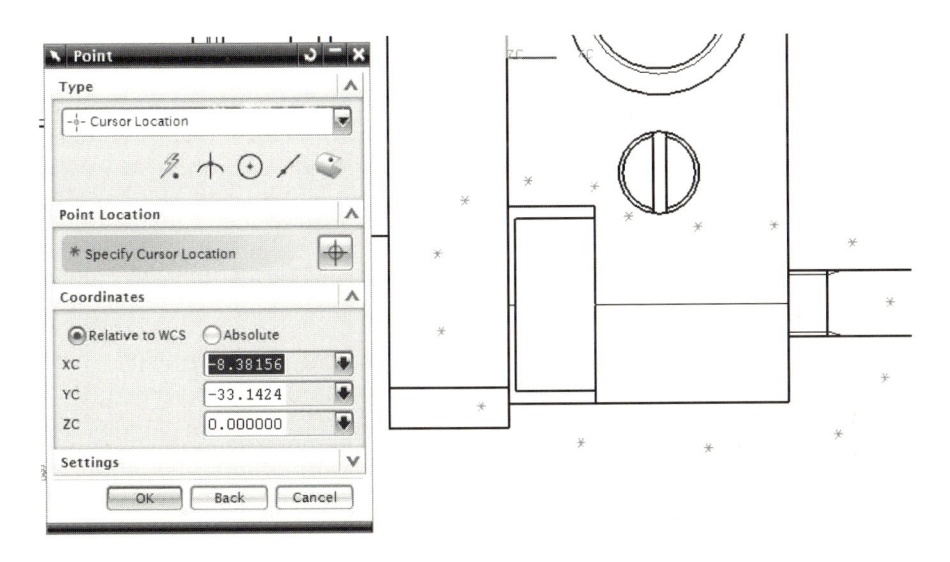

Abb. 5.72: Punkte durch Cursor Locations vorgeben

Im Fenster **Specify Points** betätigen Sie die Schaltfläche **YES**. Sodann könnten Sie noch Modifikationen an der Splinedefinition vornehmen, Sie können aber einfach auch das Fenster **Spline Through Points** mit OK schließen und, nachdem der Spline in der Draufsicht dargestellt wird, das Erzeugen weiterer Splines mit Cancel abbrechen.

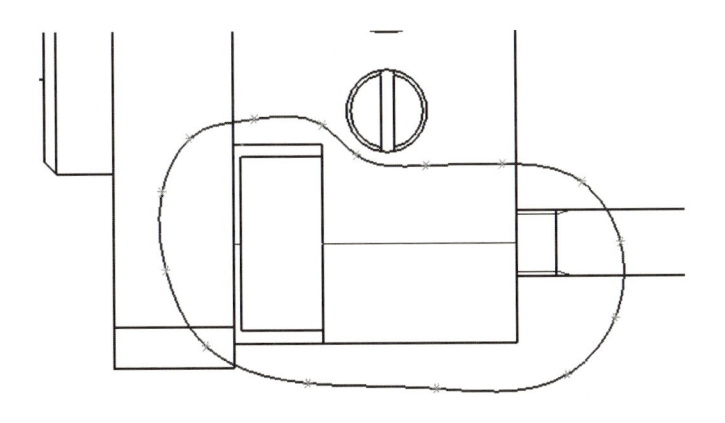

Den Expand-Modus heben Sie dann wieder dadurch auf, dass Sie die Draufsicht selektieren und im Kontextmenü erneut die Option **Expand Member View** wählen.

Abb. 5.73: Fertiger Spline

Wählen Sie nun **Break-Out Section View** ![icon] (alternativ: **Insert → View → Break-Out Section View**).

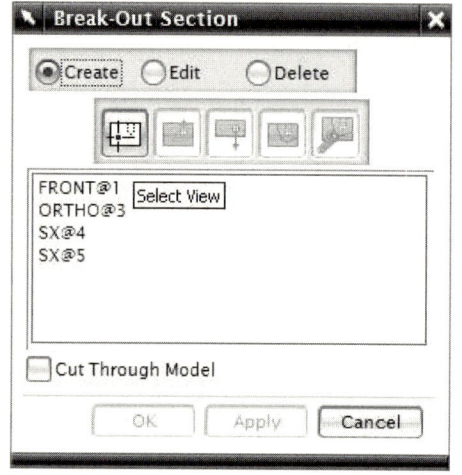

Abb. 5.74: Fenster Break-Out Section

Im Fenster **Break-Out Section** werden Sie im ersten Teilschritt aufgefordert, die Ansicht auszuwählen, in der der Ausbruch erzeugt werden soll.

Selektieren Sie die Draufsicht.

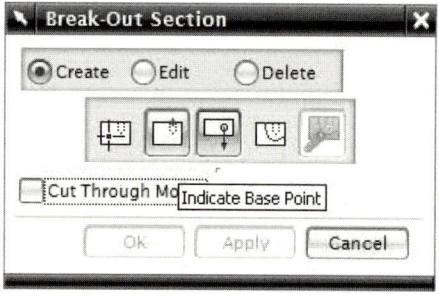

Abb. 5.75: Fenster Break-Out Section

Im nächsten Teilschritt werden Sie aufgefordert, einen Bezugspunkt für den Ausbruch anzugeben und eine Richtung festzulegen.

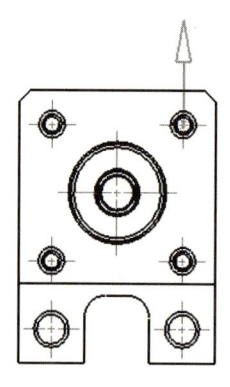

Abb. 5.76: Auswahl Bezugspunkt

In der Ansicht **FRONT** selektieren Sie den Mittelpunkt der Bohrung in der Anschlusskonsole und legen damit die Tiefe des Ausbruchs fest. Der Pfeil veranschaulicht in der Vorschau, in welcher Richtung NX5 das Material entfernen wird. Wenn der Pfeil nach unten zeigen sollte, müssten Sie im Fenster **Break-Out Section** die Schaltfläche **Reverse Vector** nutzen, um die Richtung umzukehren.

5.3 Zylinder

Wählen Sie nun den nächsten Teilschritt **Select Curves** an und selektieren Sie dann Ihren zuvor erstellten Spline.

Betätigen Sie dann im Fenster **Break-Out Section** die Schaltfläche Apply.

Sie sehen nun den erzeugten **Ausbruch**.

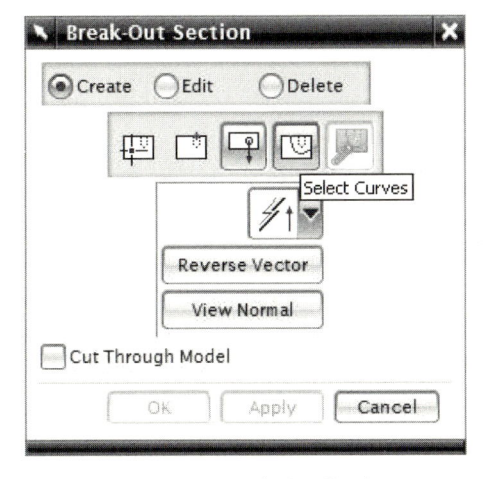

Abb. 5.77: Fenster Break-Out Section

Das Fenster **Break-Out Section** können Sie jetzt mit Cancel schließen.

Im Ausbruch wird auch der Zuganker schraffiert dargestellt. Da zylindrische Teile ohne Innenkontur aber nicht geschnitten dargestellt werden, muss der Zuganker noch vom Schnitt ausgenommen werden.

Dies geschieht wieder mit der Funktion **Sectioned Components in View** (alternativ: **Edit → View → Section Components in View**).

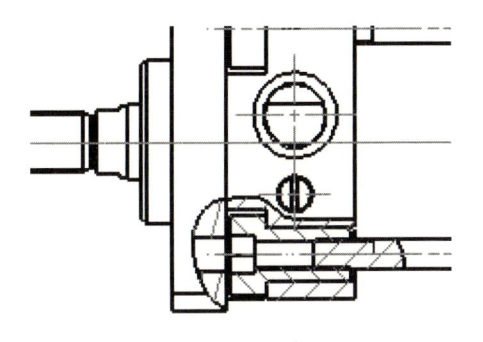

Abb. 5.78: Ausbruch

Ändern der Schraffur[NX6]

Die Schraffur ist teilweise recht willkürlich erzeugt worden und ist nicht normgerecht. Um dies zu korrigieren, selektieren Sie im Graphikbereich jeweils die zu ändernde Schraffur und wählen im Kontextmenü die Option **Style**.

Im Fenster **Annotation Style** können Sie dann die Parameterwerte der Schraffur ändern (vgl. Abbildung 5.79).

[NX6] Veränderungen unter NX6, vgl. S. 288

Für die Stangenmutter setzen Sie z.B. den Schraffurabstand auf **4** und den Schraffurwinkel auf **45** und schließen dann das Fenster mit OK.

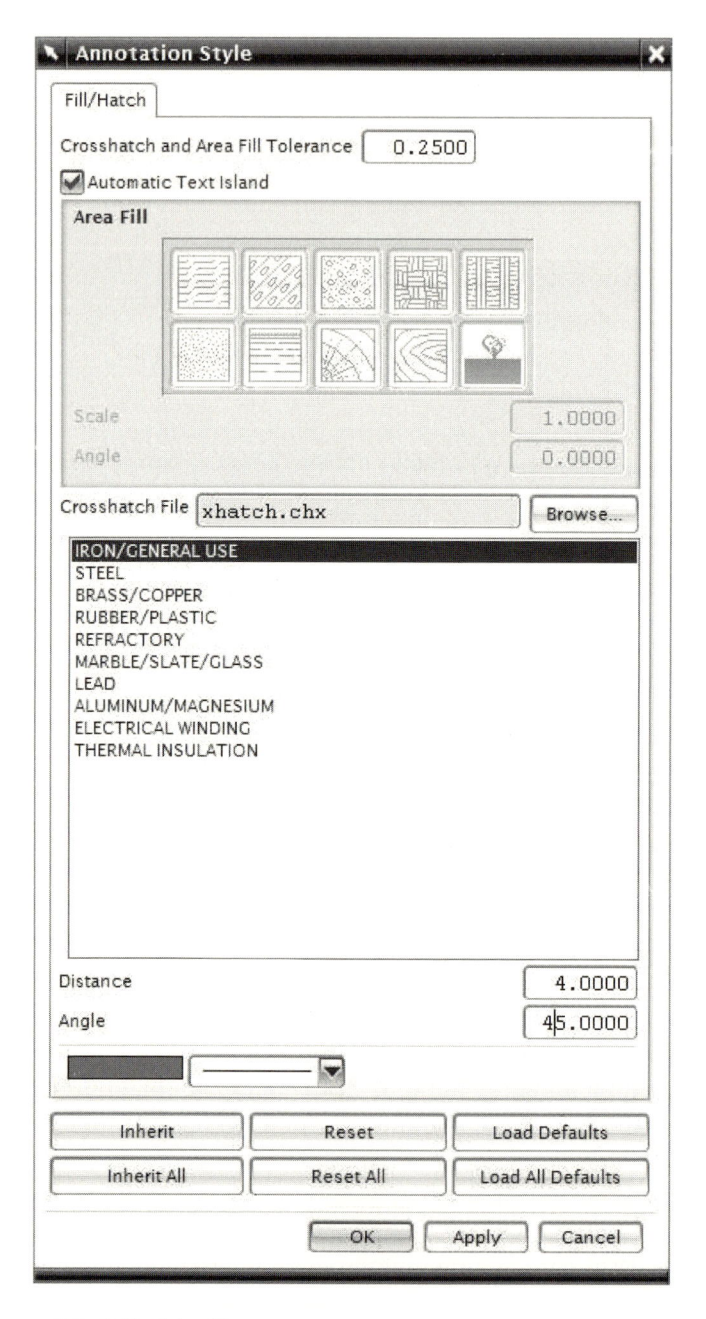

Abb. 5.79: Schraffurparameter

Passen Sie in gleicher Weise alle Schraffuren Ihren Vorstellungen an.

Ergänzen Sie dann die Haupt- und Anschlussmaße mit den Ihnen bereits bekannten Funktionen.

5.3 Zylinder

Erzeugen der Positionsnummern[NX6]

Bevor Sie mit dem Anbringen der Positionsnummern beginnen, müssen Sie noch einige Grundeinstellungen ändern.

Öffnen Sie das Fenster **Annotation Preferences** (alternativ: **Preferences → Annotation**).

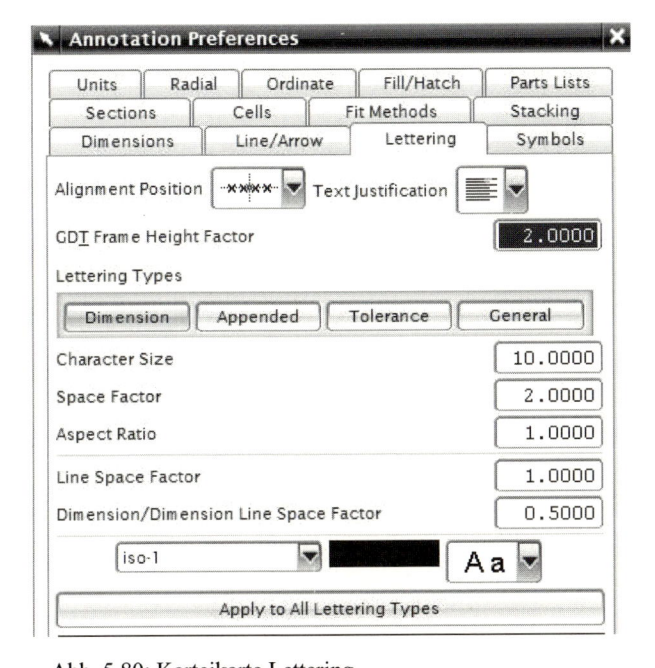

In der Karteikarte **Lettering** geben Sie ein:

Zeichengröße: **10**
Abstandsfaktor: **2**

Schriftart: **iso-1**
Schriftfarbe: **black**
Schriftform: **Normal**

Abb. 5.80: Karteikarte Lettering

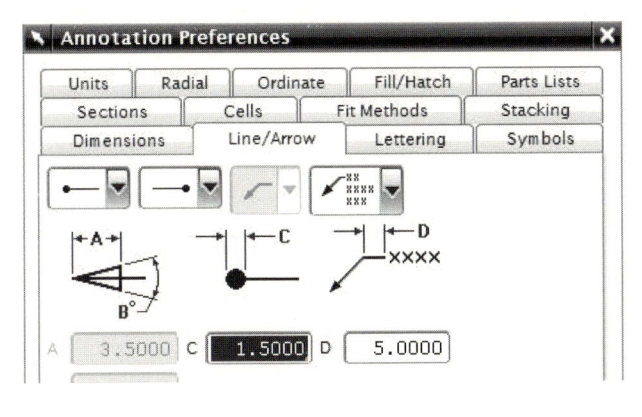

In der Karteikarte **Line/Arrow** stellen Sie die Linienenden von Pfeil auf **Punkt**.

Abb. 5.81: Karteikarte Line/Arrow

[NX6] Veränderungen unter NX6, vgl. S. 289 ff.

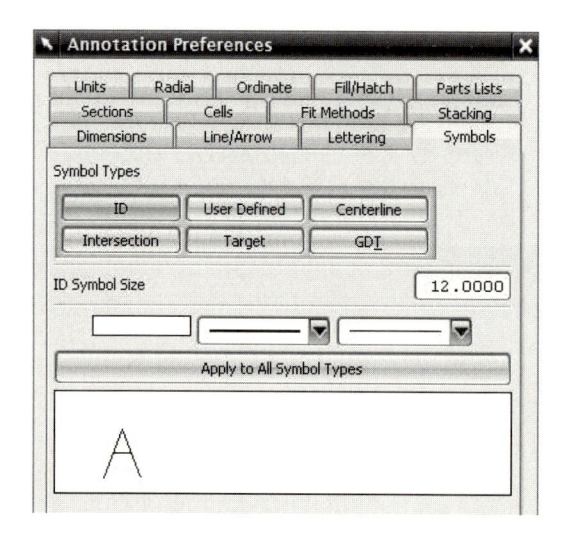

In der Karteikarte **Symbols** setzen Sie die Farbe des Symbols auf weiß, wenn Sie den Kreis um die Teilenummer auf der Zeichnung nicht sehen wollen.

Falls Sie den Kreis dargestellt bekommen wollen, belassen Sie die Symbolfarbe auf schwarz und wählen eine passende **ID Symbol Size**.

Abb. 5.82: Karteikarte Symbols

Bestätigen und schließen Sie das Fenster **Annotation Preferences** mit OK.

Zum Erzeugen der Positionsnummern wählen Sie das Icon **ID Symbol** (alternativ: **Insert → Symbol → ID Symbol**).

Dann führen Sie folgende Schritte aus:

1. Schritt:

Geben Sie im Feld Upper Text die Nummer des Teils ein.

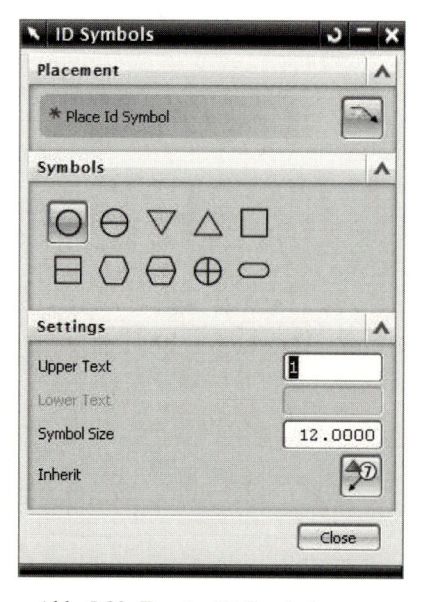

Abb. 5.83: Fenster ID Symbols

5.3 Zylinder

2. Schritt:

Öffnen Sie die Optionen für die Erzeugung von Bezugslinien ![icon] und wählen Sie die Option **Leader without Stub** ![icon].

3. Schritt:

Setzen Sie nun den Startpunkt für die Bezugslinie durch Eingabe einer Cursorposition und ziehen Sie dann mit gedrückter linker Maustaste die Bezugslinie zur gewünschten Position der Teilenummer. Dort setzen Sie die Nummer durch erneutes Drücken der linken Maustaste ab.

Platzieren Sie nun alle Positionsnummern wie in der Zeichnung dargestellt.

Bereits gesetzte Positionsnummern können Sie nachträglich mit der Option **Origin** im Kontextmenü verschieben. Mit **Origin** können Sie auch die Positionsnummern zueinander ausrichten.

Stückliste

In NX5 besteht auch die Möglichkeit, eine Stückliste in eine Zeichnung einzufügen. Der Aufwand steht jedoch in keinem Verhältnis zu seinem Nutzen.

Da es heute auch überwiegend nicht mehr üblich ist, Stücklisten in die Zeichnung einzufügen, verzichten wir auf die Darstellung.

Zum Schluss Ihrer Arbeitssitzung sichern und schließen Sie alle Ihre geöffneten Dateien mit dem Befehl **Save All and Close**.

6 Projekt Schweißkonsole

6.1 Modellieren eines Blechbiegeteils mit NX5

In diesem Kapitel soll das Projekt "Schweißkonsole" in Angriff genommen werden, bei dem es darum geht, eine Schweißkonsole zu konstruieren, auf der der Zylinder befestigt werden kann. Das Endergebnis mit aufgesetztem Zylinder ist in Abbildung 6.1 dargestellt. Wir beschränken uns dabei jedoch auf die Realisierung der Schweißkon-

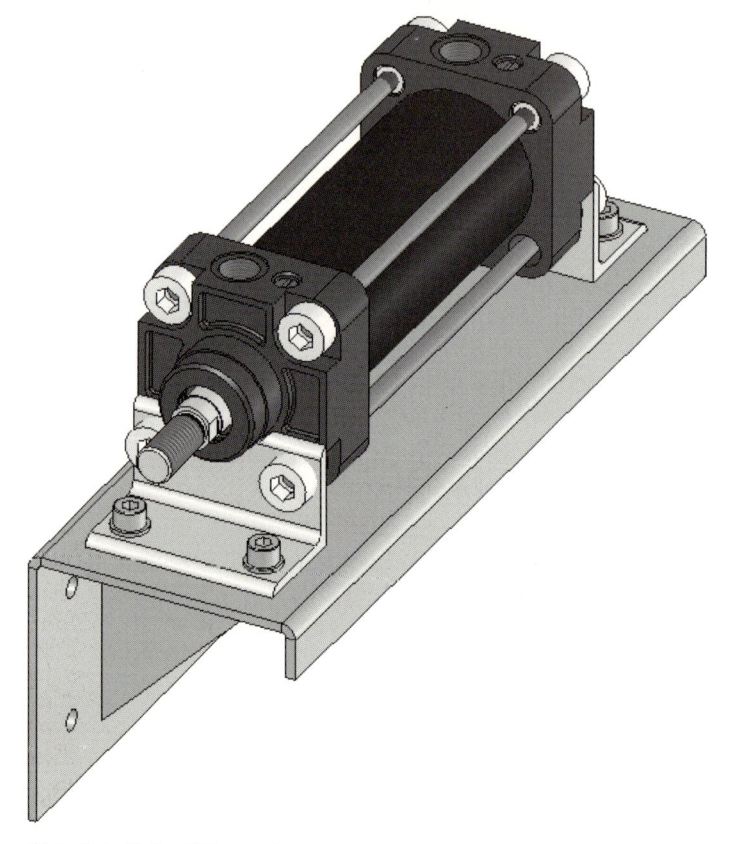

Abb. 6.1: Schweißkonsole

sole.

Im Zusammenhang mit diesem Projekt werden Sie zunächst das Blechbiegeteil für die Schweißkonsole modellieren. Dabei werden Sie folgende Bereiche kennen lernen:

- Modellieren eines Blechbiegeteils mit der Application **Sheet Metal**
- Erzeugen der Blechabwicklung
- Erstellen der Zeichnung für das Blechbiegeteil

6.1 Modellieren eines Blechbiegeteils mit NX5

Für das Modellieren von Blechbiegeteilen stehen in der Application **Sheet Metal** eine Vielzahl von Werkzeugen zur Verfügung, von denen hier einige beschrieben werden:

Tab	Tab	Erzeugt unter variabler Wandstärke ein Basisblech, indem eine Skizze entlang eines Vektors extrudiert wird.
 Flange	Flansch	Fügt einen Flachflansch in einem Winkel für eine planare Fläche hinzu und fügt zwischen den beiden eine Krümmung ein.
 Contour Flange	Konturflansch	Erzeugt ein Basiselement durch extrudieren einer Skizze entlang eines Vektors oder fügt Material durch Extrudieren einer Skizze entlang einer Kante oder Verkettung von Kanten hinzu.
 Lofted Flange	Übergangsflansch	Erzeugt ein Basis- oder sekundäres Formelement zwischen zwei Schnitten, für die die hängende Form einen linearen Übergang zwischen den Schnitten darstellt.
 Bend	Biegung	Ändert das Modell durch Biegung von Material auf einer Seite der Skizzenlinie, wodurch eine Biegung zwischen den beiden Seiten hinzugefügt wird.
 Jog	Absatz	Ändert das Modell durch Anheben von Material auf einer Seite der Skizzenlinie, wodurch ein Flansch zwischen beiden Seiten hinzugefügt wird.
 Hem Flange Fl	Hem-Flansch	Ändert das Modell durch Falten der Kante eines Blechflansches über sich selbst zur verbesserten Verarbeitung und erhöhter Kantensteifigkeit.
 Normal Cutout	Normalausschnitt	Schneidet Material durch Projizieren einer Skizze und senkrechtes Ausschneiden der Flächen, die von der Projektion geschnitten werden, aus.
 Unbend	Biegen rückgängig	Flacht eine Biegung und das an die Biegung grenzende Material ab.
 Rebend	Erneut biegen	Stellt ein nicht gebogenes Formelement auf dessen vorherigen Biegestatus mit allen Formelementen wieder her, die nach dem Biegung aufheben-Formelement hinzugefügt wurden.

	In Blech umwandeln	Konvertiert einfache Körpermodelle, die in Modelling erzeugt wurden, in NX-Blechmodelle.
	Flache Körper	Erzeugt ein Abwicklungskörperformelement aus einem geformten Blechteil.
	Abwicklung	Erzeugt ein Abwicklungsformelement aus dem geformten Blechteil.

Erstellen Sie nun ein neues Teil mit dem Namen **Konsolenblech** und verwenden Sie dabei das **Template Model → NX Sheet Metal**.

Öffnen Sie nun eine Skizze mit der Funktion **Sketch** (alternativ: **Insert → Sketch**) auf der **XC-ZC-Ebene**.

Als Skizze für den Querschnitt des Bleches, benötigen wir lediglich den in Abbildung 6.2 dargestellten Linienzug aus zwei Linien.

Nach dem Bestätigen der Skizze mit dem Button **Finish Sketch** erscheint die fertige Skizze auf dem Bildschirm.

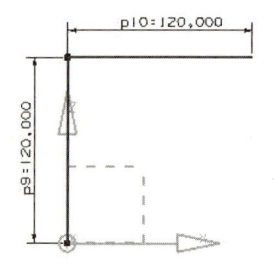

Abb. 6.2: Skizze für Konturflansch

Nun fahren Sie mit der Konstruktion des Blechteiles fort und erzeugen mit dem Blechformelement **Contour Flange** (alternativ: **Insert → Sheet Metal Feature → Contour Flange**) einen Konturflansch.

Nachdem sich das Fenster **Contour Flange** geöffnet hat, selektieren Sie die zuvor erzeugte Skizze und geben die jeweiligen Parameter wie dargestellt ein.

Bestätigen Sie die Eingabe mit **OK**.

Sie sehen nun ein gekantetes Winkelblech in räumlicher Darstellung. Zusätzlich können Sie im **Part Navigator** die bisher erzeugte Modellstruktur und die bereits erzeugten Konstruktionsfeatures **Sketch** und **Contour Flange** erkennen.

6.1 Modellieren eines Blechbiegeteils mit NX5

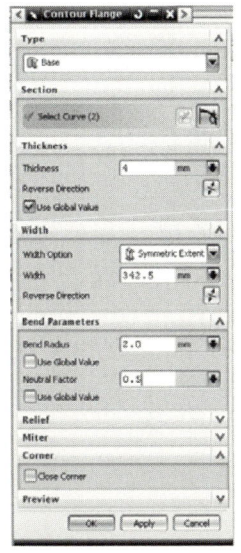

Thickness (Dicke): **4**

Width Option: **Symmetric Extent**
Width (Breite): **342.5**

Bend Radius (Biegeradius): **2**
Neutral Factor (k-Faktor): **0.5**

Abb. 6.3: Konturflansch

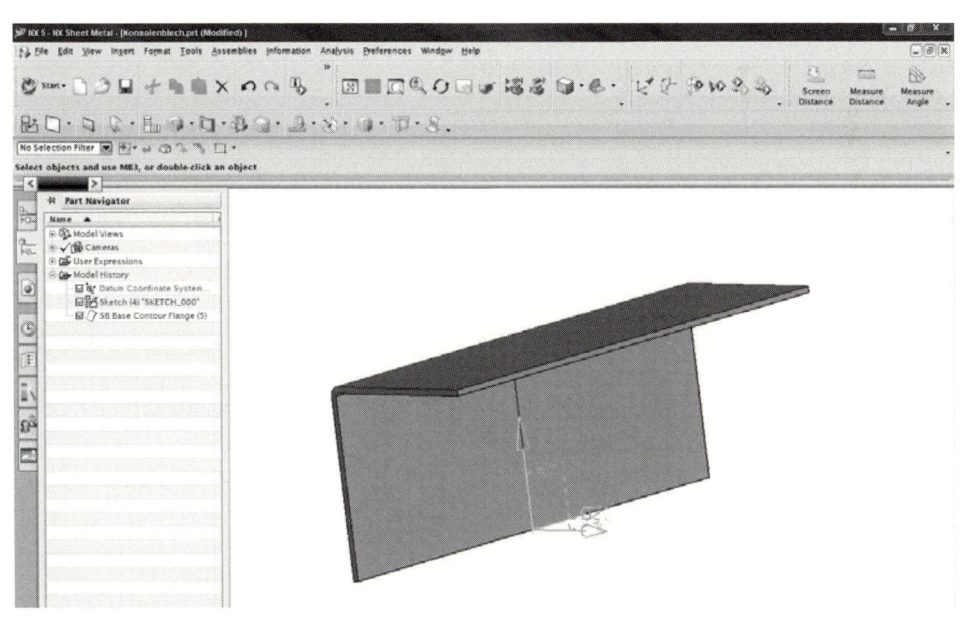

Abb. 6.4: Konsolenblech

Nun erzeugen wir noch eine Lasche an dem vorderen Ende des Konturflansches.

Dazu selektieren Sie das Symbol **Flange** (alternativ: **Insert → Sheet Metal Feature → Flange**)

Es öffnet sich das Fenster **Flange**.

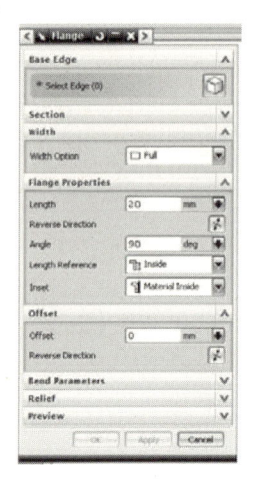

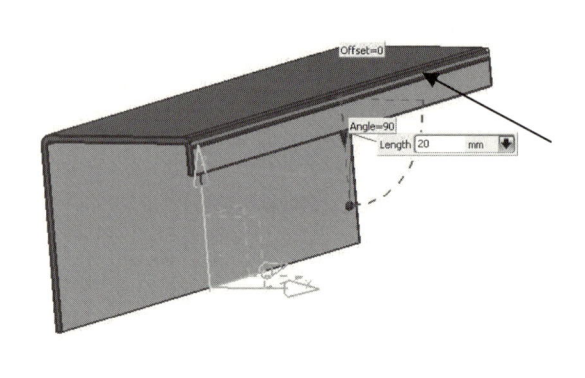

Abb. 6.5: Einfügen Flansch

Selektieren Sie dann, wie in Abbildung 6.5 gezeigt, die Unterkante des Blechs, legen Sie die Länge der Lasche mit 20 mm fest, aktivieren Sie **Material inside als** die **Inset-Option** und beenden Sie mit OK .

Fügen Sie jetzt noch die Bohrungen hinzu, mit denen die Konsole an einer gedachten Halterung befestigt werden soll. Nutzen Sie dazu das Feature **Hole** (alternativ: **Insert → Design Feature → Hole**) für die beiden linken Bohrungen und bemaßen Sie die Bezugspunkte für die beiden Bohrungen entsprechend Abbildung 6.6.

Geben Sie nun noch den Durchmesser **9** und die übrigen benötigten Parameter in das Fenster **Hole** ein und bestätigen Sie die Eingaben mit OK .

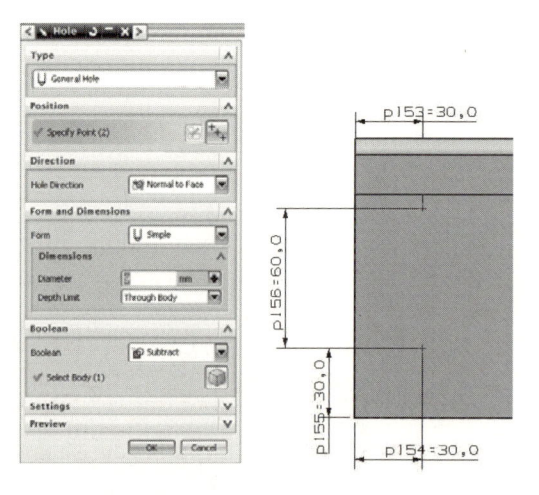

Abb. 6.6: Bohrungen

6.1 Modellieren eines Blechbiegeteils mit NX5

Anschließend spiegeln Sie noch die beiden linken Bohrungen an der **XC-YC-Ebene** mit der Funktion **Mirror Feature** (alternativ: **Insert → Associative Copy → Mirror Feature**).

In gleicher Weise bringen Sie nun die Bohrungen auf der Oberseite des Konsolenblechs entsprechend Abbildung 6.7 an und spiegeln diese ebenfalls an der **XC-YC-Ebene**.

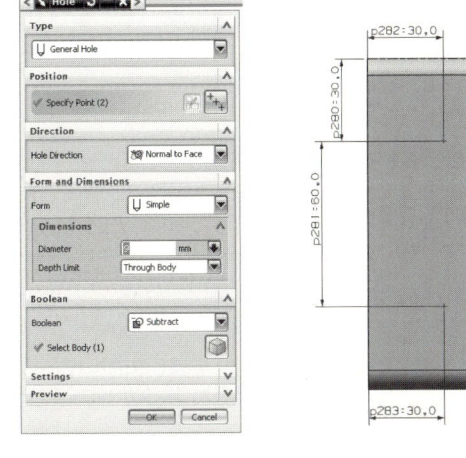

Abb. 6.7: Bohrungen Oberseite

Nun benötigen wir noch eine Aussparung, die als Fügehilfe für eine Rippe dienen soll. Hierzu erstellen Sie eine Skizze auf der **YC-ZC-Ebene**. Stanzen Sie die Aussparungen mit der Funktion **Normal Cutout** aus. Wählen Sie dabei unter **Cut Method** die Option **Thickness** und unter **Limits** die Option **Until Next** aus (ggf. Reverse Direction ausführen).

Auch die Aussparung spiegeln Sie dann wieder an der **XC-YC-Ebene**.

Das fertige Konsolenblech ist in Abbildung 6.9 dargestellt.

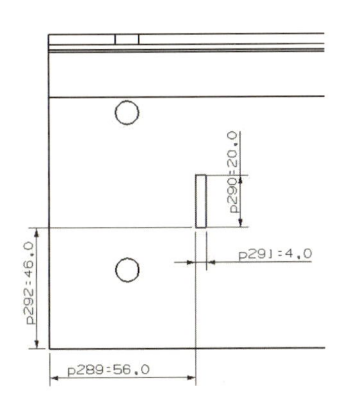

Abb. 6.8: Skizze für Aussparung

Abb. 6.9: Konsolenblech fertig

6.2 Erzeugen der Blechabwicklung

Blechbiegeteile werden aus Blechtafeln gefertigt werden, indem zunächst das ungebogene Teil, die sogenannte Blechabwicklung, aus der Blechtafel ausgestanzt oder ausgelasert wird und dieses anschließend durch Biegen bzw. Kanten zum fertigen Teil umgeformt wird. Beim Modellieren mit CAD-Systemen wird zunächst das gebogene Bauteil modelliert und davon ausgehend die Blechabwicklung erzeugt.

In **NX Sheet Metal** geschieht dies mit Hilfe des Features **Flat Pattern** (alternativ: **Insert → Sheet Metal Feature → Flat Pattern**)

Es öffnet Sich das Fenster **Flat Pattern** und Sie werden aufgefordert, die Bezugsfläche zu wählen, von der ausgehend das Bauteil aufgeklappt wird.

Selektieren Sie die vordere Fläche des Konsolenbleches und bestätigen Sie die Auswahl mit OK .

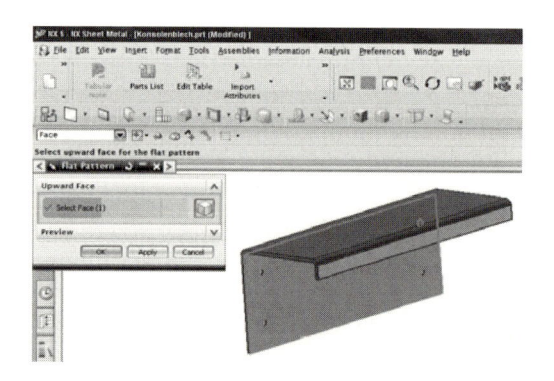

Abb. 6.10: Bezugsfläche für Flat Pattern   Abb. 6.11: Flat Pattern

Das Ergebnis der Abwicklung ist in Abbildung 6.11 dargestellt.

Um nun auf dem Bildschirm das 3D-Teil entweder als Blechabwicklung oder als Blechbiegeteil darstellen zu können, legen Sie die entsprechenden Features auf verschiedene Layer. Nun können Sie nach Bedarf die verschiedenen Darstellungen des Bauteiles abrufen.

6.3 Erstellen der Zeichnung für das Konsolenblech

Erzeugen Sie eine neue Zeichnungsdatei **Konsolenblech_dwg** mit dem **Template-File A1-no-views**.

Zunächst fügen Sie in bekannter Weise die zur Darstellung benötigten Ansichten des Konsolenblechs in die Zeichnung ein.

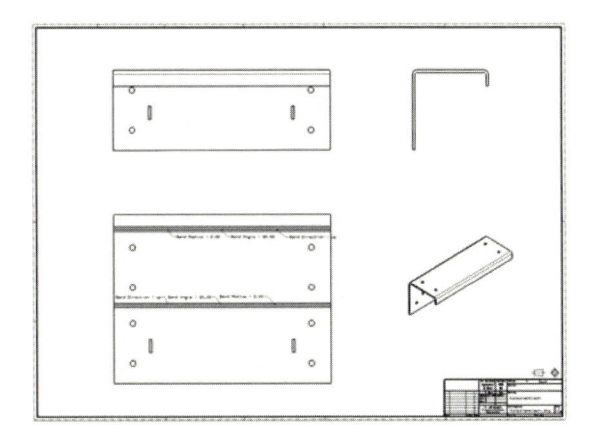

Die Darstellung der Abwicklung bringen Sie nun wie folgt ein:

Selektieren Sie das Icon **Base View** (alternativ: **Insert → View → Base View**) und wählen Sie als neue Base View die View mit der Bezeichnung ***Flat-Pattern-9** aus.

Platzieren Sie nun die Ansicht entsprechend auf dem Zeichenblatt.

Abb. 6.12: Zeichnung Konsolenblech

Jetzt können Sie mit dem Detaillieren der Zeichnung fortfahren und diese mit den notwendigen Bemaßungen und Zeichnungssymbolen vervollständigen.

Die fertige Zeichnung des Konsolenblechs sollte wie in Abb.6.13 dargestellt aussehen.

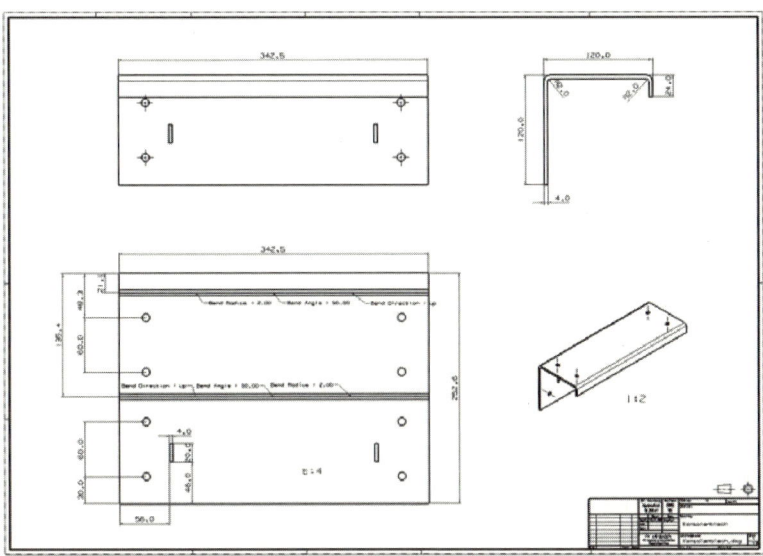

Abb. 6.13: Zeichnung Konsolenblech fertig

6.4 Modellieren einer Schweißgruppe

Die Schweißgruppe besteht aus dem zuvor modellierten Blechbiegeteil und den Rippen. Die Rippen dienen zur Versteifung des Konsolenblechs.

Modellieren der Versteifungsrippe:

Erzeugen Sie eine neue Datei mit dem Namen **Rippe.prt**; dabei aktivieren Sie im Fenster **File New** die Karteikarte **Model** und wählen die Template Datei **NX Sheet Metal** aus.

Erzeugen Sie mit der Funktion **Sketch** die dargestellte Geometrie und extrudieren Sie diese mit einer Dicke von 4 mm.

Nach dem Extrudieren erzeugen Sie noch die beiden Fasen mit einem Fasenmaß von 2 mm. Verwenden Sie dazu die Funktion **Break Corner** (alternativ: **Insert → Sheet Metal Feature → Break Corner**).

Abschließend speichern Sie das erstellte Bauteil.

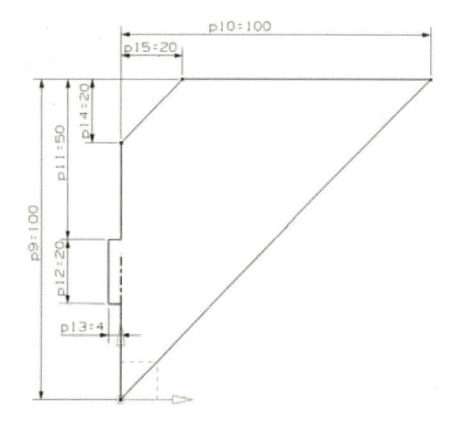

Abb. 6.14: Skizze für Rippe

Abb. 6.15: Rippe fertig

Zusammenfügen und Anbringen der Schweißnähte:

Das Zusammenfügen der Bauteile erfolgt mit der Anwendung **Assembly**.

Erstellen Sie dazu die Datei **Schweisskonsole_asm.prt** und fügen Sie die Bauteile aneinander. Vergessen Sie nicht, die Baugruppe abzuspeichern.

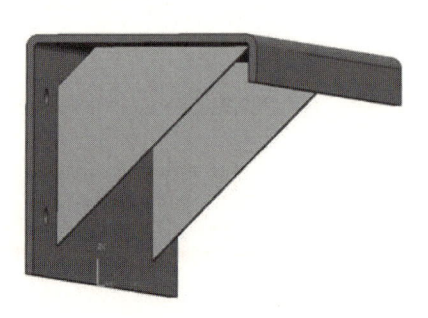

Abb. 6.16: Schweißkonsole Assembly

6.4 Modellieren einer Schweißgruppe

Jetzt können Sie mit dem Anbringen der Schweißnähte beginnen. Wählen Sie dazu **Insert → Welding**. **→ Fillet** (Kehlnaht). Mit der Kehlnaht lassen sich T-, Überlapp- und Eckverbindungen unter Hinzufügen von zusätzlichem Material erstellen.

Unter **Face Sets** wählen Sie die Oberflächen der zu verschweißenden Bleche an. Dabei wählen Sie als **First Face Set** z.B. die Fläche des Konsolenblechs und als **Second Face Set** die beiden Seitenflächen und die nach vorne zeigende Fläche der vorderen Rippe.

Unter **Cross Section** legen Sie die Schweißnahtdicke mit 3 mm fest und wählen die Form der Naht (Flachkehlnaht). Die ebenfalls zur Auswahl stehende Vollkehlnaht ist wegen ihrer ungünstigen Festigkeitseigenschaften zu vermeiden. Die Hohlkehlnaht wäre unter dem Gesichtspunkt der Festigkeit am besten.

Unter Limits geben Sie den Anfangs- und den Endpunkt der Naht an (0) und bestätigen mit OK. Erzeugen Sie auf diese Weise alle vier Schweißnähte nacheinander.

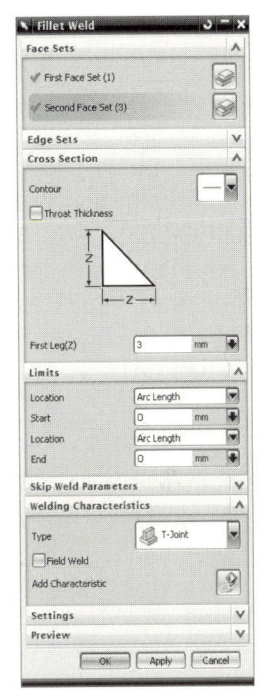

Abb. 6.17: Fenster Fillet Weld

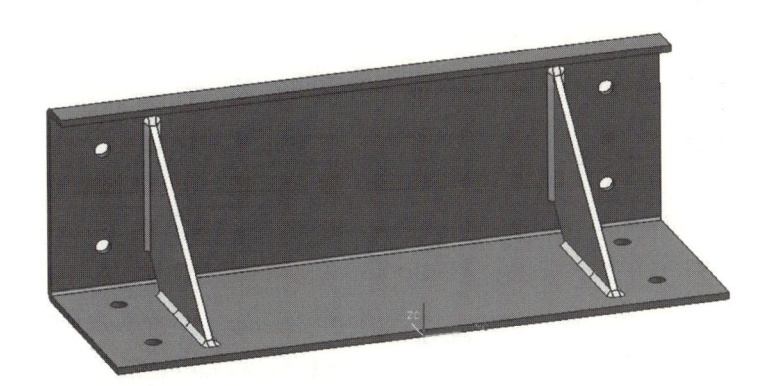

Abb. 6.18: Schweißkonsole mit Schweißnähten

Jetzt überprüfen Sie noch, auf welchem Layer sich die Schweißnähte befinden. Dazu aktivieren Sie die Ihnen bereits vertraute Funktion **Layer Settings** und selektieren sodann eine Schweißnaht. Im Fenster **Layer Settings** wird Ihnen der Layer durch einen blauen Balken im unteren Fenster hervorgehoben, es ist der Layer 255.

6.5 Erstellen der Schweißzeichnung

Erstellen Sie eine **Drawing** Datei mit dem Namen **Schweisskonsole_asm_dwg.prt**. Nach Auswahl der Datei **Schweisskonsole_asm.prt** und Wahl eines geeigneten Templates erstellen Sie die Zeichnung wie in der Abb. 6.19 gezeigt. Positionieren Sie sie in der oberen Hälfte des Blattes.

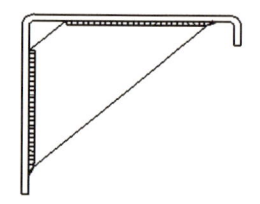

Abb. 6.19: Darstellung mit Volumenmodell der Schweißnähte

Um die Schweißnaht gemäß der DIN EN 22553 darzustellen, blenden wir das Volumenmodell der Schweißnaht mit der Funktion **Layer Visible in View** aus (alternativ: **Format → Visible in View**). Wählen Sie die Ansichten nacheinander aus und setzen Sie jeweils den Layer 255 (und ggf. den Layer 256 mit der Blechabwicklung) unsichtbar. Aktualisieren Sie die Ansicht mit der Funktion **Update Views**.

Nun müssen wir die Schweißnähte noch symbolhaft darstellen. Dazu betätigen Sie das Icon **Weld Symbol** (alternativ: **Insert → Symbol → Weld Symbol**).

In dem sich öffnenden Fenster übernehmen Sie folgende Einstellungen und erzeugen zuerst die Symbole für die längeren symmetrischen Schweißnähte.

Für die kurzen Schweißnähte wählen Sie die asymmetrische Darstellungsweise, wobei die Zeichen auf der Bezugsvolllinie die Schweißnähte beschreiben, welche dem Pfeil zugewandt sind.

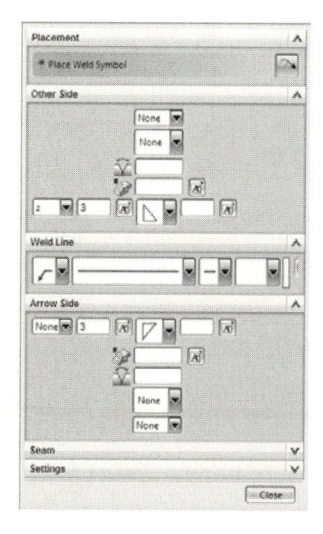

Schenkeldicke: 3 mm

Art der Schweißnaht: Kehlnaht

Symmetrische Schweißnähte

Asymmetrische Schweißnähte
 Bezugs-Volllinie: Pfeilseite
 Bezugs-Strichlinie: Gegenseite

Abb. 6.20: Fenster Weld Symbol

6.5 Erstellen der Schweißzeichnung

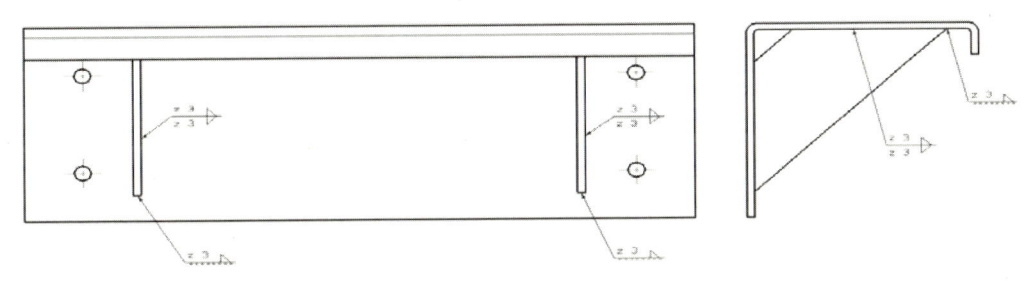

Abb. 6.21: Kennzeichnung der Schweißnähte

Die weitere Detaillierung der Zeichnung wird hier nicht mehr dargestellt, da die Vorgehensweise Ihnen inzwischen bekannt ist.

Zum Abschluss speichern Sie die Datei.

7 Projekt Gusskonsole

7.1 Modellieren eines Gussrohteils

In diesem Kapitel sollen Sie als Alternative zur Schweißkonsole eine Gusskonsole zur Befestigung des Zylinders modellieren. Das Ergebnis ist in Abbildung 7.1 dargestellt.

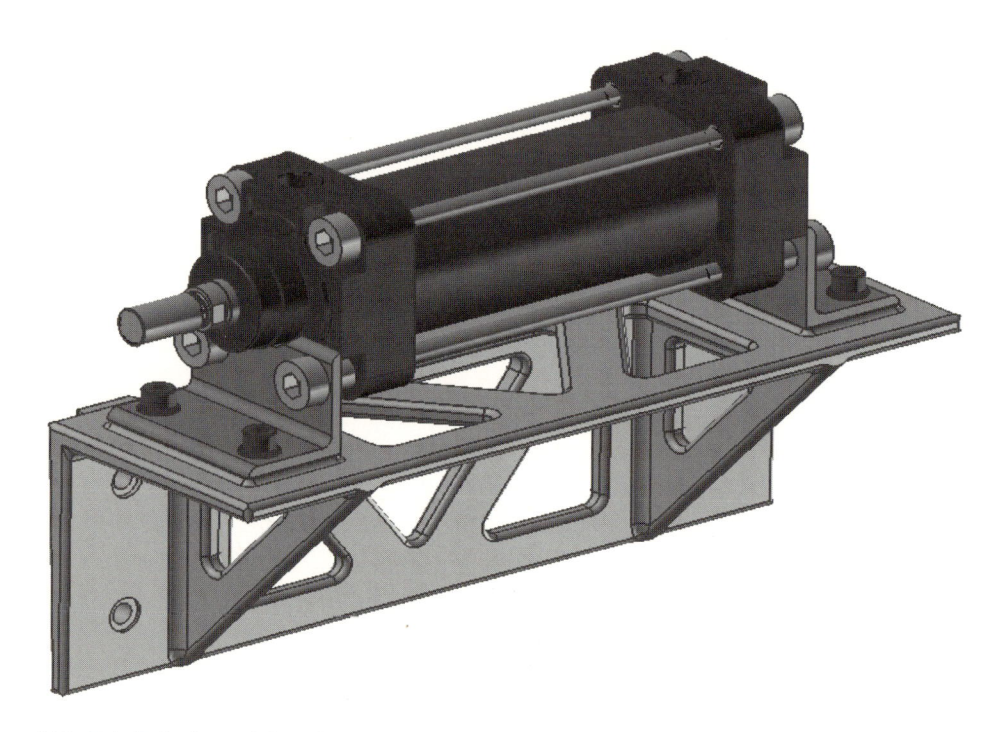

Abb. 7.1: Zylinder auf Gusskonsole

Im Zusammenhang mit diesem Projekt werden Sie folgende Bereiche und weitere Konstruktionsmöglichkeiten von NX 5 kennen lernen:

- Festigen der in den vorhergehenden Übungen erlernten Arbeitstechniken
- Modellieren eines Gussrohteils mit Formschrägen
- Ableitung vom Gussrohteil zum fertigbearbeiteten Gussteil

7.1 Modellieren eines Gussrohteils

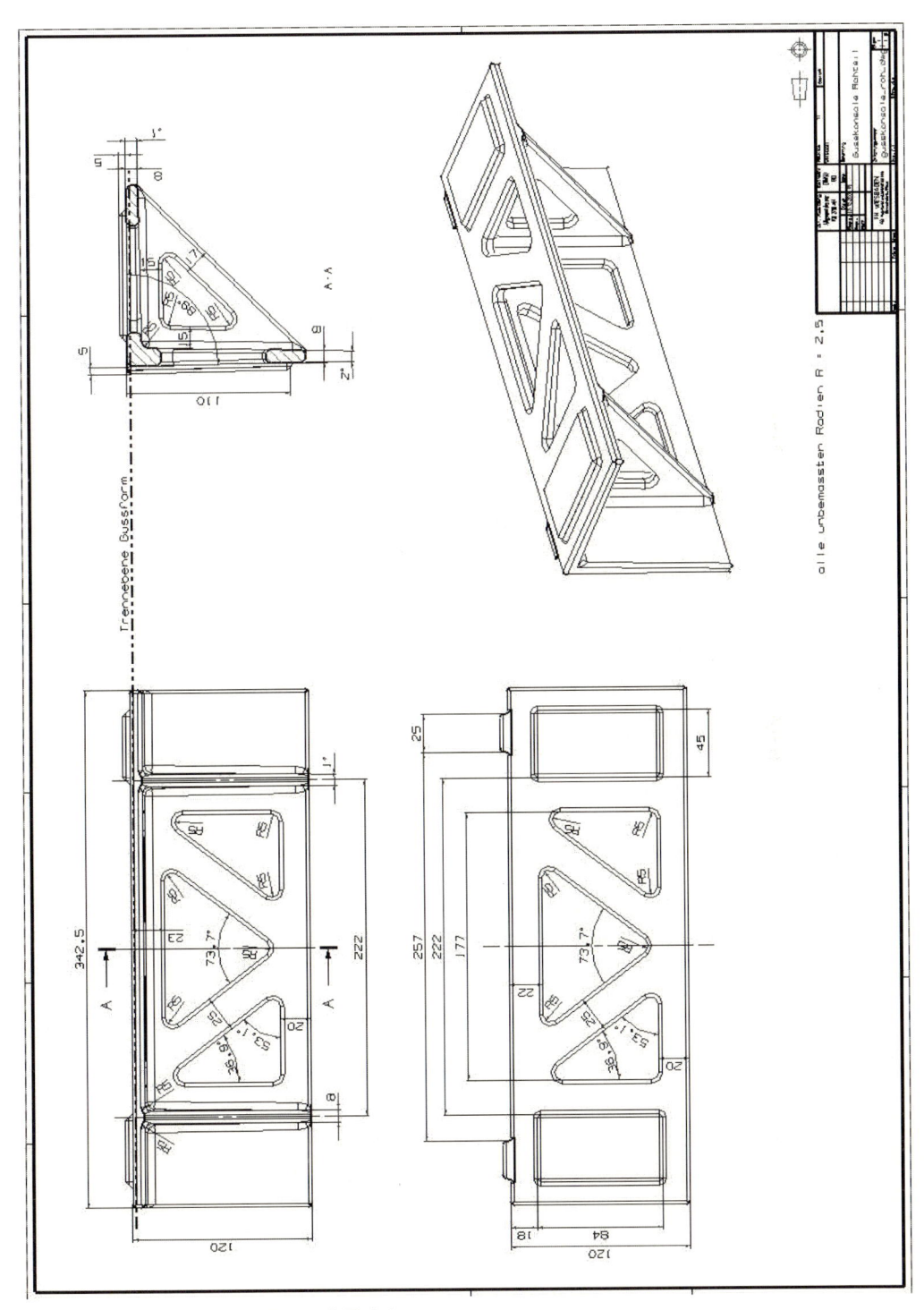

Abb. 7.2: Gusskonsole Rohteil Zeichnung

Für das Modellieren der Gusskonsole werden Sie meistens Werkzeuge benutzen, die Sie schon kennen. Ziel der Übung ist, Ihre bisherigen Fertigkeiten zu festigen und auszubauen.

Die Konstruktion eines Gussteils erfordert Kenntnisse in der gussgerechten Gestaltung von Bauteilen. Im Vorfeld muss das zum Einsatz kommende Gießverfahren, die Formteilung sowie der zu verwendende Rohstoff und noch vieles mehr bekannt sein.

Bei der Konstruktion der Gusskonsole wurden folgende gussgerechten Gestaltungsmöglichkeiten beachtet:

- Materialanhäufungen vermeiden
- gleichmäßige Wandstärken anstreben
- Hinterschneidungen vermeiden
- Rundungsradien vorsehen (0,25 – 0,3 x Wandstärke)
- Aushebe- / Formschrägen zur Teilungsebene beachten
- Befestigungs- und Bearbeitungsflächen vorsehen, d.h. Materialzugaben bei nachzubearbeitenden Flächen
- Teilungsebene beachten
- Gussschwindung beachten
- Zugspannungen vermeiden, besonders bei Eisengusswerkstoffen

Öffnen Sie nun ein neues Model mit dem Dateinamen **Gusskonsole_roh.prt** und starten Sie die Konstruktion mit dem **Sketcher** (alternativ: **Insert → Sketch**). Wählen Sie die **XC-ZC-Ebene** aus und skizzieren unmaßstäblich den Querschnitt der Gusskonsole. Ihr Bildschirm sollte nach dem Skizzieren ähnlich der dargestellten Skizze Abbildung 7.3 aussehen. Beachten Sie bitte beim Skizzieren, dass die Constraints **vertical** und **horizontal** nicht automatisch gewählt werden sollen. Entfernen Sie diese gegebenenfalls, bevor Sie mit der Bemaßung beginnen. Die Geometrieschrägen sind bei der gussgerechten Konstruktion notwendig, um das Rohteil später aus der Gussform besser ausformen zu können. Beachten Sie die vorgesehene Trennebene der Gussform wie in Abbildung 7.2 dargestellt.

7.1 Modellieren eines Gussrohteils

Bemaßen Sie bitte den Querschnitt nach der Abbildung 7.4 und legen das Koordinatenkreuz auf den oberen linken Schnittpunkt.

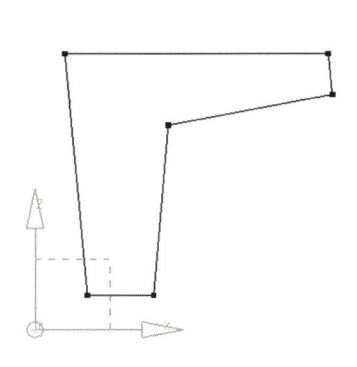

Abb. 7.3: Sketch des Querschnitts   Abb. 7.4: Sketch mit Bemaßung

Beenden Sie den Sketch mit **Finish Sketch**. Extrudieren Sie den Querschnitt und tragen als **End Distance** den Wert **342.5** ein. Gegebenenfalls müssen Sie die Richtung umkehren. Schließen Sie mit **OK** ab.

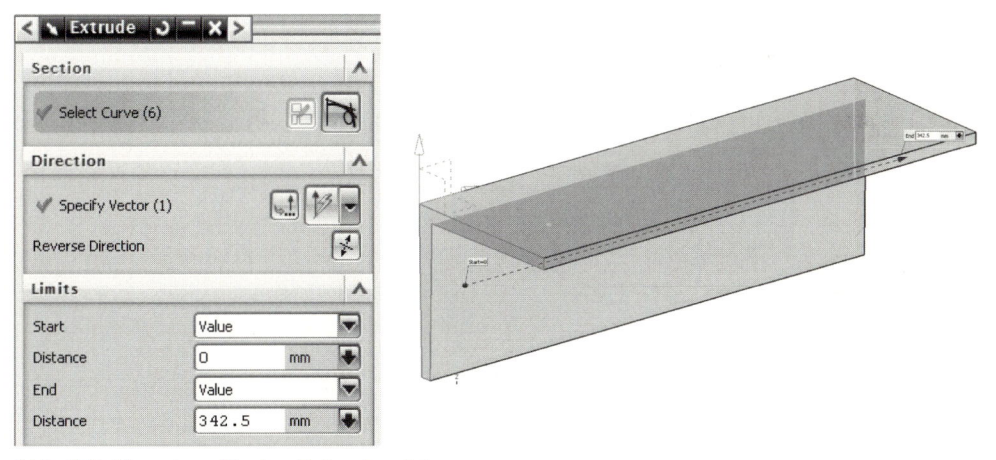

Abb. 7.5: Vorschau für den Extrusionskörper

Verschieben Sie den Sketch auf den Layer 2 und setzen den Layer 2 auf unsichtbar.

Arbeiten mit Planes

Zur Konstruktion der Versteifungsrippe und zur Spiegelung von Features über die Mitte werden Planes benötigt, die sich an definierten Positionen befinden.

Die Funktion **Datum Plane** ⬜ (alternativ: **Insert → Datum/Point → Datum Plane**) bietet die praktische Möglichkeit, Ebenen zu erzeugen, auf denen eine Skizze erstellt werden kann. Die Bezugsebenen können auch als Hilfe beim Erzeugen anderer Formelemente verwendet werden, wie Zylinder, Kegel, Kugeln, gedrehte Volumenkörper usw. Bezugsebenen helfen auch beim Erzeugen von Formelementen mit Winkeln, die nicht senkrecht zu den Flächen der Zielkörper verlaufen.

Es können zwei Arten von Bezugsebenen erzeugt werden:

- Relative Bezugsebenen — Eine relative Bezugsebene wird mit Bezug auf andere Objekte im Modell erzeugt.

- Feste Bezugsebenen — Feste Bezugsebenen nehmen nicht auf andere geometrische Objekte Bezug und werden durch diese nicht beschränkt.

Häufig verwendete Ebenentypen

	Inferred (Ermittelt)	Bestimmt je nach gewählten Objekten den am besten zu verwendenden Ebenentyp.
	Point and Direction (Punkt und Richtung)	Erzeugt eine Ebene ab einem Punkt in angegebener Richtung.
	On Curve (Auf Kurve)	Erzeugt eine Ebene, die tangential, normal oder binormal zu einem Punkt auf einer Kurve oder Kante ist.
	At Distance (Im Abstand)	Erzeugt eine Ebene parallel zu einer planaren Fläche oder einer anderen Bezugsebene in einem von Ihnen festgelegten Abstand.
	XYZC-XYZC Plane	Erzeugt eine feste Bezugsebene entlang der gewählten Achsen des Arbeitskoordinatensystems (WCS) oder des absoluten Koordinatensystems (ACS).
	At Angle (im Winkel)	Erzeugt eine Ebene unter Verwendung eines festgelegten Winkels.
	Bisector (Winkelhalbierende)	Erzeugt eine Ebene mittig zwischen zwei gewählten planaren Flächen oder Ebenen unter Verwendung der Winkelhalbierenden.

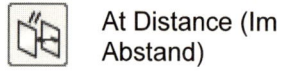

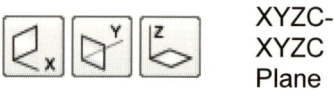

7.1 Modellieren eines Gussrohteils   221

| | Two Lines (Zwei Linien) | Erzeugt eine Ebene unter Verwendung von zwei vorhandenen Linien oder eine Kombination aus Linien, linearen Kanten, Flächenachsen oder Bezugsachsen. |

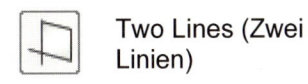

Ebenenorientierung

| | Alternate Solution (Alternative Lösung) | Diese Funktion zeigt alternative Lösungen zu der als Vorschau angezeigten Ebene. |
| | Reverse Plane Normal (Ebenennormale umkehren) | Kehrt die Richtung der Ebenennormale um. |

Konstruieren der Versteifungsrippe mit Formschrägen

Wählen Sie das Icon **Datum Plane** (alternativ: **Insert → Datum/Point → Datum Plane**). Im Bereich **Type** wählen Sie **Two Lines** aus und selektieren die jeweils innenliegenden Kanten. Nach 2 x Betätigen des Icons sollte Ihr Bildschirm wie folgt aussehen.

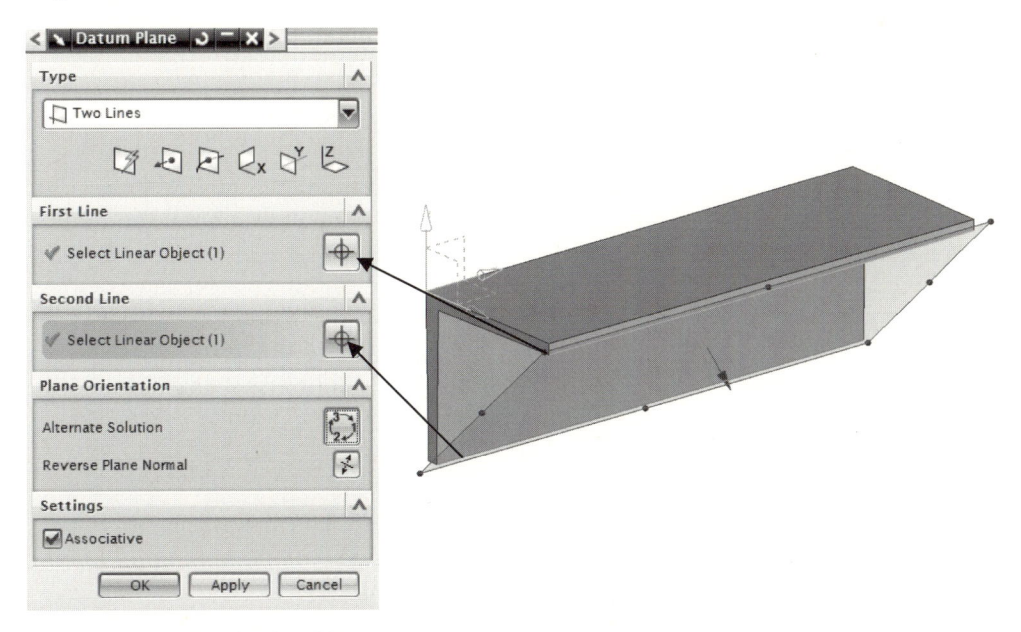

Abb. 7.6: Vorschau für den Plane

Öffnen Sie einen Sketch auf der neu erzeugten Ebene und skizzieren Sie unmaßstäblich die Versteifungsrippe. Bemaßen Sie die Versteifungsrippe wie Abb. 7.7 zeigt und beachten Sie die Contraints.

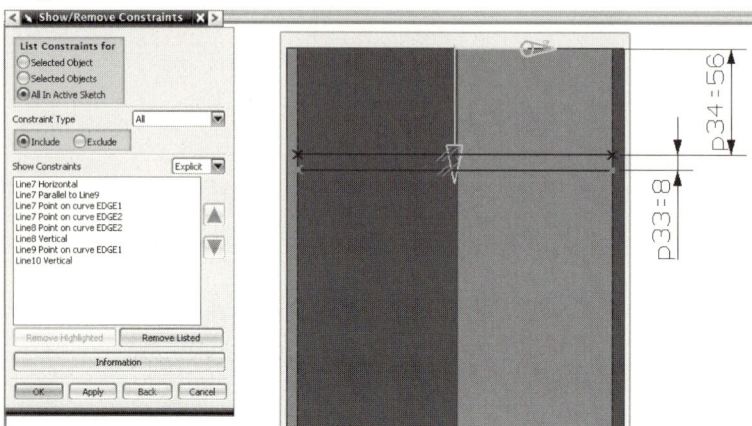

Abb. 7.7: Skizze Versteifungsrippe mit Bemaßung

Extrudieren Sie den erstellten Sketch und tragen als **End Limits Until Next** ein. Gegebenenfalls müssen Sie die Richtung umkehren. Stellen Sie die Option **Boolean** auf **Unite** und wählen den Winkel. Die Option **Draft** stellen Sie auf **From Section**, **Angle Option** auf **Multiple** und tragen folgende Winkel ein:

Angle 1: -1°

Angle 2: 0°

Angle 3: -1°

Angle 4: 0°

7.1 Modellieren eines Gussrohteils

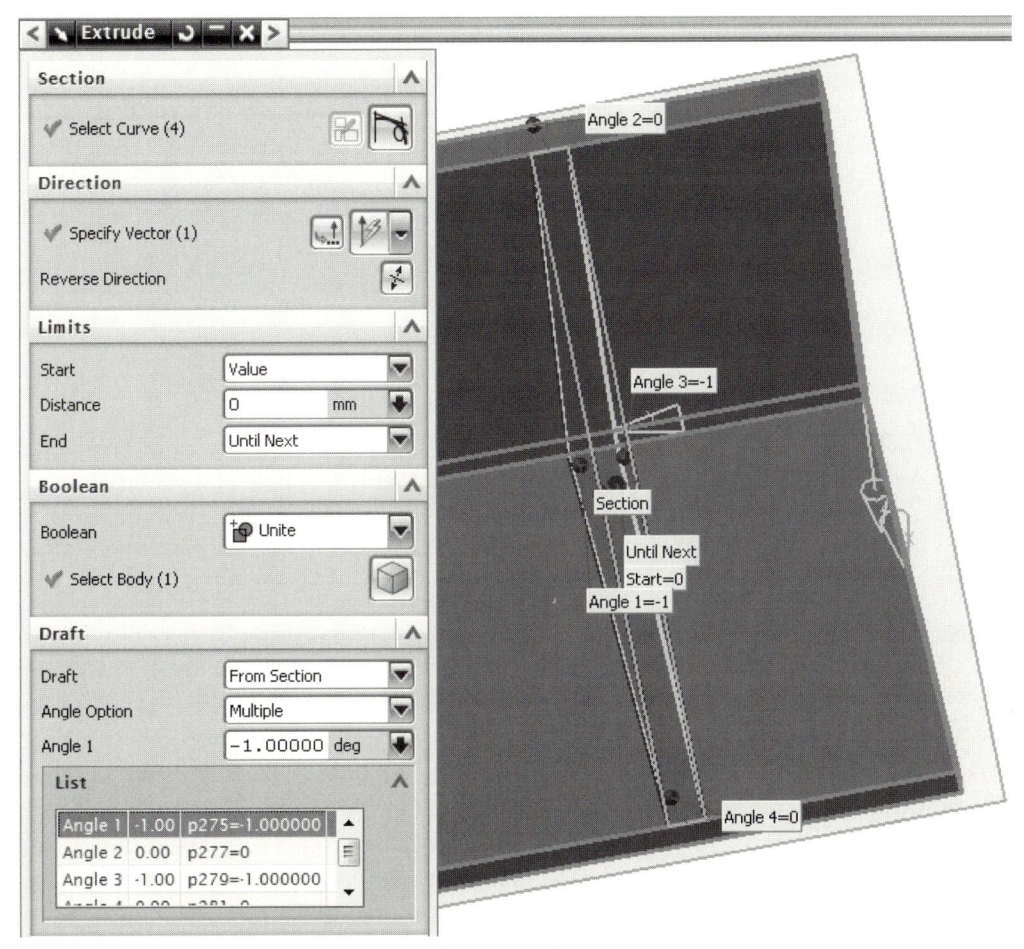

Abb. 7.8: Extrude Versteifungsrippe mit Winkelangaben

Die Funktion Draft ermöglicht ein konisches Austragen einer Skizze mit Angaben einzelner Winkel. Die erforderlichen Aushebeschrägen, die für die Konstruktion eines Gussteils relevant sind, werden durch die Eingabe der Winkel erzeugt.

Verschieben Sie den Sketch und den Plane auf den Layer 2.

Spiegeln der Versteifungsrippe über die Mitte

Wählen Sie das Icon **Datum Plane** (alternativ: **Insert → Datum/Point → Datum Plane**). Im Bereich **Type** wählen Sie **Bisector** aus und selektieren die stirnseitigen Flächen der Konsole.

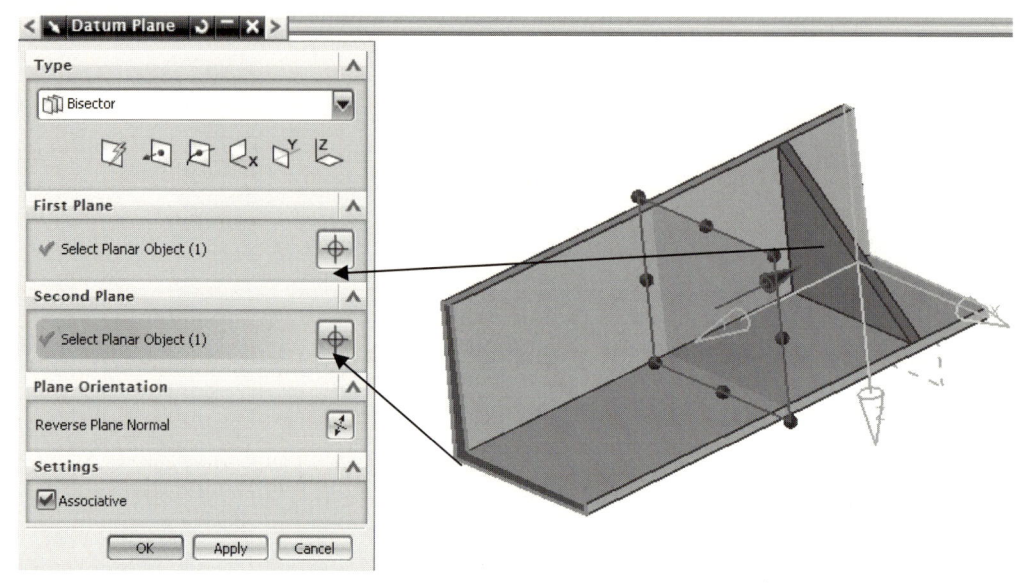

Abb. 7.9: Spiegeln Versteifungsrippe

Spiegeln Sie die Versteifungsrippe über der erzeugten Plane Mitte.

Erzeugen von Radien

Erzeugen Sie mit der Funktion **Edge Blend** den Radius **2.5** an allen außenliegenden Kanten und den Radius **5** an den innenliegenden Ecken.

Beachten Sie die Reihenfolge der zu erzeugenden Radien sowie die Einstellung **Tangent Curves**. Sollten Sie Fehlermeldungen bei der Erzeugung der Radien erhalten, zoomen Sie den Bereich und selektieren Sie die fehlenden Linien.

Alle Kanten und Ecken sollten jetzt mit Radien versehen sein.

Abb. 7.10: Gusskonsole mit Radien

Konstruieren der Aufsätze mit Formschrägen

Zur Befestigung der Konsole an einem weiteren Bauteil und der Befestigung des Zylinders an der Konsole, müssen Aufsätze auf den jeweiligen Ebenen angebracht

7.1 Modellieren eines Gussrohteils

werden. Die Aufsätze müssen zur Trennebene der Form konisch ausgeführt sein sowie einen Bearbeitungszuschlag aufweisen.

Es gibt mehrere Möglichkeiten, einen konischen Aufsatz zu konstruieren. Hierzu steht das **Feature Pad** (alternativ: **Insert → Design Feature → Pad**) zur Verfügung oder die Erzeugung eines neuen Planes. Auf dem Plane wird eine Skizze erstellt und diese dann ausgetragen. Die Ausführung mit der Skizze ist etwas aufwendiger, hat jedoch den Vorteil, die auszutragenden Ebenen mit verschiedenen Winkeln versehen zu können.

Wählen Sie das Icon **Datum Plane** (alternativ: **Insert → Datum/Point → Datum Plane**). Im Bereich **Type** wählen Sie **XC-YC plane** aus und geben als **Distance 5** mm ein.

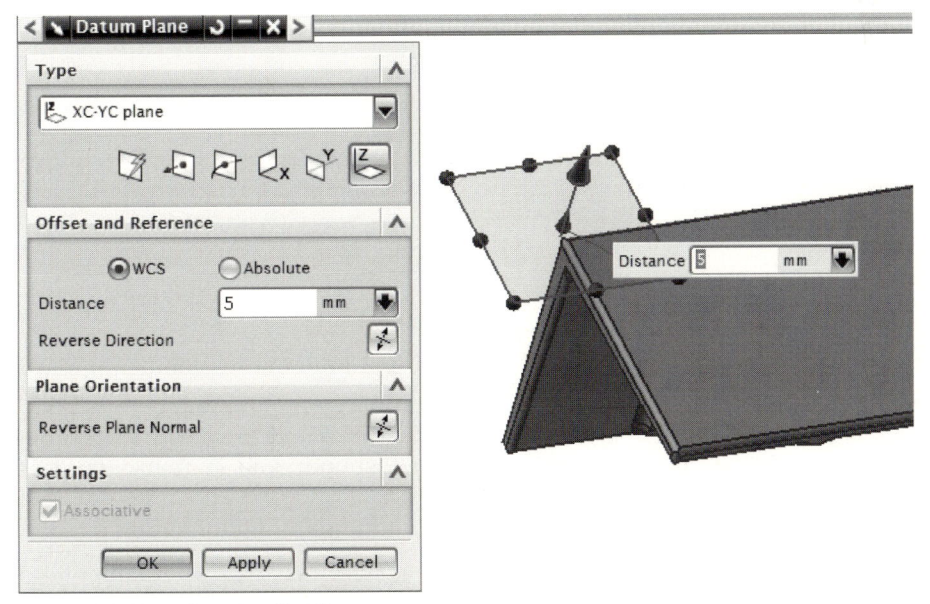

Abb. 7.11: Vorschau für die Plane

Öffnen Sie einen Sketch auf der neu erzeugten Ebene und skizzieren Sie unmaßstäblich den Aufsatz.

Bemaßen Sie den Aufsatz wie in Abb. 7.12 gezeigt.

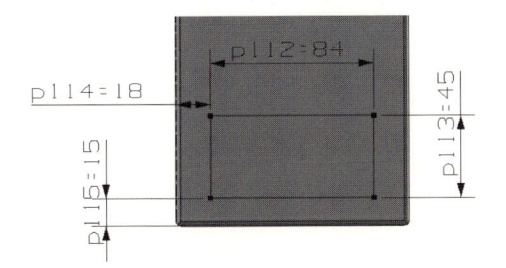

Abb. 7.12: Skizze Aufsatz mit Bemaßung

Extrudieren Sie den erstellten Sketch und tragen als **End Limits Until Selected** ein. Selektieren Sie die Oberfläche. Stellen Sie den **Boolean** auf **Unite** und wählen den Winkel. Die Option **Draft** stellen Sie auf **From Section**, **Angle Option** auf **Multiple** und tragen folgende Winkel ein:

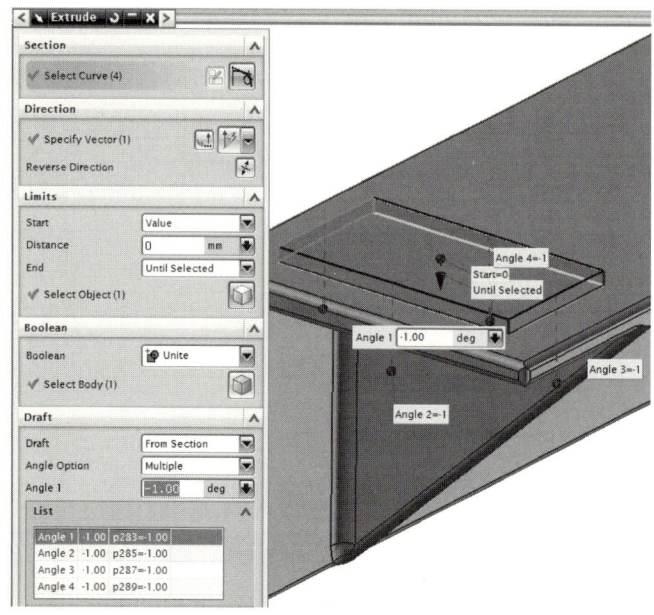

Angle 1: -1°
Angle 2: -1°
Angle 3: -1°
Angle 4: -1°

Abb. 7.13: Extrude Aufsatz mit Winkelangaben

Verschieben Sie den Sketch und den Plane auf den Layer 2.

Erzeugen Sie den weiteren Aufsatz mit den Abmessungen wie in Abbildung 7.14 dargestellt.

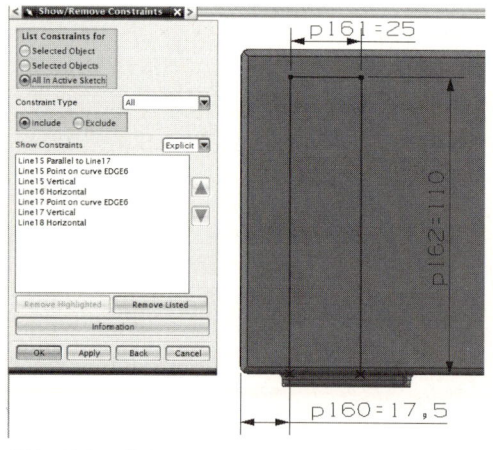

Achten Sie darauf, den neu erstellten Plane ebenfalls mit einem Offset von 5 mm zur ursprünglichen Fläche zu versehen, sowie auf die Constraints beim Konstruieren.

Extrudieren Sie den erstellten Sketch und tragen folgende Winkel ein:

Angle 1: -1°

Angle 2: -1°

Angle 3: -1°

Angle 4: 0°

Verschieben Sie den Sketch und den Plane auf den Layer 2.

Abb. 7.14: Skizze Aufsatz mit Bemaßung

7.1 Modellieren eines Gussrohteils 227

Erzeugen Sie mit der Funktion **Edge Blend** den Radius **2.5** an allen außenliegenden Kanten und innenliegenden Ecken an beiden Aufsätzen.

Die Gusskonsole sollte jetzt wie in Abbildung 7.15 dargestellt aussehen.

Abb. 7.15: Versteifungsrippe mit den Aufsätzen

Spiegeln der Aufsätze über die Mitte

Wählen Sie das Icon **Mirror Feature** (alternativ: **Insert → Associative Copy → Mirror Feature**). Selektieren Sie die beiden Aufsätze und achten auf den Haken bei **Add Dependent Features**. Als **Mirror Plane** selektieren Sie die vorher erstellte Plane Mitte.

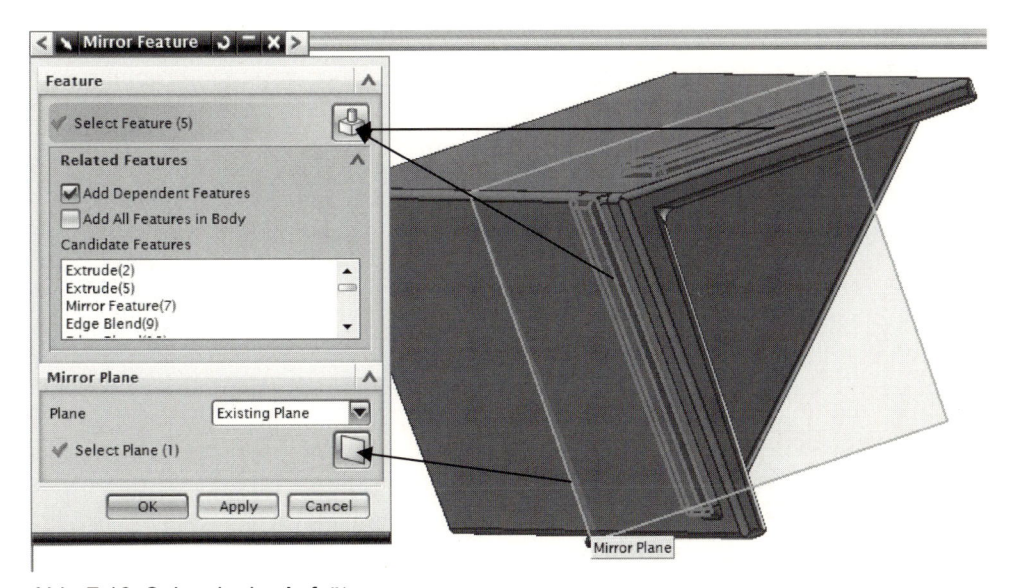

Abb. 7.16: Spiegeln der Aufsätze

7.2 Modellieren von Aussparungen am Gussrohteil

Bedingt durch die Wandstärken, die für das Gussteil nötig sind, hat die Konsole ein hohes Eigengewicht. In diesem Abschnitt sollen Sie geeignete Aussparungen vorsehen, so dass das Gewicht um ca. 30% verringert wird, ohne jedoch die Festigkeit der Konsole stark zu beeinträchtigen. Beachten Sie, dass für die zusätzlichen Aussparungen Kerne vorgesehen werden müssen. In der Praxis sollte vorher eine Kosten–Nutzen-Analyse durchgeführt, bzw. mit der zuständigen Gießerei das Vorgehen besprochen werden.

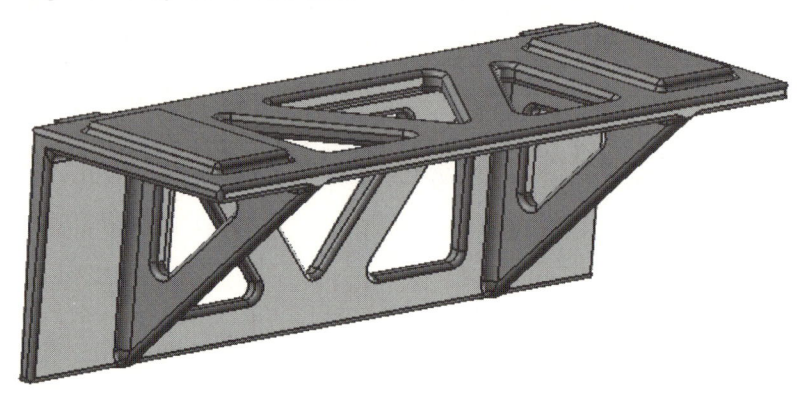

Abb. 7.17: Gusskonsole mit Aussparungen

Erzeugen Sie zuerst die Aussparung in der Versteifungsrippe. Die Abmessungen entnehmen Sie der Abbildung 7.18. Beachten Sie die Contraints. Extrudieren Sie die Aussparung durch beide Rippen. Versehen Sie die inneren Ecken mit einem Radius von **5** mm und die Kanten mit einem Radius von **2,5** mm.

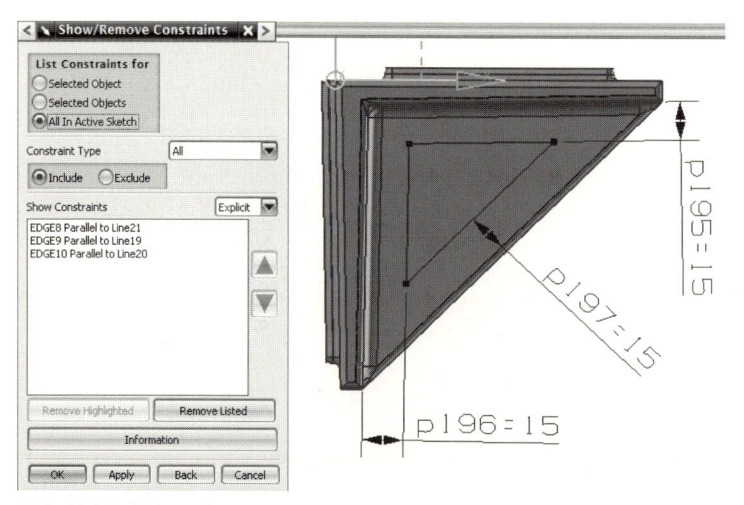

Abb. 7.18: Skizze für Aussparung Versteifungsrippe

7.2 Modellieren von Aussparungen am Gussrohteil

Nun konstruieren Sie die Aussparungen auf der Oberseite der Konsole. Erzeugen Sie zuerst die Skizze, dann extrudieren Sie diese. Beachten Sie die Constraints und die Mittellinie.

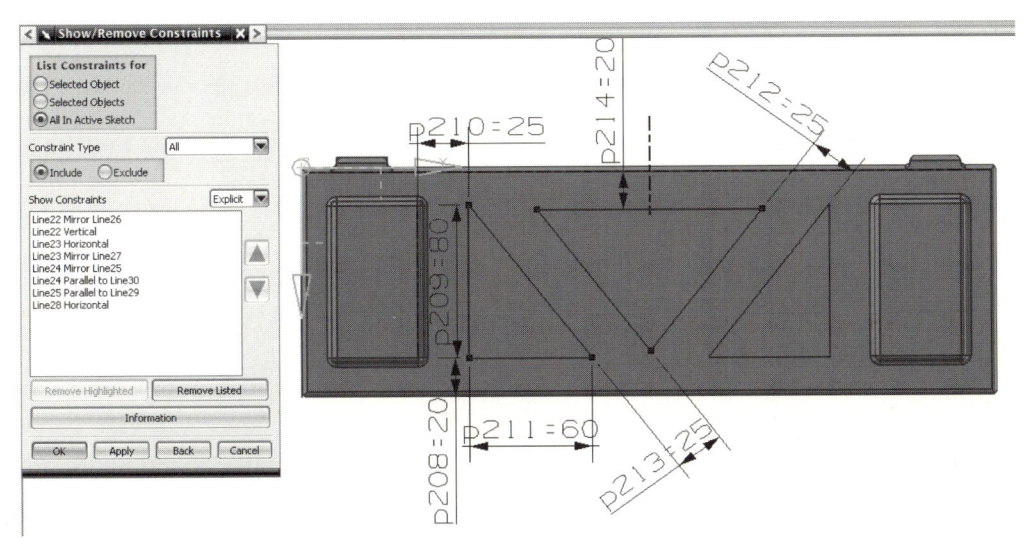

Abb. 7.19: Skizze für Aussparungen auf der Oberseite der Konsole

Versehen Sie die inneren Ecken mit einem Radius von **5** mm und die Kanten mit einem Radius von **2,5** mm.

Da beide Schenkel gleich lang sind und Sie zuerst die Aussparungen auf der Oberseite vorgenommen haben, können Sie jetzt die Aussparungen auf den anderen Schenkel spiegeln. Selektieren Sie das Feature **Mirror Feature** (alternativ: **Insert → Associative Copy → Mirror Feature**). Selektieren Sie die Aussparungen und setzen den Haken bei **Add Dependent Feature**.

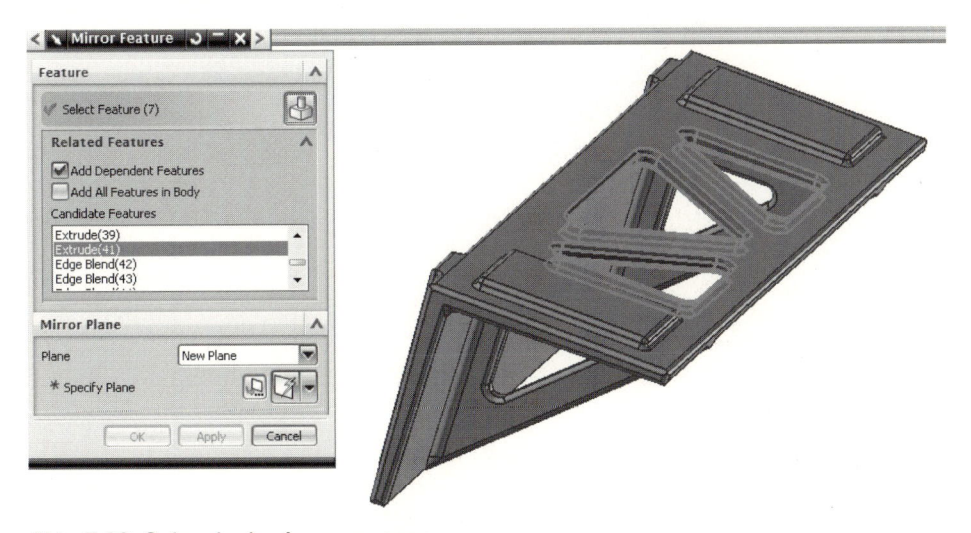

Abb. 7.20: Spiegeln der Aussparungen

Erzeugen Sie eine neue Plane, die es ermöglicht, die Aussparung um 45° zu spiegeln.

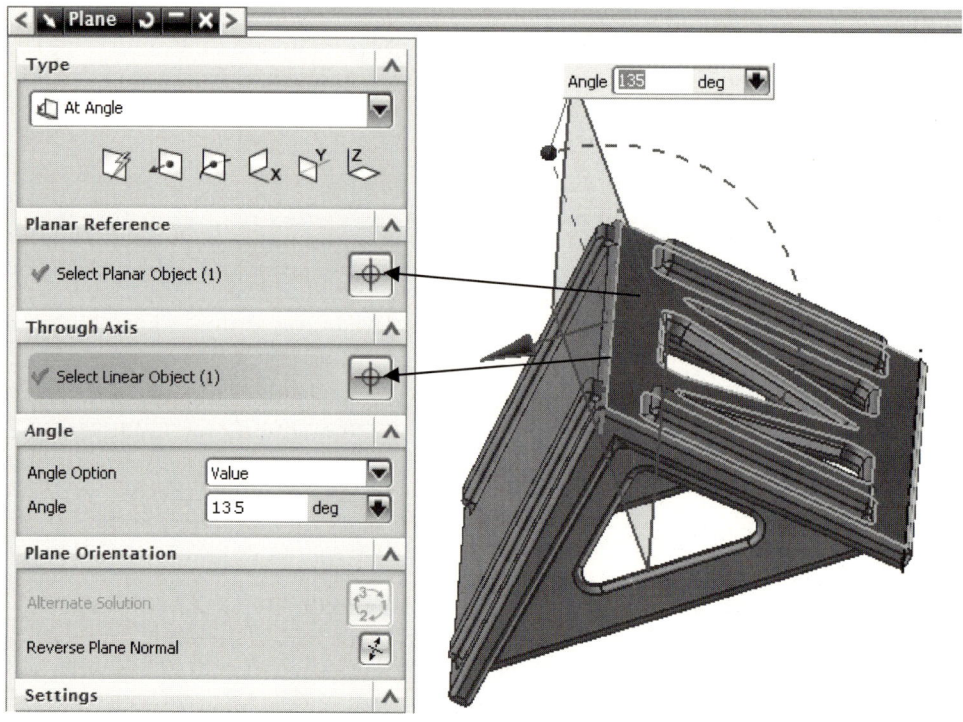

Abb. 7.21: Plane zum Spiegeln der Aussparungen

Nun haben Sie die Konstruktion des Rohteils der Gusskonsole abgeschlossen und die Konsole sollte wie in Abbildung 7.22 dargestellt aussehen.

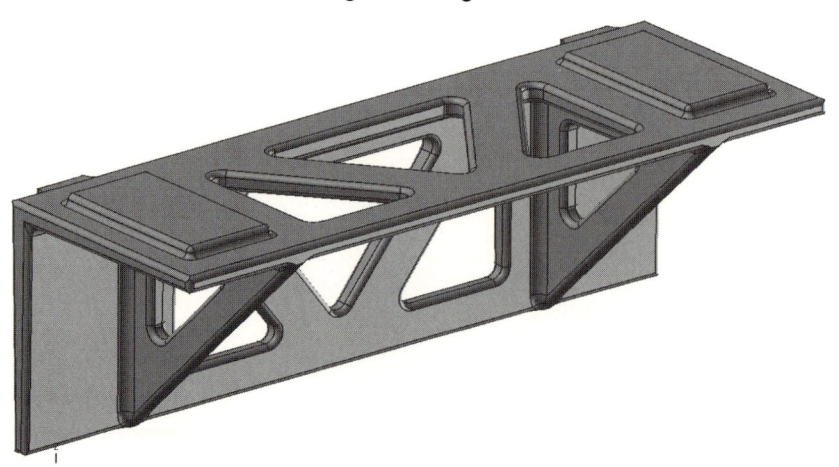

Abb. 7.22: Gusskonsole

7.3 Mechanische Bearbeitung am Gussrohteil

Das Rohteil der Gusskonsole ist fertiggestellt. In diesem Abschnitt werden Sie die mechanische Bearbeitung an dem Rohteil der Gußkonsole vornehmen. Ein Gussrohling hat meist unebene und nicht winklige Flächen. Eine Bearbeitung sollte dort stattfinden, wo andere Bauteile angeschraubt werden bzw. die Konsole an weiteren Bauteilen befestigt wird. Weiter müssen noch Befestigungs- und Gewindebohrungen vorgesehen werden. Die Zeichnung der bearbeiteten Gusskonsole sehen Sie unter Abbildung 7.24.

Hierzu lernen Sie ein neues Feature kennen, das von dem Ursprungsmodell eine Kopie erstellt und weitere Bearbeitungen oder Änderungen zulässt.

WAVE Geometrie-Linker

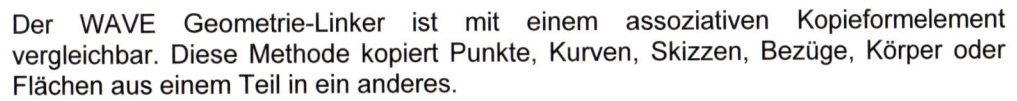

Der WAVE Geometrie-Linker ist mit einem assoziativen Kopieformelement vergleichbar. Diese Methode kopiert Punkte, Kurven, Skizzen, Bezüge, Körper oder Flächen aus einem Teil in ein anderes.

Änderungen an der übergeordneten Geometrie bewirken, dass ebenfalls deren assoziativ verbundene Geometrie automatisch aktualisiert wird.

Die Funktion stellt weitere Einstellungen zur Verfügung, um das Modell entsprechend anpassen zu können.

Associative: Hiermit wird das verbundene Formelement assoziativ zur Geometrie für übergeordnete Elemente gemacht, sodass es aktualisiert wird, wenn die übergeordnete Geometrie aktualisiert wird.

Hide Original: Hiermit wird, falls möglich, die Original-Geometrie ausgeblendet, wenn das verbundene Formelement erstellt wird. Sie kann nicht ausgeblendet werden, wenn es sich um die Kante eines Körpers handelt.

Fix at Current Timestamp: Hiermit wird angegeben, dass der Zeitstempel, an dem das Formelement platziert wird, "fest" sein soll. Das verbundene Formelement wird beim Hinzufügen oder Ändern von Formelementen nicht aktualisiert, wenn der Zeitstempel dieser Formelemente größer ist.

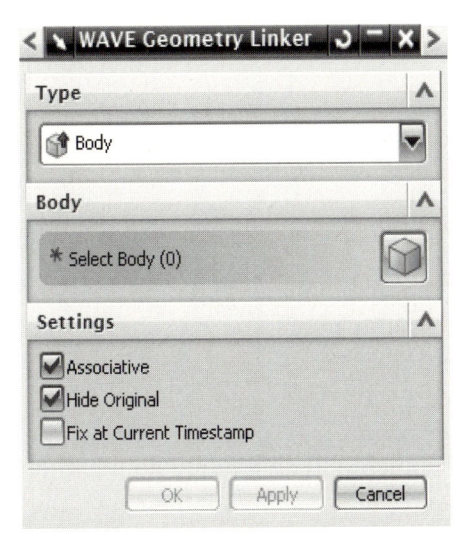

Abb. 7.23: Einstellungen WAVE Geometrie-Linker

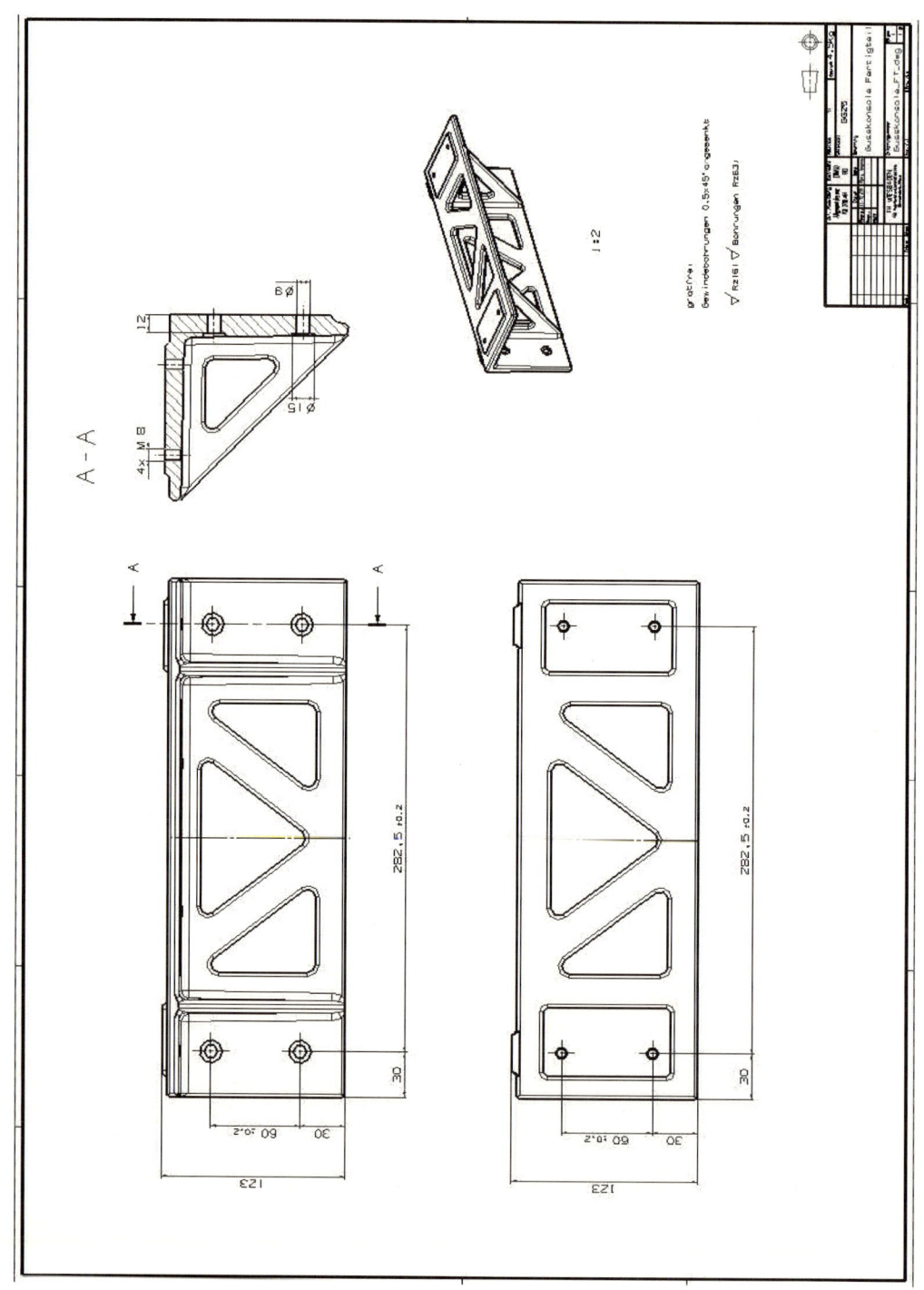

Abb. 7.24: Gusskonsole bearbeitet, Zeichnung

7.3 Mechanische Bearbeitung am Gussrohteil

Erzeugen Sie eine neue Datei mit dem Namen **Gußkonsole_bearbeitet**.prt. Wählen Sie das Template-File **Assembly** aus. Im Fenster **Add Component** wählen Sie die Datei **Gußkonsole_roh.prt** aus und schließen mit **OK**.

Wählen Sie das Feature **WAVE Geometrie-Linker** (alternativ: **Insert → Associative Copy → WAVE Geometry Linker**).

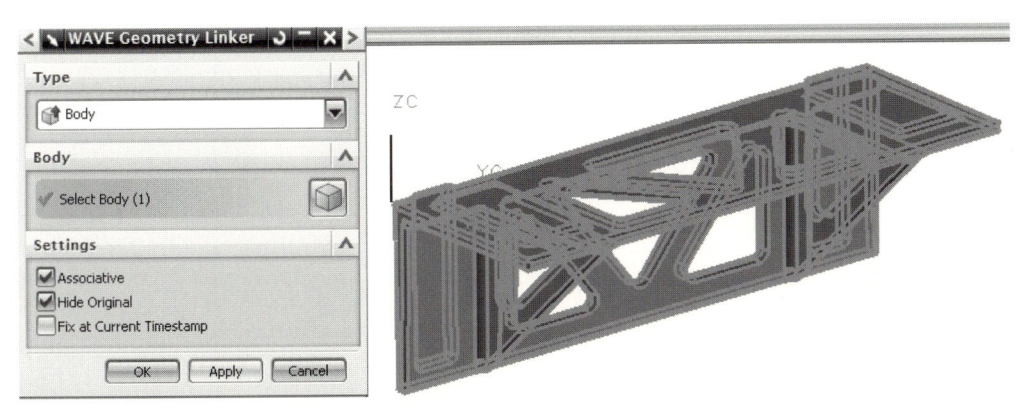

Abb. 7.25: Vorschau WAVE Geometry-Linker

Stellen Sie den **Type** auf **Body** und selektieren die Gusskonsole. Bei der Option **Settings** setzen Sie bitte die Haken auf **Associative** und **Hide Original**.

Nun haben Sie eine assoziative Verknüpfung zu dem Gussrohteil hergestellt. Änderungen, die an dem Gussrohteil vorgenommen werden, ändern auch gleichzeitig das verknüpfte Bauteil.

Bearbeiten der Befestigungsflächen

Erzeugen Sie einen **Sketch** auf dem Aufsatz und konstruieren eine **Linie** über die Aufsätze.

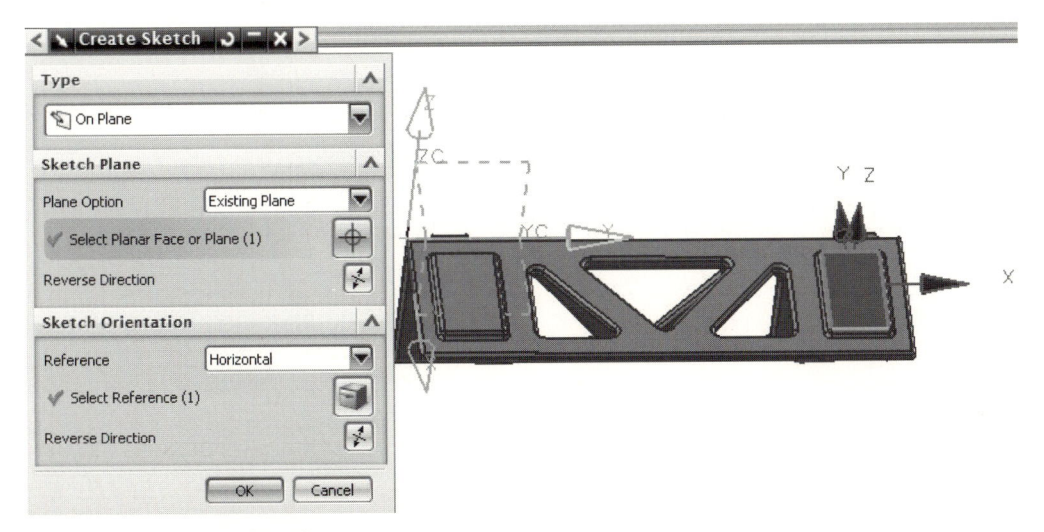

Abb. 7.26: Vorschau Sketch

Extrudieren Sie die Linie, so dass **2 mm** von den Aufsätzen abgetragen wird.

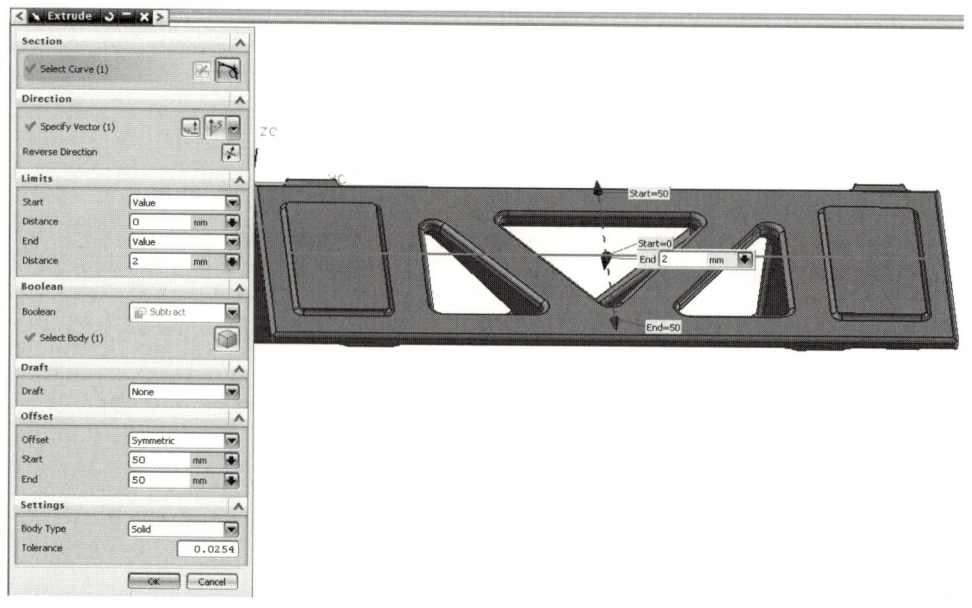

Abb. 7.27: Vorschau Extrude

Erzeugen Sie einen weiteren **Sketch** auf dem zweiten Schenkel. Beachten Sie jedoch, dass dieser Schenkel nicht rechtwinklig zum ersten Schenkel steht. Verwenden Sie nicht den Plane der abzutragenden Fläche, sondern den **ZC-YC Plane**. Verschieben Sie den **ZC-YC Plane** um **5 mm** und erzeugen eine **Linie**, die über die zwei Aufsätze reicht. Extrudieren Sie diese **Linie** wie vorher beschrieben.

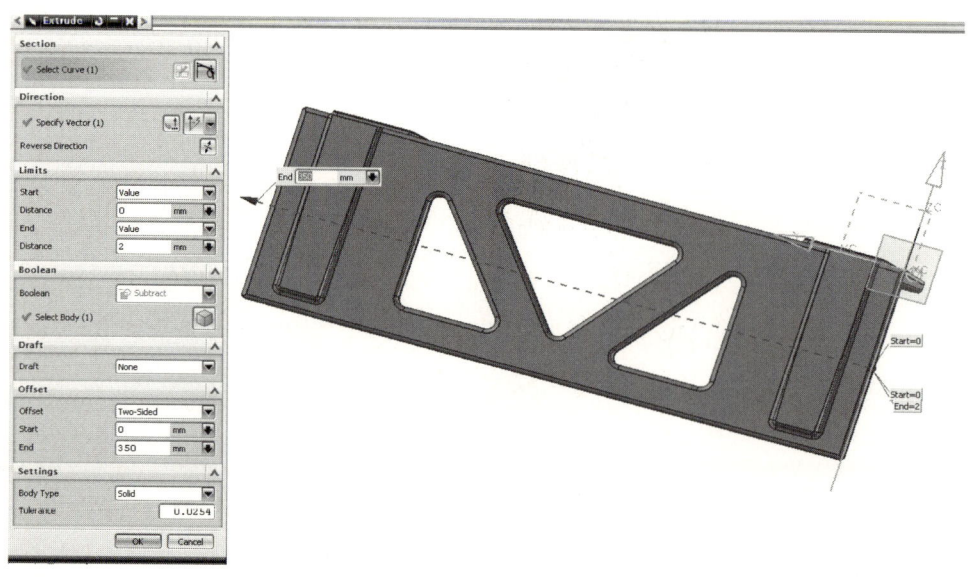

Abb. 7.28: Vorschau Extrude

7.3 Mechanische Bearbeitung am Gussrohteil

Erzeugen der Befestigungsbohrungen

Erzeugen Sie einen **Sketch** auf dem **YC-ZC Plane** mit einer **Distanz** von **12 mm**.

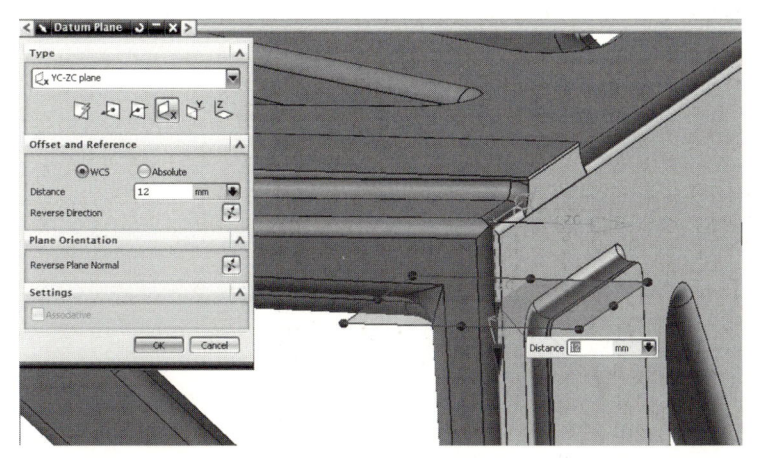

Abb. 7.29: Vorschau Plane

Erzeugen Sie **2 Punkte** und bemaßen Sie diese wie in Abbildung 7.30 dargestellt. Erstellen Sie an den beiden Punkten eine **Bohrung** entsprechend Abbildung 7.31.

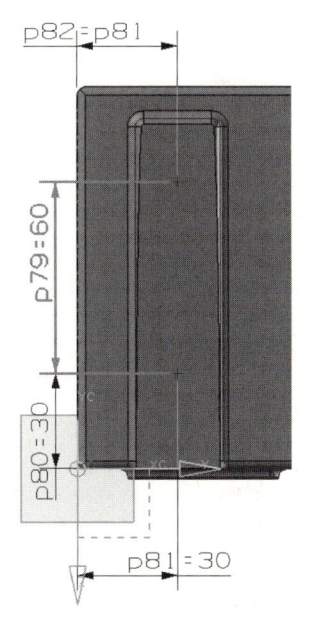

Abb. 7.30: Skizze mit Bemaßung

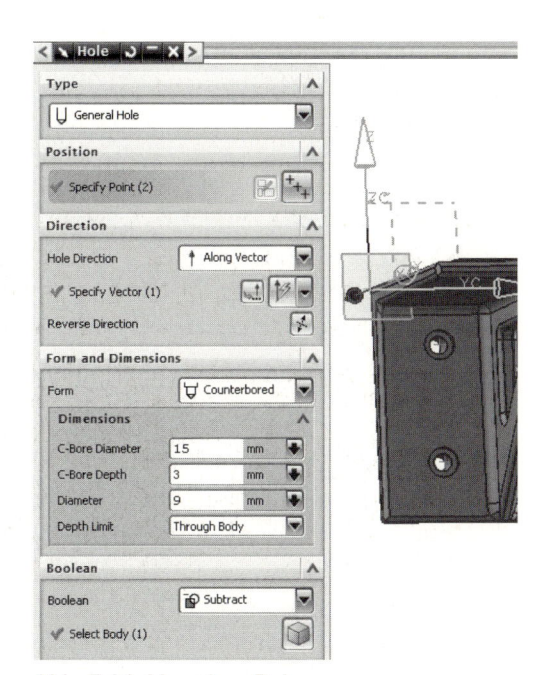

Abb. 7.31: Vorschau Bohrung

Nun erzeugen Sie noch **2 Gewindebohrungen M8** auf dem anderen Schenkel. Die Bemaßung entnehmen Sie der Abbildung 7.32.

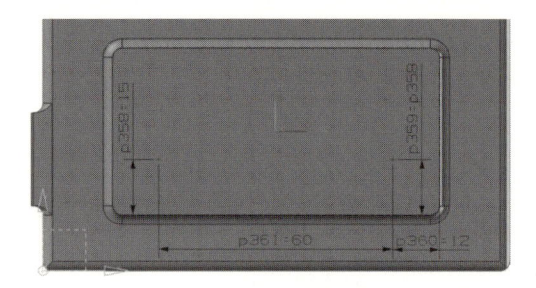

Abb. 7.32: Skizze mit Bemaßung

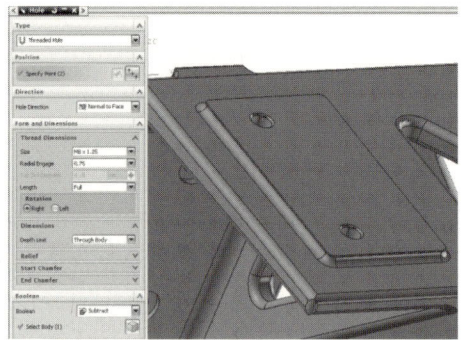

Spiegeln Sie jetzt noch die erstellten Befestigungsbohrungen über die Mitte. Die fertig bearbeitete Gußkonsole sollte jetzt wie folgt aussehen.

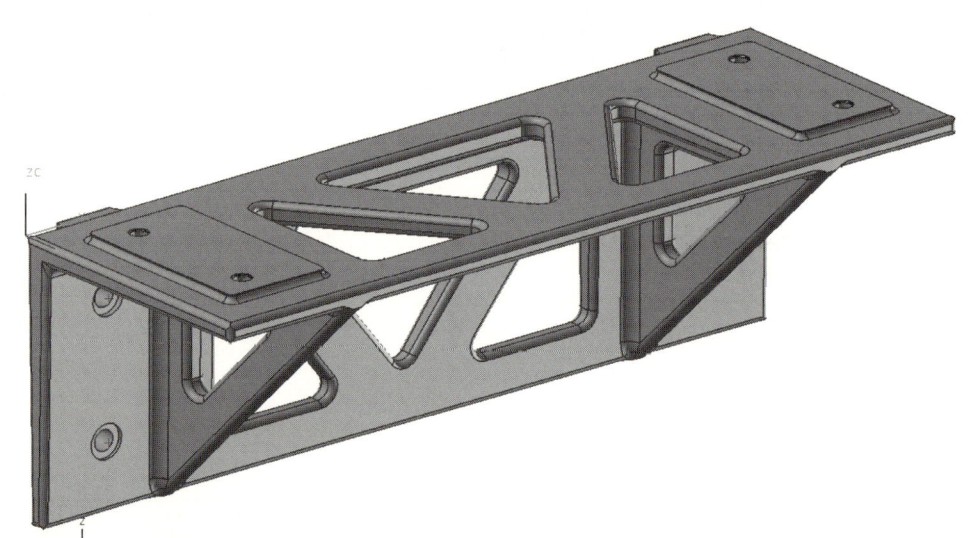

Abb. 7.33: Fertig bearbeitete Gusskonsole

Die Verwendung des Features **WAVE Geometry-Linker** erlaubt jetzt Änderungen am Gussrohteil vorzunehmen, mit gleichzeitiger Aktualisierung der fertig bearbeiteten Gusskonsole.

7.4 Assembly Zylinder und Gusskonsole

Im letzten Schritt erstellen Sie noch eine **Assembly,** in der Sie den Zylinder auf die Gusskonsole setzen. Die Vorgehensweise haben Sie schon in vorhergehenden Lektionen kennengelernt.

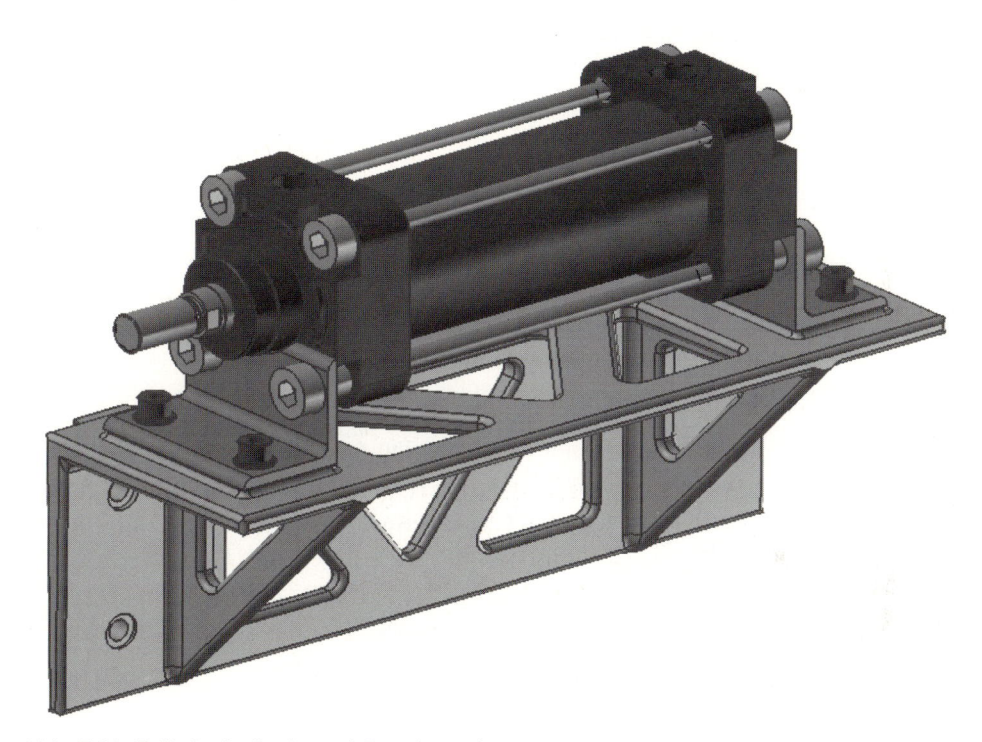

Abb. 7.34: Zylinder befestigt auf Gusskonsole

Herzlichen Glückwunsch!
Sie haben dieses Kapitel erfolgreich abgeschlossen.

8 Teilefamilien und Kaufteile

8.1 Arbeiten mit Teilefamilien

Um sich das wiederholte Modellieren von häufig verwendeten Teilen wie zum Beispiel Normteilen und Werknormteilen zu ersparen, ist es sinnvoll, diese zentral für alle Anwender zugreifbar abzulegen. Häufig handelt es sich bei derartigen Teilen zudem um geometrisch ähnliche Teile, das heißt Teile, die bei grundsätzlich gleicher Gestalt in unterschiedlichen Größenstufen vorliegen.

Solche Teile können in NX5 als Teilefamilie organisiert werden. Dabei wird für jede Teilefamilie ein Masterpart angelegt, das neben dem parametrischen Modell eine Tabelle mit den Parameterwerten der verfügbaren Ausführungen enthält. Existiert einmal ein gewünschtes Teil nicht, so kann die Zeile mit den benötigten Parameterwerten in die Tabelle nachgepflegt werden.

Dies setzt natürlich ein verantwortungsbewusstes Handeln beim Erstellen und Einpflegen der Normteile voraus. Weiter ist dafür Sorge zu tragen, dass sich in dieser Bibliothek nur Normteile befinden bzw. eingepflegt werden, die auch lagerhaltig zur Verfügung stehen. Dies bringt den Konstrukteur dazu, nur verfügbare Normkomponenten zu verwenden und die Teilevielfalt nicht ungesteuert zu erhöhen.

Eine Normteile-Bibliothek kann man natürlich auch fix und fertig käuflich erwerben, jedoch ist der Preis meist sehr hoch und selbst dann müssen noch Änderungen vorgenommen werden.

Erstellen eines Masterparts für eine Teilefamilie

Die Vorgehensweise für das Erstellen eines Masterparts wird am Beispiel einer einfachen Unterlegscheibe DIN 125 T1 Form A aufgezeigt:

Öffnen Sie zunächst ein neues Part mit dem Namen **Scheibe_DIN_125_T1_Form_A** (in einem Verzeichnis, das Sie für derartige Masterparts verabreden) und erzeugen Sie dann das Modell mit den Maßen der M10er Scheibe:

- Außendurchmesser   20 mm
- Innendurchmesser   10,5 mm
- Höhe   2 mm

Am sinnvollsten modellieren Sie die Unterlegscheibe mit den Operationen **Cylinder** und **Hole**.

8.1 Arbeiten mit Teilefamilien

Öffnen Sie dann mit **Tools → Expressions** das Fenster **Expressions**.

Lassen Sie sich alle Expressions anzeigen und wählen Sie dann die einzelnen Zeilen im Listbereich nacheinander aus. Sie können dann in der Zeile Name den automatisch vergebenen Parameternamen in eine Ihnen sinnvoll erscheinende Benennung ändern.

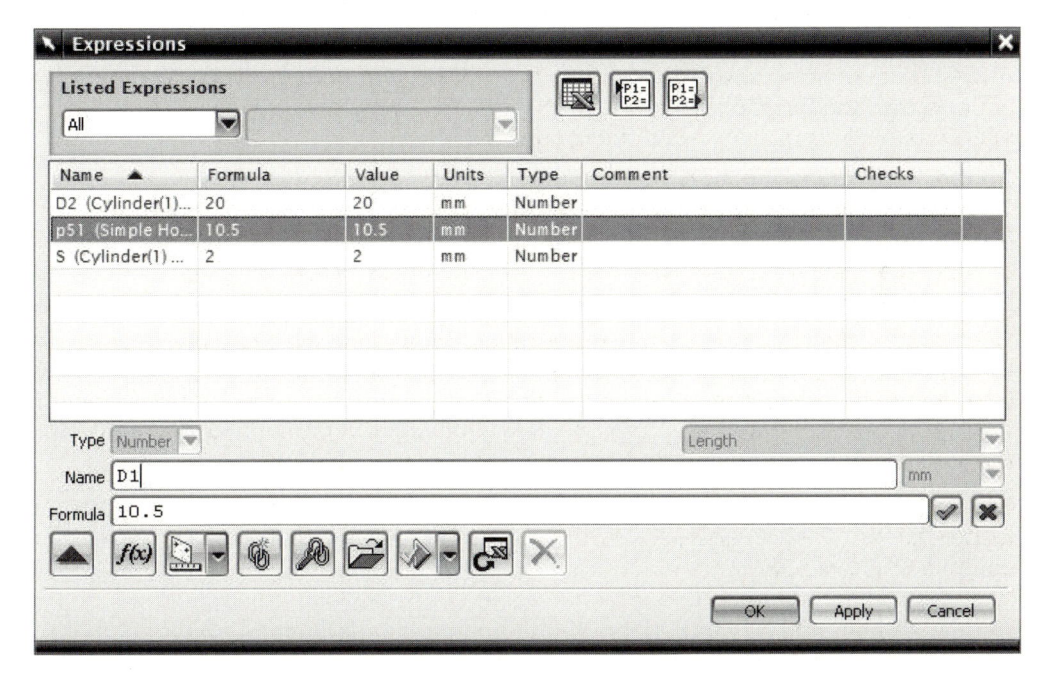

Abb. 8.1: Fenster Expressions

Im Beispiel von Abbildung 8.1 wird der Zylinderdurchmesser zu **D2**, der Lochdurchmesser zu **D1** und die Zylinderhöhe zur Scheibendicke **S**. Mit Betätigen der Enter-Taste wird die Veränderung der Benennung in die Liste übernommen.

Nachdem Sie nun die Bezeichnungen vergeben haben, wählen Sie:
Tools → Part Families.

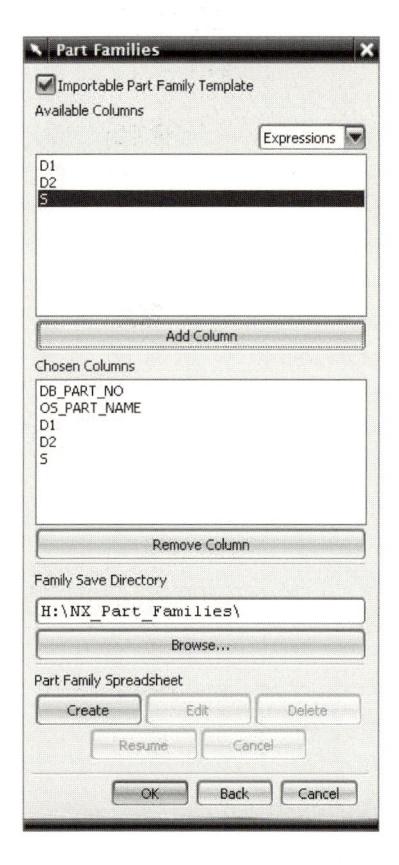

Im Bereich **Chosen Columns** sind die beiden Parameter

    DB_PART_NO

    OS_PART_NAME

bereits eingetragen, da davon ausgegangen wird, dass jedes Teil einer Teilefamilie eine Identnummer und eine Benennung erhalten muss.

Die übrigen Parameter, die Sie in die Steuertabelle übernehmen wollen, wählen Sie im oberen Bereich (**Available Columns**) aus und betätigen den Button **Add Column**.

Legen Sie dann noch ein Verzeichnis fest, in das die einzelnen Dateien der tabellengesteuert erzeugten Teile gespeichert werden sollen und betätigen Sie dann den Button Create.

Abb. 8.2: Fenster Part Families

Es öffnet sich nun das Tabellenkalkulationsprogramm Excel® mit einer vorgefertigten Tabelle, in der sich die zuvor selektierten Maße befinden.

Abb. 8.3: Tabelle der Part Family mit Default-Einträgen

8.1 Arbeiten mit Teilefamilien

Sie können nun die Tabelle nach Ihren Wünschen erweitern. Dabei ist zu beachten, dass jede Zeile für ein eigenständiges Part steht und durch die Vergabe von Nummer und Namen spezifiziert wird.

Die hier nur für drei Ausführungen ergänzte Tabelle zeigt das nachfolgende Bild.

	A	B	C	D	E	F
1	DB_PART_NO	OS_PART_NAME	D1	D2	S	
2	1	DIN 125 T1 - 10,5	10,5	20	2	
3	2	DIN 125 T1 - 13	13	24	2,5	
4	3	DIN 125 T1 - 15	15	28	2,5	
5						
6						
7						

Abb. 8.4: Tabelle der Part Family mit Einträgen für 3 Ausführungen

Speichern Sie dann Ihre Eintragungen unter Excel® mit **Part Families → Save Family**.

> **Hinweis:**
>
> Diese Excel® Tabelle ist nunmehr direkt in die Datei des Masterparts eingebettet.

Nach Betätigen von **Save Family** schließt sich das Excel®-Fenster. Das Fenster **Part Family** können Sie dann auch mit **OK** schließen.

Einfügen eines Teils einer Teilefamilie in eine Baugruppe

Haben Sie bis hierher alles richtig gemacht, dann können Sie alle Ausführungen Ihrer Teilefamilie verwenden.

Wenn Sie eine Unterlegscheibe in eine Baugruppe einfügen möchten, dann gehen Sie wie folgt vor:

Wählen Sie in der Baugruppe **Add Existing Component**.

Im Fenster **Select Part** wählen Sie das Masterpart Ihrer Teilefamilie aus und betätigen **Apply**. NX5 erkennt, dass es sich um ein Masterpart einer Part Family handelt und bietet Ihnen im folgenden Fenster **Choose Family Member** die zur Auswahl stehenden Ausführungen an. Im Bereich **Matching Members** wählen Sie die gewünschte Ausführung und bestätigen mit **OK**.

Der weitere Ablauf ist Ihnen inzwischen sicher bekannt.

> **Achtung:**
>
> Beim Einbauen einer Ausführung in eine Baugruppe wird immer ein Partfile dieser Ausführung in den zuvor festgelegten Ordner abgelegt. Das bedeutet, dass sich im Laufe der Zeit eine große Menge von Partfiles in diesem Ordner befinden kann.
>
> Ferner ist zu beachten, dass beim Löschen eines dieser Partfiles auch die Baugruppe, in der es verwendet wurde, unbrauchbar wird.

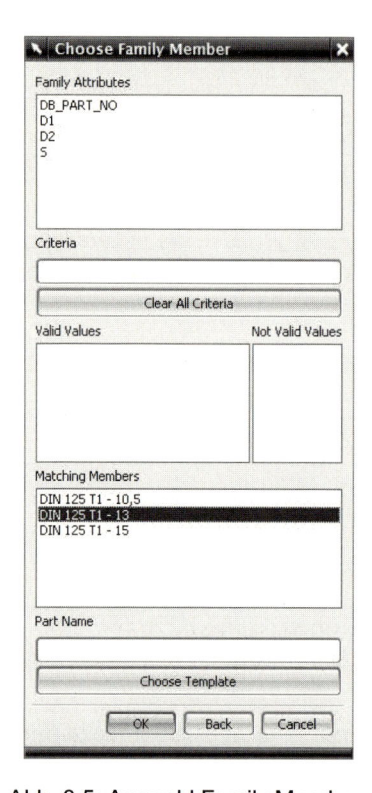

Abb. 8.5: Auswahl Family Member

Erzeugen von einzelnen Part Files

Wenn Sie unabhängig vom Zeitpunkt der Verwendung in einer Baugruppe die eigenständigen Part Files einzelner Ausführungen erzeugen möchten, können Sie das auch aus der Excel®-Anwendung heraus tun:

Im Masterpart **Scheibe_DIN_125_T1_Form_A** wählen Sie **Tools → Part Families...
→ Edit** und markieren dann die komplette Zeile der Ausführung, von der Sie ein Part erzeugen möchten. Anschließend wählen Sie in Excel® **Part Families → Create Parts**.

Daraufhin wird das eigenständige Part File erzeugt und zwar in dem Verzeichnis, das Sie zuvor festgelegt haben.

8.2 Beschaffen von Norm-, Wiederhol- und Zukaufteilen

Neben dem Arbeiten mit Teilefamilien bietet das Internet eine weitere Möglichkeit, insbesondere bei der Verwendung von Norm-, Wiederhol- und vor allem Zukaufteilen unnötigen Modellieraufwand zu vermeiden. Auf zahlreichen Websites werden CAD-Modelle zum Download angeboten, das heißt, bereits fertigerzeugte 3D-Modelle können nach einer Registrierung kostenfrei heruntergeladen werden.

Das Spektrum an Downloadteilen ist immens und reicht von der metrischen Schraube bis hin zu Dichtringen. Hier eine kleine Auswahl an empfehlenswerten Internetseiten für den Download von 3D-Modellen:

Firmen-Websites:
www.simrit.de
www.festo.de

Internetplattformen:
www.traceparts.com
www.cad.de
www.traceparts.de
www.3dcontentcentral.de

Im Bereich der zum Downlaod angebotenen 3D-Modelle sind die IGES- oder STEP-Dateien, die derzeitig am weitesten verbreiteten Formate von 3D-Modellen, welche im Folgenden genauer erläutert werden.

Downloadteile werden in der Regel in sogenannten neutralen Datenformaten angeboten. Das seit Jahren am häufigsten genutzte neutrale Datenformat für den Austausch von Daten zwischen CAx-Systemen ist das IGES-Format (**I**nitial **G**raphics **E**xchange **S**pecification). Die Anwendung reicht von traditionellen, zweidimensionalen Zeichnungen bis hin zu dreidimensionalen Modellen für Simulationen oder Fertigung.

Eine IGES-Datei überträgt 3D-Kantenmodelle, Freiformflächen bis 3. Grades, Zeichnungen, textuelle Ergänzungen und Farben. Eine Übertragung von Solids, Features und Toleranzen ist jedoch nicht möglich.

Eine Alternative zu IGES ist das sehr viel jüngere STEP-Format (**ST**andard of the **E**xchange of **P**roduct model Data). Es dient dem Austausch aller Produktinformationen im gesamten Produktlebenszyklus. Das heißt, STEP ist ein Standard zur Beschreibung von Produktdaten. Die Spezifikation umfasst neben den physischen auch funktionale Aspekte eines Produktes und ist formal in dem ISO – Standard 10303 definiert. Ein typischer Einsatz von STEP-Dateien sind die verschiedenen Anwendungsbereiche bzw. -systeme wie beispielsweise CAD, CAM, PDM, DMU und CAE. Hierfür werden sogenannte Applikationsprotokolle zur Verfügung gestellt, wie z.B.

- AP 203 (allg. Maschinenbau)
- AP 214 (Core data for automotive mechanical design processes)
- AP 218 (Ship structures)
- AP 233 (Systems engineering data representation)
- AP 236 (Furniture product data and project data)

Das STEP-Format überträgt 3D-Kantenmodelle, Solids, Zeichnungen, Farben, Features, Toleranzen.

Hinweis: Dabei ist aber zu beachten, dass die Menge der übertragenen Daten von der Implementierung der Schnittstellen in den einzelnen Systemen abhängt. Da die Schnittstellen erst in Teilen international genormt sind, wird zurzeit in vielen Systemen nur die Übertragung von 3D-Geometrien (Solids und Flächen) unterstützt.

In den folgenden Kapiteln werden am Beispiel eines Kolbendichtrings bzw. Nutrings mehrere Möglichkeiten aufgezeigt, um fertigerzeugte 3D-Modelle herunterzuladen und anschließend in eine Baugruppe von NX5 einzupflegen.

8.3 Download von 3D-CAD-Modellen aus dem Internet

1. Variante: Kolbendichtring bzw. Nutring downloaden

Rufen Sie mit einem Browser die Internetseite www.simrit.de auf, anschließend öffnet sich die Startseite der Firma SIMRIT. Das Unternehmen SIMRIT gehört zur Freudenberg-Gruppe und ist zugleich ein Spezialist für industrielle dichtungs- und schwingungstechnische Anwendungen. Zudem bietet SIMRIT einen Download Service an, bei dem fertigerzeugte 3D-Modelle kostenfrei heruntergeladen werden können.

Hierzu bitte auf der Startseite, in der aufgezeigten Reihenfolge (Abb. 8.6: SIMRIT CAD Download Service) vorangehen. **Service ➔ CAD Service ➔ CAD Download Service.** Sie werden nun automatisch zum Download Server geführt.

Auf der jetzigen Seite (Abb. 8.7: Login / Account), muss (wenn nicht bereits vorhanden) ein **„Account bzw. eine Registrierung"** für den späteren Teiledownload erstellt werden.

Hinweis: Das Erstellen von Zugangsdaten ist notwendig, da ansonst keine 3D-Modelle heruntergeladen werden können. Bitte beachten Sie auch die jeweilige Ländersprache oben in der Mitte (**DE**), welche blau hinterlegt ist.

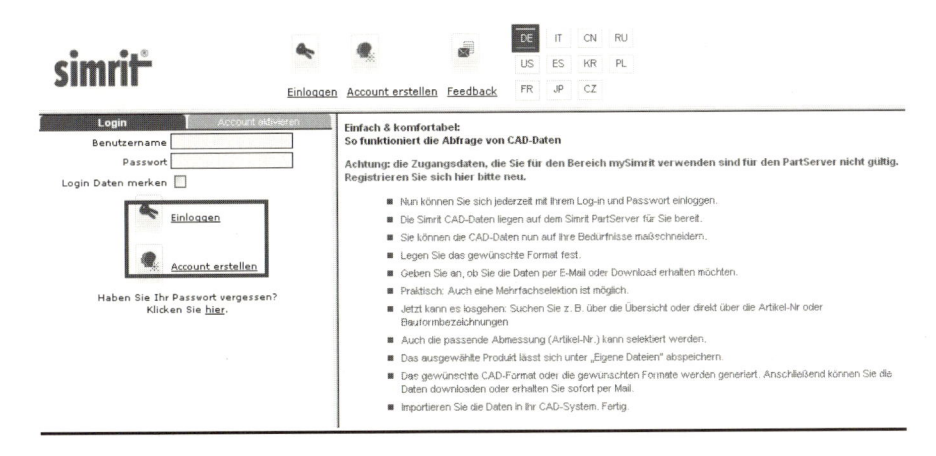

Abb. 8.6: SIMRIT CAD Download Service

Abb. 8.7: Login / Account erstellen

246   8 Teilefamilien und Kaufteile

Nach erfolgreicher Registrierung bzw. Login mit den frisch erstellten Zugangsdaten, wird nun wie folgt fortgefahren. Die Abbildung 8.8: Pfad / NAP 300 – Nutring, zeigt das Startbild und zugleich den bereits ausgewählten Pfad zu einem Dichtring.

Simrit → Dichtungen für die Fluidtechnik → Pneumatikkomponenten → Kolbendichtungen → Nutring → NAP 300 – Nutring

Jetzt kann innerhalb der rechten Tabelle, mit dem Icon Pfeil ⊡ der Nutring mit der Artikelnummer 406408 in Zeile 5 auswählt werden.

Zeile	IDNR Identnummer	ARTIKELNR Artikel-Nr.	DN [mm]	DN1 dN [mm]	DFMIN [mm]	DKMIN [mm]	H [mm]	L [mm]
1		432441	25	17	24.8	24.0	5.5	6.0
2		433688	32	24	31.7	30.5	5.5	6.0
3		433689	40	30	39.7	38.5	7.0	7.5
4		406396	50	40	49.6	48.5	7.0	7.5
5		406408	63	53	62.6	61.5	7.0	7.5
6		406412	80	68	79.6	78.5	8.5	9.5
7		433761	100	88	99.5	98.0	8.5	9.5
8		406415	125	110	124.3	123.0	10.0	11.0

Abb. 8.8: Pfad / NAP 300 - Nutring

In einer Einzelansicht kann nochmals anhand einer Zeichnung und Tabelle, die entsprechenden Dimensionen für Nutgrund und Dichtring abgeglichen werden.

Artikel Einzelansicht

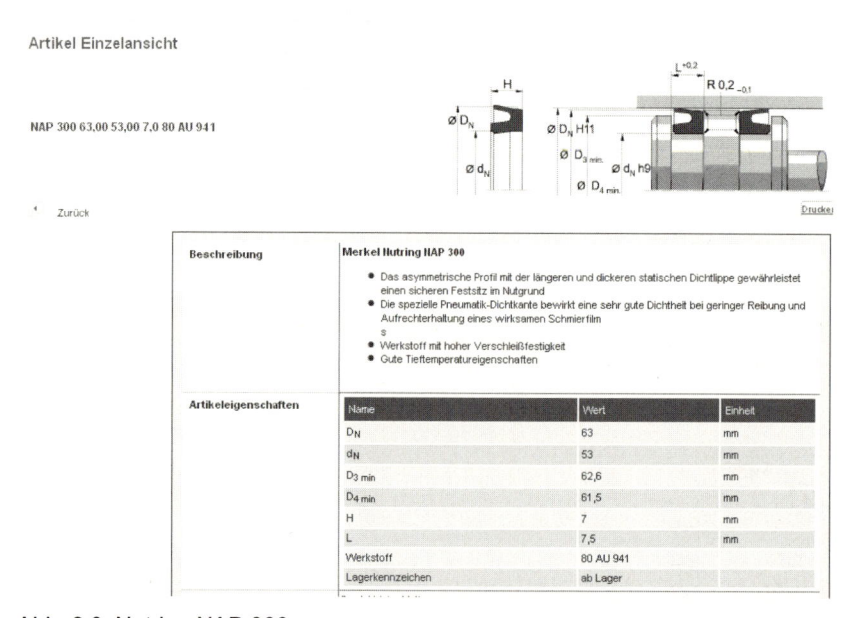

NAP 300 63,00 53,00 7,0 80 AU 941

Zurück   Drucken

Beschreibung	Merkel Nutring NAP 300
	• Das asymmetrische Profil mit der längeren und dickeren statischen Dichtlippe gewährleistet einen sicheren Festsitz im Nutgrund
	• Die spezielle Pneumatik-Dichtkante bewirkt eine sehr gute Dichtheit bei geringer Reibung und Aufrechterhaltung eines wirksamen Schmierfilms
	• Werkstoff mit hoher Verschleißfestigkeit
	• Gute Tieftemperatureigenschaften

Artikeleigenschaften	Name	Wert	Einheit
	D_N	63	mm
	d_N	53	mm
	$D_{3\,min}$	62,6	mm
	$D_{4\,min}$	61,5	mm
	H	7	mm
	L	7,5	mm
	Werkstoff	80 AU 941	
	Lagerkennzeichen	ab Lager	

Abb. 8.9: Nutring NAP 300

8.3 Download von 3D-CAD-Modellen aus dem Internet

Nach der Selektion des Nutringes, teilt sich die Bildschirmansicht, so das rechts oben ein Auswahlfenster wie in Abb. 8.10: Auswahlfenster zu sehen ist. Für die weitere Vorgehensweise wählen Sie **Format – Auswahl und Teile – Download** und betätigen die linke Maustaste.

Im neuen Fenster besteht nun die Möglichkeit, das gewünschte Format auszuwählen. Die Auswahl zwischen 2D, 3D und deren verschiedenen Formaten geschieht innerhalb der roten Umrandung von Abb. 8.6: Format wählen. Nachdem der grüne Punkt jetzt auf 3D gesetzt und das Format IGES selektiert wurde, kann abschließend der Icon **Doppelpfeil** betätigt werden.

Abb. 8.10: Auswahlfenster

Das gewählte 3D-Modell im entsprechenden Format wird nun auf die rechte Seite übernommen (Abb. 8.12: Aktion ablegen) und als ausgewähltes Format aufgelistet. Nun müssen Sie in der Spalte Type den Icon **Diskette** anwählen, damit die Datei zunächst generiert und in den virtuellen Simrit-Ordner **Eigene Dateien** übernommen wird.

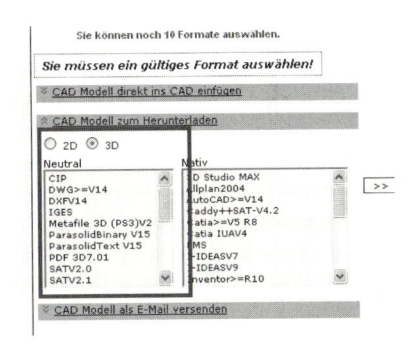

Abb. 8.11: Format wählen

Abb. 8.12: Aktion ablegen

Abschließend betätigen Sie in der Spalte Herunterladen erneut das Icon **Diskette**, aber diesmal innerhalb des Simrit Ordners **Eigene Dateien**. Hierzu beachten Sie bitte Abbildung 8.13: Eigene Dateien.

Abb. 8.13: Eigene Dateien

Durch das Anklicken öffnet sich nun folgendes Fenster. Wie in der Abbildung 8.14 Datei speichern aufgezeigt, setzen Sie den grünen Punkt auf **Datei speichern.** Die komprimierte ZIP-Datei wird jetzt vom Download Server der Fa. Simrit heruntergeladen und auf Ihrem Desktop abgelegt.

Abb. 8.14: Datei speichern

Info: Für die spätere Verwendung der IGES-File, ist ein vorheriges Entpacken der ZIP-Datei notwendig!

2. Variante: Kolbendichtring bzw. Nutring downloaden

Als erstes müssen Sie die Internetseite www.traceparts.com aufrufen und anschließend über die Länderflagge links oben die jeweilige Ländersprache auswählen.

Wie in der Abbildung 8.15 Startseite aufgezeigt ist die orangefarbene Schrift **Zur TraceParts Online CAD-Bibliothek** anzuwählen.

Abb. 8.15: Startseite

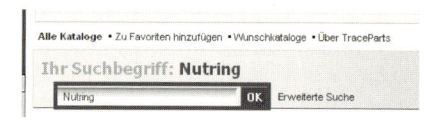

Abb. 8.16: Suchbegriff

Als Suchbegriff geben Sie jetzt **Nutring** ein und betätigen die Schaltfläche mit OK.

8.3 Download von 3D-CAD-Modellen aus dem Internet

Die Auflistung der Suchergebnisse müsste anschließend wie in Abbildung 8.17: Suchergebnisse aussehen. Für ein weiteres Fortfahren müssen Sie jetzt mit der linken Maustaste rechts unten die Schrift **ZURCON Nutring PUA und Sealing Parts RSE** anwählen.

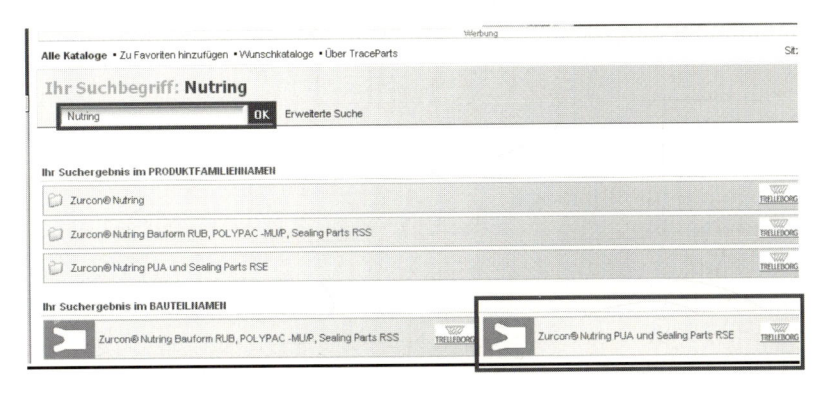

Abb. 8.17: Suchergebnisse

Das Fenster auf dem Bildschirm wechselt jetzt sein Aussehen, der Kolben und die Hülse sind im Halbschnitt sichtbar, somit dient die Zeichnung als Hilfestellung und soll die relevanten Einbaumaße für Nutgrund und Nutring besser veranschaulichen. Für die Auswahl der richtigen Nutringgröße muss die **Auswahl aufgrund „Bestell-Nr."** auf **„Bohrungs-Ø"** umgestellt werden.

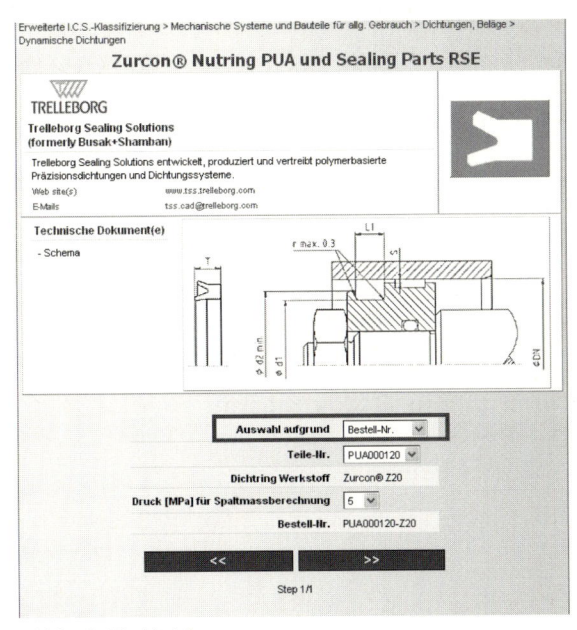

Abb. 8.18: Nutring

Nun konfigurieren Sie den Nutring wie in Abbildung 8.19 dargestellt. Danach verwenden Sie folgende Eingabedaten:

- **Bohrungs-∅ DN H9 [mm]:** 63
- **Nut-Abmessungen:** 63 x 53 x 7
- **Druck [Mpa] für Spaltmaß-abmessung:** 5

Der Nutring ist jetzt entsprechend konfiguriert. Um nun auf die nächste Seite zu gelangen, betätigen Sie das rechte Icon **Doppelpfeil**.

Abb. 8.19: Nutring auswählen

Im nächsten Schritt können Sie zwischen verschiedenen Formaten wählen. In unserem Anwendungsfall wählen wir wie in Abbildung 8.20 das Format **3D IGES** aus.

Erneut betätigen Sie mit der linken Maustaste das Icon **>>Teil in den Caddy legen"**, um auf die Folgeseite zu gelangen.

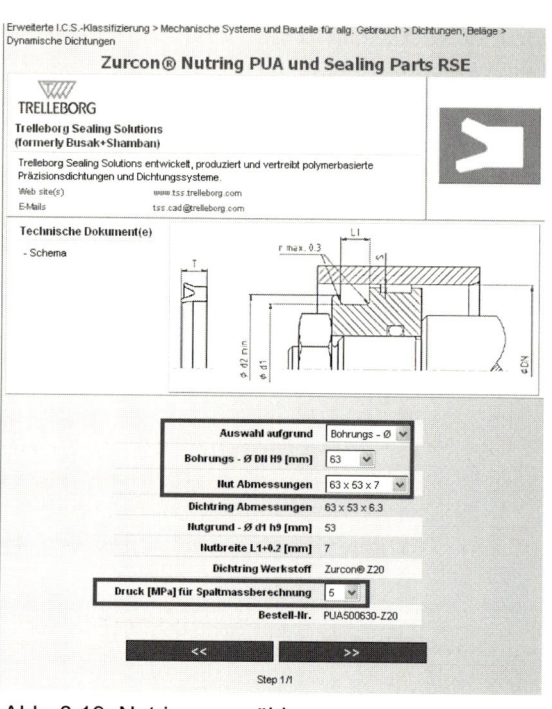

Abb. 8.20: CAD - Format

8.3 Download von 3D-CAD-Modellen aus dem Internet

Bevor jedoch das selektierte 3D-Modell kostenfrei heruntergeladen werden kann, muss (wenn nicht bereits vorhanden) eine **Registrierung** für den anschließenden Teiledownload erstellt werden.

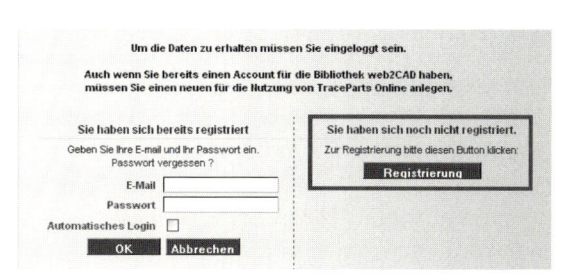

Abb. 8.21: Registrierung

Hinweis: Das Erstellen von Zugangsdaten mittels Registrierung ist notwendig, da ansonst keine 3D-Modelle heruntergeladen werden können.

Nach erfolgreicher Registrierung bzw. Login, erscheint nun das 3D-Modell im Warenkorb (vgl. Abb. 8.22) auf dem Bildschirm. Durch das Anklicken der grünhinterlegten Schaltfläche **Download**, wird nun die komprimierte ZIP-Datei vom Download-Server von Traceparts heruntergeladen und auf ihrem Desktop abgelegt.

Abb. 8.22: Warenkorb

Info:
Für die spätere Verwendung der IGES-File, ist ein vorheriges Entpacken der ZIP-Datei notwendig!

8.4 Konvertieren von 3D-Modellen

Die bereits heruntergeladenen 3D-Modelle können in ihrem bestehenden Format (IGES, STEP, etc.) nicht direkt eingesetzt werden. Daher müssen diese vor ihrer Anwendung in der Baugruppe entsprechend konvertiert werden.

Die Konvertierung allgemein beansprucht etwas mehr Zeit, bietet aber dafür die Möglichkeit, das 3D-Modell vor dem Einbau in eine Baugruppe mit der Application **Assemblies** in ihrem Aufbau genauer zu betrachten.

Betätigen Sie das Icon **Open** (alternative: File ➔ Open).

Im Fenster **Open Part File** wählen Sie den Dichtring **nap_30_63_53_7_406408__0_.igs** aus und als Dateityp: **IGES Files (*.igs)**.

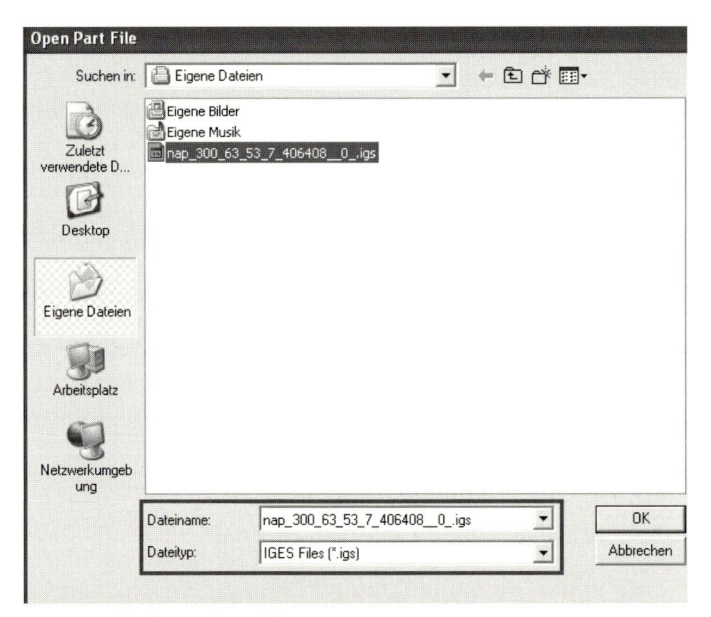

Abb. 8.23: Open Part File

Nach der Auswahl schließen Sie das Fenster mit OK.

Das ausgewählte 3D-Modell wird nun automatisch von NX5 konvertiert und graphisch auf dem Bildschirm dargestellt.

Nachdem der Nutring von NX5 konvertiert wurde, wird ein Drahtmodell sichtbar und der Part Navigator zeigt in der Model History den konstruktiven Aufbau am linken Fensterrand an.

8.4 Konvertieren von 3D-Modellen

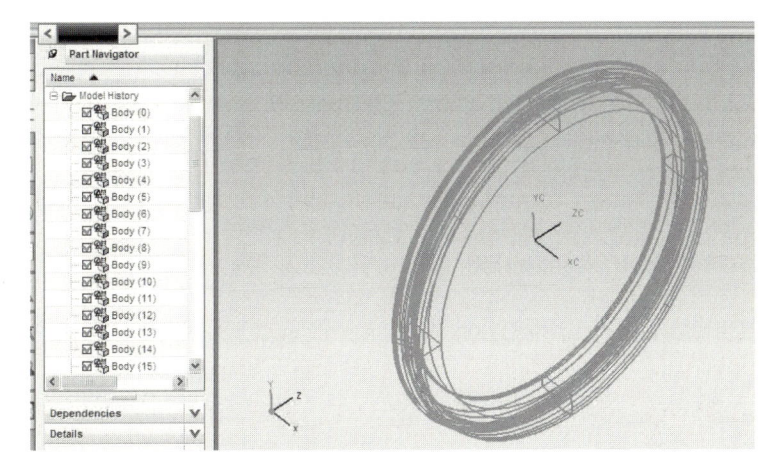

Abb. 8.24: Model Static Wireframe

Anhand der **Model History** ist zu erkennen, dass der Nutring aus mehreren Bodies, besteht. Der aufgerufene Nutring in unserem Graphikfenster ist somit scheinbar ein Volumenkörper. In Wirklichkeit verbergen sich hinter den Bodies jedoch die einzelnen Flächen eines Flächenmodells. Mehr ist eben bei einer Datenübernahme mit IGES nicht zu erwarten.

Wenn Sie nun weitere Informationen über das Bauteil wünschen, wählen Sie in der Menüleiste folgenden Pfad **(Information → Object)** aus. Es öffnet sich das Fenster **Class Selection** (siehe Abb. 8.25).

Zuvor ist es jedoch von Vorteil, dass die Modellansicht auf **„shaded with edges"** umgestellt wird (vgl. Abb. 8.26).

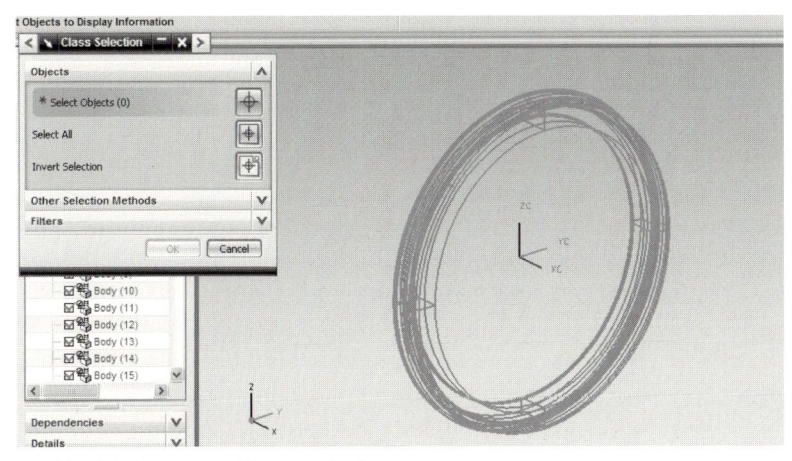

Abb. 8.25: Fenster Class Selection

Selektieren Sie oben in der Menüleiste **File** → **Close** → **Save and Close**. Das Fenster des Nutringes wird geschlossen und NX5 speichert die zuvor konvertierte **IGES-File (*.igs)** automatisch als eine **NX-Part-File (*.prt)** ab. Wenn Sie jetzt in ihr Ablageverzeichnis **..\Zylinder** schauen, sehen Sie, dass der Nutring zusätzlich als **Part File [*.prt]** abgelegt ist.

Die weitere Vorgehensweise für das Erstellen von Baugruppen bzw. das Einbinden des Nutringes in die Baugruppe, erfolgt wie bereits in **Kapitel 4 Modellieren von Baugruppen** beschrieben.

Abb. 8.26: Model Shaded with Edges

Die Vorgehensweise bei der Verwendung von 3D-Modellen anderer Formate, wird separat im nachfolgenden Kapitel aufgezeigt.

8.5 Importieren von 3D-Modellen in eine Assembly

Die im letzten Kapitel aufgezeigte Vorgehensweise muss nicht zwingend in dieser Form durchgeführt werden. Eine Alternative bietet der Befehl IMPORT, der in der Template-Datei Assembly hinterlegt ist. Die Verwendung dieser Funktion erleichtert das Arbeiten mit den Formaten IGES, STEP, etc. Die Datensätze werden innerhalb der bereits offenen Template-Datei Assembly aufbereitet, so dass sie anschließend mit nur wenigen Mausklicks in die Baugruppe eingepflegt werden können. Die Vorgehensweise wird wie folgt aufgezeigt.

Das NX5-Einstiegsfenster ist hierbei die Ausgangssituation. Im Fenster **File New** gehen Sie über die Karteikarte **Model** zu der Template-Datei Assembly. Als Name geben Sie Kolben_Nutring_assembly.prt ein und bei Folder wählen Sie als Ablageverzeichnis ..\Zylinder\ aus.

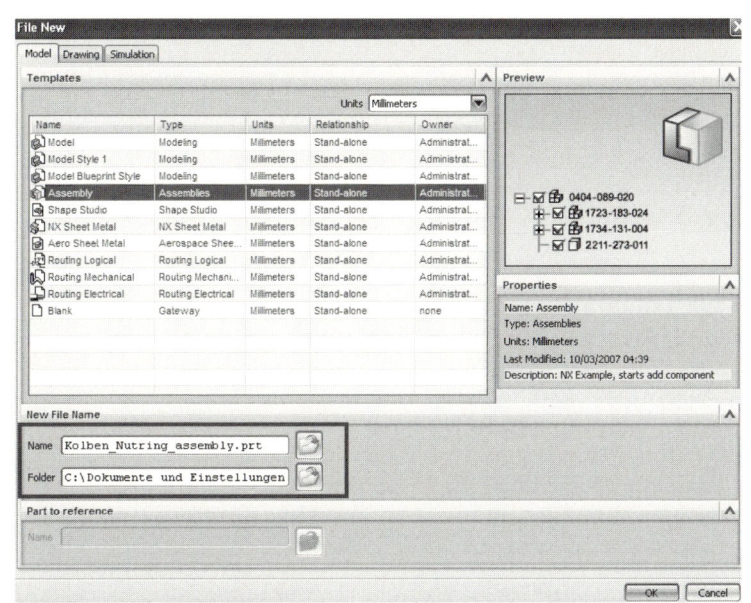

Abb. 8.27: Template-Datei

Nach der Auswahl schließen Sie das Fenster mit OK.

Wie bereits in **Kapitel 4 Modellieren von Baugruppen** beschrieben, fügen Sie den Kolben in gewohnter Weise mit der Positionierungsoption **Absolute Origin** als erstes Bauteil in die Baugruppe ein.

Abb. 8.28: Graphikbereich

In den nächsten Schrittfolgen soll jetzt der Nutring im Format IGES importiert werden.

Hierfür rufen Sie über die Menüleiste (**File** ➔ **Import** ➔ **IGES**) das Fenster **Import from IGES Options** auf.

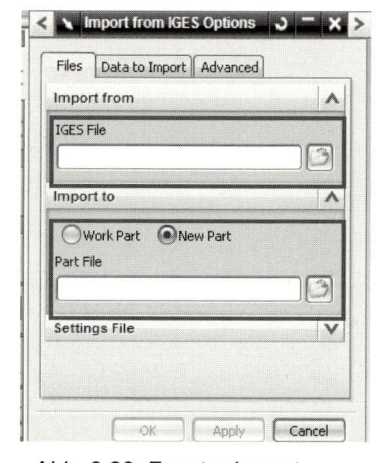

Über das Icon **Open** wählen Sie den entsprechenden Dateipfad im Feld **IGES File** aus, welcher das zu importierende 3D-Modell beschreibt. Gleiches gilt in ähnlicher Weise für das Feld **Part File,** hier wird später das Zielverzeichnis nach dem Importieren und Konvertieren hinterlegt. Zunächst lassen Sie aber dieses Feld frei. Beachten Sie, dass der blaue Punkt auf **New Part** gesetzt ist.

Abb. 8.29: Fenster Import

Nach der Auswahl schließen Sie das Fenster mit OK.

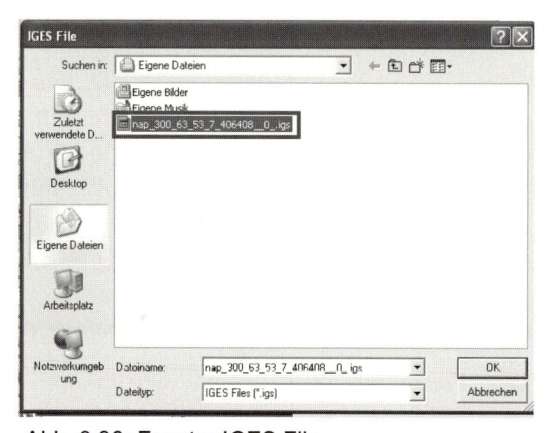

Abb. 8.30: Fenster IGES File

8.5 Importieren von 3D-Modellen in eine Assembly   257

Hinweis: Die Dateipfade der zu importierenden IGES File sowie das Zielverzeichnis für die Ablage als NX-Part-File werden nun automatisch übernommen. Jedoch kann das Zielverzeichnis manuell korrigiert werden, sofern ein anderes Ablageverzeichnis gewünscht wird.

Nach der Auswahl schließen Sie das Fenster mit OK.

Abb. 8.31: Fenster Import

Im Folgeschritt taucht auf dem Bildschirm das Fenster **Import Translation Job** auf. Dieses bestätigen Sie ebenfalls mit der Schaltfläche OK.

Abb. 8.32: Fenster Translation Job

Nach dem Betätigen der Schaltfläche, wird die ausgewählte Datei automatisch importiert, konvertiert und in das Zielverzeichnis abgelegt. Wenn Sie nun in ihrem Zielverzeichnis nachschauen, sehen Sie eine weitere Nutring – Datei aber diesmal mit der Endung .prt ➔ **nap_300_63_53_7_406408__0_.prt**.

Info:
Durch den kompletten Vorgang Importieren (z.B. IGES) und das automatische Ablegen als NX-Part-File, bleibt der Kolben unberührt. Das heißt für seine weitere Verwendung in der Baugruppe ist er sofort verfügbar und muss nicht erneut als Add Component aufgerufen werden!

In den weiteren Schritten wird der Nutring ebenfalls mit dem gewohnten Icon **Add Component** aufgerufen. Wählen Sie nun im Fenster **Add Component** das Icon **Open**; es öffnet sich erneut das Fenster **Part Name**.

Wählen Sie im Fenster **Part Name** den Nutring **nap_300_63_53_7_406408__0_.prt** aus und bestätigen nach der Auswahl mit OK.

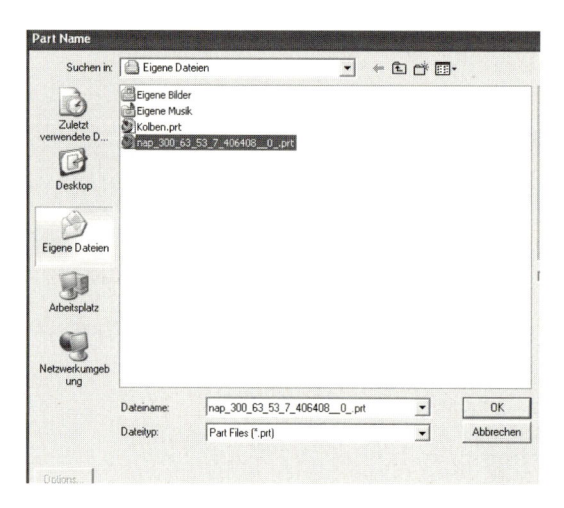

Abb. 8.33: Part Name

Bevor jetzt der Nutring positioniert wird, ändern Sie im Bereich Placement die Option Positioning von **Absolute Origin** auf **Mate** und bestätigen Sie mit Apply.

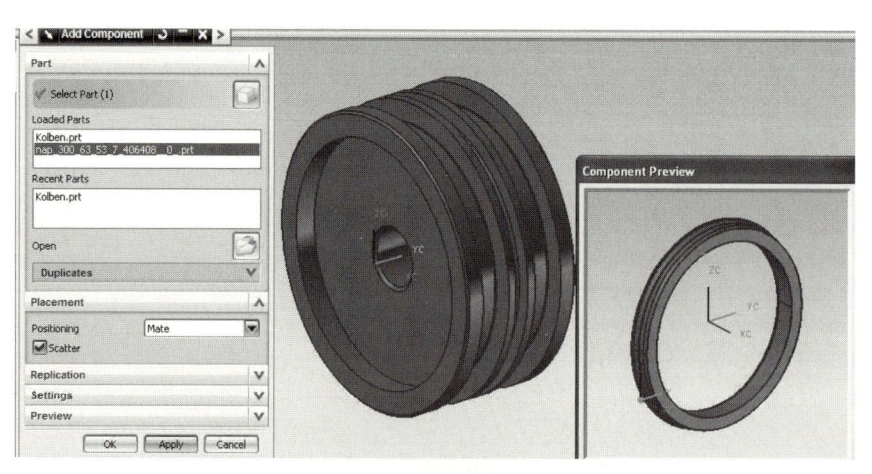

Abb. 8.34: Fenster Component Preview Nutring

8.5 Importieren von 3D-Modellen in eine Assembly

Es öffnet sich das Fenster **Mating Conditions**.

Der Nutring soll zunächst einmal mit der Absatzfläche in Kontakt gebracht werden. Wählen Sie im Fenster **Mating Conditions** den Mating Type **Mate** aus.

Selektieren Sie sodann zuerst die Rückenfläche (1) des Nutringes und anschließend die entsprechende Absatzfläche (2) des Kolbens.

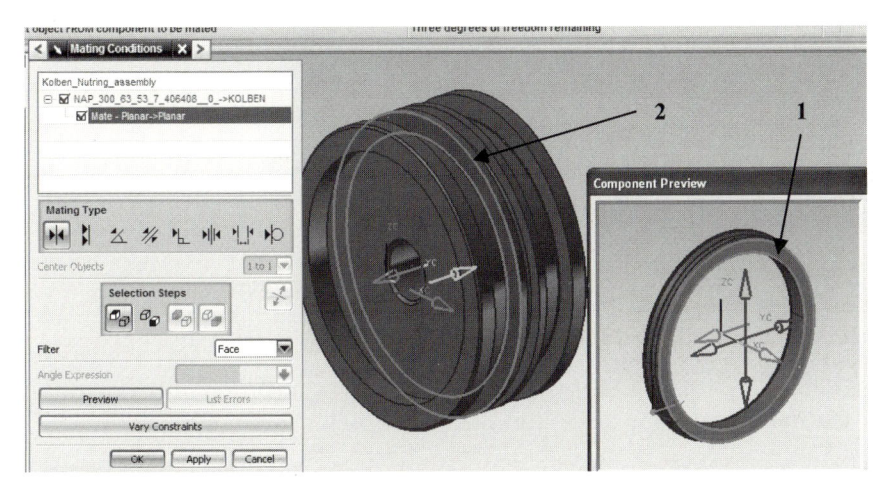

Abb. 8.35: Fügebedingung Mate

Wählen Sie nun den Mating Type **Center** aus und selektieren Sie wieder zunächst eine der Innenflächen (1) des Nutringes und dann ein Zylinderfläche (2) des Nutgrundes, um so den Nutring koaxial zum Kolben auszurichten. Betätigen Sie dann die Schaltfläche Apply.

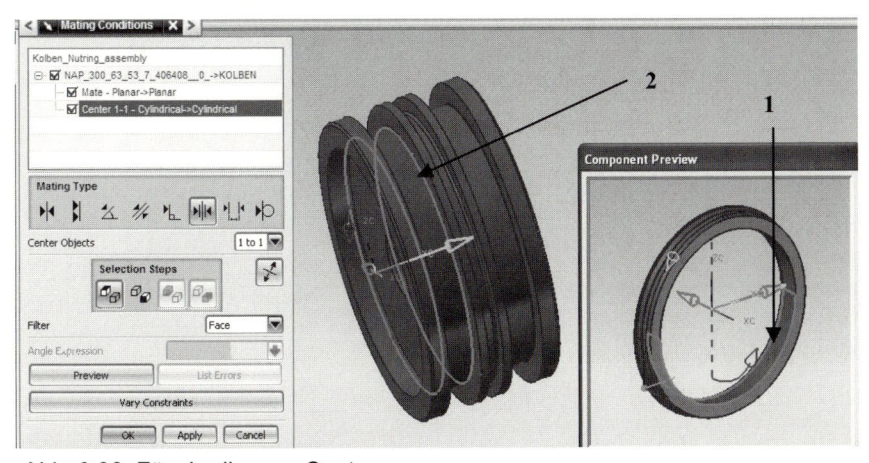

Abb. 8.36: Fügebedingung Center

Nachdem Sie den Vorgang mit dem Nutring vollzogen haben sollte Ihr Kolben nun folgendermaßen aussehen:

Abb. 8.37: Nutring einseitig eingefügt

Das Fenster **Mating Conditions** schließen Sie mit der Schaltfläche OK .

Wählen Sie nun erneut im Fenster **Add Component** unter **Recent Parts** den Nutring **nap_300_63_53_7_406408__0_.prt** aus und bestätigen nach der Auswahl mit Apply . Das Einfügen führen Sie dann in analoger Weise aus.

Nachdem Sie den zweiten Vorgang mit dem Nutring vollzogen haben, sollte Ihr Kolben nun wie in Abbildung 8.38 dargestellt aussehen.

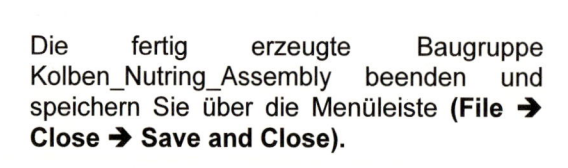

Die fertig erzeugte Baugruppe Kolben_Nutring_Assembly beenden und speichern Sie über die Menüleiste (**File → Close → Save and Close**).

Abb. 8.38: Nutring beidseitig eingefügt

8.6 Verwenden des JT-Formats

In diesem Kapitel soll der Nutring, im Gegensatz zu den vorangegangenen Kapiteln, als zu exportierende Datei in Angriff genommen werden. Die Kernaufgabe in diesem Kapitel ist es, das bereits bestehende 3D-Modell von einer NX prt-File in eine JT-Datei zu konvertieren. Dies geschieht unter anderem über den Befehl **Export**.

Dabei ist zu erwähnen, dass das JT-Format (JT = **J**upiter **T**essellation, auch Jupiter Mosaik) ein Datenformat für 3D-Daten ist, welches aus 3D-CAD-Systemen als Speicherformat gewählt werden kann. Das Datenformat unterstützt dabei unterschiedliche Repräsentationsformen der CAD-Geometrie:

- „tesselierte" Dreiecksflächen-Geometrie, optional in mehreren Auflösungen (LOD → **L**evels **o**f **D**etails).
- „exakte" BREP-Geometrie in Form der älteren JT-BREP's, in Form von XT-BREP's (Format des Parasolid – Modellierkerns) oder in Form des stark komprimierenden, jedoch verlustbehafteten LIBRA–Formates.

Das JT-Format wird als besonders kompaktes, leicht anzuzeigendes und doch inhaltsreiches Datenformat angesehen, das auch Objekt- und Metadaten (z. B. Maße und Toleranzen) unterstützt. Dadurch eignet es sich für viele Anwendungen, in denen CAD-Daten weiterverarbeitet werden (z. B. Digital Mock-Up, als Ersatz für Zeichnungen und zur Archivierung). Die JT–Dateien tragen die Standard-Endung **.jt**.

Bevor Sie jetzt beginnen, die NX prt-Datei zu einer JT-Datei zu konvertieren, müssen Sie zuvor über die Menüauswahlleiste **File** → **Open** oder durch Selektion des Icon **Open** die bereits vorhandene Datei des Nutringes erneut öffnen.

→ **nap_300_63_53_7_406408__0_.prt** ←

Hinweis: Achten Sie bitte bei der Auswahl (Nutring) auf die Endung **.prt**.

Des Weiteren gehen Sie, nachdem die Datei geöffnet wurde und der Nutring auf dem Grafikbereich sichtbar ist, erneut über die Menüleiste zu **Preference** → **JT**.

Hier müssen nun einige Voreinstellungen vorgenommen werden, damit Sie als Ergebnis ein schlankes Datenvolumen erhalten; zudem besteht die Möglichkeit, dass die JT–Datei später nicht geöffnet werden kann.

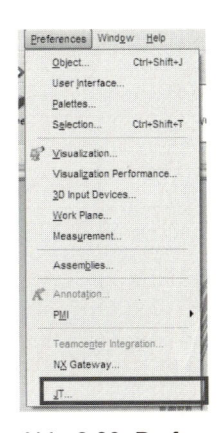

Abb. 8.39: Preferences

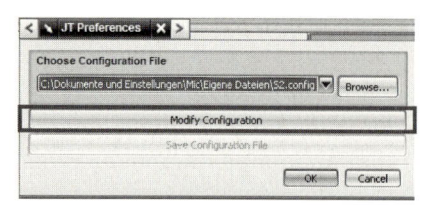

Abb. 8.40: Modify Configuration

Es öffnet sich das Fenster **JT Preferences** (vgl. Abbildung 8.40).

Um jetzt die werkseitigen Voreinstellungen abzuändern und auf unseren Anwendungsfall anzupassen, drücken Sie die Schaltfläche **Modify Configuration**.

Wählen Sie nun im Fenster **JT Configuration** für:

- **Organize JT Files:** As a Single File
- **Write JT for:** Geometry and Assembly Struture
- **Compression:** None
- **Include Precise Geometry:** Häkchen herausnehmen

Wechseln Sie nun im Fenster **JT Configuration** weiter auf die Karteikarte **Tesselation**.

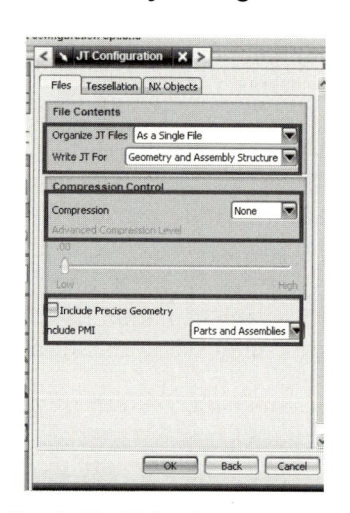

Abb. 8.41: JT Configuration, Files

In dieser Ansicht wählen Sie nun den **Level of Details**, kurz LOD aus. Die Spannweite reicht von LOD 1 als niedrigstem Wert bis zu maximal 10. Stellen Sie die **Number of Details** auf **1**, die anderen Werte bleiben unverändert.

Nach Ausführen der Konfiguration betätigen Sie die Schaltfläche OK.

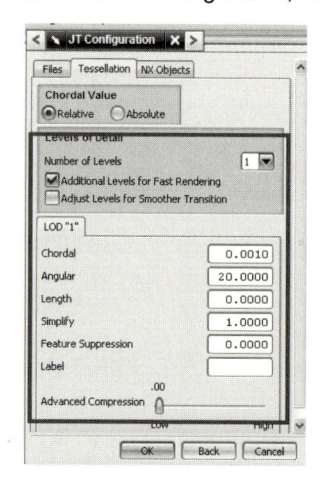

Abb. 8.42: JT Configuration, Tesselation

8.6 Verwenden des JT-Formats

Erneut gelangen Sie wieder zum Ausgangsfenster zurück, damit die ausgeführte Konfiguration gesichert wird, betätigen Sie das Icon **Save Configuration File** (siehe Abbildung 8.43 Save Configuration File).

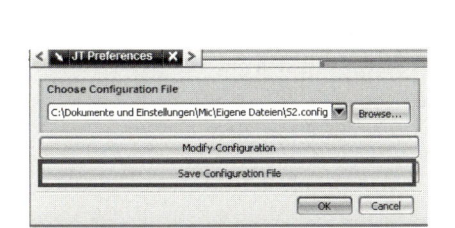

Abb. 8.43 Save Configuration File

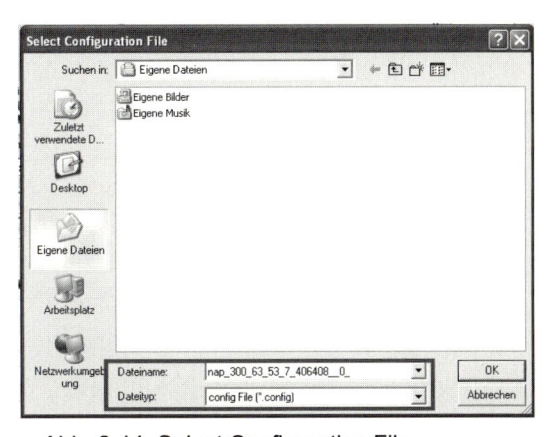

Abb. 8.44: Select Configuration File

Zunächst wählen Sie das Ablageverzeichnis **..\Zylinder** aus. Als Dateiname fügen Sie **nap_300_63_53_7_406408__0_** ein, jedoch lassen Sie nach dem letzten Underlinestrich die Endung offen. Als Dateityp wählen Sie, wie in Abbildung 8.44 gezeigt, **config File(*.config)** aus.

Das Fenster **Select Configuration File** schließen Sie mit der Schaltfläche OK.

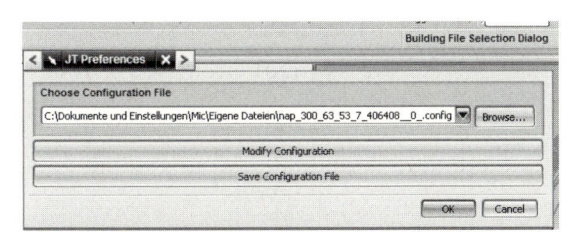

Abb. 8.45: JT Preferences

Das Fenster **JT Preferences** schließen Sie dann ebenfalls mit der Schaltfläche OK.

Hinweis: Die Konfiguration wird jetzt als Konfigurationsdatei gespeichert.

In den Folgeschritten wird die immer noch geöffnete Nutring-Datei exportiert bzw. zu einer JT-Datei konvertiert. Hierzu starten Sie über die Menüleiste **File → EXPORT → JT,** den Befehl Export. Das Fenster **JT Output** öffnet sich (vgl. Abb. 8.46).

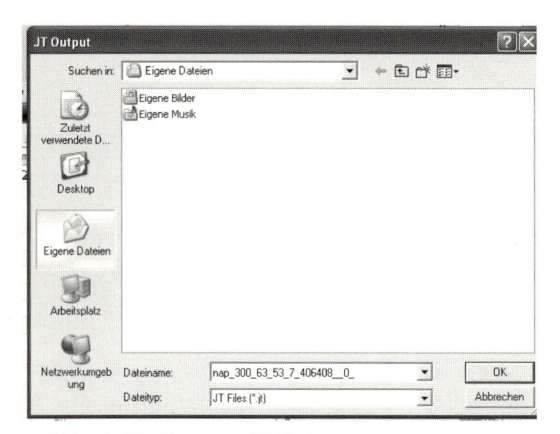

Abb. 8.46: Fenster JT Output

Erneut wählen Sie das Ablageverzeichnis **..\Zylinder** aus. Als Dateiname fügen Sie ebenfalls **nap_300_63_53_7_406408__0_** ein, jedoch lassen Sie nach dem letzten Underlinestrich die Endung offen. Für Dateityp wählen Sie, wie in Abbildung 8.46 gezeigt, **JT Files (*.jt)** aus.

Das Fenster **JT Output** schließen Sie dann mit der Schaltfläche OK.

Wenn Sie nun in Ihrem gewählten Ablageverzeichnis nachschauen, sehen Sie, dass eine JT-Datei und JT-Konfigurationsdatei abgelegt wurden (vgl. Abb. 8.47).

Abb. 8.47: JT File

Info:

Anhand von Abbildung 8.47 können Sie ersehen, dass je nach **LOD 1 bis 10** die exportierten Dateien unterschiedliche Größen aufweisen.

Während der Nutring mit einer Auflösung von LOD 1 exakt 89 KB aufweist, fällt die Datei mit einer Auflösung von LOD 10 mit 118 KB etwas größer aus. Zum Vergleich hat der gleiche Nutring als NX prt-Datei ein Datenvolumen von 424 KB und die IGES Datei 142 KB. Wie anfangs erwähnt und auch sichtbar, weisen die JT-Formate eine geringes Datenvolumen auf und eignen sich daher hervorragend zur Archivierung.

Wenn das 3D-Modell nach dem Export nicht mehr benötigt wird, kann die Arbeitssitzung über die Menüleiste **File → Exit** geschlossen werden.

9 Veränderungen unter NX6

9.1 Vorbemerkung

Mit dem vorliegenden Kapitel 9 werden alle Veränderungen aufgezeigt, die bei der Erstellung des Zylinders unter NX6 auftreten. Dies entspricht dem Umfang der Kapitel 2 bis Kapitel 5. Hier werden zunächst alle Einzelteile des in Abbildung 9.1 dargestellten Zylinders als Volumenkörper generiert, diese in einer Baugruppe zusammengefasst und einige Einzelteile in eine technische Zeichnung abgeleitet.

Um eine direkte Zuordnung zu den auftretenden Änderungen unter Unigraphics NX6 zu haben, wurden die entsprechenden Stellen in den Kapiteln durch Fußnoten mit dem Hinweis [NX6] gekennzeichnet. Demnach können Sie die Erstellung des Zylinders mit NX6 vornehmen, indem Sie die Kapitel 2 bis 5 bearbeiten. Durch die Fußnoten werden Sie dann durch alle Arbeitsvorgänge geleitet, die sich verändert haben.

Abb. 9.1: Zylinder

9.2 Systemvoraussetzungen

Für die Software NX6 gelten folgende geänderte Mindestvoraussetzungen im Vergleich zu NX5:

Hauptspeicher: min. 4 GB RAM für 64-Bit-Systeme (NX5 benötigte min. 2 GB)

9.3 Änderungen beim Modellieren von Einzelteilen

Beginnen der Arbeitssitzung
Nach dem Selektieren von **File** → **New** öffnet sich das Auswahlfenster. Die Bezeichnung des Auswahlfensters ist in NX6 nur noch **New** (Vergl. NX5: File New).

Fenster Customize

Im Fenster **Customize** ist eine neue Funktion unter dem Reiter **Layout**.

Wenn vor **Show Selection MiniBar** ein Häkchen gesetzt wurde, erscheint nach Aufruf des Kontextmenü (über Selektion in den Grafikbereich mit der rechten Maustaste) zusätzlich eine **Selection Minibar**.

Die **Selection Minibar** lässt Ihnen einen schnellen Zugriff auf die **Selections** Optionen zu, wenn Sie den Vollbildmodus nutzen.

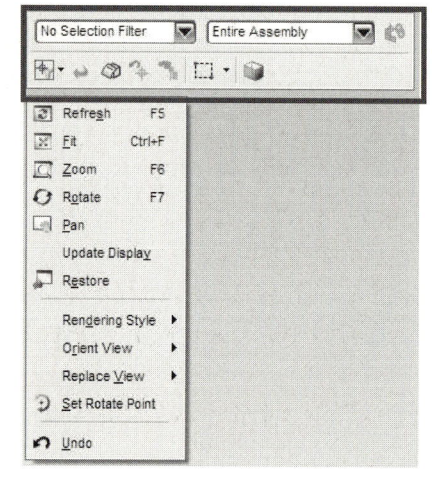

Abb. 9.2: Selection Minibar

Zuganker: Erzeugen des ersten Grundkörpers
Im Fenster **Cylinder** unter **Type** ist die Erzeugungsmethode **Axis, Diameter and Height** voreingestellt. Andere Erzeugungsmethoden könnten Sie durch Betätigen von aus einer Auswahlliste auswählen.

In NX6 ist hier eine neue Option hinzugekommen.
→**Show Shortcuts**

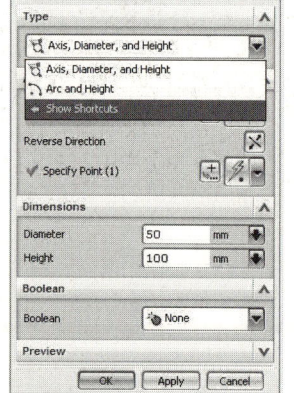

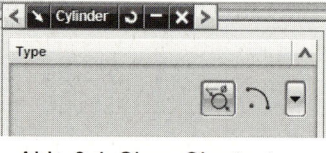

Abb. 9.4: Show Shortcuts

Nach dem Selektieren ändert sich die Auswahlmöglichkeit unter **Type** von Text auf Symbol.

Nach erneuter Betätigung von erscheint die Auswahlmöglichkeit **Hide Shortcuts**, wodurch sich die Auswahl wieder auf die textbasierte Auswahl zurück ändern lässt. Die Option **Show Shortcuts** ist auch unter **Boolean** verfügbar. Probieren Sie es einfach mal aus.

Abb. 9.3: Fenster Cylinder

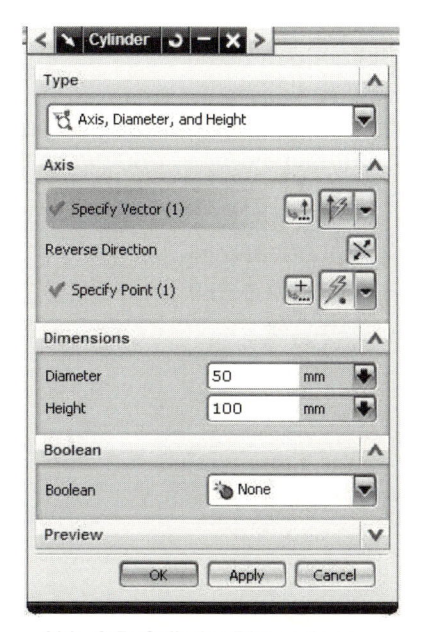

9.3 Änderungen beim Modellieren von Einzelteilen

Eine weitere Änderung ist, dass der Bereich für die Eingabe der Parameterwerte, die für die ausgewählte Erzeugungsmethode benötigt werden, unter NX6 **Dimensions** heißt und nicht mehr wie bei NX5 **Properties**.

Abb. 9.5: Cylinder Dimensions

Definition eines Vektors

Ein Teil der beschriebenen Methode für die Vektorauswahl im Fenster **Cylinder** ist in NX6 nicht mehr möglich.

Nach Betätigung der Schaltfläche bei **Specify Vector** öffnet sich das Fenster **Vector**.

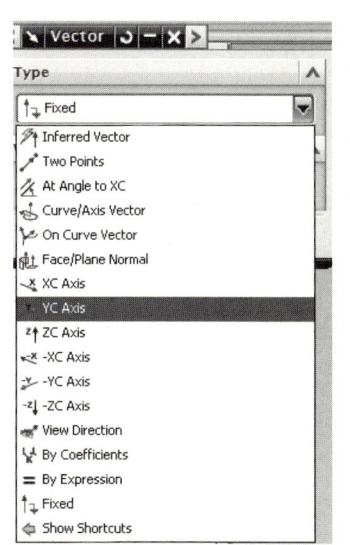

Nach dem Selektieren von öffnet sich eine Reihe von Möglichkeiten, um einen Vektor bestimmen zu können.

In NX6 fehlt jedoch die Auswahlmöglichkeit **Datum Axis**. Diese Auswahlmöglichkeit wurde entfernt.

In NX6 sollten Sie nun die Auswahl **YC Axis** direkt treffen.

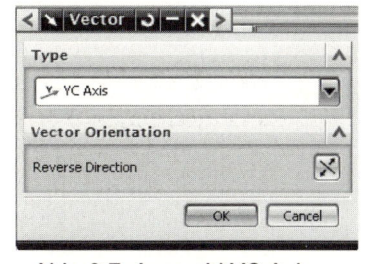

Abb. 9.7: Auswahl YC Axis

Mit **Reverse Direction** könnten Sie hier auch die Richtung des Vektors umkehren. Mit der Auswahl von OK schließen Sie das Fenster.

Abb. 9.6: Fenster Vector

Einfügen der Gewinde

Bei der Erstellung eines Gewindes wurde eine Kleinigkeit verändert. Die Vorgehensweise ist bis zu dem Punkt, an dem man die Mantelfläche gewählt hat, die gleiche wie unter NX5. In NX5 öffnet sich nach Anwahl der Mantelfläche gleich wieder das Fenster **Thread**. Bei NX6 hingegen ist ein Zwischenschritt nötig.

Es öffnet sich das in Abb. 12.8 gezeigte Fenster **Thread** mit der Aufforderung in der Anweisungszeile **Select start face**.

Nun selektieren Sie also die Stirnfläche des Zugankers als Startfläche für das Gewinde.

Abb. 9.8:Fenster Select start face

Im nachfolgenden Fenster können Sie die Gewindeachse mit **Reverse Thread Axis** umdrehen.

Die Funktion **Select Start** ist in NX5 auch verfügbar. Der Unterschied ist nur, dass man in NX6 diese Eingabe machen muss, um ein Gewinde zu erstellen.

Abb. 9.9: Fenster Reverse Thread Axis

Nach Bestätigen durch OK können Sie nach der beschriebenen Vorgehensweise im Kapitel 2.1 fortfahren und die Tabellenwerte für das zu erzeugende Gewinde eingeben.

Einfärben eines Objektes

Bei dem Einfärben von Objekten steht die reduzierte Farbpalette von 30 Farben nicht mehr zur Verfügung. Es öffnet sich unter NX6 eine **Favorites** Farbpalette mit 60 Farben und nach Aufklappen von **Palette** hat man die volle Farbpalette von 216 Farben zu Auswahl.

Wählen Sie nun Cyan aus und beenden die Aktion mit OK.

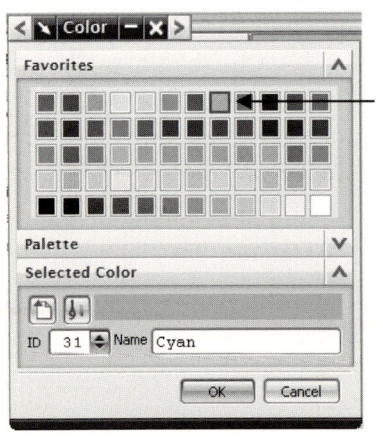

Abb. 9.10: Fenster Color

9.3 Änderungen beim Modellieren von Einzelteilen

Layer Settings

Nach Selektieren des Icon ![icon] öffnet sich das Fenster **Layer Settings**, welches sich im Vergleich zu NX5 geändert hat.

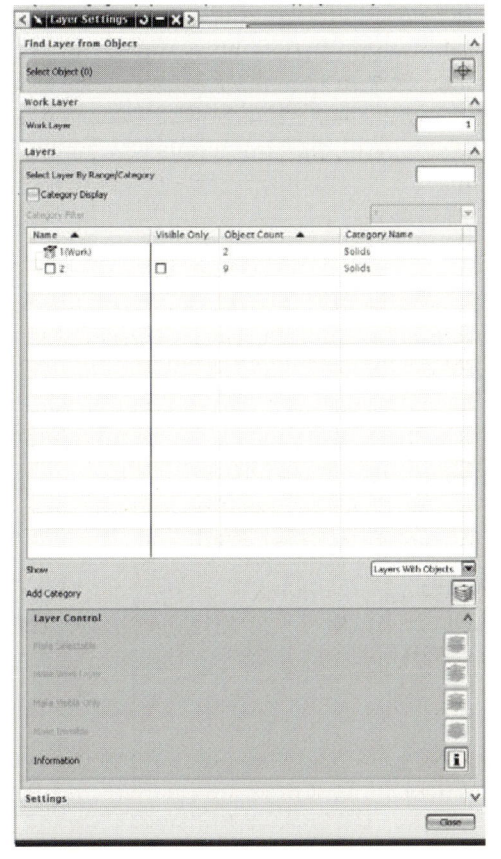

Klappen Sie nun durch Selektieren des Pfeils die **Layer Control** nach unten. Selektieren Sie nun den Layer 2 unter **Layers** und betätigen das Icon **Make Invisible** bei den Layer Controls. Danach haben Sie nun die unter Layer 2 befindlichen Objekte unsichtbar gesetzt.

Alternativ können Sie auch durch Entfernen des roten Häkchens ☑ den Layer 2 unsichtbar schalten. ☐

☑ Ein graues Häkchen bedeutet, dass das Objekt sichtbar, aber nicht selektierbar ist.

Bei NX6 werden im Vergleich zu NX5 die getätigten Änderungen ohne Betätigung von **OK** übernommen. Deshalb gibt es in diesem neuen Fernster auch keinen **OK** Button mehr.

Verlassen Sie das Fenster nun mit [Close].

Abb. 9.11: Fenster Layer Settings

Edit Category

Da in NX6 in dem Fenster **Layer Settings** keine Auswahlmöglichkeit von **Edit Category** zur Verfügung steht, gelangt man durch Anwahl von **Format → Layer Category** in das Fenster, in dem man nun wie im Kapitel 2.1 beschrieben eine Kategorie **Hilfsgeometrien** erstellen kann.

Die Vorgehensweise ist analog der in NX5.

Im Fenster **Layer Settings** finden Sie nun unter **Layers** nach Setzen eines Häkchens bei **Category Display** die erstellte Kategorie **Hilfsgeometrien**, die sich wie oben bei **Layer Settings** beschrieben sichtbar und unsichtbar schalten lässt.

Erzeugen der Durchgangsbohrung

Bei NX6 gibt es im Menu **Type** sowie unter **Dimensions** für **Depth Limit** neue Funktionen, auf die jedoch in diesem Praktikum nicht näher eingegangen wird.

Wie man hier in Abb. 9.12 sehen kann, gibt es im Vergleich zu NX5 zusätzlich die Funktionen **Drill Size Hole** und **Hole Series**.

Unter **Depth Limit** ist zusätzlich die Funktion **Until Next** verfügbar.

Die Vorgehensweise für die Erstellung der Gewindebohrung für die Stangenmutter hat sich im Vergleich zu NX5.0.2.2 allerdings nicht geändert und kann somit wie im Kapitel 2.4 beschrieben ausgeführt werden.

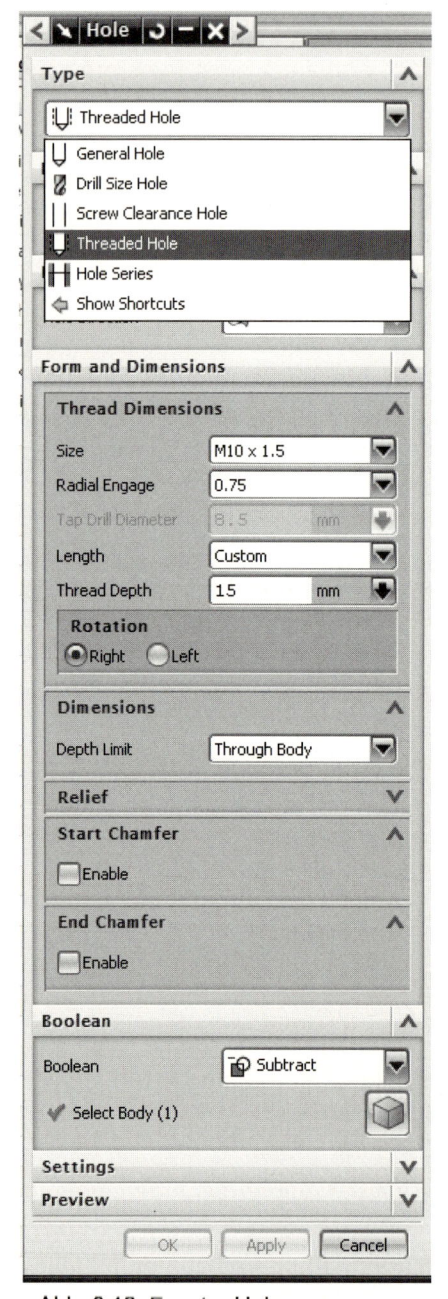

Abb. 9.12: Fenster Hole

9.3 Änderungen beim Modellieren von Einzelteilen   271

Exkurs: Löschen von Elementen

Wenn Sie wie beschrieben ein Objekt löschen, erscheint im Gegensatz zu NX5 ein Informationsfenster, welches Sie darüber informiert, dass features oder constraints im Sketch Änderungen hervorrufen. Diese Meldung können Sie dann mit [OK] schließen.

Sketch: Option Texthöhe

Die Änderung der Texthöhe ist im **Sketch Dimensions Dialog** unter NX6 nicht mehr verfügbar. Sie finden die Option **Text Height** nun unter **Sketch → Sketch Style...**

Farbgebung nach Fixieren von Linien durch Constraints

Im Gegensatz zu NX5, sind die gezeichneten Linien nur grün, solange Sie keine Funktion angewählt haben, um Linien zu parametrisieren. Wenn Sie z.B. die Option **Inferred Dimensions** angewählt haben, färben sich alle Linien in ein rötliches Braun.

Erst nachdem die Option wieder deaktiviert wird, färben sich die Linien wieder Grün.

Auch nachdem die Linien über Constraints an der horizontalen und vertikalen Achse fixiert werden, ändert sich die Farbe nicht auf Rot, so wie Sie dies unter NX5 gewohnt sind.

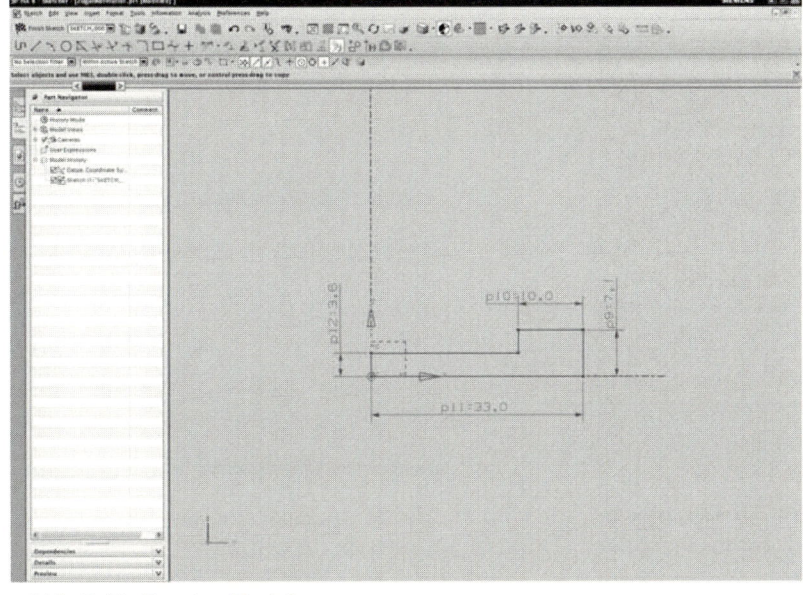

Abb. 9.13: Fenster Sketcher

Zusammenfassung

Fenster **Point**

Koordinaten auf null setzen

Punkterzeugungsarten

Objektauswahl

Steuerung WCS oder absolut für Koordinateneingabe

Koordinateneingabe

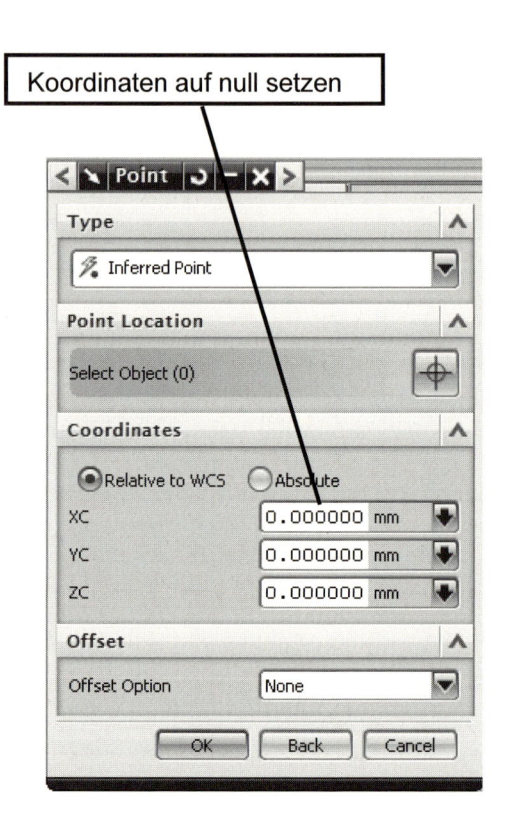

Fenster **Vector**

Vektorerzeugungsarten

Richtung umkehren

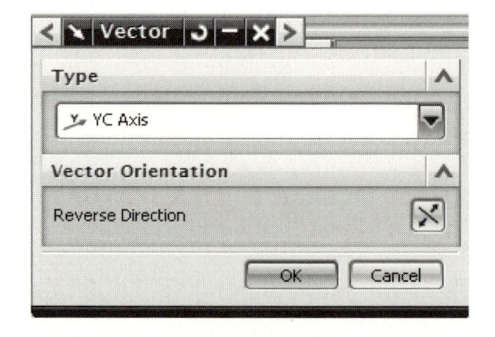

9.3 Änderungen beim Modellieren von Einzelteilen

Fenster **Sketch Preferences**

Das Fenster **Skech Preferences** unterteilt sich in NX6 in drei Reiter: Sketch Style, Session Settings und Part Settings. Mit diesem Fenster können die Voreinstellungen für Sketchs auf die gewünschten Werte korrigiert werden. Das Fenster wird geöffnet mit: **Preferences → Sketch**.

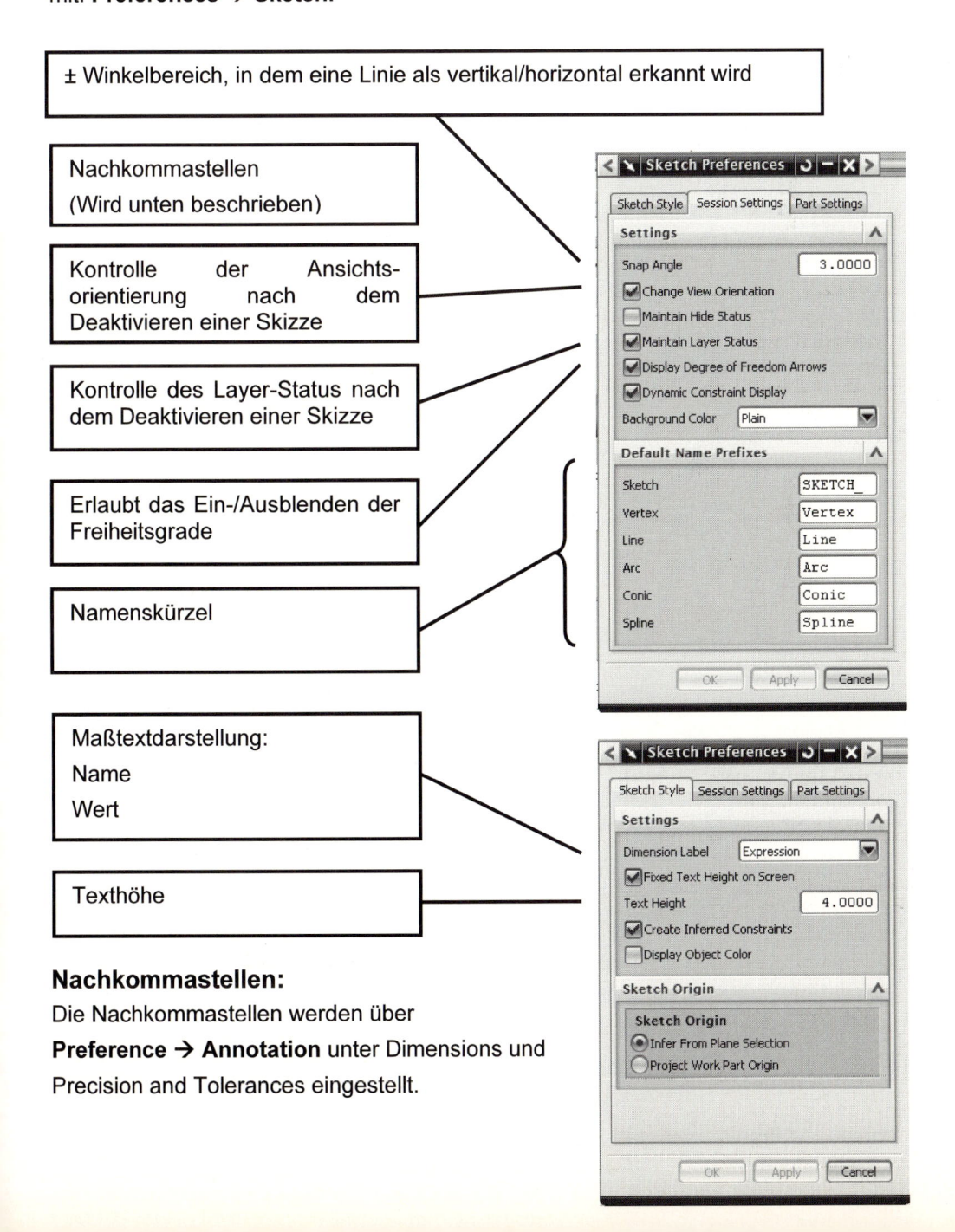

- ± Winkelbereich, in dem eine Linie als vertikal/horizontal erkannt wird
- Nachkommastellen (Wird unten beschrieben)
- Kontrolle der Ansichtsorientierung nach dem Deaktivieren einer Skizze
- Kontrolle des Layer-Status nach dem Deaktivieren einer Skizze
- Erlaubt das Ein-/Ausblenden der Freiheitsgrade
- Namenskürzel
- Maßtextdarstellung: Name, Wert
- Texthöhe

Nachkommastellen:

Die Nachkommastellen werden über **Preference → Annotation** unter Dimensions und Precision and Tolerances eingestellt.

Anschlusskonsole: Einstellungen beim Skizzieren

Grundeinstellung der Nachkommastellen bei der Bemaßung

Die Nachkommastellen werden über **Preference** → **Annotation** unter **Dimensions** und **Precision and Tolerances** eingestellt.

Um die **Text Height** zu ändern gehen Sie auf **Sketch** → **Sketch Style**.

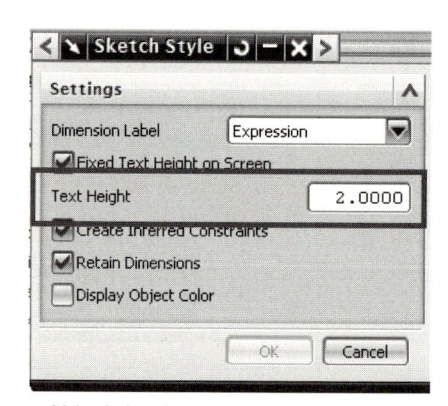

Abb. 9.15: Sketch Style

Verlassen Sie jeweils die Fenster mit OK.

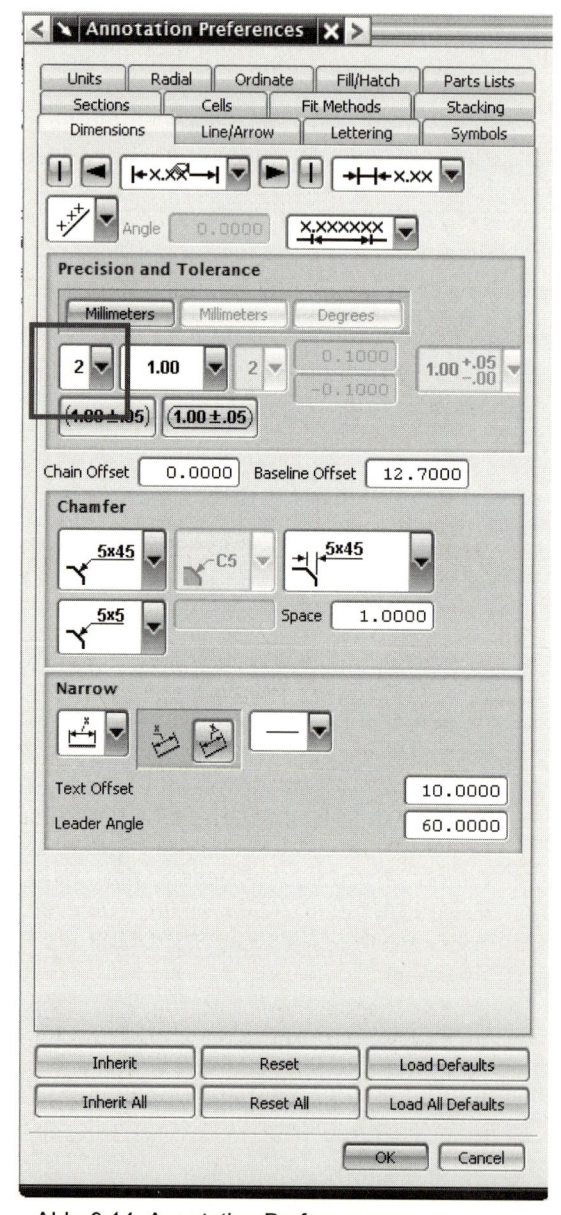

Abb. 9.14: Annotation Preferences

9.4 Änderungen beim freien Modellieren von Einzelteilen

Erzeugen der Grobgeometrie für den Boden

Unter NX6 hat sich das Eingabefenster von **Block** geändert.

Es ist jetzt der **Point Constructor** in das Fenster integriert worden, so wie das bereits unter NX5 für den Zylinder gestaltet war.

Um nun den Bezugspunkt zu definieren, selektieren Sie den Point Constructor und können ansonsten in gewohnter Weise fortfahren.

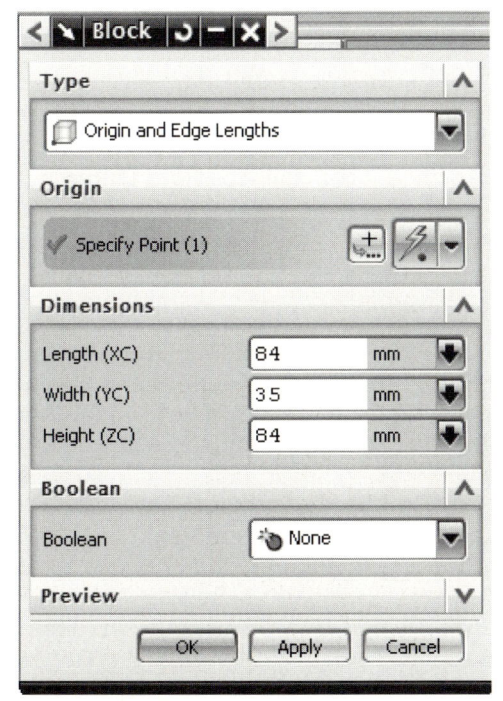

Abb. 9.16: Block

Volle Assoziativität bei Grundkörpern

Wenn Sie unter NX5 die Zugankermutter z.B. dadurch modellieren, dass Sie zwei Zylinder aufeinandersetzen, indem Sie den Bezugspunkt des zweiten Zylinders auf den Mittelpunkt einer Deckfläche beziehen, dann mussten Sie bei einer nachträglichen Änderung der Höhe Ihres ersten Zylinders feststellen, dass NX5 einen Fehler gemeldet hat, weil ein Vereinen der beiden Zylinder nicht mehr möglich war.

Dieses Verhalten ist unter NX6 Vergangenheit: Die Grundkörper verhalten sich voll assoziativ. Wie in Abbildung 9.17 zu sehen, passt sich das Modell bei einer nachträglichen Änderung der Zylinderhöhe entsprechend an.

Abb. 9.17: Assoziativität bei Zylindern

9.5 Änderungen beim Modellieren von Baugruppen

Für die beschriebene Vorgehensweise für das Modellieren von Baugruppen gibt es grundlegende Änderungen unter NX6. Daher wird empfohlen, mit der hier beschriebenen Weise fort zu fahren.

Wählen Sie nun wieder das Icon **Add Component**, dann im Fenster **Add Component** das Icon **Open** und wählen Sie das Teil **Huelse** aus.

Wechseln Sie im Bereich **Placement** die Positioning-Option von **Absolute Origin** auf **By Constraints** und bestätigen Sie mit OK.

Nun öffnet sich am linken Bildrand das Fenster **Assembly Constraints**, zusätzlich erscheint die Hilfsansicht der Hülse (**Component Preview**), die dazu verwendet werden kann, die sogenannten **Assembly Constraints** (Zusammenbau-Beziehungen) zu definieren. In dieser Hilfsansicht können Sie durch Drücken der rechten bzw. mittleren Maustaste die Hülse so bewegen, dass Sie die für das Fügen erforderlichen Elemente gut identifizieren können. Selektieren Sie zusätzlich **Preview Component in Main Window**. Dadurch wird die einzufügende Komponente zusätzlich im 3D-Fenster sichtbar und kann auch hier für die Definition von Constraints genutzt werden.

Abb. 9.18: Fenster Assembly Constraints

Die Hülse soll zunächst der Absatzfläche in Kontakt gebracht werden. Wählen Sie dazu im Fenster **Assembly Constraints** unter **Type: Touch Align** und unter Orientation **Prefer Touch**.

Anweisung: *"Select first object for Touch / Align or drag geometry"*

Selektieren Sie zuerst die Absatzfläche der Hülse.

Anweisung: *"Select second object for Touch / Align or drag geometry"*

Selektieren Sie nun die entsprechende Anlagefläche der Kolbenstange.

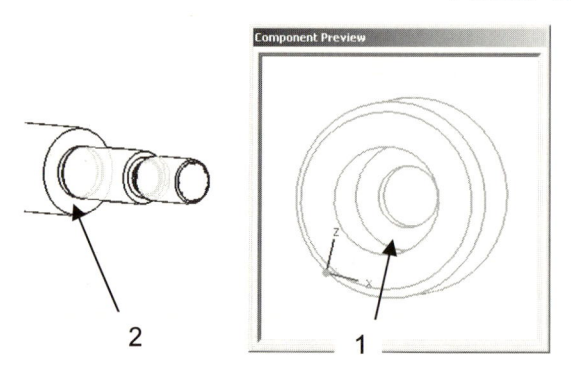

Abb. 9.19: Fügebedingung Mate

9.5 Änderungen beim Modellieren von Baugruppen

Lassen Sie nun unter **Type** die Option **Touch Align** angewählt und unter **Orientation** wählen Sie die Option **Infer Center/Axis** und selektieren Sie wieder zunächst eine der Zylinderflächen der Hülse und dann eine Zylinderfläche der Kolbenstange, um so die Hülse koaxial zur Kolbenstange auszurichten. Betätigen Sie dann die Schaltfläche `Apply` im Fenster **Assembly Constraints**, um das Einfügen der Hülse abzuschließen und schließen Sie dann das Fenster **Assembly Constraints** mit `OK`.

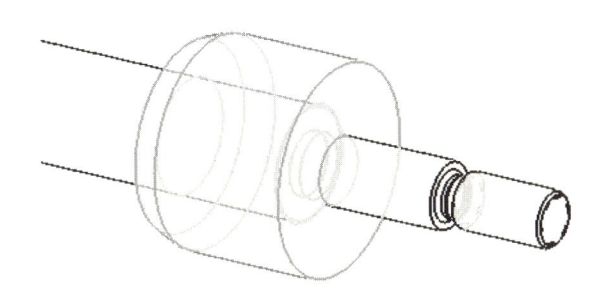

Abb. 9.20: Hülse eingefügt

Hinweis:

Die Definition von Assembly Constraints wurde in NX6 verbessert und die Verarbeitung der Definitionen ist hier auch stabiler. NX5 hatte manchmal Schwierigkeiten, mehr als eine Assembly Constraints auf einmal korrekt zu verarbeiten (siehe Kapitel 4.1). Dieses Verhalten konnte unter NX6 nicht mehr nachvollzogen werden.

Falls NX6 nach der Definition von Assembly Constraints die Apply-Taste trotzdem nicht mehr anbieten sollte, dann löschen Sie zunächst einfach die zweite Assembly Constraint wieder.

Gelöscht werden Assembly Constraints, indem Sie diese mit der rechten Maustaste im Graphikbereich selektieren und im Kontext Menu **Delete** Auswählen.

Bei Bedarf kann durch das Icon **Alternate Solution** die axiale Ausrichtung des Teiles umgekehrt werden.

Selektieren Sie nun wieder das Icon **Add Component** und holen Sie sich den Kolben auf den Bildschirm. Gehen Sie bei der Positionierung genauso vor wie bei der Hülse.

> **Info:**
> Um die entsprechenden Flächen besser auswählen zu können, können Sie das Vorschaufenster **Component Preview** auch vergrößern.

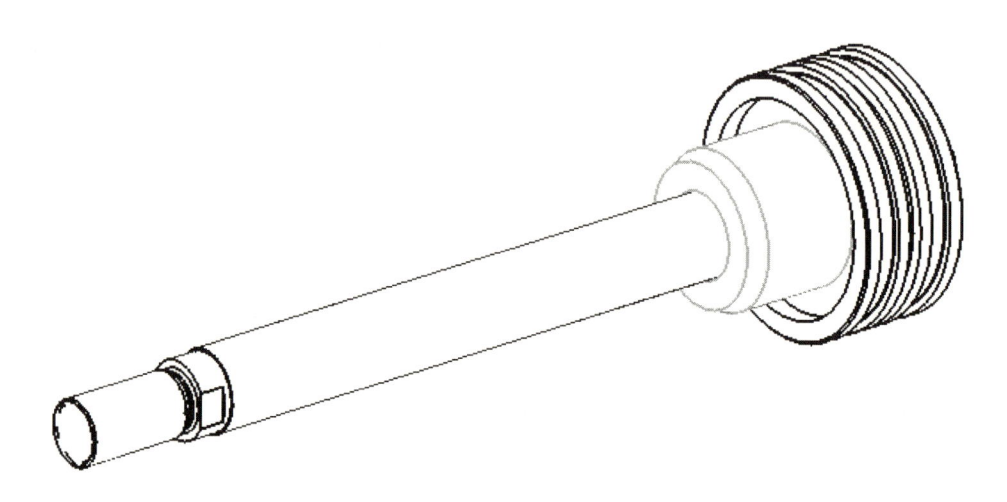

Abb. 9.21: Kolben eingefügt

Fügen Sie dann die zweite Hülse in die Baugruppe ein. Die Hülse können Sie nun im Fenster **Add Component** im Listbereich **Loaded Parts** auswählen, da wir sie ja bereits einmal eingefügt haben.

Nachdem Sie diesen Vorgang auch mit der Stangenmutter vollzogen haben, sollten Ihre Hubelemente folgendermaßen aussehen:

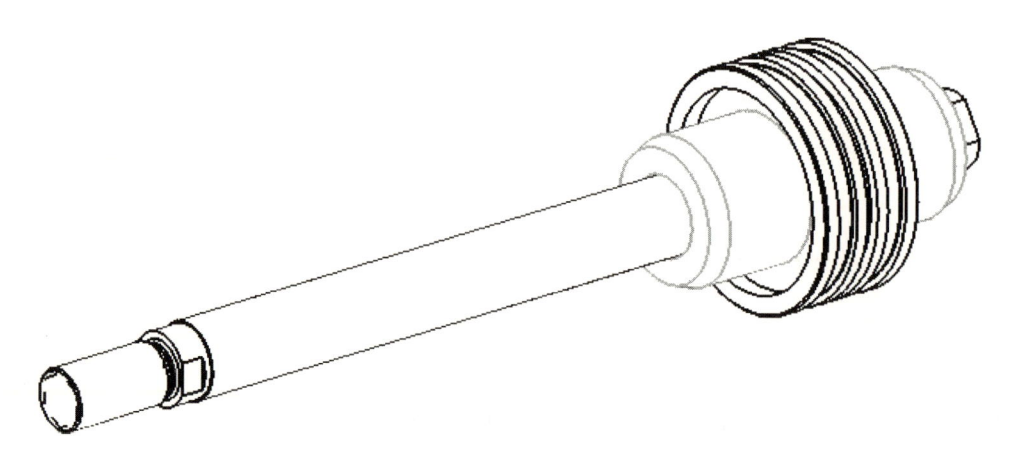

Abb. 9.22: Zweite Hülse und Stangenmutter eingefügt

9.5 Änderungen beim Modellieren von Baugruppen

Die beiden Schlüsselflächen können Sie nun noch mit dem Assembly Constraints **Parallel** zueinander ausrichten. Sollte das Fenster Mating Conditions schon geschlossen sein, können Sie es mit dem Icon **Assembly Constraints** wieder öffnen.

> **Info:**
> Die erläuterte Vorgehensweise erzeugt Beziehungen zwischen den ausgewählten Flächen der zu positionierenden Einzelteile. Das hat zur Folge, dass die Teile aufgrund dieser Beziehungen zueinander ausgerichtet werden.

Um nachträglich nicht gewünschte Constraints entfernen zu können, betätigen Sie im freien Bereich des **Assembly Navigator** die rechte Maustaste und anschließend im Kontextmenü **Expand All**. Die komplette Liste aller eingebauten Unterbaugruppen mit ihren einzelnen Parts und den gesetzten Constraints werden im **Assembly Navigator** angezeigt. Jetzt können Sie, wenn gewünscht, durch den Delete-Befehl einzelne Constraints löschen. Um diese Ansicht rückgängig zu machen, wählen Sie im Kontextmenü **Collapse All**.

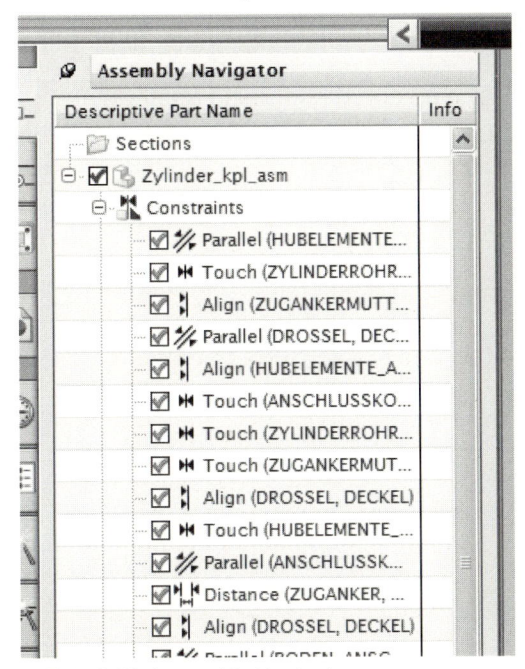

Abb. 9.23: Assembly Navigator

Nun können Sie mit dem „Erzeugen der Explosionsdarstellung der Hubelemente" in Kapitel 5.1 fortfahren.

9.6 Änderungen beim Erstellen von technischen Zeichnungen

Anschlusskonsole

Base View

Das Aussehen des Fensters **Base View** und **Projected View** wurde unter NX6 verändert. Die beschriebenen Funktionen in Kapitel 5.1 sind jedoch wie beschrieben möglich.

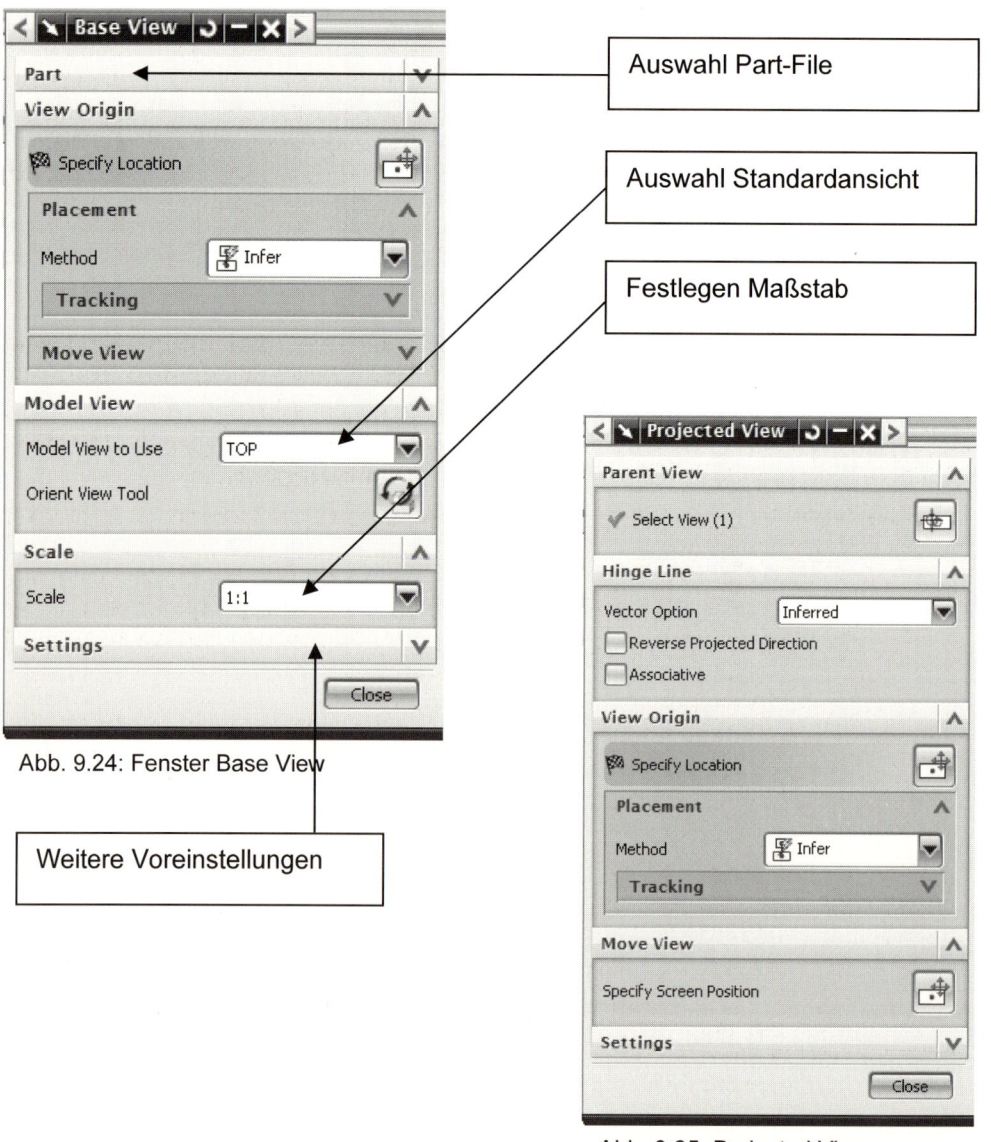

Abb. 9.24: Fenster Base View

Abb. 9.25: Projected View

Einfügen fehlender Mittellinien

In NX6 ist die Funktion **Utility Symbol** nicht mehr verfügbar. Jetzt werden Mittellinien entweder direkt über die zur Verfügung stehende Menüleiste oben

⊕ ⊙ ○ ╫ ⌸ -⊟- -⊕- ▾ oder alternativ über **Insert → Centerline** erzeugt.

Wählen Sie nun die Option **3D Centerline**.

Wählen Sie nun zuerst die Zylinderfläche einer der Bohrungen. Nach Bestätigung des Fensters **3D Centerline** durch `Apply`, wird die gewünschte Mittellinie im Schnitt dargestellt. Wiederholen Sie den Vorgang für die zweite Bohrung und schließen Sie dann das Fenster **3D Centerline** mit `Cancel`.

Info:

Sie können die Mittellinien auch automatisch erzeugen, dazu gehen Sie folgendermaßen vor:

Machen Sie das Einfügen der Mittellinien noch einmal rückgängig.

Selektieren Sie **Automatic Center-line**. Selektieren Sie die Schnittansicht im Fenster **Utility Symbols** oder im Graphikbereich und betätigen dann mit `Apply`.

Die Mittellinien werden dann automatisch erzeugt. Allerdings werden keine Mittellinien für verdeckte Bohrungen erzeugt.

Bei dieser Methode müssen Sie also auf die Vollständigkeit der dargestellten Mittellinien achten. Schließen Sie dann das Fenster **3D Centerline** mit `Cancel`.

Jetzt können Sie mit der beschriebenen Vorgehensweise für das Einfügen der Mittellinie der verdeckten Bohrungen in Kapitel 5.1 weitermachen.

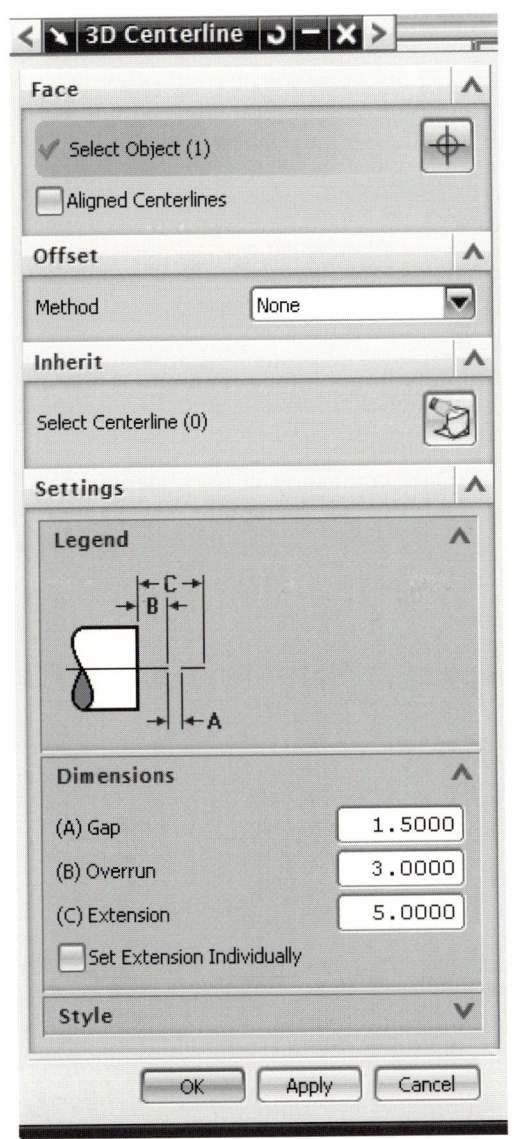

Abb. 9.26: 3D Centerline

Schnittliniendarstellung ändern

Das Fenster **Section Line Style** hat sich unter NX6 geändert.

Wählen Sie die Schnittlinie aus und wählen Sie das Icon **Section Line Preferences** (alternativ: Auswahl der Schnittlinie mit der rechten Maustaste und Auswahl von Style.

Nehmen Sie dann die Einstellungen wie links beschrieben vor.

Bestätigen Sie mit OK.

Die Darstellung in der Zeichnung wird automatisch geändert.

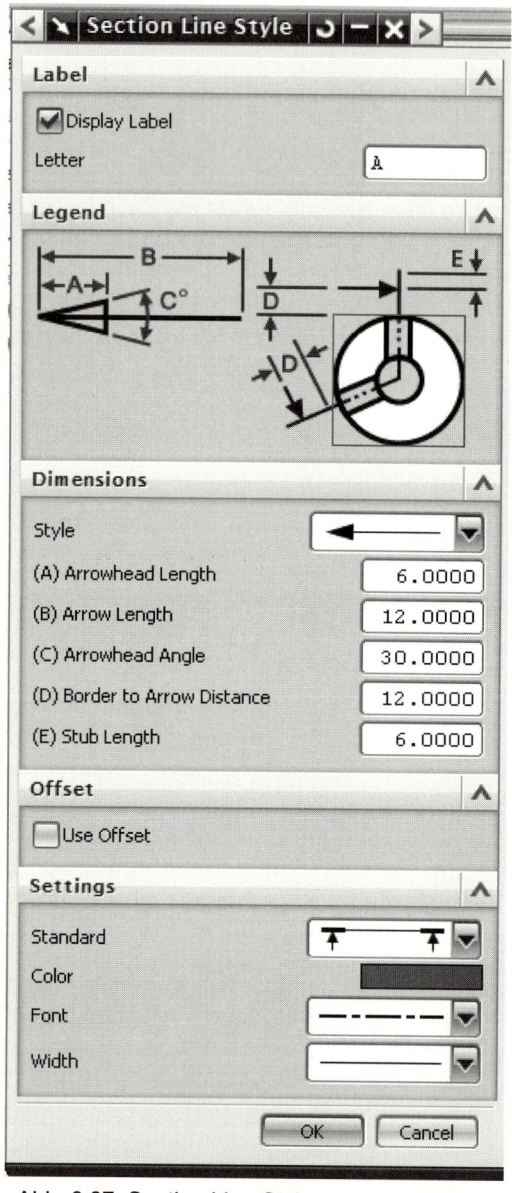

Abb. 9.27: Section Line Style

Fahren Sie nun im Kapitel 6.1 mit dem „Ausblenden der Ansichtsrahmen" fort.

9.6 Änderungen beim Erstellen von technischen Zeichnungen 283

Oberflächenzeichen

Die im Kapitel 6.1 beschriebene Vorgehensweise für die Erstellung von Oberflächenzeichen nach DIN EN ISO 1302 ist unter NX6.0.1.5 nicht möglich.

Der Grund dafür ist ein Fehler in dieser Version von NX6.

Wenn man wie beschrieben vorgeht, wird nur der erste Buchstabe des unter f_1 eingegebenen Textes angezeigt. Demnach erscheint nach beschriebener Eingabe von Ra 3,2 nur ein R unter dem Oberflächenzeichen.

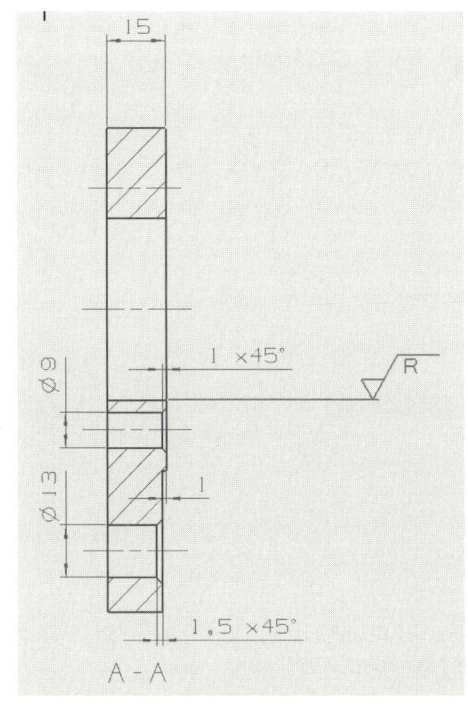

Abb. 9.28: Surface Finish Symbol

Dieser Fehler ist bereits im Supportcenter von Unigraphics bekannt und wird voraussichtlich in der Softwareversion NX 6.0.2 behoben sein, die am 03. März 2009 erscheinen wird.

Fahren Sie nun im Kapitel 6.1 nach „Create on Edge" wie beschrieben fort.

Zeichnungserstellung für den Deckel

Ausblenden der Schnittlinie

Wie bereits erwähnt, wurde in NX6 das Fenster **Section Line Style** geändert. Die Auswahlmöglichkeit von Display ist hier nicht mehr gegeben. Deshalb wird das Ausblenden der Schnittlinie nun anders als in Kapitel 6.2 beschrieben ausgeführt.

Dazu wählen Sie nun die Schnittansicht aus, betätigen die rechte Maustaste und selektieren im Kontextmenü **Style**.

Abb. 9.29: Kontextmenü

Im Fenster **View Style** entfernen Sie nun das Häkchen vor **Display Section Line**. Bestätigen Sie danach das Fenster mit OK.

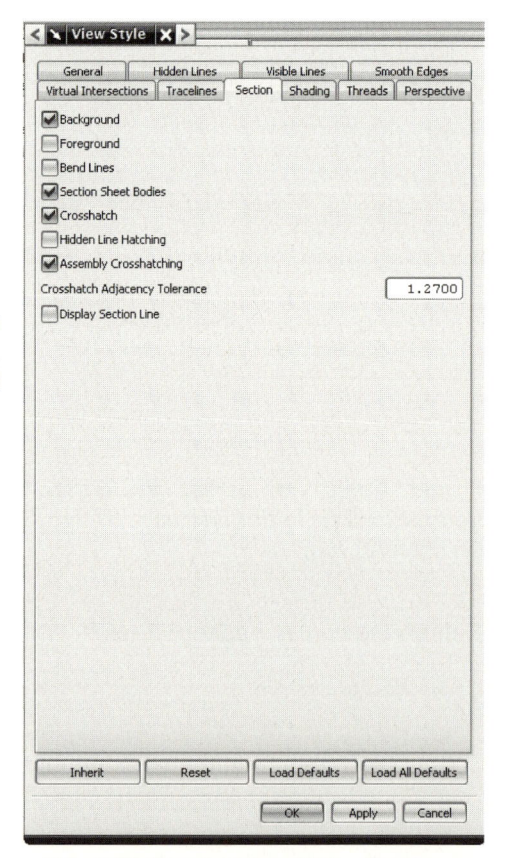

Abb. 9.30: Fenster View Style - Section

Jetzt können Sie wie im Kapitel 6.2 beschrieben mit dem „Ausrichten der Ansichten" fortfahren.

9.6 Änderungen beim Erstellen von technischen Zeichnungen 285

Erzeugen der Detailansichten Y und Z

Das Fenster **Detail View** hat sich unter NX6 geändert.

In dem Fenster **Detail View** lassen Sie unter **Type** die Option **Circular** eingestellt. Da sich für die beschriebene Vorgehensweise für das Erzeugen der Detailansichten nichts weiter unter NX6 geändert hat, können Sie nun im Kapitel 6.2 fortfahren.

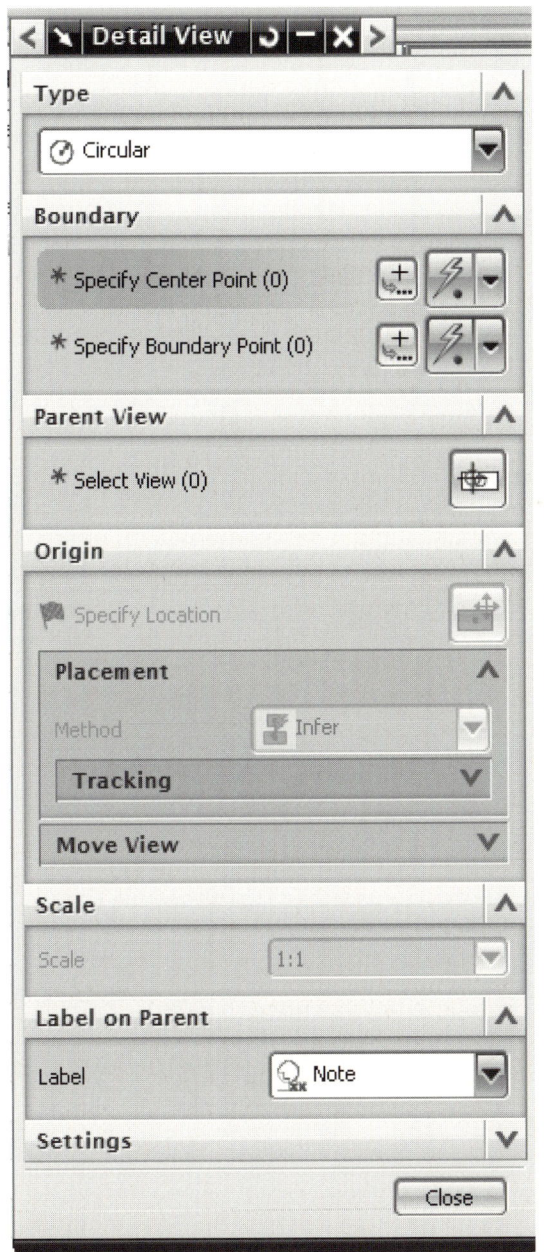

Hinweis:

Falls die Schraffur der geschnittenen Ansichten nicht die ganze Fläche ausfüllt oder sogar ganz fehlen sollte, wählen Sie die entsprechende Schnittansicht aus, betätigen die rechte Maustaste und selektieren im Kontextmenü **Style**. Unter **Section** setzen Sie dann ein Häkchen vor **Hidden Line Hatching** und bestätigen mit OK.

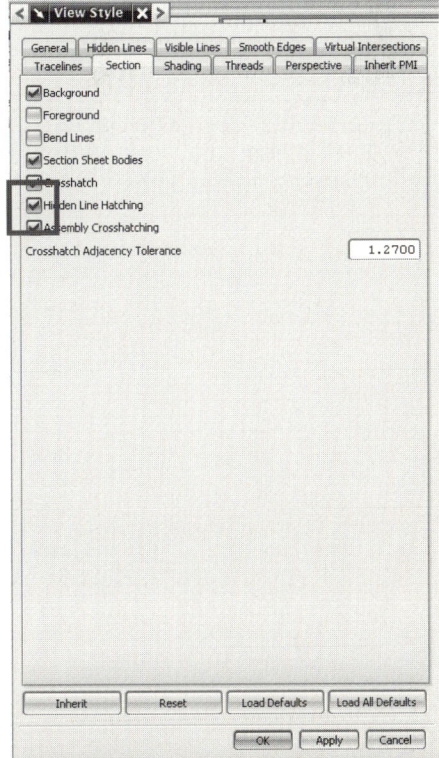

Abb. 9.31: Detail View

Abb. 9.32: Fenster View Style - Section

Bemaßung

Zur Bemaßung der 4-mm-Bohrung in der Basis View (Back) erzeugen Sie zunächst eine Hilfslinie. Nutzen Sie die Funktion **Circular Centerline**

(alternativ: Insert → Centerline → Circular)

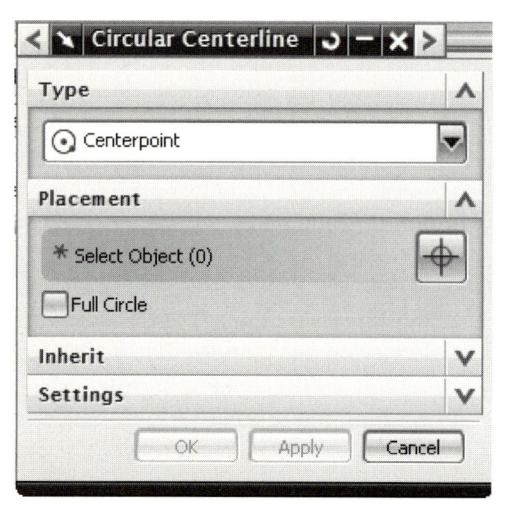

Setzen Sie den **Type** auf **Centerpoint** und entfernen das Häkchen vor **Full Circle**.

Danach selektieren Sie dann die beiden Kreise entsprechend Abbildung 5.64. aus Kapitel 5.2.

Abb. 9.33: Fenster Circular Centerline

Wenn Sie dann die Schaltfläche **Apply** betätigen, wird eine kurze, gebogene Mittellinie durch die kleine Bohrung gezeichnet, auf die Sie dann bei der Radienbemaßung Bezug nehmen können.

9.6 Änderungen beim Erstellen von technischen Zeichnungen 287

Baugruppenzeichnung Zylinder

Sectioned Components in View

Die Funktion **Sectioned Components in View** heißt unter NX6 nun **Section in View** und wird ein wenig anders als in Kapitel 5.3 beschrieben angewendet.

Das Aussehen des Symbols hat sich nicht geändert.

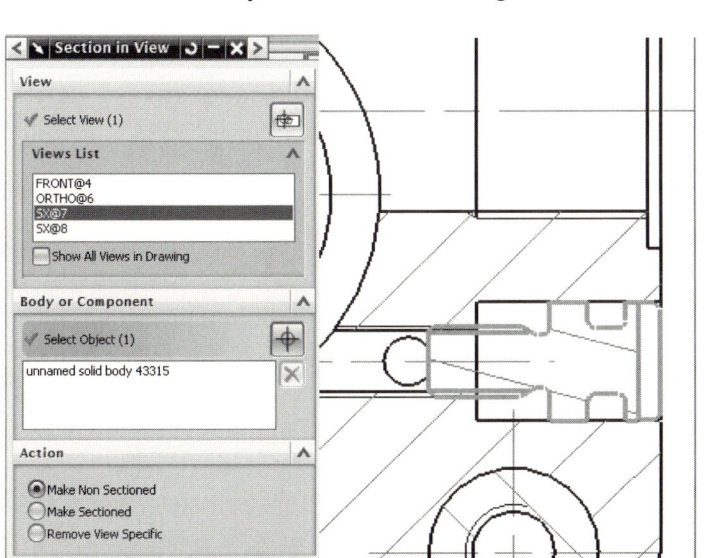

Nachdem Sie die Funktion **Section in View** selektiert haben, markieren Sie die Option **Make Non-Sectioned**.

Selektieren Sie danach die Schnittansicht im Graphikbereich oder durch Auswahl im Listfenster. Anschließend selektieren Sie unter **Body or Component** den Bereich **Select Object** und anschließend die Drossel, die nicht schraffiert werden soll.

Abb.9.34: Drossel unschraffiert setzen

Bestätigen Sie das Fenster mit OK.

Um die Schnittansicht zu aktualisieren, gehen Sie nun wie in Kapitel 5.3 beschrieben weiter vor.

Section Line Display

Da in NX6 im Fenster **Section Line Preference** die Option Display nicht mehr zur Verfügung steht, können Sie nicht wie in Kapitel 5.3 beschrieben vorgehen. Daher erzeugen Sie erst den Hauptschnitt und schalten danach die Schnittlinie und die Beschriftung nach der bereits bekannten Vorgehensweise aus. Nach Erzeugung des Hauptschnitts werden Sie feststellen, dass wieder alle geschnittenen Teile schraffiert sind, auch die Kolbenstange, obwohl dies nach den Zeichenregeln nicht korrekt ist. Sie müssen daher wie eben bei der Drossel dafür sorgen, dass die Kolbenstange ungeschnitten dargestellt wird.

Jetzt können Sie im Kapitel 5.3 bei „Erzeugen eines Ausbruches" wie beschrieben fortfahren.

Ändern der Schraffur

Die Schraffur ist teilweise recht willkürlich erzeugt worden und ist nicht normgerecht. Um dies zu korrigieren, selektieren Sie im Graphikbereich jeweils die zu ändernde Schraffur und wählen im Kontextmenü die Option **Edit**.

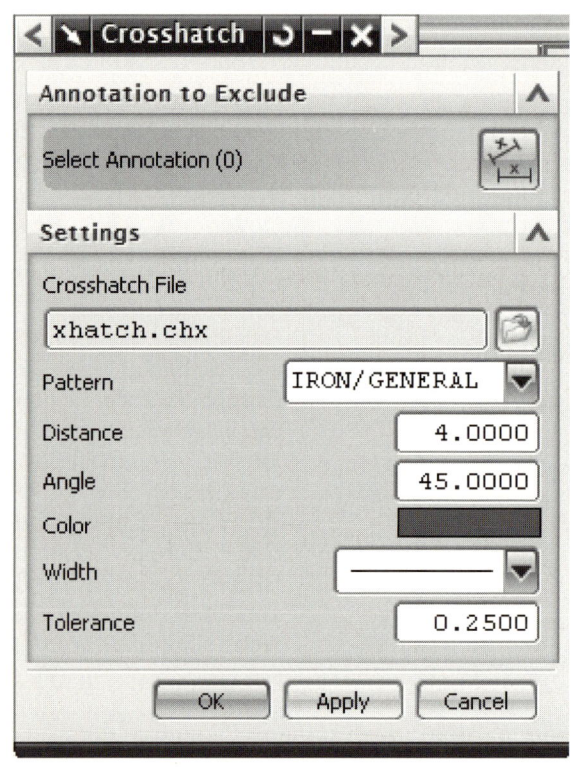

Im Fenster **Crosshatch** können Sie dann unter **Settings** die Parameterwerte der Schraffur ändern.

Der Schraffurabstand wird mit **Distance** und der Schraffurwinkel mit **Angle** verändert.

Für die Stangenmutter setzen Sie z.B. den Schraffurabstand auf **4** und den Schraffurwinkel auf **45** und schließen dann das Fenster mit OK.

Abb. 9.35: Fenster Crosshatch

Passen Sie in gleicher Weise alle Schraffuren Ihren Vorstellungen an.

Ergänzen Sie dann die Haupt- und Anschlussmaße mit den Ihnen bereits bekannten Funktionen.

9.6 Änderungen beim Erstellen von technischen Zeichnungen   289

Erzeugen der Positionsnummern

Zum Erzeugen der Positionsnummern wählen Sie das Icon **ID Symbol**
(alternativ: **Insert → Symbol → ID Symbol**).
Dann führen Sie folgende Schritte aus:

1. Schritt:

Im Fenster **Identification Symbol** unter **Settings** selektieren Sie **Style** und tragen folgende Werte unter Style ein.

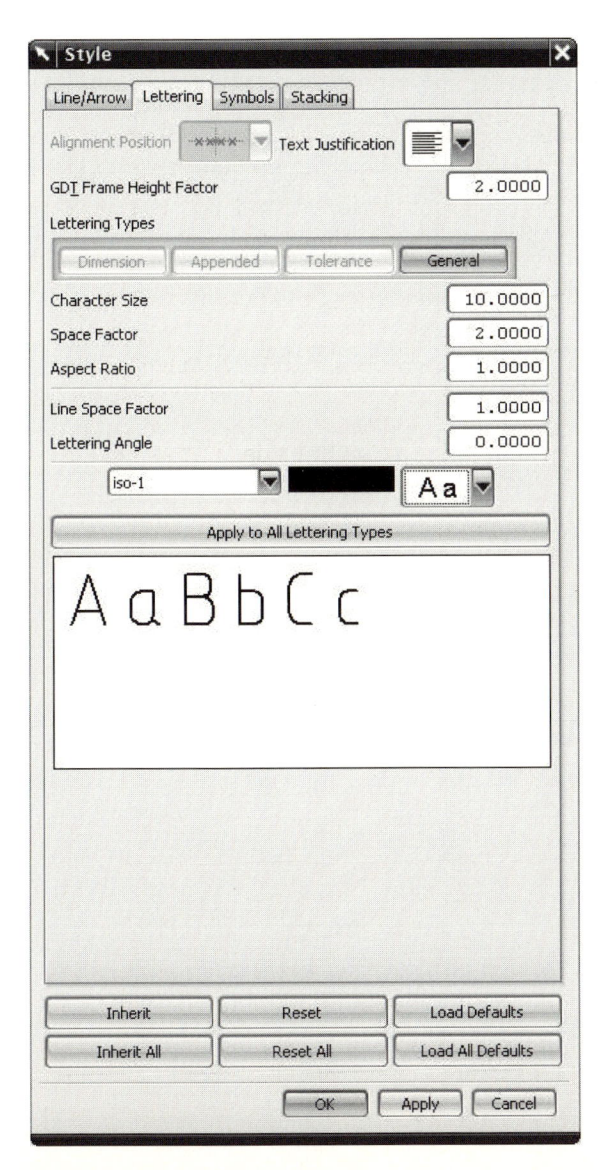

In der Karteikarte **Lettering** geben Sie ein:

Zeichengröße: **10**
Abstandsfaktor: **2**

Schriftart: **iso-1**
Schriftfarbe: **black**
Schriftform: **Normal**

Abb. 9.36: Fenster Style, Lettering

In der Karteikarte **Symbols** geben Sie ein:

Symbolgröße: **12**

Farbe: **weiß**

(wenn Sie keinen Kreis um die Positionsnummer sehen wollen, ansonsten belassen Sie die Farbe Schwarz).

Schließen dann das Fenster mit OK.

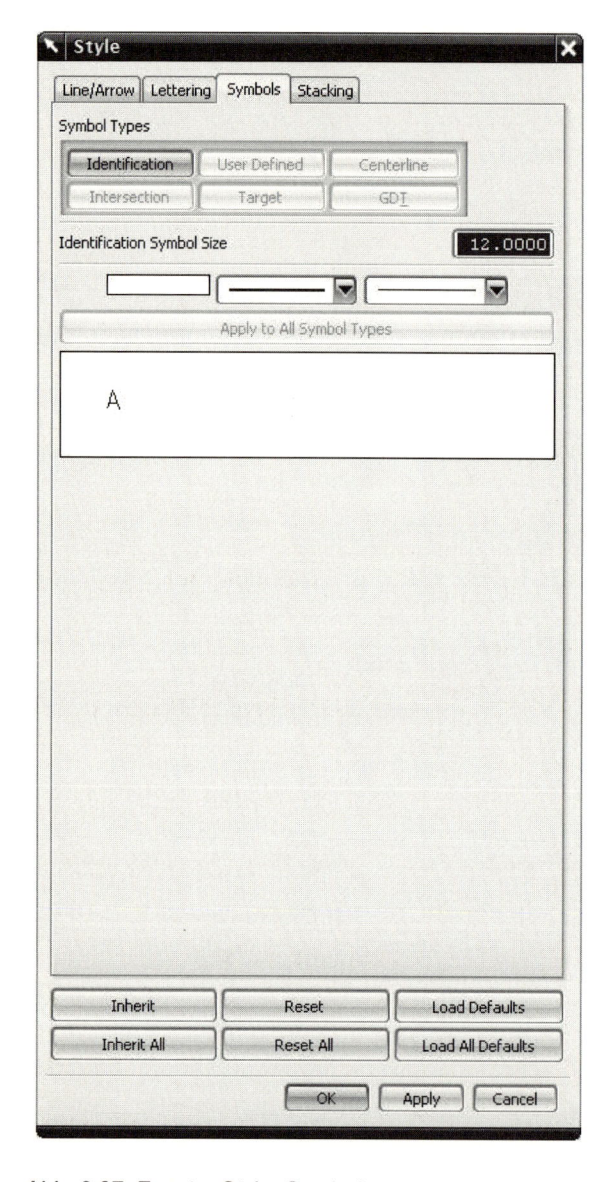

Abb. 9.37: Fenster Style, Symbols

9.6 Änderungen beim Erstellen von technischen Zeichnungen

Tragen Sie nun die nebenstehenden Werte ein.

Type: **Without Stub**

Arrowhead: **Filled Dot**

Text: **1** (Teil1)

Size: **12** oder größer (je nachdem, wie dicht die Bezugslinie zur Positionsnummer anschließen soll)

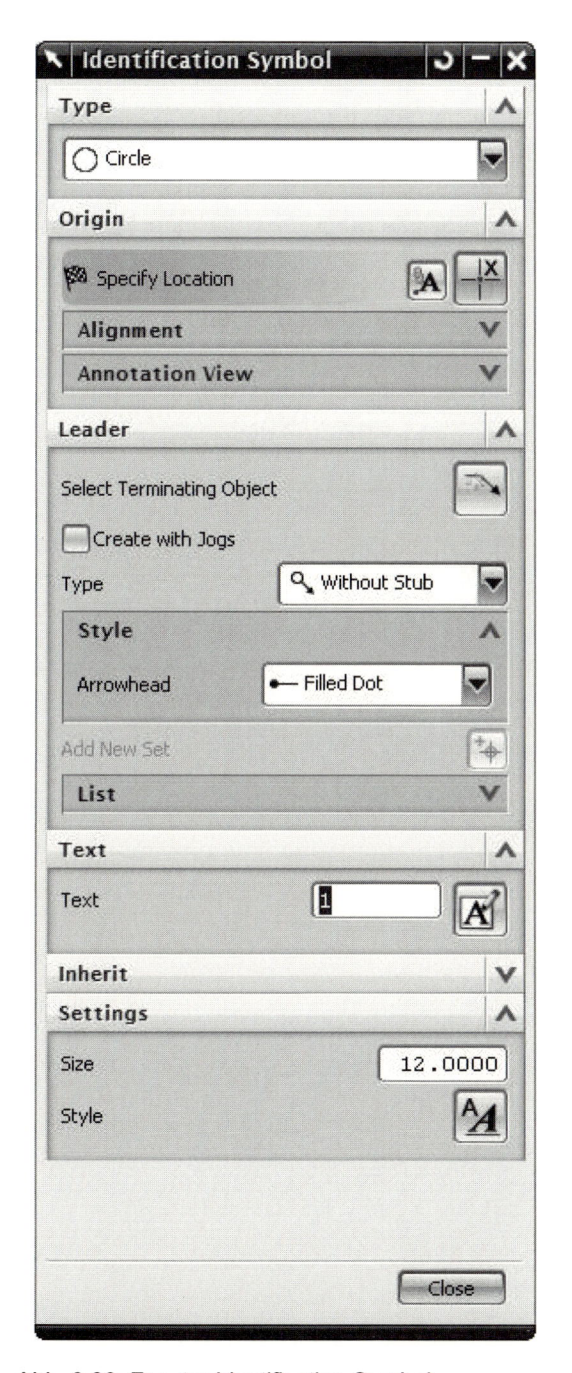

Abb. 9.38: Fenster Identification Symbol

2. Schritt:

Verwenden Sie die Option **Specify Location**, um einen Ausgangspunkt für die Bezugslinie zu setzen.

3. Schritt:

Setzen Sie nun den Startpunkt für die Bezugslinie durch Eingabe einer Cursorposition und ziehen Sie dann die Bezugslinie zur gewünschten Position der Teilenummer. Dort setzen Sie die Nummer durch erneutes Drücken der linken Maustaste ab.

Ändern Sie nun unter Text die Nummer der zu erzeugenden Positionsnummer und selektieren danach wieder **Specify Location**, um den Startpunkt der Bezugslinie durch Eingabe einer Cursorposition zu setzen. Platzieren Sie so alle Positionsnummern wie in der Zeichnung dargestellt.

Bereits gesetzte Positionsnummern können Sie nachträglich durch Selektieren und Ziehen der Positionsnummern im Grafikbereich verschieben.

Mit **Origin** können Sie auch die Positionsnummern zueinander ausrichten.

Literaturhinweise

Ergänzende Informationen zum Arbeiten mit NX bieten folgende Werke:

Schmid, Marcel: CAD mit NX. NX5 und NX6. Wilburgstetten: J. Schlembach Fachverlag, 2008

Krieg, Uwe: Konstruieren mit Unigraphics NX 6. Volumenkörper, Baugruppen und Zeichnungen. Leipzig: Hanser Fachbuchverlag, 2008

Anderl, Reiner: Simulationen mit Unigraphics NX 4. Kinematik, FEM und CFD. Leipzig: Hanser Fachbuchverlag, 2006

Hogger, Walter: Unigraphics NX 4 - Modellierung von Freiformflächen. Leipzig: Hanser Fachbuchverlag, 2006

Einen allgemeinen Überblick über das CAD-Umfeld mit seinen Entwicklungstrends bietet:

Obermann, Karl: CAD/CAM/PLM-Handbuch 2003/04. Leipzig: Hanser Fachbuchverlag, 2003

Einen allgemeinen Überblick über das Zusammenspiel von CAD und Produktdatenmanagement (PDM) bietet:

Sendler, Ulrich und Volker Wawer: CAD und PDM. Prozessoptimierung durch Integration. 2. Auflage. Leipzig: Hanser Fachbuchverlag, 2007

Sachwortverzeichnis

A

Absolute 68
Absolute Origin 135
Achsdreibein 16
Add Component 135
Align 143, 184
Alternate Solution 138
Analysis 92
Anmeldefenster 11
Annotation Preferences 163
Annotation Style 175
Anschlusskonsole 73
Ansichtsrahmen 167, 181
Anweisungszeile 5
Anwenderrolle 13
Appended Text 169
Application 5
Arbeitskoordinatensystem 16
Arbeitssitzung 11, 31, 266
Assemblies 133, 149
Assembly Constraints 276
Assembly Navigator 5, 136, 146
Associative Copy 88, 126 227
Assoziativität 275
Ausblenden 28, 33, 145, 167, 284
Ausbruch 196
Ausrichten 39, 184
Automatic Centerline 161

B

Base View 154, 280
Baugruppen 133
Befehlseingabe 8
Bemaßen 40, 190, 286
Bemaßung ändern 77, 80
Bemaßung löschen 78
Bemaßung verschieben 78, 172
Benutzeroberfläche 5
Bezugsebene 220
Bildschirmaufbau 5
Blechabwicklung 210
Blend all Instances 128
Block 122, 275
Boden 120
Bohrung 56, 85, 90
Boole'sche Operationen 17
Boss 116
Bottom-Up-Prinzip 134
Break Corner 212
Break-Out Section View 198

C

Center 138
Chamfer 21
Character Size 175
Circular Array 127
Class Selection 58, 105
Clip 15
Collinear 39
Color 30, 268
Commands 15
Component Array 143
Component Preview 135
Connected Curves
Constraints 37, 76, 271
Contour Flange 206
Countersunk 86
Create Constraints 65
Cursordarstellung 6
Customize 14, 266

Cylinder 17, 55
Cylindrical Centerline 160
Cylindrical Pocket 119

D

Datum Plane 220
Deckel 130
Delete 58
Design Features 103
Detail Features 21, 102
Detail View 184, 188, 285
Detailansicht 184, 188, 285
Dichte 94
Dimensions 164, 181
Display Label 183
Distance 141, 143
Downloads 243
Drafting 151
Drafting Preferences 167, 181
Drossel 114
Durchgangsbohrung 56, 270
Durchmesserbemaßung 171

E

Edge Blend 91, 124, 224
Edit Category 269
Edit Parameters 27, 132
Einheiten 92
Eltern-Kind-Beziehung 97
Entstehungsgeschichte 26
Excel® 4, 94, 241
Expand All 146
Expand Member View 196
Exploded Views 141, 150
Explosionsdarstellung 141
Expressions 94, 239
Extrude 60, 78
Extrusionskörper 60, 78

F

Farbzuordnung 31
Fase 21, 45
Feature Browser 98
Feature Operations 102
Feature Set 125
Feature unterdrücken 96
Fit 20
Flange 207
Flat Pattern 210
Flip-Schalter 5
Form Features 103
Formschrägen 221
Freiheitsgrade 41
Freistich 108

G

Gesteuerte Maße 81
Gewicht 92
Gewinde 22, 268
Gewindefreistich 111
Grafikfenster 5
Groove 109
Group 125
Grundkörper 9, 17
Gussrohteil 216

H

Hide 33
Historie 26, 99
Hole 56, 85, 90, 208
Horizontale Bemaßung 65, 169
Hotkeybelegung 7
Hubelemente 135
Hülse 34

I

ID-Symbol 289

IGES 243, 256
Importieren 255
Inferred Dimensions 40, 65, 77
Inferred Point 18
Informationsfenster 5, 98
Instance Feature 88, 126
Intersect 17
Isometric 55

J

JT-Format 261

K

Kaufteile 238
Klapprichtung 156
Kolben 117
Kolbenstange 107
Kontextmenü 20
Konvertieren 252
Kurzwahl 5

L

Layer 28
Layer Category 32
Layer Settings 29, 269
Lettering 165, 289
Line 49, 59
Line/Arrow 164
Linie 49, 59
Linienzug 36
Loaded Parts 139
Löschen 42, 58, 155, 162, 171, 182, 271

M

Maßänderung 80
Massenträgheitsmoment 92
Master-Model-Konzept 155

Masterpart 153, 238
Mate 136
Materialeigenschaften 92
Mating Conditions 136
Maustastenbelegung 6
Mauszeiger 6
Mengenübersicht 146
Menüleiste 5
Mirror Feature 61, 209, 227, 229
Mittellinien 160, 281
Modeling 13
Muster 88,126

N

Nachgestellter Text 169
Nachkommastellen 75, 274
Neutrale Datenformate 243
None 17
NX5-Einstiegsfenster 11

O

Oberflächenzeichen 177, 283
Object Display 30
Objekthistorie 99
Origin Tool 169, 172

P

Pack All 146
Pad 225
Pan 20
Parallel 140
Parametrisches Skizzieren 36
Parent View 157, 186
Part Families 240
Part Modification 99
Part Navigator 26, 59, 97, 125, 131
Partial Circular Centerline 190
Pocket 118

Point 18, 104
Polygon 70
Pop-Up-Menü 5
Positioning 105
Positionsnummern 201, 289
Profile 36
Projected View 155, 181, 280

Q

Quick Pick 58

R

Radienbemaßung 171
Rectangle 83
Rectangular Array 88
Rectangular Groove 109
Redo 22
Referenzkoordinatensystem 16
Rendering Style 24
Reverse Direction 18, 45
Revolve 44, 66
Rohr 50
Rollenkonzept 13
Rotate 20
Rotationskörper 44

S

Schlüsselflächen 59, 108
Schnittbezeichnung 173, 174
Schnittdarstellung 157
Schraffur ändern 199, 288
Schriftgröße 175
Schweißnaht 213
Schweißsymbol 214
Schwerpunkt 92
Sechskant 70
Section Line 158
Section Line Display 287

Section Line Preferences 166
Section Line Style 282
Section View 157, 182
Sectioned Components in View 195, 287
Selection Intent 71
Senkbohrung 86
Shaft Size 23
Sheet Metal 204
Shortcuts 266
Show 33
Siemens PLM 2
SIMRIT® 245
Single Curve
Sketch 36
Sketch Dimensions Dialog 40, 65
Sketch Preferences 75, 106, 273
Skizziertechnik 36
Snap Point 36, 122
Solid Density 94
Spline 197
Spreadsheet 82
Spreadsheet Edit 95
Standardansichten 19
Stangenmutter 53
Static Wireframe 25
Statuszeile 5
STEP 243
Stückliste 147
Stufenschnitt 158
Subtract 17
Suppress Feature 96
Surface Finish Symbol 177, 283
Symbolleisten 5
Symbols 289
Systemvoraussetzungen 4, 265

T

Tangent Curves 128

Teilefamilien 238
Template-Dateien 11, 152, 206
Text 178
Text Editor 170
Texthöhe 271
Thread 22, 268
Threaded Hole 56
Timestamp Order 26
Toleranzangaben 191
Toolbar Options 15
Toolbars 15
Tooltip 6
Tube 50

U

U-Groove 116, 119
Unclip 15
Undo 22
Undo List 22
Unite 17
Units 92
Unsuppress Feature 96
Update Views 159, 195
Utility Symbols 160

V

Vector 18, 104, 267
Vertikale Bemaßung 65, 167

View Boundary 185
View Label 183
View Style 161

W

WAVE 231
WCS 67
WCS Display 45
WCS Dynamics 67
WCS Orient 68
WCS Origin 69
WCS Rotate 69
WCS Save 67
Weld Symbol 214
Welding 213
Wireframe 25
Work-Layer 5, 28

Z

Zeichnung 151
Zeichnungsrahmen 176
Zoom 20
Zoomfunktionen 20
Zuganker 9
Zugankermutter 63
Zwangsbedingungen 37, 76
Zylinder 17, 55
Zylinderrohr 47